Springer-Lehrbuch

Fritz Ehlotzky

Quantenmechanik und ihre Anwendungen

Mit 26 Abbildungen und 101 Übungsaufgaben

 Springer

Dr. Fritz Ehlotzky
Institut für Theoretische Physik
Universität Innsbruck
Technikerstr. 25
6020 Innsbruck, Österreich
e-mail: Fritz.Ehlotzky@uibk.ac.at

ISBN 3-540-21450-x   Springer Berlin Heidelberg New York

Bibliografische Information Der Deutschen Bibliothek.
Die Deutsche Bibliothek verzeichnet diese Publikation in der Deutschen Nationalbibliografie; detaillierte bibliografische Daten sind im Internet über <http://dnb.ddb.de> abrufbar.

Springer ist ein Unternehmen von Springer Science+Business Media

springer.de

© Springer-Verlag Berlin Heidelberg 2005
Printed in Germany

Satz: F. Ehlotzky und F. Herweg EDV Beratung unter Verwendung eines Springer LATEX2e Makropakets
Einbandgestaltung: *design & production* GmbH, Heidelberg

Gedruckt auf säurefreiem Papier
SPIN: 10970232   56/3141/jl - 5 4 3 2 1 0

Vorwort

Dieses Lehrbuch ist aus Vorlesungen hervorgegangen, welche der Verfasser über viele Jahre für Physikstudenten in den Anfangssemestern gehalten hat. Der dargebotene Stoff umfasst jene Grundlagen und Anwendungen der Quantenmechanik, die jeder Physiker beherrschen sollte, damit er in der Lage ist, einführende Lehrveranstaltungen über Atom- und Molekülphysik, Festkörperphysik, Laserphysik, Kernphysik und Astrophysik mit Erfolg besuchen zu können, oder Bücher zu diesen Fachgebieten lesen und verstehen zu können. Studierende aus Nachbargebieten der Physik, wie der physikalischen Chemie, der Informatik und der Physik orientierten technischen Wissenschaften sollten aus diesem Buch gleichfalls Nutzen ziehen können. Es wurde daher Wert auf eine möglichst einfache und anschauliche Darstellung der quantenmechanischen Prinzipien gelegt, ohne auf komplexere Fragen, wie etwa dem tieferen Verständnis des quantenmechanischen Messprozesses, näher einzugehen. Hingegen wurde besonderer Bedacht auf die praktische Anwendbarkeit der quantenmechanischen Methoden zur Berechnung oder Abschätzung eines physikalischen Prozesses gelegt. Circa 100 Übungsaufgaben mit Lösungsweg geben dem Studierenden ausreichend Gelegenheit, sein erworbenes Wissen in der Quantenmechanik zu testen und zu vertiefen. Einige dieser Aufgaben geben auch Einblick in derzeit aktuelle Forschungsthemen. Es wird vom Leser für das Verständnis des Buches angenommen, dass er einige Vorkenntnisse auf dem Gebiet der klassischen Mechanik, Elektrodynamik und Thermodynamik besitzt und einen Kurs über mathematische Methoden der Physik besucht hat. Dennoch sind am Ende des Buches in einem Anhang einige mathematische und physikalische Ergänzungen angeführt, um dem Leser die Lektüre des Buches zu erleichtern. Ebenso ist für den ambitionierteren Leser eine knappe Liste weiterführender Bücher angegeben.

Der Autor dankt dem Springer-Verlag, insbesondere Herrn Dr. T. Schneider und Frau J. Lenz, für das Interesse an der Veröffentlichung dieses Buches und für die wertvolle Hilfe bei der Vorbereitung des Manuskriptes für die Drucklegung.

Innsbruck, im Juli 2004 *Fritz Ehlotzky*

Inhaltsverzeichnis

1 Historische Einleitung

1.1 Die Plancksche Quantenhypothese (1900)

Die Geburtsstunde der Quantenphysik fällt in den Dezember des Jahres 1900. Bei einem Vortrag in Berlin präsentierte Max Planck eine Formel, die es gestattete, das beobachtete Spektrum der Hohlraumstrahlung für alle Frequenzen richtig wiederzugeben. Dabei zeigte sich, dass hiezu die klassische Theorie des Strahlungsfeldes in Wechselwirkung mit den Wänden des Hohlraumes nicht ausreicht, sondern angenommen werden muss, dass im thermodynamischen Gleichgewicht dieser Energieaustausch zwischen dem Strahlungsfeld und den materiellen Oszillatoren der Hohlraumwände in diskreter Form stattfinden muss. Dazu machte Planck die Hypothese, dass gelten soll

$$E_n^{\text{osz}} = nh\nu \tag{1.1}$$

wo n eine ganze positive Zahl, ν die Eigenfrequenz der atomaren Oszillatoren und h das Plancksche Wirkungsquantum sind. Mit dieser Hypothese liefert die statistische Thermodynamik die richtige Spektralverteilung der Energiedichte der Hohlraumstrahlung, das Plancksche Strahlungsgesetz

$$u(\nu, T) = \frac{8\pi h\nu^3}{c^3} \frac{1}{e^{\frac{h\nu}{k_{\text{B}}T}} - 1} \tag{1.2}$$

in ausgezeichneter Übereinstimmung mit dem Experiment. Dabei ist T die Temperatur in °K (Kelvin Temperatur) und $k_{\text{B}} = 1.381 \times 10^{-16}$ erg°K^{-1} die Boltzmann Konstante. Heutzutage ist es in der Quantentheorie üblich, statt der Planckschen Konstante h die Größe

$$\hbar = \frac{h}{2\pi} = 1{,}054 \times 10^{-27} \text{ erg sec} \tag{1.3}$$

zu verwenden und gleichzeitig anstelle der Frequenz ν die Kreisfrequenz $\omega = 2\pi\nu$ einzuführen. Wenn wir in der Planckschen Formel (1.2) nur die niedrigen Strahlungsfrequenzen betrachten, sodass $h\nu \ll k_{\text{B}}T$ ist, können wir im Nenner die Exponentialfunktion in eine Reihe entwickeln und erhalten $e^{\frac{h\nu}{k_{\text{B}}T}} \cong 1 + \frac{h\nu}{kT} + \cdots$. Setzen wir diese Näherung in die Strahlungsformel ein, so erhalten wir das Rayleigh-Jeanssche Strahlungsgesetz

$$u(\nu, t) = \frac{8\pi\nu^2}{c^3} k_{\mathrm{B}} T \,, \tag{1.4}$$

das im Rahmen der klassischen Elektrodynamik und statistischen Thermo-dynamik abgeleitet wurde. Dabei ist $\bar{E} = k_{\mathrm{B}} T$ die mittlere Energie eines klassischen Oszillators im thermodynamischen Gleichgewicht mit dem Hohl-raum und der Vorfaktor $\frac{8\pi\nu^2}{c^3}$ ist ein Maß für die Dichte der Schwingungs-zustände im Hohlraum. Setzt man $k_{\mathrm{B}} T = \frac{1}{\beta}$, so lässt sich die mittlere Energie $\bar{E}$ mit Hilfe der Boltzmannschen Wahrscheinlichkeitsverteilung $W(E, T) = C \exp(-\frac{E}{k_{\mathrm{B}} T})$ (C ist eine Normierungskonstante) durch Ausführung der In-tegration

$$\bar{E} = \frac{\int_0^\infty E \mathrm{e}^{-\beta E} \mathrm{d}E}{\int_0^\infty \mathrm{e}^{-\beta E} \mathrm{d}E} = -\frac{\mathrm{d}}{\mathrm{d}\beta} \ln \int_0^\infty \mathrm{e}^{-\beta E} \mathrm{d}E = -\frac{\mathrm{d}}{\mathrm{d}\beta} \ln \frac{1}{\beta} = \frac{1}{\beta} = k_{\mathrm{B}} T \tag{1.5}$$

berechnen. Werden hingegen nach Planck die Energien des Oszillators dis-kretisiert, indem man setzt $E_n = n E_0$, so sind in (1.5) im Zähler und Nenner die Integrationen durch Summationen zu ersetzen. Diese Summen lassen sich mit dem gleichen Trick wie bei den Integrationen berechnen und wir erhalten in diesem Fall

$$\bar{E} = \frac{E_0}{\mathrm{e}^{\beta E_0} - 1} \,. \tag{1.6}$$

Setzt man dann $E_0 = h\nu$, so folgt aus dem Rayleigh-Jeansschen Gesetz die Plancksche Formel. Die geniale Idee Planck's ist also die Diskretisierung der Energien. Solche Diskretisierungen hat bereits Boltzmann bei anderen Un-tersuchungen, doch nur als Rechentrick, vorgenommen. Werden in (1.2) nur die hohen Frequenzen betrachtet, so können wir im Nenner den Faktor -1 gegenüber der Exponentialfunktion vernachlässigen und wir werden so auf das Wiensche Strahlungsgesetz geführt. (Vergleiche dazu die Abb. 1.1.)

1.1.1 Die Photonenhypothese Einsteins (1904)

Nach den Vorstellungen Plancks sind die Energieszustände der Atome, aus denen die Hohlraumwände aufgebaut sind, quantisiert und dies führt auf dem Wege des thermodynamischen Gleichgewichts indirekt zur Quantisierung der Energien des Strahlungsfeldes. Albert Einstein ging einen Schritt weiter. Er postuliert die Existenz von Quanten des Strahlungsfeldes

$$E^{\mathrm{ph}} = \hbar\omega \tag{1.7}$$

und da gemäß seiner speziellen Relativitätstheorie die Energie und der Impuls eines Teilchens einen Vierer-Vektor bilden müssen, ordnet er diesen Photonen einen Impuls

$$\boldsymbol{p}^{\mathrm{ph}} = \hbar\boldsymbol{k} \tag{1.8}$$

zu, wo $\boldsymbol{k} = k\boldsymbol{n}$ der Wellenvektor des Photons, $k = \frac{\omega}{c}$ die Wellenzahl und $\boldsymbol{n}$ die Fortpflanzungsrichtung des Photons sind. Ferner muss nach Einstein

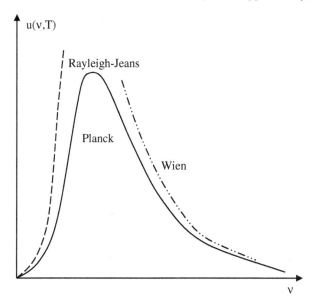

Abb. 1.1. Spektralverteilung der Hohlraumstrahlung

$E^{\text{ph}} = m^{\text{ph}} c^2$ sein, wo m^{ph} die Photonenmasse darstellt. Somit ist dann auch $\boldsymbol{p}^{\text{ph}} = m^{\text{ph}} c \boldsymbol{n}$. Mit dieser sehr weitreichenden Zusatzhypothese gelingt es Einstein, eine natürliche Erklärung für den Photoeffekt zu liefern, der nach den vorangegangenen Messungen Philip Lenard's nicht durch die klassischen Vorstellungen der Wechselwirkung von Licht und Materie beschrieben werden kann.

Die Einsteinsche Photonenhypothese hatte aber eine noch viel weittragendere Konsequenz, nämlich die Doppelnatur der Strahlung. Danach zeigt das elektromagnetische Strahlungsfeld einmal die charakteristischen Eigenschaften der Wellennatur, also das Auftreten von Interferenz und Beugungserscheinungen, etwa bei der Beugung von Röntgenstrahlen an Kristallgittern, und ein andermal jene der Korpuskelnatur, wie sie beim Photoeffekt und bei der Compton Streuung zu beobachten sind.

1.1.2 Der Compton Effekt (1923)

Die Beugung der Röntgenstrahlen wurde 1912 von Max von Laue entdeckt und damit die Welleneigenschaft dieser Strahlung nachgewiesen. Dagegen fand Arthur H. Compton 1923 eine Frequenzverschiebung harter Röntgenstrahlung bei der Streuung an einem Paraffinblock und konnte dies als mechanischen Stoß der Röntgen Quanten, der Energie $\hbar\omega_0$, an den Elektronen des Materieblocks erklären, indem er annahm, dass die Bindungsenergie der Elektronen in der Materie weitaus kleiner als die Energie der Röntgen Quanten ist. Aus der Energie- und Impuls Bilanz des freien Stosses zwischen einem

Röntgen Quant und einem Elektron (anfangs in Ruhe) konnte er seine Streu-formel ableiten

$$\omega_c - \omega_0 = -\frac{2\hbar\omega_0^2}{mc^2}\sin^2\left(\frac{\theta}{2}\right) , \tag{1.9}$$

wobei ω_c die Frequenz der gestreuten Röntgen Quanten ist. Die beobachtete Comptonsche Frequenzverschiebung hat sehr kleine Werte, dh. $\omega_0 - \omega_c \ll \omega_0$. Der Nachweis der Dynamik eines mechanischen Stosses erfolgte bei diesem Experiment durch Koinzidenzmessungen.

1.2 Das Bohr-Sommerfeldsche Atommodell (1913–1916)

Aus seinen Streuexperimenten mit α-Teilchen schloß Lord Rutherford 1911, dass praktisch die gesamte Masse der Atome im Atomkern mit der positiven Ladung Ze und mit einem Durchmesser von ca. 10^{-13} cm konzentriert ist und dass diesen Kern die Z Elektronen der Ladung $-e$ auf Bahnen mit einem Bahndurchmesser von ca. 10^{-8} cm umkreisen, um die Kernladung zu neutralisieren. Aus klassischer Sicht bereitet jedoch die Stabilität dieses Modells große Schwierigkeiten, da die klassische Strahlungstheorie lehrt, dass ein auf einer Kreisbahn den Atomkern umrundendes Elektron der Ladung $-e$ seine gesamte mechanische Energie innerhalb $\sim 10^{-8}$ sec in Form von Strahlungsenergie verloren hat und in den Atomkern gestürzt ist.

1.2.1 Die Quantisierungsbedingungen

Daher stellten Niels Bohr (1913) und Arnold Sommerfeld (1916) zusätzliche Quantenpostulate auf. Dazu betrachten wir zunächst den klassischen, aber quantisierten Energieausdruck eines Planckschen Oszillators

$$\frac{p^2}{2m} + \frac{1}{2}\omega^2 x^2 = E = n\hbar\omega . \tag{1.10}$$

Dieser Energieausdruck stellt im sogenannten Phasenraum der Koordinaten x und p eine Schar von Ellipsen dar, die voneinander den Abstand $\hbar$ haben und die Halbachsen

$$a_n = \sqrt{2mE} = \sqrt{2m\hbar\omega} , b_n = \sqrt{\frac{2E}{m\omega^2}} = \sqrt{\frac{2n\hbar}{m\omega}} \tag{1.11}$$

besitzen. Der Flächeninhalt dieser Ellipsen ist durch das Phasenintegral

$$J = \oint p\mathrm{d}x = a_n b_n \pi = nh \tag{1.12}$$

gegeben und der Phasenraum ist demnach in Bänder der Fläche h unterteilt. Dies ist in Abb. 1.2 veranschaulicht. Niels Bohr verallgemeinerte dieses Ergebnis auf die Bewegung der Elektronen im Atom und formulierte folgende zwei Hypothesen:

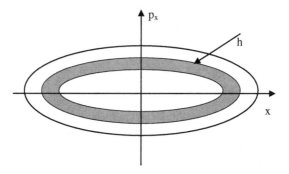

Abb. 1.2. Bohr-Sommerfeldsche Quantisierung

I. Quantenbedingung: Nur solche Bewegungen der Elektronen im Atom sind erlaubt, für die das Phasenintegral die Bedingung erfüllt

$$\oint p\mathrm{d}q = nh\,, \tag{1.13}$$

wo p und q zueinander kanonisch konjugierte Variable sind. Diese erste Quantenbedingung sorgt für die Stabilität der Atome.

II. Quantenbedingung: Beim Übergang zwischen zwei verschiedenen Elektronenbahnen im Atom werden Einsteinsche Photonen emittiert oder absorbiert und da für das System Atom + Photon der Energieerhaltungssatz gelten soll, sind nur solche Strahlungsfrequenzen zulässig, die der folgenden Frequenzbedingung genügen

$$\omega = \frac{E_a - E_b}{\hbar}\,, \tag{1.14}$$

wo E_a die Energie auf der anfänglichen Elektronenbahn und E_b jene auf der Endbahn darstellen. Damit ist eine Erklärung für die beobachteten atomaren Linienspektren gefunden (Arnold Sommerfeld). Bei der Anwendung dieser Quantisierungsbedingungen auf das Wasserstoffatom fand Niels Bohr (für unendlich schweren Atomkern) die zulässigen Energieniveaus

$$E_n = -\frac{me^4}{2\hbar^2 n^2}\,, \ n = 1,\,2,\,3,\cdots \tag{1.15}$$

der gebundenen Zustände des Wasserstoffatoms und im einfachsten Fall der kreisförmigen Elektronenbahnen, ergeben sich die Bahnradien zu

$$a_n = n^2 \frac{\hbar^2}{me^2} = n^2 a_{\mathrm{B}} \tag{1.16}$$

wo $a_{\mathrm{B}} = \frac{\hbar^2}{me^2} = 0{,}529 \times 10^{-8}$ cm den Radius der ersten Bohrschen Bahn darstellt und eine wichtige atomare Längeneinheit bildet. Die durch Kombination der Energieniveaus E_n erhaltenen Frequenzen

$$\omega_{n,m} = \frac{E_n - E_m}{\hbar} \ , \ \ m = 1, 2, 3, \cdots, \ n > m \tag{1.17}$$

geben genähert die beobachteten Frequenzen der Spektrallinien des Wasserstoffs wieder. Die ganzen Zahlen n und m erhielten den Namen Quantenzahlen.

Zu den Defekten der Bohrschen Theorie zählt die Tatsache, dass erst durch eine weitere Zusatzhypothese die Quantisierung des Drehimpulses in Übereinstimmung mit der Erfahrung gebracht werden konnte. Ferner versagt beim Mehrelektronenproblem die Bohr-Sommerfeldsche Theorie vollkommen. Ganz besonders aber sind die beiden ad hoc Quantenpostulate unbefriedigend, welche die Stabilität der an sich klassischen Bohrschen Bahnen der Elektronen im Atom erzwingen.

1.2.2 Das Korrespondenzprinzip (1923)

Um einen Zusammenhang zwischen der klassischen Mechanik und der Quantenmechanik herzustellen, formulierte Niels Bohr 1923 das Korrespondenzprinzip. Dieses Prinzip besagt, dass für große Quantenzahlen die Aussagen der Quantentheorie in jene der klassischen Physik übergehen. Um dies an einem einfachen Beispiel klar zu machen, betrachten wir in der Formel (1.17) zwei benachbarte Energien E_n und E_{n+1} und lassen $n \to \infty$ streben. Dies liefert die Frequenz

$$\begin{aligned} \omega_{(n+1,n)\to\infty} &= \frac{1}{\hbar}(E_{n+1} - E_n) \\ &= -\frac{me^4}{2\hbar^3 n^2}\left[\left(1 + \frac{1}{n}\right)^{-2} - 1\right] \cong \frac{me^4}{\hbar^3 n^3} \ . \end{aligned} \tag{1.18}$$

Andrerseits erhalten wir mit einer klassischen Rechnung für die Umlauffrequenz des Elektrons auf einer quantisierten Kreisbahn

$$\omega_{\mathrm{klass}} = \frac{v_n}{r_n} = \frac{\sqrt{\frac{2|E_n|}{m}}}{a_{\mathrm{B}} n^2} = \frac{me^4}{\hbar^3 n^3} \tag{1.19}$$

und wir erkennen, dass das Resultat mit dem vorangehenden Ergebnis übereinstimmt. Also gehen für große Werte der Quantenzahlen n die Übergangsfrequenzen $\omega_{(n+1,n)\to\infty}$ benachbarter Energieniveaus in die klassischen Umlauffrequenzen ω_{klass} über. Wir werden später eine ganze Reihe von Resultaten erhalten, die auf andere Weise die Gültigkeit des Korrespondenzprinzips hervortreten lassen.

1.3 Die Welleneigenschaften der Materie (1924–1926)

1.3.1 Die de Brogliesche Hypothese (1924)

Einen weiteren Impuls erhielt die Entwicklung der Quantentheorie durch die Hypothese von Louis de Broglie (1924). Dieser Forscher erweiterte die durch die Einsteinsche Lichtquantenhypothese herbeigeführte Dualität von Wellen- und Teilcheneigenschaften des Lichtes auf alle Elementarbausteine der Materie (also auch auf Teilchen der Ruhemasse $m_0 \neq 0$), wie Elektronen, Protonen etc. Nach de Broglie sollen zwischen Frequenz ω und Wellenvektor $\boldsymbol{k}$ dieser Materiewellen und den Teilchengrößen Energie E und Impuls $\boldsymbol{p}$ die gleichen Zusammenhänge bestehen, wie sie Einstein für die Lichtquanten postulierte, also

$$\omega = \frac{E}{\hbar}, \quad \boldsymbol{k} = \frac{\boldsymbol{p}}{\hbar}. \tag{1.20}$$

Für Elektronen mit der kinetischen Energie $E \simeq 100\,\mathrm{eV}$ würde sich eine Wellenlänge der de Broglie Wellen $\lambda \simeq 10^{-8}\,\mathrm{cm}$ ergeben. Daher sollte es zur Beugung und Interferenz dieser Materiewellen an periodischen Kristallstrukturen kommen, ganz ähnlich den bereits bekannten Röntgenstrahlinterferenzen. Der Nachweis solcher Beugungseffekte gelang Davisson und Germer (1927) bei der Reflexion von Elektronen an Nickelkristallen.

1.3.2 Die Wellengleichung (1925–1926)

Bei einem Vortrag Erwin Schrödingers (1925) an der ETH in Zürich über die de Broglieschen Ideen wurde von Peter Debye bemerkt, dass die de Broglieschen Wellen einer Wellengleichung genügen sollten, von der bisher nicht die Rede war. Es tritt also die Frage auf: In welcher Weise lassen sich klassische Welle- und Teilchenvorstellungen miteinander verknüpfen. Als Ausgangspunkt wählen wir mit de Broglie die einfache Annahme, dass einem freien Elektron mit dem Impuls $\boldsymbol{p}$ und der Energie E eine ebene skalare Welle, wie wir sie etwa von Schallwellen her kennen, zugeordnet werden kann, also

$$\psi(\boldsymbol{x}, t) = A\mathrm{e}^{-\mathrm{i}(\omega t - \boldsymbol{k} \cdot \boldsymbol{x})} = A\mathrm{e}^{-\frac{\mathrm{i}}{\hbar}(Et - \boldsymbol{p} \cdot \boldsymbol{x})}. \tag{1.21}$$

Da eine solche Welle unendlich ausgedehnt ist, können wir mit ihr jedenfalls nicht den Ort eines Elektrons festlegen. Doch aus dem nichtrelativistischen Energiesatz für ein freies Elektron folgt für die de Broglie Wellen ein einfaches Dispersionsgesetz, wie wir es von Schallwellen oder elektromagnetischen Wellen her kennen. Aufgrund der Relationen (1.20) lautet dieser Zusammenhang

$$E = \frac{\boldsymbol{p}^2}{2m} \longrightarrow \omega(k) = \frac{\hbar \boldsymbol{k}^2}{2m}. \tag{1.22}$$

Daher können wir in Analogie zur Elektrodynamik versuchen, der Bewegung eines Elektrons ein Wellenpaket zuzuordnen. Dazu haben wir von Anfang an die Annahme gemacht, dass für die de Broglie Wellen das Superpositionsprinzip gilt, sodass wir aus dem obigen Dispersionsgesetz die Gruppengeschwindigkeit der de Broglie Wellen berechnen können, nämlich

$$v_g = \frac{\mathrm{d}\omega}{\mathrm{d}k} = \frac{\hbar k}{m} = \frac{p}{m} = v_{\mathrm{el}}\,. \tag{1.23}$$

Also ist die Gruppengeschwindigkeit der de Broglie Wellen identisch mit der Teilchengeschwindigkeit der Elektronen. Im folgenden ordnen wir daher einem in positiver x-Richtung sich bewegenden Elektron ein eindimensionales Wellenpaket zu

$$\psi(x,t) = \int A(k)\mathrm{e}^{-\mathrm{i}[\omega(k)t - kx]}\mathrm{d}k = \frac{1}{\sqrt{2\pi\hbar}} \int c(p)\mathrm{e}^{-\frac{\mathrm{i}}{\hbar}(Et - px)}\mathrm{d}p\,. \tag{1.24}$$

Da $\psi(x,t)$ durch die lineare Überlagerung von de Broglie Wellen entstand, muss diese Funktion einer linearen partiellen Differentialgleichung in x und t genügen, ähnlich wie die Schall- und Lichtwellen. Dabei muss beim Einsetzen von $\psi(x,t)$ in diese Differentialgleichung sich das obige Dispersionsgesetz (1.22) der de Broglie Wellen reproduzieren lassen, wie dies auch bei den Schall- und elektromagnetischen Wellen geschieht. Durch Einsetzen von (1.24) können wir leicht nachweisen, dass dies durch den folgenden Differentialoperator geleistet wird

$$\left[-\frac{\hbar^2}{2m}\frac{\partial^2}{\partial x^2} + \frac{\hbar}{\mathrm{i}}\frac{\partial}{\partial t}\right]\psi(x,t) = \int A(k)\left[\frac{\hbar^2 k^2}{2m} - \hbar\omega\right]\mathrm{e}^{-\mathrm{i}(\omega t - kx)}\mathrm{d}k = 0\,, \tag{1.25}$$

da in der eckigen Klammer auf der rechten Seite dieser Gleichung das Dispersionsgesetz steht. Daher lautet die nichtrelativistische Schrödinger Gleichung für die eindimensionale Bewegung eines freien Elektrons

$$\left[-\frac{\hbar^2}{2m}\frac{\partial^2}{\partial x^2} + \frac{\hbar}{\mathrm{i}}\frac{\partial}{\partial t}\right]\psi(x,t) = 0\,. \tag{1.26}$$

Da der in dieser Gleichung auftretende Differentialoperator in x und t komplexwertig ist, werden im allgemeinen die Lösungen der Schrödinger Gleichung auch komplexwertig sein. Daher wird die Wellenfunktion $\psi(x,t)$ nicht direkt den messbaren Bewegungsgrößen des Elektrons, E, p, x, zugeordnet werden können. Wenn aber $\psi(x,t)$ einer Beugungswelle beim Experiment von Davisson und Germer entsprechen soll, muss in Analogie zur klassischen skalaren Beugungstheorie der „Intensität" $|\psi(x,t)|^2$ eine wesentliche Bedeutung zukommen. Zur Klärung dieser Frage sind folgende weitere Überlegungen nötig.

1.4 Die Unschärferelation und die Interpretation von ψ (1926–1927)

1.4.1 Die Unschärferelation (Heisenberg 1927)

Ersichtlich ist die Schrödinger-Gleichung (1.26) eine lineare partielle Differentialgleichung von zweiter Ordnung in der Koordinate x und von erster Ordnung in der Zeit t. Daher stellt sie ein einfaches Anfangswertproblem dar. Wenn ihre Lösung $\psi(x,0)$ für $t = 0$ bekannt ist, so kann ihre Lösung $\psi(x,t)$ für $t > 0$ im Prinzip berechnet werden. Dazu machen wir im folgenden die Annahme, $\psi(x,0)$ beschreibt die Lokalisierung eines Elektrons in der Umgebung von $x = 0$ in der Gestalt einer Gaußschen Glockenkurve (Siehe Abb. 1.3)

$$\psi(x,0) = Ae^{-\alpha^2 \frac{x^2}{2}}. \tag{1.27}$$

Diese Funktion ist im Intervall $(-\infty < x < +\infty)$ quadratisch integrabel und wir nehmen an, dass $\alpha > 0$ ist. Wir können diese Funktion mit Hilfe der Bedingung

$$\int_{-\infty}^{+\infty} |\psi(x,0)|^2 \mathrm{d}x = |A|^2 \int_{-\infty}^{+\infty} e^{-\alpha^2 x^2} \mathrm{d}x$$

$$= \left[\frac{|A|}{\sqrt{\alpha}}\right]^2 \int_{-\infty}^{+\infty} e^{-\xi^2} \mathrm{d}\xi = \left[\frac{|A|}{\sqrt{\alpha}}\right]^2 \sqrt{\pi} = 1 \tag{1.28}$$

durch geeignete Wahl von A normieren, sodass bis auf einen Phasenfaktor $A = \sqrt{\frac{\alpha}{\sqrt{\pi}}}$ wird. Mit dieser Normierung folgt für $t = 0$ die zum Wellenpaket $\psi(x,0)$ im x-Raum zugeordnete Fourier-Transformierte $c(p)$ im kanonisch konjugierten p-Raum durch die Berechnung des entsprechenden Fourierintegrals (Siehe Anhang A.2.4)

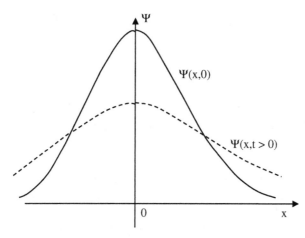

Abb. 1.3. Zerfließendes eindimensionales Wellenpaket

$$\sqrt{\frac{\alpha}{\sqrt{\pi}}} \int_{-\infty}^{+\infty} e^{-\alpha^2 \frac{x^2}{2}} e^{-\frac{i}{\hbar}px} dx = \frac{1}{\sqrt{2\pi\hbar}} \int_{-\infty}^{+\infty} c(p')dp' \int_{-\infty}^{+\infty} e^{-\frac{i}{\hbar}(p-p')x} dx$$

$$= \sqrt{\frac{\hbar}{2\pi}} \int_{-\infty}^{+\infty} c(p')dp' 2\pi\delta(p-p') = \sqrt{2\pi\hbar}c(p). \tag{1.29}$$

Auf der linken Seite lässt sich das Integral über x mit Hilfe eines Tricks berechnen. Man führt die folgende quadratische Ergänzung aus

$$-\left(\alpha^2 \frac{x^2}{2} + \frac{i}{\hbar}px\right) = -\left[\left(\frac{\alpha x}{\sqrt{2}} + i\frac{p}{\sqrt{2}\alpha\hbar}\right)^2 + \frac{p^2}{2\alpha^2\hbar^2}\right] \tag{1.30}$$

und verwendet die neue Integrationsveränderliche $\xi = \frac{\alpha x}{\sqrt{2}} + i\frac{p}{\sqrt{2}\alpha\hbar}$, sowie $dx = \frac{\sqrt{2}}{\alpha}d\xi$. Damit erhalten wir

$$c(p) = (2\pi\hbar)^{-1/2} \sqrt{\frac{2}{\alpha\sqrt{\pi}}} e^{-\frac{p^2}{2\alpha^2\hbar^2}} \int_{-\infty}^{+\infty} e^{-\xi^2} d\xi$$

$$= \frac{1}{\sqrt{\alpha\hbar\sqrt{\pi}}} e^{-\frac{p^2}{2\alpha^2\hbar^2}} \tag{1.31}$$

und dies stellt die gesuchte Fourier-Transformierte dar. Demnach ist auch das Wellenpaket $c(p)$ im Impulsraum von der Gestalt einer Gauß-Kurve.

Wenn wir daher in einer noch näher zu definierenden Weise durch die Wahl von $\psi(x,0)$ Ortskenntnis des Elektrons für $t = 0$ in der Umgebung Δx von $x = 0$ festlegen wollen, müssen wir gleichzeitig eine Impulsunschärfe Δp in der Umgebung von $p = 0$ hinnehmen. Dabei stellt $c(p)$ als Fourier-Transformierte das entsprechende Wellenpaket des Elektrons im Impulsraum dar. Wenn wir die halbe Breite dieser beiden Pakete als jene Werte $x_h = \frac{\Delta x}{2}$ und $p_h = \frac{\Delta p}{2}$ definieren für welche $|\psi(\frac{\Delta x}{2},0)|^2 = e^{-1}|A|^2$ und $|c(\frac{\Delta p}{2})|^2 = e^{-1}|c(0)|^2$ ist, die beiden Funktionen also auf den e-ten Teil des maximalen Wertes bei $x = 0$ bzw. $p = 0$ abgeklungen sind, so folgt aus diesen beiden Beziehungen

$$\left(\alpha\frac{\Delta x}{2}\right)^2 = 1, \quad \left(\frac{\Delta p}{2}\frac{1}{\alpha\hbar}\right)^2 = 1 \tag{1.32}$$

und nachdem wir die Wurzeln gezogen haben und für die ganzen Breiten Δx und Δp die beiden resultierenden Gleichungen miteinander multiplizierten, finden wir

$$\Delta x \cdot \Delta p \geq \hbar. \tag{1.33}$$

Dies ist die einfachste Form der Heisenbergschen Unschärferelation (1927). Sie ist ersichtlich die Folgerung aus einer allgemeinen Aussage der Theorie der Fourier-Transformation, wonach die „Breite" Δx einer Funktion und die entsprechende „Breite" Δk ihrer Fourier-Transformierten in der allgemeinen Beziehung stehen, $\Delta x \cdot \Delta k \simeq 1$. Ein ganz analoger Zusammenhang besteht zwischen der Breite Δt einer zeitabhängigen Funktion $f(t)$ und der Breite $\Delta \omega$ ihrer Fourier-Transformierten $g(\omega)$, nämlich $\Delta t \cdot \Delta \omega \simeq 1$. Auf die Bedeutung dieser Beziehungen für den quantenmechanischen Messvorgang werden wir später zurückkommen.

Man könnte nach unseren bisherigen Überlegungen meinen, ein Elektron ließe sich direkt durch ein Wellenpaket in Form einer kontinuierlichen Massen- und Ladungsverteilung darstellen

$$\rho_m(x,t) = m|\psi(x,t)|^2 \,, \quad \rho_e(x.t) = -e|\psi x,t)|^2 \,, \tag{1.34}$$

deren Schwerpunkte für $t = 0$ bei $x = 0$ ruhen und für welche wegen der Normierung von $\psi(x,0)$ gilt

$$\int_{-\infty}^{+\infty} \rho_m(x,0)\mathrm{d}x = m \,, \quad \int_{-\infty}^{+\infty} \rho_e(x,0)\mathrm{d}x = -e \,. \tag{1.35}$$

Doch gegen diese Auffassung können wir folgende zwei schwerwiegende Einwände vorbringen.

1.4.2 Zerfließen eines Wellenpaketes (Heisenberg 1927)

Wir betrachten die zeitliche Änderung des eindimensionalen Wellenpaketes $\psi(x,t)$, indem wir in den Ausdruck (1.24) die Fourier-Transformierte $c(p)$ aus (1.31) einsetzen. Dies liefert

$$\psi(x,t) = B \int_{-\infty}^{+\infty} \mathrm{e}^{-bp^2 + \frac{\mathrm{i}}{\hbar} px}\mathrm{d}p \,, \tag{1.36}$$

wo $B = (2\pi\sqrt{\pi}\alpha\hbar^2)^{-1/2}$ und $b = \frac{1}{2\alpha^2\hbar^2} + \mathrm{i}\frac{t}{2m\hbar}$ sind. Nach quadratischer Ergänzung, analog dem obigen Vorgehen, $-(bp^2 - \frac{\mathrm{i}}{\hbar}px) = -[(\sqrt{b}p - \mathrm{i}\frac{x}{2\hbar\sqrt{b}})^2 + \frac{x^2}{4\hbar^2 b}]$ folgt mit der neuen Veränderlichen $s = \sqrt{b}p - \mathrm{i}\frac{x}{2\sqrt{b\hbar}}$ und $\mathrm{d}p = \frac{1}{\sqrt{b}}\mathrm{d}s$ die Lösung

$$\psi(x,t) = \frac{B}{\sqrt{b}}\mathrm{e}^{-\frac{x^2}{4b\hbar^2}} \int_{-\infty}^{+\infty} \mathrm{e}^{-s^2}\mathrm{d}s = B\sqrt{\frac{\pi}{b}}\mathrm{e}^{-\frac{x^2}{4b\hbar^2}} \,, \tag{1.37}$$

sodass wir nach Einsetzen von B und b die Lösung der Schrödinger-Gleichung (1.26) für $t > 0$ erhalten, wenn wir von der Anfangsbedingung (1.27) ausgehen

$$\psi(x,t) = \frac{\sqrt{\frac{\alpha}{\sqrt{\pi}}}}{\sqrt{1 + \mathrm{i}\frac{t\hbar\alpha^2}{m}}}\mathrm{e}^{-\frac{(\alpha x)^2}{2(1+\mathrm{i}t\hbar\alpha^2/m)}} \tag{1.38}$$

und daraus

$$|\psi(x,t)|^2 = \frac{\frac{\alpha}{\sqrt{\pi}}}{\sqrt{1 + (\frac{t\hbar\alpha^2}{m})^2}}\mathrm{e}^{-\frac{(\alpha x)^2}{2[1+(t\hbar\alpha^2/m)^2]}} \,. \tag{1.39}$$

Wir erkennen sofort, dass die Breite des Wellenpaketes mit der Zeit sehr rasch zunimmt und gleichzeitig das Maximum des Paketes rasch abfällt, obgleich die Normierung des Wellenpaketes unabhängig von der Zeit konstant gleich 1 bleibt. Dieses Verhalten ist in Abb. 1.3 veranschaulicht. Wir schließen daraus, dass das betrachtete Wellenpaket zur direkten Identifikation eines Elektrons ungeeignet ist, da es mit der Zeit sehr rasch zerfließt (Werner Heisenberg 1927).

1.4.3 Der Messprozess

Als nächstes betrachten wir einen typischen Messprozess an einem Elektron. Wir nehmen an, ein Elektron bewege sich in x-Richtung mit dem Impuls p. Wir ordnen diesem Bewegungszustand die de Broglie Welle oder die Zustandsfunktion $\psi_a(x,t)$ zu. Dieser Anfangszustand sei durch eine ebene Welle $\psi_a(x,t) = A \exp[-\frac{i}{\hbar}(Et - px)]$ beschrieben. Da diese Welle unendlich ausgedehnt ist, haben wir durch sie für das Elektron keine Ortsinformation. Wir wollen uns für das Elektron eine Ortsinformation in y-Richtung beschaffen, indem wir als makroskopische Messapparatur dem Elektron in y-Richtung eine Blende der Öffnung b in den Weg stellen. Dadurch gelingt uns zwar eine Lokalisierung des Elektrons im Bereich b der y-Richtung vorzunehmen, doch durch diesen Messvorgang wird die quantenmechanische Zustandsfunktion $\psi_a(x,t)$ des Elektrons infolge der Beugung am Spalt in unwiederbringlicher Weise (Irreversibilität des Messvorganges) in eine Beugungswelle $\psi_e^{(1)}(x,y,t)$ abgeändert, die den neuen quantenmechanischen Endzustand des Elektrons beschreibt. Im Gegensatz zu $\psi_a(x,t)$ enthält nun

$$\psi_e^{(1)}(x,y,t) = \int A_1(p_y) e^{-\frac{i}{\hbar}(Et - p_x x - p_y y)} \, dp_y \qquad (1.40)$$

im Bereich des zentralen Beugungsmaximums Impulswerte $p_y \simeq p\sin\theta \simeq p\theta$, wo θ den Winkel in Richtung des ersten Beugungsminimums darstellt, wie in Abb. 1.4 angedeutet. Aus der Beugungstheorie ist jedoch bekannt, dass $\theta \simeq \frac{\lambda}{b}$ ist, wobei die Wellenlänge λ nach de Broglie durch $\lambda = \frac{h}{p}$ gegeben ist, sodass $\theta \simeq \frac{h}{bp}$ folgt. Daraus ergibt sich $p_y \cong p\theta \cong \frac{h}{b}$ oder

$$b p_y \cong 2\pi\hbar. \qquad (1.41)$$

Also hat in Übereinstimmung mit der Heisenbergschen Unschärferelation (1.33) die Ortsmessung in y-Richtung am quantenmechanischen Mikrosystem des freien Elektrons, beschrieben durch die Zustandsfunktion $\psi_a(x,t)$, diesen Zustand in unwiederbringlicher Weise abgeändert und die neue Zustandsfunktion $\psi_e^{(1)}(x,y,t)$ bringt automatisch eine Impulsunschärfe p_y mit sich. Auch hier erweist sich die direkte Identifikation eines Elektrons mit einem Wellenpaket als unsinnig. Anstelle uns auf die klassische Beugungstheorie zu berufen, können wir natürlich auch in (1.40) die Fourier-Amplitude $A_1(p_y)$

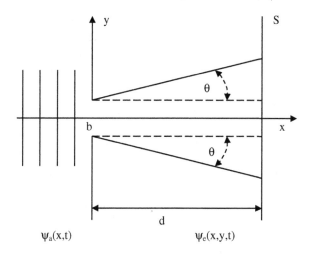

Abb. 1.4. Der Messprozess

explizit berechnen. Die einfallende Welle $\psi_a(x,t)$ hat die Amplitude A und diese ist vor dem Spalt in y-Richtung überall gleich. Durch den Schirm wird die Welle in y-Richtung auf den Bereich $-\frac{b}{2} \leq y \leq +\frac{b}{2}$ eingeschränkt. Daher haben wir für die Streuwelle hinter dem Schirm die Fourier-Transformierte

$$A_1(p_y) = \frac{A}{2\pi} \int_{-\frac{b}{2}}^{+\frac{b}{2}} e^{-\frac{i}{\hbar}p_y y} dy = \frac{Ab}{2\pi} \frac{\sin\left(\frac{p_y b}{2\hbar}\right)}{\left(\frac{p_y b}{2\hbar}\right)} \tag{1.42}$$

zu berechnen. Diese hat für $p_y = 0$ den Wert $A_1(0) = \frac{Ab}{2\pi}$ und ist eine periodische Funktion von p_y, deren Amplitude wegen des Nenners rasch nach Null abklingt. Ferner hat die Funktion $A_1(p_y)$ ihre ersten beiden Nullstelle bei $\frac{p_y b}{2\hbar} = \pm\pi$, woraus wir schließen $p_y b = \pm 2\hbar\pi = \pm h$ in Übereinstimmung mit obigem Resultat (1.41).

Aus ähnlichen Überlegungen ist es auch völlig fruchtlos zu glauben, man könne bei Verwendung eines Doppelspaltes beim obigen Beugungsexperiment durch Verschließen einer der beiden Öffnungen feststellen, durch welche der beiden Öffnungen ein Elektron, beschrieben durch eine einfallende de Broglie Welle $\psi_a(x,t)$, hindurchgegangen sei, denn das Beugungsphänomen an einem Doppelspalt ist im Vergleich zur Beugung an einem einfachen Spalt grundlegend verschieden, denn die beiden entsprechenden Endzustände $\psi_e^{(2)}(x,y,t)$ und $\psi_e^{(1)}(x,y,t)$ sind keinesfalls die gleichen und man gewinnt daher durch Abdecken des einen Spalts nicht die gewünschte Information, ob beim Doppelspalt das Elektron durch die eine oder die andere Öffnung hindurchgegangen sei, denn durch die Abdeckung geht $\psi_e^{(2)}$ in $\psi_e^{(1)}$ über und damit geht die gewünschte Information verloren, denn das Beugungsphänomen wurde abgeändert. Dies ist auch völlig klar zu erkennen, wenn man neben der

Fourier-Transformierten $A_1(p_y)$ für den einfachen Spalt auch die Fourier-Transformierten $A_2(p_y)$ für den Doppelspalt berechnet. Im wesentlichen ist $\psi_e^{(2)}(x,y,t) = \psi_e^{(1,a)}(x,y,t) + \psi_e^{(1,b)}(x,y,t)$, wenn (a) und (b) die beiden identischen Öffnungen des Doppelspalts kennzeichnen. Daher ist die „Intensität" des Beugungsphänomens am Doppelspalt durch den Ausdruck gegeben

$$|\psi_e^{(2)}(x,y,t)|^2 = |\psi_e^{(1,a)}(x,y,t)|^2 + |\psi_e^{(1,b)}(x,y,t)|^2$$
$$+2\,\mathrm{Re}\left\{\psi_e^{(1,a)}(x,y,t)[\psi_e^{(1,b)}(x,y,t)]^*\right\} \qquad (1.43)$$

und wenn der eine Spalt abgedeckt wird, verschwindet vorallem der Interferenzeffekt, dh. der letzte Term in (1.43), der durch die Überlagerung der beiden Beugungswellen entsteht, die von den Öffnungen (a) und (b) ausgehen. Ganz allgemein, bei jeder auch noch so kleinen Störung, beim Versuch festzustellen, durch welche Öffnung ein Elektron gelangte, wird der Zustand $\psi_e^{(2)}(x,y,t)$ abgeändert, entgegen der Vorstellung, dass dies ohne Abänderung des Zustandes möglich sei.

1.4.4 Interpretation der ψ-Funktion (Max Born 1926–1927)

Bisher haben wir keine Aussage gemacht, wie das durch die Zustandsfunktion $\psi_e(x,y,t)$ beschriebene Beugungsphenomen experimentell nachweisbar ist. Wenn auf die betrachtete Blendöffnung in x-Richtung ein schwacher Strahl monoenergetischer Elektronen auftrifft, können die hindurchgelassenen Elektronen in einem bestimmten Abstand d, etwa durch Lichtblitze auf einem Szintillationsschirm oder Schwärzungen auf einer Photoplatte, registriert werden. Diese Lichtblitze bzw. Schwärzungen erfolgen durch Stoßanregung und sind daher eine Folge des Teilchencharakters der Elektronen. Wenn im Laufe der Zeit eine große Anzahl N von Elektronen auf dem Schirm aufgefallen ist, dann können wir die Zahl dN_y von Elektronen bestimmen, die zwischen y und $y + dy$ auf dem Schirm auftrafen. Wir stellen dabei fest, dass das Wahrscheinlichkeitsgesetz der statistischen Verteilung der aufgetroffenen Elektronen gegeben ist durch

$$\lim_{N\to\infty}\frac{\mathrm{d}N_y}{N} = \mathrm{d}W(y) = |\psi_e(d,y,t)|^2\mathrm{d}y\,. \qquad (1.44)$$

Dieses Resultat bleibt unverändert, selbst wenn der Elektronenstrahl noch so schwach ist, sodass Elektronen in großen Zeitabständen auf dem Schirm S auftreffen. Daraus schließen wir, dass jedem einzelnen Elektron eine Beugungswelle $\psi_e(x,y,t)$ als Wahrscheinlichkeitsamplitude zuzuordnen ist. Dabei haben wir bereits angenommen, die Funktion $\psi_e(x,y,t)$ sei für festes $x = d$ im Bereich $(-\infty < y < +\infty)$ auf den Wert 1 normiert worden, also

$$\int_{-\infty}^{+\infty} |\psi_e(x=d,y,t)|^2\mathrm{d}y = 1\,. \qquad (1.45)$$

Schließlich folgt dann aus dieser Interpretation automatisch, dass auch der Fourier-Amplitude $A_1(p_y)$ in (1.42) die entsprechende Wahrscheinlichkeitsinterpretation zukommt, wonach

$$dW(p_y) = |A_1(p_y)|^2 \mathrm{d}p_y \qquad (1.46)$$

die Wahrscheinlichkeit ist, dass auf dem Schirm Impulskomponenten der Elektronen zwischen p_y und $p_y + \mathrm{d}p_y$ gemessen werden können. Wenn wir daher die Wahrscheinlichkeit (1.46) mit der Zahl N der aufgefallenen Elektronen multiplizieren, erhalten wir die Zahl $\mathrm{d}N_y$ jener Elektronen, die mit Impulskomponenten in y-Richtung zwischen p_y und $p_y + \mathrm{d}p_y$ durch die Schirmöffnung hindurchgelassen wurden. Damit sind unsere ursprünglichen „Wellenpakete" im x-Raum und im kanonisch konjugierten p-Raum Wahrscheinlichkeitsamplituden, deren Breiten Δx und Δp_x entsprechend statistisch zu interpretieren sind. Dasselbe gilt natürlich dann auch für die Heisenbergsche Unschärferelation.

Übungsaufgaben

1.1. Finde durch Ableitung des Planckschen Strahlungsgesetzes nach $\frac{\nu}{T}$ das Wiensche Verschiebungsgesetz (W. Wien 1893), wonach $\lambda T = $ const. ist, wo λ jene Wellenlänge darstellt, bei der die Plancksche Intensitätsverteilung für eine bestimmte Temperatur T ihr Maximum hat. Betrachtet man die Sonne genähert als einen „schwarzen Körper", konnte man um 1900 mit Hilfe des Wienschen Gesetzes die Temperatur auf der Sonnenoberfläche zu ca. 6000 °K bestimmen. Man kann den dimensionslosen Parameter $\alpha = \frac{h\nu}{k_B T}$ einführen und das Extremum der Funktion $\frac{\alpha^3}{e^\alpha - 1}$ aufsuchen. Die Gleichung für das Extremum liefert die Näherung für das Verschiebungsgesetz $\lambda T \cong \frac{3hc}{2k_B}$. Bei einer mittleren Wellenlänge des Balmer Spektrums von $\lambda \cong 5 \times 10^{-5}$ cm, folgt dann für die Sonne die oben angegebene Temperatur.

1.2. Unter der Annahme, daß die Eigenfrequenzen eines kristallinen Festkörpers quasi-kontinuierlich verteilt sind und die Energiedichte ihrer Schwingungen bei der Temperatur T dem Planckschen Gesetz genügt, leite durch Integration über alle Eigenfrequenzen einen Ausdruck für die innere Energie $U(T)$ des Festkörpers ab. Dabei ist zu beachten, daß die Gesamtzahl der Eigenfrequenzen, etwa eines kubischen Kristallgitters, durch $3N^3$ beschränkt ist, was bei der Integration eine obere Grenze festlegt. Zeige, daß dann für die spezifische Wärme $C_v(T)$ bei konstantem Volumen aus diesem Modell folgt $C_v(T) = \frac{\partial U}{\partial T} = $ const.T^3. Dies ist bei tiefen Temperaturen in Übereinstimmung mit dem Experiment (Peter Debye 1912). Zur Integration des Planckschen Gesetzes über alle Frequenzen im Bereich $0 \le \nu \le \nu_{\max}$ führt man obigen Parameter α ein. Dies liefert einen Faktor T^4 vor das konstante Parameterintegral. Damit ist $U(T) \sim T^4$.

1.3. Warum wird die Debyesche Theorie gerade bei niederen Temperaturen T in so guter Übereinstimmung mit dem Experiment sein? Bei der Beantwortung dieser Frage ist das Wiensche Verschiebungsgesetz und der Abstand der Gitteratome eines Festkörpers behilflich.

1.4. Zeige mit Hilfe (1.2), daß die gesamte Strahlungsenergie im Hohlraum bei der Temperatur T proportional T^4 ist (Stephan-Boltzmann Gesetz 1879). Hier geht man ähnlich wie unter Aufgabe 1.2 vor. Wie kann man mit Hilfe des Stefan-Boltzmann Gesetzes die Sonnentemperatur bestimmen?

1.5. Welche minimale Frequenz eines Röntgen Quants ist erforderlich, wenn die Austrittsarbeit eines Metalls $A = 5$ eV beträgt. Nach Einstein gilt für den Photoeffekt die Energiebilanz $E_{el} = h\nu - A$.

1.6. Leite aus der Energie und Impulsbilanz des Photon-Elektron Stoßes beim Compton Effekt die Comptonsche Frequenzformel für ein anfangs ruhendes Elektron ab. Betrachte den Stoßprozeß in der (x, y)-Ebene und lasse das Photon in x-Richtung einfallen. Neben der Energiebilanz stellt man die Impulsbilanz des Stoßprozesses in der x- und y-Richtung auf und quadriert diese beiden Impulsgleichungen. Sie ergeben dann zusammen mit der Energiegleichung die Comptonsche Streuformel.

1.7. Zeige, daß ein klassisches Elektron, das sich auf einer Kreisbahn vom Radius $r = a_B$ mit der Energie $E = |E_1|$ bewegt, innerhalb von $t \cong 10^{-9}$ sec seine gesamte Energie in Form von Strahlungsenergie verloren hat. Verwende dazu die Larmor Formel $P = \frac{2e^2a^2}{3c^3}$ für die emittierte Strahlungsleistung und beachte, daß auf der Kreisbahn die Beschleunigung $a = \frac{v^2}{r}$ ist, wo $v \cong v_1$ auf der ersten Bohrschen Bahn gesetzt werden kann. Mit $Pt \cong |E_1|$ erhält man dann das angegebene Resultat.

1.8. Zeige mit Hilfe der de Broglieschen Beziehung $\lambda = \frac{h}{p}$ und den Energiewerten des H-Atoms nach der Bohrschen Theorie $|E_n| = \frac{me^4}{2\hbar^2 n^2}$, daß auf einer Bohrschen Kreisbahn vom Radius $a_n = n^2 a_0$ genau n Wellenlängen λ Platz haben. Dabei ist wegen des Virialtheorems (2.103) die Näherung $p = \sqrt{2m|E|}$ gerechtfertigt. Mit den gemachten Angaben findet man $\lambda = \frac{2\pi a_n}{n}$.

1.9. Berechne für einen Doppelspalt die Fourier-Transformierte $A_2(p_y)$ und vergleiche diese mit (1.42) für den einfachen Spalt von Abb. 1.4. Zeige, daß ein zusätzlicher Interferenzterm auftritt, der verhindert, daß man durch Abdecken des einen Spalts feststellen könnte, durch welche Öffnung ein Elektron hindurchging, da dadurch auch die Zustandsfunktion abgeändert wird, im Gegensatz zu klassischen Vorstellungen. Wenn zwei Spalte der Breite b im Abstand d voneinander liegen, erhält man für die Fourier-Transformierte des Doppelspalts

$$A_2(p_y) = \frac{Ab}{2\pi} \frac{\sin\alpha}{\alpha} \left[1 + \cos\left(\frac{p_y d}{\hbar}\right) \right], \quad \alpha = \frac{p_y b}{2\hbar}. \tag{1.47}$$

1.10. Berechne innerhalb welcher Zeit das Maximum bei $x = 0$ der Wahrscheinlichkeitsverteilung (1.39) des Wellenpaketes auf den halben Wert abgeklungen ist und zwar (1) für ein Elektron vom Radius $\alpha = \Delta x = 2.82 \times 10^{-13}$ cm und der Masse $m = 0.9 \times 10^{-27}$ g und (2) für einen makroskopischen Körper vom Durchmesser $d \cong \Delta x = 1$ cm und der Masse $m = 1$ g. Aus der obigen Beziehung (1.39) leitet man die Formel $\Delta t = \sqrt{3}\frac{m}{\hbar(\Delta x)^2}$ ab und findet damit im Fall (1) $\Delta t \cong 3 \times 10^{-26}$ sec und im Fall (2) $\Delta t \cong 3 \times 10^{25}$ sec. Welche Schlussfolgerungen sind daraus für makroskopische Körper zu ziehen?

2 Grundlegende Theoreme und Axiome der Quantenmechanik

2.1 Vorbemerkung

Die vorangegangenen Überlegungen und Resultate lassen sich zu folgenden fundamentalen Postulaten und Theoremen der Quantenmechanik verallgemeinern. Unser Ausgangspunkt wird dabei die Schrödinger Gleichung und die Interpretation ihrer Lösungen sein.

2.2 Die Schrödinger Gleichung

2.2.1 Grundlegende Annahmen

Im einleitenden Kapitel haben wir gefunden, dass die eindimensionale Bewegung eines freien Teilchens durch die Schrödinger Gleichung

$$\left[\frac{1}{2m} \left(\frac{\hbar}{i} \frac{\partial}{\partial x} \right)^2 + \frac{\hbar}{i} \frac{\partial}{\partial t} \right] \psi(x,t) = 0 \tag{2.1}$$

beschrieben wird. Wenn wir diese Differentialgleichung mit dem klassischen Energieausdruck

$$\frac{1}{2m} p_x^2 - E = 0 \tag{2.2}$$

für ein freies Elektron vergleichen, das sich in x-Richtung mit dem Impuls p_x bewegt, so kann die Schrödinger Gleichung offenbar erhalten werden, indem wir p_x und E durch die folgenden Differentialoperatoren ersetzen (lineare Differentialoperatoren)

$$p_x \to -i\hbar \frac{\partial}{\partial x} \, , \quad E \to i\hbar \frac{\partial}{\partial t} \tag{2.3}$$

und den resultierenden Differentialoperator auf die Zustandsfunktion $\psi(x,t)$ wirken lassen. Da aber

$$H = \frac{p_x^2}{2m} \tag{2.4}$$

die klassische Hamilton Funktion eines freien Teilchens darstellt, erhalten wir mit der obigen Substitution

$$\hat{H}\,\psi(x,t) = \mathrm{i}\hbar\frac{\partial\psi(x,t)}{\partial t}\,, \qquad (2.5)$$

wo nun der entsprechende quantenmechanische Hamilton-Operator lautet

$$\hat{H} = -\frac{\hbar^2}{2m}\frac{\partial^2}{\partial x^2} \qquad (2.6)$$

und wegen der Gültigkeit des Superpositionsprinzips einen linearen Differentialoperator darstellt. Als Verallgemeinerung dieses Resultates formulieren wir folgendes:

Postulat 1a

Die Zustands- oder Wellenfunktion $\psi(\boldsymbol{x}_1, \boldsymbol{x}_2, ...\boldsymbol{x}_N,\, t)$ eines beliebigen, nicht-relativistischen quantenmechanischen Systems genüge der Schrödinger Gleichung

$$\hat{H}\psi = \mathrm{i}\hbar\frac{\partial\psi}{\partial t}\,, \ \ \psi = \psi(\boldsymbol{x}_1, \boldsymbol{x}_2, ...\boldsymbol{x}_N,\, t)\,, \qquad (2.7)$$

wo der entsprechende Hamilton-Operator $\hat{H}$ aus der korrespondierenden klassischen Hamilton Funktion $H(\boldsymbol{x}_1, \boldsymbol{x}_2, \cdots \boldsymbol{x}_N;\, \boldsymbol{p}_1, \boldsymbol{p}_2, \cdots \boldsymbol{p}_N;\, t)$, in kartesischen Koordinaten, durch die Substitution

$$\boldsymbol{p}_i \to -\mathrm{i}\hbar\nabla_i\,, \ \ \boldsymbol{x}_i \to \boldsymbol{x}_i\,, \ i = 1, 2, \cdots N \qquad (2.8)$$

erhalten wird, wobei N die Zahl der Teilchen des Systems darstellt, unabhängig ob mit oder ohne gegenseitige Wechselwirkung der Teilchen. In dieser sogenannten Schrödinger-Darstellung der Quantenmechanik gehen die klassischen kartesischen Impulse der Teilchen in Differentialoperatoren über und die kartesischen Koordinaten der Teilchen in multiplikative Operatoren. Später werden wir auch Verallgemeinerungen zu betrachten haben, für die keine klassische Hamilton Funktion vorliegt. Die Substitution (2.8) kann als ein Ausdruck des Bohrschen Korrespondenzprinzips aufgefasst werden.

Für die folgenden Überlegungen konzentrieren wir uns auf den einfachen Spezialfall eines Teilchens, das sich in einem Potentialfeld $V(\boldsymbol{x},t)$ bewegt. Dann lautet die klassische Hamilton-Funktion (Vgl. Anhang A.131)

$$H = \frac{\boldsymbol{p}^{\,2}}{2m} + V(\boldsymbol{x},t) \qquad (2.9)$$

und daher die korrespondierende Schrödinger Gleichung

$$\left[-\frac{\hbar^2}{2m}\Delta + V(\boldsymbol{x},t)\right]\psi(\boldsymbol{x},t) = \mathrm{i}\hbar\frac{\partial}{\partial t}\psi(\boldsymbol{x},t)\,. \qquad (2.10)$$

Postulat 2a

Dieses betrifft die statistische Interpretation der Zustandsfunktion oder Wellenfunktion. Wir betrachten eine sehr große Anzahl $N \to \infty$ identischer und voneinander unabhängiger Räume, in denen überall die gleiche Potentialfuntion $V(\boldsymbol{x}, t)$ herrscht. In jedem dieser Räume sei die Bewegung eines Teilchens durch dieselbe Zustandsfunktion $\psi(\boldsymbol{x}, t)$ beschrieben. Dann sei die a-priori Wahrscheinlichkeit irgend eines der Teilchen in seinem Raum im Volumselement d^3x in der Umgebung des Ortes $\boldsymbol{x}$ zur Zeit t anzutreffen, definiert durch

$$dW(\boldsymbol{x}, t) = P(\boldsymbol{x}, t)d^3x \qquad (2.11)$$

und diese Wahrscheinlichkeit sei a-posteriori durch Messung bestimmbar, indem wir den Limes betrachten

$$\lim_{N \to \infty} \frac{dN(\boldsymbol{x}, t)}{N}, \qquad (2.12)$$

wo $dN(\boldsymbol{x}, t)$ die Zahl jener Räume ist, in denen sich das jeweilige Teilchen zur Zeit t in der Umgebung d^3x von der Stelle $\boldsymbol{x}$ befindet. Gemäss den Analysen von Max Born ist dabei die gesuchte Wahrscheinlichkeitsdichte in der Quantenmechanik gegeben durch

$$P(\boldsymbol{x}, t) = \psi^*(\boldsymbol{x}, t)\psi(\boldsymbol{x}, t) = |\psi(\boldsymbol{x}, t)|^2. \qquad (2.13)$$

Anstelle der gleichzeitigen identischen Messungen an den räumlich getrennten identischen Systemen, können wir bei Einhaltung stationärer Verhältnisse auch eine zeitliche Aufeinanderfolge von Messungen an identisch präparierten Systemen betrachten, wie wir es beim elementaren Streu- oder Beugungsexperiment im einleitenden Kapitel taten.

Die soeben formulierte statistische Interpretation von $\psi^*\psi$ wird auch dadurch plausibel, dass wir später zeigen können, wie aufgrund dieser statistischen Gesetzmäßigkeiten in der Quantenmechanik die mittlere Bewegung eines Teilchens weiterhin der klassischen Bewegungsgleichung genügt. Im Laufe der fast 80 Jahre, die seit der statistischen Interpretation der Quantenmechanik durch Max Born vergangen sind, wurde diese Interpretation in vielfältiger Weise durch Vergleich mit dem Experiment erhärtet.

2.2.2 Erhaltung der Wahrscheinlichkeit

Aus der statistischen Interpretation folgt als erste Bedingung, dass die Gesamtwahrscheinlichkeit, ein Teilchen irgendwo im Raum anzutreffen, endlich und konstant sein muss. In der nichtrelativistischen Quantenmechanik, in der Teilchen weder erzeugt noch vernichtet werden, ist diese Bedingung äquivalent mit dem Satz von der Erhaltung der Teilchenzahl. Der Satz von der Wahrscheinlichkeitserhaltung besagt, daß

$$\int_{V\to\infty} P(\boldsymbol{x},t)\mathrm{d}^3x = \int_{V\to\infty} \psi^*(\boldsymbol{x},t)\psi(\boldsymbol{x},t)\mathrm{d}^3x = \text{const.} \qquad (2.14)$$

ist, wobei wir voraussetzen, dass die Lösungen $\psi(\boldsymbol{x},t)$ der Schrödinger Gleichung quadratisch integrable Funktionen sind. Anders ausgedrückt, soll gelten

$$\frac{\mathrm{d}}{\mathrm{d}t}\int_{V\to\infty} \psi^*(\boldsymbol{x},t)\psi(\boldsymbol{x},t)\mathrm{d}^3x = 0\,. \qquad (2.15)$$

Zum Nachweis führen wir die Differentiation aus und ersetzen mit Hilfe der Schrödinger Gleichung (2.10) und ihrer komplex konjugierte Form die zeitlichen durch die räumlichen Ableitungen. Dies ergibt zunächst

$$\frac{\mathrm{d}}{\mathrm{d}t}\int_{V\to\infty}\psi^*\psi\,\mathrm{d}^3x = \int_{V\to\infty}\frac{\partial}{\partial t}(\psi^*\psi)\mathrm{d}^3x = \int_{V\to\infty}\left(\psi\frac{\partial\psi^*}{\partial t} + \psi^*\frac{\partial\psi}{\partial t}\right)d^3x$$

$$= \frac{\mathrm{i}\hbar}{2m}\int_{V\to\infty}(\psi^*\Delta\psi - \psi\Delta\psi^*)\mathrm{d}^3x \qquad (2.16)$$

und daraus folgt dann unter Verwendung des Greenschen Satzes der Vektoranalysis (Vergleiche Anhang A.4)

$$\frac{\mathrm{d}}{\mathrm{d}t}\int_{V\to\infty}\psi^*\psi\,\mathrm{d}^3x = \frac{\mathrm{i}\hbar}{2m}\int_{S\to\infty}(\psi^*\nabla\psi - \psi\nabla\psi^*)\mathrm{d}\boldsymbol{\sigma} = 0\,, \qquad (2.17)$$

wobei das Verschwinden des letzten Integrals nur dann möglich ist, wenn die zulässigen Lösungen der Schrödinger Gleichung ganz bestimmten Randbedingungen genügen. Diese können zum Beispiel lauten, dass für $r \to \infty$ die Lösungen ψ proportional r^{-1} gegen Null streben und daher das Oberflächenintegral verschwindet, denn $\mathrm{d}\sigma \sim r^2$. Doch nicht alle physikalisch interessanten Lösungen genügen einer solchen Randbedingung. Wenn wir es etwa mit einem Strom von Elektronen zu tun haben, die an einem Atom gestreut werden, dann wird $\psi \sim \exp[-\frac{\mathrm{i}}{\hbar}(Et - \boldsymbol{p}\cdot\boldsymbol{x})]$ sein und wir werden andere Randbedingungen auferlegen müssen, damit in (2.17) auf der rechten Seite das Integral verschwindet. Eine der Möglichkeiten besteht darin, dass das Volumen V ein sehr großer Raumwürfel der Kantenlänge $L \to \infty$ ist und wir verlangen, dass ψ auf gegenüberliegenden Würfelflächen periodische Randbedingungen erfüllt, sodass also gilt $\psi(x,y,z,t) = \psi(x+L,y,z,t) = \psi(x,y+L,z,t) = \psi(x,y,z+L,t)$. (Vergleiche Abschn. 3.3.4)

Ist dann eine der als möglich genannten Randbedingungen erfüllt, lässt sich die Lösung $\psi(x,y,z,t)$ der Schrödinger Gleichung in geeigneter Weise normieren, ohne dass sich dadurch der Lösungscharakter ändert. In Übereinstimmung mit der Wahrscheinlichkeitsinterpretation ist es zweckmässig, die Normierung so festzulegen, dass die Wahrscheinlichkeit, ein Teilchen irgendwo im Volumen V anzutreffen $= 1$ wird. Also

$$\int_V P(\boldsymbol{x},t)\mathrm{d}^3x = \int_V \psi^*(\boldsymbol{x},t)\psi(\boldsymbol{x},t)\mathrm{d}^3x = \int_V |\psi(\boldsymbol{x},t)|^2\mathrm{d}^3x = 1\,. \qquad (2.18)$$

Die Lösungen der Schrödinger Gleichung müssen demnach quadratisch integrable Funktionen sein.

2.2.3 Die Wahrscheinlichkeitsstromdichte

Dazu betrachten wir erneut die Gleichung (2.17) und wenden auf der rechten Seite den Gaußschen Satz (A.12) an. Dann erhalten wir

$$\int_V \mathrm{d}^3 x \left[\frac{\partial}{\partial t}(\psi^*\psi) - \frac{\mathrm{i}\hbar}{2m}\nabla\left(\psi^*\nabla\psi - \psi\nabla\psi^*\right) \right] = 0 \qquad (2.19)$$

und dies gilt für ein beliebiges Volumen V. Daraus können wir schließen, dass der Satz von der Erhaltung der Wahrscheinlichkeit in differentieller Form die Gestalt einer Kontinuitätsgleichung hat, nämlich

$$\frac{\partial}{\partial t} P(\boldsymbol{x},t) + \mathrm{div}\,\vec{j}\,(\boldsymbol{x},t) = 0\,, \qquad (2.20)$$

wenn wir neben der Wahrscheinlichkeitsdichte $P(\boldsymbol{x},t)$ noch eine Wahrscheinlichkeitsstromdichte definieren

$$\boldsymbol{j}(\boldsymbol{x},t) = \frac{\mathrm{i}\hbar}{2m}\left(\psi\nabla\psi^* - \psi^*\nabla\psi\right)\,. \qquad (2.21)$$

Damit haben wir dann als quantenmechanisches Gegenstück zur klassischen Teilchenbewegung die Angabe der Teilchenstromdichte als Funktion von Ort und Zeit. Da $P(\boldsymbol{x},t)$ und $\boldsymbol{j}(\boldsymbol{x},t)$ überall eindeutig und stetig sein müssen, folgen als weitere Randbedingungen die Stetigkeit von $\psi(\boldsymbol{x},t)$ und von $\nabla\psi(\boldsymbol{x},t)$ etwa an der Trennfläche zwischen zwei Raumbereichen, in denen verschiedene Potentiale $V(\boldsymbol{x},t)$ wirken.

2.2.4 Erwartungswerte

Wenn eine klassische, physikalische Größe die möglichen Werte x_n haben kann und diese mit den Wahrscheinlichkeiten w_n auftreten können, dann ist der Mittelwert aller Messungen dieser Größe oder ihr Erwartungswert gegeben durch

$$\langle x \rangle = \sum_n x_n w_n\,. \qquad (2.22)$$

Analog ist in der Quantenmechanik der Erwartungswert einer physikalisch messbaren Größe, einer sogenannten Observablen, im vorhin beschriebenen Sinn, der Mittelwert der Messungen dieser Größe an den Elementen des Ensembles gleichartig präparierter Systeme. Oder, mathematisch ausgedrückt, ist er die Erwartung für das Resultat einer einzigen Messung dieser Observablen an einem dieser Systeme. Befindet sich das System im Zustand $\psi(\boldsymbol{x},t)$, so ist der Erwartungswert für die Messung des Ortsvektors $\boldsymbol{x}$ gegeben durch

$$\langle \boldsymbol{x} \rangle = \int_V \boldsymbol{x}\psi^*(\boldsymbol{x},t)\psi(\boldsymbol{x},t)\mathrm{d}^3 x = \int_V \psi^*(\boldsymbol{x},t)\boldsymbol{x}\psi(\boldsymbol{x},t)\mathrm{d}^3 x\,. \qquad (2.23)$$

Dabei ist im Fall der Ortsmessung keine der beiden Schreibweisen vorzuziehen. Wenn die Observable, deren Erwartungswert zu berechnen ist, nur eine Funktion $f(\boldsymbol{x})$ des Ortes $\boldsymbol{x}$ ist, dann führen die beiden Schreibweisen des Erwartungswertes (2.23) zum selben Resultat. Die beiden Verfahren führen aber nicht notwendig zum richtigen Resultat, wenn die Observable eine Funktion des Impulses oder der Energie ist. Dies erkennen wir, wenn wir etwa den Erwartungswert des Impulses $\boldsymbol{p}$ berechnen wollen. Dann ergeben sich die beiden Möglichkeiten

$$\langle \boldsymbol{p} \rangle = -\mathrm{i}\hbar \int \nabla(\psi^*\psi)\mathrm{d}^3x \quad \text{oder} \quad \langle \boldsymbol{p} \rangle = -\mathrm{i}\hbar \int \psi^*\nabla\psi\mathrm{d}^3x \,. \tag{2.24}$$

Doch wir erkennen sofort, dass im allgemeinen hier die beiden Berechnungen zu verschiedenen Resultaten führen werden. Wir gelangen aber zu einer eindeutigen Definition des quantenmechanischen Erwartungswertes, wenn wir die sinnvolle Annahme machen, dass der Hamiltonoperator $\hat{H}$ und der Energieoperator $\hat{E} = \mathrm{i}\hbar\frac{\partial}{\partial t}$ zum gleichen Erwartungswert $\langle E \rangle$ der Energie eines Teilchens im Zustand $\psi(\boldsymbol{x}, t)$ führen sollen, dass also gilt

$$\left\langle -\frac{\hbar^2}{2m}\Delta + V(\boldsymbol{x}, t) \right\rangle = \left\langle \mathrm{i}\hbar\frac{\partial}{\partial t} \right\rangle \,. \tag{2.25}$$

Bei Anwendung der zweiten Methode in (2.24) erhalten wir zunächst durch Multiplikation der Schrödinger Gleichung (2.10) von links mit $\psi^*(\boldsymbol{x}, t)$ die Gleichung

$$\psi^*(\boldsymbol{x}, t)\left[-\frac{\hbar^2}{2m}\Delta + V(\boldsymbol{x}, t)\right]\psi(\boldsymbol{x}, t) = \mathrm{i}\hbar\psi^*(\boldsymbol{x}, t)\frac{\partial}{\partial t}\psi(\boldsymbol{x}, t) \tag{2.26}$$

und daher in Übereinstimmung mit der Voraussetzung (2.25) für den Erwartungswert der Energie

$$\langle E \rangle = \int \psi^*\left[-\frac{\hbar^2}{2m}\Delta + V(\boldsymbol{x}, t)\right]\psi\mathrm{d}^3x = \mathrm{i}\hbar \int \psi^*\frac{\partial}{\partial t}\psi\mathrm{d}^3x \,. \tag{2.27}$$

Die erste Methode in (2.24) verlangt hingegen, daß

$$\left[-\frac{\hbar^2}{2m}\Delta + V(\boldsymbol{x}, t)\right]\psi^*(\boldsymbol{x}, t)\psi(\boldsymbol{x}, t) = \mathrm{i}\hbar\frac{\partial}{\partial t}[\psi^*(\boldsymbol{x}, t)\psi(\boldsymbol{x}, t)] \tag{2.28}$$

ist und bei Ausführung der Differentiation ergibt sich sofort ein Widerspruch mit der Schrödinger Gleichung.

Postulat 3a

Damit gelangen wir zu einer allgemeinen Regel für die Auffindung des Erwartungswertes einer Observablen $\mathcal{A}$, die durch einen Operator $\hat{A}$ beschrieben wird und der explizit von den Koordinaten $\boldsymbol{x}$, dem Impuls $\boldsymbol{p}$, der Energie E und der Zeit t abhängen kann, nämlich

$$\langle \hat{A}(\boldsymbol{x}, \boldsymbol{p}, E, t) \rangle = \int \psi^*(\boldsymbol{x}, t) \hat{A}(\boldsymbol{x}, -i\hbar\nabla, i\hbar\frac{\partial}{\partial t}, t) \psi(\boldsymbol{x}, t) \mathrm{d}^3 x \,. \tag{2.29}$$

Damit können wir dann zeigen, dass diese Wahl für die Berechnung der Erwartungswerte $\langle \hat{A} \rangle$ einer physikalischen Observablen $\mathcal{A}$ auf Resultate führt, die mit jenen des klassischen Gegenstücks übereinstimmen. Dazu ist auch noch notwendig, dass die physikalisch zulässigen Operatoren $\hat{A}$, die Eigenschaft haben, dass sie hermitesch bzw. selbstadjugiert sind, da nur diese Operatoren auf reelle Erwartungswerte führen und damit physikalisch messbaren Größen zugeordnet werden können.

2.2.5 Hermitesche Operatoren

Allgemein ist zu einem Operator $\hat{A}$ der hermitesch adjungierte Operator $\hat{A}^\dagger$ definiert durch die Beziehung

$$\int f^*(\boldsymbol{x})[\hat{A} g(\boldsymbol{x})] \mathrm{d}^3 x = \int [\hat{A}^\dagger f(\boldsymbol{x})]^* g(\boldsymbol{x}) \mathrm{d}^3 x \,, \tag{2.30}$$

wo $f(\boldsymbol{x})$ und $g(\boldsymbol{x})$ zwei beliebige, quadratisch integrable skalare Funktionen sind. Hat der Operator $\hat{A}$ die Eigenschaft, dass für ihn gilt $\hat{A}^\dagger = \hat{A}$, dann heißt der Operator hermitesch und die Beziehung (2.30) lautet dann

$$\int f^*(\boldsymbol{x})[\hat{A} g(\boldsymbol{x})] \mathrm{d}^3 x = \int [\hat{A} f(\boldsymbol{x})]^* g(\boldsymbol{x}) \mathrm{d}^3 x \tag{2.31}$$

und in diesem Fall sind dann die Erwartungswerte von $\hat{A}$ reelle Zahlen. Also gilt dann $\langle \hat{A} \rangle = \langle \hat{A} \rangle^*$ und wir können vermuten, dass die physikalisch messbaren Größen, die sogenannten Observablen, sich in der Quantenmechanik durch hermitesche Operatoren beschreiben lassen, da diese reelle Erwartungswerte besitzen. Zunächst legen wir die Eigenschaften hermitescher Operatoren den folgenden Überlegungen zugrunde (Vgl. Anhang A.2.1).

2.2.6 Zeitliche Änderung der Erwartungswerte

Nachdem wir gesehen haben, wie der Erwartungswert eines quantenmechanischen Operators zu berechnen ist und dass dieser Operator hermitesch sein sollte, können wir nun auch die zeitliche Änderung eines solchen Erwartungswertes berechnen. Wir betrachten dazu

$$\begin{aligned}
\frac{\mathrm{d}}{\mathrm{d}t}\langle \hat{A} \rangle &= \frac{\mathrm{d}}{\mathrm{d}t} \int \psi^* \hat{A} \psi \mathrm{d}^3 x = \int \frac{\partial}{\partial t}(\psi^* \hat{A} \psi) \mathrm{d}^3 x \\
&= \int \left[\psi^* \frac{\partial}{\partial t}(\hat{A} \psi) + \frac{\partial \psi^*}{\partial t}(\hat{A} \psi) \right] \mathrm{d}^3 x \\
&= \int \left[\psi^* \left(\frac{\partial \hat{A}}{\partial t} \psi + \hat{A} \frac{\partial \psi}{\partial t} \right) + \frac{\partial \psi^*}{\partial t}(\hat{A} \psi) \right] \mathrm{d}^3 x
\end{aligned} \tag{2.32}$$

und verwenden die Schrödinger Gleichung (2.5) in ihrer allgemeinen Form. Dann erhalten wir aus (2.32) weiter

$$\frac{\mathrm{d}}{\mathrm{d}t}\langle\hat{A}\rangle = \int\left[\psi^*\frac{\partial\hat{A}}{\partial t}\psi - \frac{\mathrm{i}}{\hbar}\psi^*\hat{A}\,\hat{H}\,\psi + \frac{\mathrm{i}}{\hbar}(\hat{H}\,\psi)^*\hat{A}\,\psi\right]\mathrm{d}^3x$$

$$= \left\langle\frac{\partial\hat{A}}{\partial t}\right\rangle + \frac{\mathrm{i}}{\hbar}\int(\psi^*\hat{H}\,\hat{A}\,\psi - \psi^*\hat{A}\,\hat{H}\,\psi)\mathrm{d}^3x \qquad (2.33)$$

$$= \left\langle\frac{\partial\hat{A}}{\partial t}\right\rangle + \frac{\mathrm{i}}{\hbar}\left\langle\left[\hat{H},\hat{A}\right]\right\rangle,$$

wo wir wegen der Hermitezität des Hamilton-Operators setzen konnten

$$\int(\hat{H}\,\psi)^*\hat{A}\,\psi\mathrm{d}^3x = \int\psi^*\hat{H}\,\hat{A}\,\psi\mathrm{d}^3x \qquad (2.34)$$

und wir gleichzeitig den Kommutator von $\hat{H}$ und $\hat{A}$ definiert haben

$$\left[\hat{H},\hat{A}\right] = \hat{H}\,\hat{A} - \hat{A}\,\hat{H}. \qquad (2.35)$$

Diese Definition des Kommutators zweier quantenmechanischer Operatoren und ihre Eigenschaften werden wir später eingehender zu untersuchen haben. Die Gleichung (2.33) kann man als das quantenmechanische Gegenstück zur Poissonschen Gleichung der klassischen Hamiltonschen Mechanik (Vgl. Anhang A.6.4) interpretieren, sodass wir, ähnlich wie dort, auf die Konstanten der Bewegung eines quantenmechanischen Systems geführt werden. Auch lässt sich diese Analogie als Beleg für das Wirken des Bohrschen Korrespondenzprinzips auffassen. Der enge Zusammenhang mit der klassischen Mechanik wird noch klarer, wenn wir einen speziellen Fall betrachten.

2.2.7 Das Ehrenfestsche Theorem (1927)

Paul Ehrenfest hat gezeigt, dass die klassischen Newtonschen Bewegungsgleichungen für ein Teilchen, das sich in einem Potentialfeld $V(\boldsymbol{x},t)$ bewegt

$$m\frac{\mathrm{d}\boldsymbol{x}}{\mathrm{d}t} = \boldsymbol{p}, \; \frac{\mathrm{d}\boldsymbol{p}}{\mathrm{d}t} = -\nabla V(\boldsymbol{x},t) \qquad (2.36)$$

auch in der Quantenmechanik erfüllt sind, wenn alle in diesen Gleichungen auftretenden Vektoren durch die Erwartungswerte der entsprechenden quantenmechanischen Operatoren ersetzt werden, also

$$\frac{\mathrm{d}\langle\hat{x}\rangle}{\mathrm{d}t} = \frac{\mathrm{d}}{\mathrm{d}t}\int\psi^*\hat{x}\,\psi\mathrm{d}^3x = \int\left(\psi^*\hat{x}\frac{\partial\psi}{\partial t} + \frac{\partial\psi^*}{\partial t}\hat{x}\,\psi\right)\mathrm{d}^3x$$

$$= \int\left[\psi^*\hat{x}\left(\frac{\mathrm{i}\hbar}{2m}\Delta\psi - \frac{\mathrm{i}}{\hbar}\hat{V}\,\psi\right) + \hat{x}\,\psi\left(-\frac{\mathrm{i}\hbar}{2m}\Delta\psi^* + \frac{\mathrm{i}}{\hbar}\hat{V}\,\psi^*\right)\right]\mathrm{d}^3x$$

$$= \frac{\mathrm{i}\hbar}{2m}\int[\psi^*\hat{x}\,\Delta\psi - \Delta\psi^*(\hat{x}\,\psi)]\mathrm{d}^3x. \qquad (2.37)$$

Doch da der Laplacesche Operator (gemäss Anhang A.2.1) hermitesch ist, geht die rechte Seite von (2.37) über in

$$\frac{i\hbar}{2m} \int [\psi^* \hat{x} \, \Delta\psi - \psi^* \Delta(\hat{x}\,\psi)] \, \mathrm{d}^3x \tag{2.38}$$

und da $\Delta(\hat{x}\,\psi) = \hat{x}\,\Delta\psi + 2\frac{\partial\psi}{\partial x}$ gilt, folgt schließlich

$$\frac{\mathrm{d}\langle\hat{x}\rangle}{\mathrm{d}t} = -\frac{i\hbar}{m} \int \psi^* \frac{\partial}{\partial x} \psi \, \mathrm{d}^3x = \frac{\langle\hat{p}_x\rangle}{m} \,. \tag{2.39}$$

Dies ist die erste Ehrenfestsche Gleichung. Für die Herleitung der zweiten Ehrenfestschen Gleichung verwenden wir unser Resultat (2.33) für die zeitliche Änderung des Erwartungswertes eines Operators. Demnach gilt

$$\begin{aligned}
\frac{\mathrm{d}\langle\hat{p}_x\rangle}{\mathrm{d}t} &= \frac{i}{\hbar}\left\langle\left[\hat{H},\hat{p}_x\right]\right\rangle = \frac{i}{\hbar} \int \psi^* \left[\left(-\frac{\hbar^2}{2m}\Delta + V\right), -i\hbar\frac{\partial}{\partial x}\right]\psi\mathrm{d}^3x \\
&= \int \left[\psi^* V \frac{\partial\psi}{\partial x} - \psi^* \frac{\partial(V\psi)}{\partial x}\right]\mathrm{d}^3x \\
&= -\int \psi^* \frac{\partial V}{\partial x}\psi\mathrm{d}^3x = -\left\langle\frac{\partial V}{\partial x}\right\rangle,
\end{aligned} \tag{2.40}$$

wobei wir die Tatsache verwendet haben, dass die Operatoren Δ und $\frac{\partial}{\partial x}$ miteinander kommutieren. Hier erkennen wir sofort, dass $\langle p_x \rangle = $ const. wird, wenn $\frac{\partial V}{\partial x} = 0$ ist, ganz in Analogie zur klassischen Mechanik wo entsprechend $p_x = $ const. gilt, also p_x in diesem Fall eine Konstante der Bewegung darstellt. Wir werden uns später nochmals näher mit Bewegungskonstanten zu beschäftigen haben.

2.2.8 Die Impuls-Wellenfunktionen

Als Verallgemeinerung unserer Überlegungen in Abschn. 1.4 über Wellenpakete, betrachten wir nun die Fourier-Transformierte der Zustandsfunktion $\psi(\boldsymbol{x},t)$ im Impulsraum mit den Koordinaten $\boldsymbol{p}$. Diese Impuls-Wellenfunktionen sind dann definiert durch (Vgl. Anhang A.2.4)

$$\Phi(\boldsymbol{p},t) = \left(\frac{1}{2\pi\hbar}\right)^{\frac{3}{2}} \int_{-\infty}^{+\infty} \mathrm{e}^{-\frac{i}{\hbar}\boldsymbol{p}\cdot\boldsymbol{x}}\psi(\boldsymbol{x},t)\mathrm{d}^3x\,, \tag{2.41}$$

sodass andrerseits $\psi(\boldsymbol{x},t)$, als die Fourier-Umkehrtransformation, in der Form geschrieben werden kann

$$\psi(\boldsymbol{x},t) = \left(\frac{1}{2\pi\hbar}\right)^{\frac{3}{2}} \int_{-\infty}^{+\infty} \mathrm{e}^{\frac{i}{\hbar}\boldsymbol{p}\cdot\boldsymbol{x}}\Phi(\boldsymbol{p},t)\mathrm{d}^3p\,. \tag{2.42}$$

Wenn wir (2.42) in die Schrödinger Gleichung einsetzen, so folgt für die Impuls-Wellenfunktion $\Phi(\boldsymbol{p},t)$ die Schrödinger Gleichung im Impulsraum

$$\left[\frac{\boldsymbol{p}^2}{2m} + V(\boldsymbol{x} \to \mathrm{i}\hbar\nabla_{\boldsymbol{p}}, \boldsymbol{p}, t)\right] \Phi(\boldsymbol{p}, t) = \mathrm{i}\hbar\frac{\partial\Phi(\boldsymbol{p}, t)}{\partial t} \,, \qquad (2.43)$$

wobei $\boldsymbol{x} \to \mathrm{i}\hbar\nabla_{\boldsymbol{p}}$ bedeutet, dass die Koordinaten $\boldsymbol{x}$ im Potentialausdruck V durch den Operator $\mathrm{i}\hbar\nabla_{\boldsymbol{p}}$ zu ersetzen ist, da dieser Operator im Impulsraum den Koordinatenoperator als Differentialoperator repräsentiert. In (2.43) ist dann der Ausdruck in der eckigen Klammer gleich der entsprechende Hamilton- oder Energieoperator im Impulsraum. Dabei ist jetzt $\frac{\boldsymbol{p}^2}{2m}$ der multiplikative Operator der kinetischen Energie, da wir $\boldsymbol{p}$ als Impulsoperator in der Impulsdarstellung der Quantenmechanik zu interpretieren haben. Es ist aber wichtig, zu bemerken, dass die Schrödinger Gleichung (2.43) in der Impulsdarstellung nur dann in dieser einfachen Form geschrieben werden kann, wenn das Potential $V(\boldsymbol{x}, t)$ in der Gestalt einer gleichmässig konvergenten Potenzreihe nach $\boldsymbol{x}$ entwickelt werden kann, also keine Singularitäten auftreten. Daher ist zum Beispiel das Coulombpotential für eine solche Darstellung nicht geeignet und in so einem Fall geht die Gleichung (2.43) in eine Integral-Differentialgleichung über, die oft schwieriger zu lösen ist, als die entsprechende Schrödinger Gleichung in der Koordinatendarstellung.

Die statistische Interpretation von $\Phi(\boldsymbol{p}, t)$ im $\boldsymbol{p}$-Raum ist dann ganz ähnlich jener von $\psi(\boldsymbol{x}, t)$ im $\boldsymbol{x}$-Raum, nämlich

$$\mathrm{d}W(\boldsymbol{p}, t) = \Phi^*(\boldsymbol{p}, t)\Phi(\boldsymbol{p}, t)\mathrm{d}^3p = |\Phi(\boldsymbol{p}, t)|^2\mathrm{d}^3p \qquad (2.44)$$

ist die Wahrscheinlichkeit, dass ein Teilchen in der Umgebung d^3p den Impulswert $\boldsymbol{p}$ im Impulsraum hat. Analog können wir den Erwartungswert eines quantenmechanischen Operators $\hat{A}(\boldsymbol{p}, \mathrm{i}\hbar\nabla_{\boldsymbol{p}}, \mathrm{i}\hbar\frac{\partial}{\partial t}, t)$ berechnen. Wir erhalten in zum $\boldsymbol{x}$-Raum äquivalenter Weise

$$\langle\hat{A}\rangle = \int \Phi^*(\boldsymbol{p}, t) A\left(\boldsymbol{p}, \mathrm{i}\hbar\nabla_{\boldsymbol{p}}, \mathrm{i}\hbar\frac{\partial}{\partial t}, t\right) \Phi(\boldsymbol{p}, t)\mathrm{d}^3p \qquad (2.45)$$

und die Normierung von $\Phi(\boldsymbol{p}, t)$ ergibt sich aus der Normierung von $\psi(\boldsymbol{x}, t)$

$$\int \Phi^*(\boldsymbol{p}, t)\Phi(\boldsymbol{p}, t)\mathrm{d}^3p = 1 \,. \qquad (2.46)$$

Diese Beziehung folgt aufgrund des Parsevalschen Theorems der Fourier-Analysis, wonach (Siehe Anhang A.2.4)

$$\int_{-\infty}^{+\infty} |F(\boldsymbol{k})|^2\mathrm{d}^3k = \int_{-\infty}^{+\infty} |f(\boldsymbol{x})|^2\mathrm{d}^3x \qquad (2.47)$$

ist, wobei $F(\boldsymbol{k})$ und $f(\boldsymbol{x})$ ein Paar zueinander konjugierter Fourier-Transformierter darstellen. Man kann zeigen, dass die Berechnung des Erwartungswertes $\langle\hat{A}\rangle$ eines Operators $\hat{A}$ im $\boldsymbol{x}$-Raum und im $\boldsymbol{p}$-Raum auf dasselbe Resultat führt, da $\psi(\boldsymbol{x}, t)$ und $\Phi(\boldsymbol{p}, t)$ denselben Zustand des quantenmechanischen Systems beschreiben, denn die Fourier-Transformation ist äquivalent mit einer unitären Transformation (Vgl. Abschn. 4.2).

2.3 Die zeitunabhängige Schrödinger Gleichung

2.3.1 Herleitung der Gleichung

Wir betrachten die Schrödinger Gleichung (2.10) und machen den Separationsansatz

$$\psi(\boldsymbol{x}, t) = u(\boldsymbol{x})g(t) \,. \tag{2.48}$$

Dann erhalten wir nach Einsetzen in die Schrödinger Gleichung und Division der Gleichung durch (2.48)

$$\frac{1}{u(\boldsymbol{x})} \left[-\frac{\hbar^2}{2m}\Delta u(\boldsymbol{x}) + V u(\boldsymbol{x}) \right] = \frac{i\hbar}{g(t)} \frac{\partial g(t)}{\partial t} \,. \tag{2.49}$$

Wenn das Potential $V = V(\boldsymbol{x})$ unabhängig von der Zeit t ist, können wir die Gleichung (2.49) separieren unter Einführung der Separationskonstanten E. Dies liefert die beiden Gleichungen

$$\left[-\frac{\hbar^2}{2m}\Delta + V(\boldsymbol{x}) \right] u(\boldsymbol{x}) = E u(\boldsymbol{x}) \tag{2.50}$$

und

$$i\hbar\frac{dg(t)}{dt} = Eg(t) \,, \ g(t) = g(0)e^{-\frac{i}{\hbar}Et} \,. \tag{2.51}$$

Die erste dieser beiden Gleichungen (2.50) heißt die zeitunabhängige Schrödinger Gleichung und deren Lösungen werden die zeitunabhängigen Wellenfunktionen oder Zustandsfunktionen genannt. Die diskrete und/oder kontinuierliche Folge erlaubter Werte von E sind die Eigenwerte. Diese sind, wie wir im nächsten Kapitel zeigen werden, durch die bereits erwähnten Randbedingungen oder Bedingungen im Unendlichen bestimmt. Wir werden im folgenden annehmen, dass die durch die Randbedingungen erlaubten Lösungen $u_E(\boldsymbol{x})$ der Gleichung (2.50) ein vollständiges Funktionssystem bilden und wir werden nun einige allgemeine Eigenschaften dieser Funktionen herleiten. (Vgl. Anhang A.2)

2.3.2 Orthogonalität der Zustandsfunktionen

Zunächst zeigen wir, dass zwei beliebige Elemente der Folge der Eigenfunktionen $u_E(\boldsymbol{x})$ mit den Eigenwerten E zueinander in folgendem Sinne orthogonal sind. Es gilt nämlich

$$\int u_{E'}^*(\boldsymbol{x})u_E(\boldsymbol{x})\mathrm{d}^3x = 0 \,, \ E' \neq E \,. \tag{2.52}$$

Zum Nachweis betrachten wir die Gleichung

$$-\frac{\hbar^2}{2m}\Delta u_E + V u_E = E u_E \tag{2.53}$$

und eine analoge Gleichung für $u_{E'}^*$

$$-\frac{\hbar^2}{2m}\Delta u_{E'}^* + V u_{E'}^* = E u_{E'}^* \,. \tag{2.54}$$

Wir multiplizieren die erste dieser beiden Gleichungen von links mit $u_{E'}^*$ und die zweite von links mit u_E. Danach subtrahieren wir die beiden resultierenden Gleichungen und erhalten

$$-\frac{\hbar^2}{2m}(u_{E'}^*\Delta u_E - u_E\Delta u_{E'}^*) + V(u_E u_{E'}^* - u_{E'}^* u_E) = (E - E')u_{E'}^* u_E \,. \tag{2.55}$$

Wir beachten, dass der zweite Term auf der linken Seite dieser Gleichung verschwindet. Wenn wir die restliche Gleichung über das Volumen V integrieren und auf der linken Seite das Greensche Theorem (A.14) anwenden, so erhalten wir mit dem Oberflächenelement $d\boldsymbol{\sigma}$

$$-\frac{\hbar^2}{2m}\int_S (u_{E'}^*\nabla u_E - u_E\nabla u_{E'}^*)\mathrm{d}\boldsymbol{\sigma} = (E - E')\int_V u_{E'}^* u_E \mathrm{d}^3 x \,. \tag{2.56}$$

Auf der linken Seite von (2.56) verschwindet das Oberflächenintegral wegen der gestellten allgemeinen Randbedingungen und somit gilt für $E' \neq E$ die Orthogonalitätsrelation (2.52). Dabei haben wir bereits die Tatsache verwendet, dass die Eigenwerte eines hermiteschen Operators reell sind, also $(E')^* = E'$ gilt. Die Normierung der Zustandsfunktionen $\psi(\boldsymbol{x}, t)$ erreichen wir dadurch, dass wir in der Gleichung (2.51) verlangen, dass $g(0)g^*(0) = 1$ ist und die Eigenfunktionen u_E normiert sind, also

$$\int |u_E|^2\mathrm{d}^3 x = 1 \tag{2.57}$$

ist. Damit sind dann die Funktionen

$$\psi_E(\boldsymbol{x}, t) = u_E(\boldsymbol{x})\mathrm{e}^{-\frac{i}{\hbar}Et} \tag{2.58}$$

partikuläre normierte Lösungen der zeitabhängigen Schrödinger Gleichung (2.10).

2.3.3 Die Bedeutung des Separationsparameters E

Die Separationskonstante E hatte bis jetzt eine rein mathematische Bedeutung als Eigenwertparameter der zeitunabhängigen Schrödinger Gleichung. Wir betrachten nun den speziellen Fall, wo die Schrödinger Gleichung die partikuläre Lösung (2.58) hat. Dann erhalten wir für den Erwartungswert des Hamilton-Operators der Schrödinger Gleichung (2.10)

$$\langle\hat{H}\rangle = \left\langle -\frac{\hbar^2}{2m}\Delta + V(\boldsymbol{x})\right\rangle = \left\langle \mathrm{i}\hbar\frac{\partial}{\partial t}\right\rangle = E \,. \tag{2.59}$$

Also ist E der Erwartungswert des Hamilton-Operators $\hat{H}$ für die Bewegung eines quantenmechanischen Teilchens in einem zeitunabhängigen Potential $V(\boldsymbol{x})$, wenn sich das Teilchen im partikulären Zustand $\psi_{\mathrm{E}}(\boldsymbol{x}, t)$ befindet. Damit sind die Eigenwerte E die möglichen Energiewerte des Teilchens und $\psi_{\mathrm{E}}(\boldsymbol{x}, t)$ seine entsprechenden Eigenzustände.

2.3.4 Mathematische Eigenschaften der Energie-Eigenfunktionen

Da die Eigenfunktionen $u_{\mathrm{E}}(\boldsymbol{x})$ gemäss Voraussetzung ein vollständiges Orthonormalsystem bilden, können wir diese verwenden, um eine beliebige Funktion $\Psi(\boldsymbol{x})$, die den gleichen Randbedingungen genügt, in eine Reihe nach diesen Funktionen zu entwickeln (Vgl. Anhang A.2).

$$\Psi(\boldsymbol{x}) = \sum_{\mathrm{E}} C_{\mathrm{E}} u_{\mathrm{E}}(\boldsymbol{x}) \tag{2.60}$$

und wir erhalten mit Hilfe der Orthogonalitätsrelation (2.52) für die verallgemeinerten Fourierkoeffizienten

$$C_{\mathrm{E}} = \int u_{\mathrm{E}}^*(\boldsymbol{x}') \Psi(\boldsymbol{x}') \mathrm{d}^3 x' \,. \tag{2.61}$$

Wenn wir diese wiederum in die Reihe (2.60) für $\Psi(\boldsymbol{x})$ einsetzen, finden wir die Beziehung

$$\begin{aligned}
\Psi(\boldsymbol{x}) &= \sum_{\mathrm{E}} \left[\int u_{\mathrm{E}}^*(\boldsymbol{x}') \Psi(\boldsymbol{x}') \mathrm{d}^3 x' \right] u_{\mathrm{E}}(\boldsymbol{x}) \\
&= \int \Psi(\boldsymbol{x}') \mathrm{d}^3 x' \left[\sum_{\mathrm{E}} u_{\mathrm{E}}(\boldsymbol{x}) u_{\mathrm{E}}^*(\boldsymbol{x}') \right] ,
\end{aligned} \tag{2.62}$$

wobei wir die Summation mit der Integration vertauscht haben. Da wir aber mit Hilfe der Diracschen δ-Funktion (A.92) schreiben können

$$\Psi(\boldsymbol{x}) = \int \Psi(\boldsymbol{x}') \mathrm{d}^3 x' \delta(\boldsymbol{x} - \boldsymbol{x}') \,, \tag{2.63}$$

schließen wir aus (2.62) und (2.63) auf die Beziehung

$$\sum_{\mathrm{E}} u_{\mathrm{E}}(\boldsymbol{x}) u_{\mathrm{E}}^*(\boldsymbol{x}') = \delta(\boldsymbol{x} - \boldsymbol{x}') \,, \tag{2.64}$$

welche die Vollständigkeit des orthogonalen Funktionensystems $u_{\mathrm{E}}(\boldsymbol{x})$ zum Ausdruck bringt. Dabei können die Energie Eigenwerte E diskret und/oder kontinuierlich sein, was durch $\sum_{\mathrm{E}}$ zum Ausdruck gebracht werden soll. Ferner können wir schließen, daß

$$\int_{V'} \sum_{\mathrm{E}} u_{\mathrm{E}}(\boldsymbol{x}) u_{\mathrm{E}}^*(\boldsymbol{x}') \mathrm{d}^3 x' = \left\{ \begin{array}{l} = 1 \,, \; x' \in V' \\ = 0 \,, \; x' \notin V' \end{array} \right\} , \tag{2.65}$$

wie aus der Definition der Diracschen δ-Funktion folgt. Betreffend die Eigenschaften der Diracschen δ-Funktion, vergleiche Anhang A.2.4.

2.3.5 Der komplexwertige Funktionenraum

Das orthonormierte und vollständige System von Eigenfunktionen, das von einem linearen hermiteschen Operator, etwa dem Hamilton-Operator, erzeugt wird, lässt sich als System gegenseitig orthogonaler „Einheitsvektoren" in einem abstrakten Vektorraum, dem Hilbert Raum, veranschaulichen. Der Vorteil dieser Vorstellungen liegt darin, dass viele der mathematischen Eigenschaften und Operationen, welche diese Funktionen betreffen, sehr ähnlich jenen bekannten Eigenschaften und Operationen sind, die wir von den gewöhnlichen Vektoren des dreidimensionalen Raumes her kennen. Durch Erweiterung dieser Auffassungen, können wir uns dann eine beliebige Funktion $\Psi(\boldsymbol{x})$ als einen Vektor im Hilbert Raum vorstellen. Zur Illustration betrachten wir die Energie Eigenfunktionen $u_E(\boldsymbol{x})$ und definieren das Skalarprodukt $(u_{E'}, u_E)$ zweier Eigenfunktionen u_E und $u_{E'}$ durch das Integral

$$(u_{E'}, u_E) = \int u_{E'}^* u_E \mathrm{d}^3 x \,. \tag{2.66}$$

Dann können wir die Orthogonalitätsrelation in der abgekürzten Form schreiben

$$(u_{E'}, u_E) = \delta_{E',E} \,. \tag{2.67}$$

Die Entwicklung einer beliebigen Funktion $\Psi(\boldsymbol{x})$ nach den Funktionen $u_E(\boldsymbol{x})$ lässt sich dann in der Form darstellen

$$\Psi = \sum_E (u_E, \Psi) u_E \tag{2.68}$$

und diese Reihenentwicklung können wir dann so interpretieren, dass der abstrakte „Vektor" Ψ, dh. die Funktion $\Psi(\boldsymbol{x})$, in Bezug auf die Basis von orthogonalen Einheitsvektoren u_E im Hilbert Raum in seine „Komponenten" zerlegt wurde. Demnach ist (u_E, Ψ) als die „Projektion" von Ψ längs u_E zu interpretieren.

Die Wirkung eines linearen Operators in diesem Hilbert Raum besteht dann im allgemeinen darin, die Richtung und die Beträge der Vektoren zu ändern, auf welche sie wirken. Die Eigenvektoren eines gegebenen, linearen hermiteschen Operators $\hat{A}$ sind dann jene Vektoren, deren Richtung im Raum unverändert bleibt, wenn $\hat{A}$ auf sie wirkt.

2.4 Grundlegende Postulate der Quantenmechanik

2.4.1 Formulierung der Postulate

Postulat 1b

Dieses ist eine Verschärfung unseres **Postulates 1a**. In der abstrakten Formulierung der Quantenmechanik wird der physikalische Zustand eines Systems durch einen komplexen Zustandsvektor $\psi(\boldsymbol{x}, t)$ beschrieben und die zeitliche Änderung von $\psi(\boldsymbol{x}, t)$ ist durch die Schrödinger-Gleichung (2.7) bestimmt.

Postulat 3b

Dieses Postulat ergänzt die Aussagen des **Postulats 3a**. Alle möglichen Messwerte einer Observablen $\mathcal{A}$ sind die reellen Eigenwerte des zugeordneten linearen hermiteschen Operators $\hat{A}$. So stellt etwa das System der Eigenfunktionen $\psi_\mathrm{E} = u_\mathrm{E} \exp(-\frac{\mathrm{i}}{\hbar} E t)$ alle möglichen Energiezustände des betrachteten Systems mit den Energien E dar.

Postulat 2b

Dieses liefert die Verschärfung des Begriffes Messvorgang von **Postulat 2a**. Dem Vorgang der Messung einer Observablen $\mathcal{A}$ (also etwa der Energie, des Impulses, des Drehimpulses etc.) entspricht quantenmechanisch die Anwendung des zugeordneten linearen, hermiteschen Operators $\hat{A}$ auf den augenblicklichen Zustand ψ des Systems. Bei diesem Messvorgang kann sich eines der beiden folgenden Resultate ergeben:

I) Der Zustand ψ ist ein Eigenzustand (bzw. Eigenvektor) des Operators $\hat{A}$ mit dem zugehörigen Eigenwert a, das heißt es gilt

$$\hat{A}\,\psi = a\psi\,. \tag{2.69}$$

In diesem Fall liefert die Messung der Observablen $\mathcal{A}$ am System den scharfen Messwert a. Wenn sich also zum Beispiel das System in einem der Energie-Eigenzustände ψ_E befindet und wir eine Messung der Observablen $\mathcal{E}$ am System vornehmen, dann liefert die Anwendung des Hamilton-Operators $\hat{H}$ auf diesen Zustand $\hat{H}\psi_\mathrm{E} = E\psi_\mathrm{E}$ mit dem scharfen Messwert E und das System verharrt nach der Messung in diesem Zustand. Das Resultat der Messung ist „scharf".

II) Wenn hingegen der Zustand $\psi(\boldsymbol{x}, t)$ kein Eigenzustand (bzw. Eigenvektor) des Operators $\hat{A}$ ist, dann „fällt" bei der Messung der Observablen $\mathcal{A}$ das System aus dem Zustand ψ „irreversibel" in einen der Eigenzustände χ_a des Operators $\hat{A}$ und es wird der zugehörige Eigenwert a der entsprechende Messwert sein. Demnach wird durch die Messung von $\mathcal{A}$ der Zustand ψ irreversibel in den Zustand χ_a abgeändert. Die Wahrscheinlichkeit, dass nach der Messung sich das System im Zustand χ_a befindet, kann folgendermaßen berechnet werden. Da nach Voraussetzung die Eigenvektoren χ_a

des Operators $\hat{A}$ ein vollständiges Funktionensystem bilden, können wir den Ausgangszustand ψ in Form einer Reihe durch diese Funktionen ausdrücken

$$\psi(t) = \sum_a c_a(t)\chi_a \tag{2.70}$$

und wenn der Anfangszustand ψ normiert war, also $(\psi, \psi) = 1$ galt, muss wegen der Erhaltung der Wahrscheinlichkeit auch nach der Messung gelten

$$(\psi, \psi) = \sum_{a,a'} c_a^*(t)c_{a'}(t)\,(\chi_a, \chi_{a'}) = \sum_a |c_a(t)|^2 = 1\,, \tag{2.71}$$

wobei wir für ψ die Reihe (2.70) eingesetzt haben und die Orthonormiertheit $(\chi_{a'}, \chi_a) = \delta_{a',a}$ der Eigenfunktionen χ_a von $\hat{A}$ beachteten. Das Resultat (2.71) besagt, dass die Folge der $|c_a(t)|^2$ die Wahrscheinlichkeiten sind, daß bei der Messung von $\mathcal{A}$ zum Zeitpunkt t einer der zugehörigen Eigenwerte a gemessen wird. Wegen der Orthonormiertheit der Eigenfunktionen χ_a können wir die Wahrscheinlichkeitsamplituden c_a leicht berechnen, indem wir (2.70) auf einen der Eigenvektoren $\chi_{a'}$ projizieren

$$(\chi_{a'}, \psi) = \sum_a c_a(\chi_{a'}, \chi_a) = \sum_a c_a \delta_{a',a} = c_{a'}\,. \tag{2.72}$$

Damit haben wir auch eine Verallgemeinerung unserer Wahrscheinlichkeitsaussagen für die Ortsmessung an einem Teilchen im Zustand $\psi(\boldsymbol{x}, t)$ und der Impulsmessung an einem Teilchen im Zustand $\Phi(\boldsymbol{p}, t)$ gefunden. Ebenso können wir einen Zusammenhang mit dem Erwartungswert $\langle \hat{A} \rangle$ der Messung einer Observablen $\mathcal{A}$ herstellen, wie wir ihn in (2.29) definiert haben. Dazu betrachten wir $(\psi, \hat{A}\,\psi)$ und setzen für ψ die Reihenentwicklung (2.70) ein. Dies ergibt

$$\begin{aligned} (\psi, \hat{A}\,\psi) &= \int \psi^*(\boldsymbol{x}, t)\hat{A}(\boldsymbol{x}, -i\hbar\nabla, i\hbar\frac{\partial}{\partial t}, t)\psi(\boldsymbol{x}, t)\mathrm{d}^3x \\ &= \sum_{a',a} c_{a'}^* c_a(\chi_{a'}, \hat{A}\,\chi_a) = \sum_{a',a} a\, c_{a'}^* c_a(\chi_{a'}, \chi_a) \\ &= \sum_a a|c_a(t)|^2\,. \end{aligned} \tag{2.73}$$

Damit ist in der „Eigenbasis" des Operators $\hat{A}$, d.h. in der Basis seiner Eigenfunktionen, der Erwartungswert für die Messung der Observablen $\mathcal{A}$ am System im Zustand ψ gleich der Summe aller möglichen Messwerte a mal ihren Wahrscheinlichkeiten $|c_a(t)|^2$. Ist a ein kontinuierlicher Eigenwertparameter, so lautet die Wahrscheinlichkeit entsprechend $|c_a(t)|^2 da$, wie bei der Ortsmessung bereits diskutiert wurde.

2.4.2 Verträglichkeit zweier Messungen

Diese ergibt sich als wichtige Folgerung aus dem **Postulat 2a,b** und betrifft die gleichzeitige scharfe Messung zweier Observablen $\mathcal{A}$ und $\mathcal{B}$ an einem System, das sich in einem beliebigen Zustand $\psi(\boldsymbol{x}, t)$ befindet. Dazu ist notwendig und hinreichend, dass die beiden zugehörigen linearen hermiteschen Operatoren $\hat{A}$ und $\hat{B}$ miteinander kommutieren. Demnach muss gelten

$$[\hat{A}, \hat{B}]\psi(\boldsymbol{x}, t) = (\hat{A}\hat{B} - \hat{B}\hat{A})\psi(\boldsymbol{x}, t) = 0 \,. \tag{2.74}$$

Diese Bedingung ist jedenfalls erfüllt, wenn die Operatoren $\hat{A}$ und $\hat{B}$ dasselbe System von Eigenfunktionen $\chi_{a,b}$ besitzen, wo a und b die entsprechenden Eigenwertparameter (aus historischen Gründen auch Quantenzahlen genannt) darstellen. In diesem Fall können wir den Zustand $\psi(\boldsymbol{x}, t)$ nach den Eigenfunktionen $\chi_{a,b}$ entwickeln

$$\psi(\boldsymbol{x}, t) = \sum_{a,b} c_{a,b}(t)\chi_{a,b} \,. \tag{2.75}$$

Wenn wir diese Entwicklung in (2.74) einsetzen, erhalten wir wegen der beiden Eigenwertgleichungen $\hat{A}\chi_{a,b} = a\chi_{a,b}$ und $\hat{B}\chi_{a,b} = b\chi_{a,b}$,

$$(\hat{A}\hat{B} - \hat{B}\hat{A})\psi(\boldsymbol{x}, t) = \sum_{a,b} c_{a,b}(ab - ba)\chi_{a,b} = 0 \,,$$

da es auf die Aufeinanderfolge der Eigenwertparameter a und b nicht ankommt, also $ab - ba = 0$ ist. Demnach wird $|c_{a,b}(t)|^2$ die Wahrscheinlichkeit sein, dass zur Zeit t bei der gleichzeitigen Messung von $\mathcal{A}$ und $\mathcal{B}$ am System im Zustand $\psi(\boldsymbol{x}, t)$ die Eigenwerte a und b die scharfen Messwerte sein werden. Ist etwa ein Eigenwert a entartet, dh. es gibt zu ihm mehrere Eigenfunktionen $\chi_{i,a,b}$ $(i = 1, 2, \ldots)$, dann bedeutet dies quantenmechanisch, dass die Messung noch nicht „vollständig" ist und eine weitere Observable $\mathcal{C}$ gefunden werden muss, deren zugehöriger Operator $\hat{C}$ gleichfalls mit $\hat{A}$ und $\hat{B}$ kommutiert und damit dasselbe System von Eigenvektoren wie $\hat{A}$ und $\hat{B}$ hat, die wir nun $\chi_{a,b,c}$ nennen können. Eine solche Messung nennt man dann vollständig.

Wenn wir als Beispiel annehmen, dass der Hamilton-Operator $\hat{H}$ mit einem Operator $\hat{A}$ kommutiert, dann folgt für die Eigenfunktionen u_{E} von $\hat{H}$, dass gilt

$$\hat{A}\hat{H}u_{\mathrm{E}} = \hat{H}\hat{A}u_{\mathrm{E}} = \hat{A}Eu_{\mathrm{E}} = E\hat{A}u_{\mathrm{E}} \,. \tag{2.76}$$

Damit ist nicht nur u_{E} sondern auch $\hat{A}u_{\mathrm{E}}$ ein Eigenvektor von $\hat{H}$ mit dem Eigenwert E. Wenn aber der Eigenwert E nicht entartet sein soll, muss $\hat{A}u_{\mathrm{E}} = Cu_{\mathrm{E}}$ sein, wo C eine beliebige Konstante ist. Also ist u_{E} auch ein Eigenvektor von $\hat{A}$ mit dem Eigenwert C. Der Beweis der Notwendigkeit, dass $\hat{A}$ und $\hat{H}$ miteinander kommutieren müssen, lässt sich in ähnlicher Weise durchführen. Wenn hingegen der Zustand u_{E} kein Eigenzustand von $\hat{A}$ ist, dann können wir für die Messung von $\hat{A}$ nur einen Erwartungswert $\langle \hat{A} \rangle = \langle u_{\mathrm{E}}, \hat{A}u_{\mathrm{E}} \rangle$ angeben.

2.4.3 Das Unschärfeprinzip

Nachdem wir erkannt haben, dass die Elemente gewisser Paare von physikalischen Observablen $\mathcal{A}$ und $\mathcal{B}$ nicht gleichzeitig scharf gemessen werden können, sobald die Kommutator Beziehung $[\hat{A}, \hat{B}]\psi(\boldsymbol{x}, t) \neq 0$ ist, wird es von Interesse sein, die Größe dieser Unschärfen festzustellen. Dies führt uns insbesondere auf eine Verschärfung der bereits im einleitenden Abschn. 1.4.1 besprochenen Heisenbergschen Unschärferelation für die Koordinate x und den kanonisch konjugierten Impuls p_x.

Ein solches Paar von Observablen und den zugehörigen Operatoren sind die Koordinate $\hat{x}$ und der konjugierte Impuls $\hat{p}_x$, denn wenn wir die Anwendung des Kommutators $[\hat{x}, \hat{p}_x]$ auf einen beliebigen Zustand $\psi(\boldsymbol{x}, t)$ ausrechnen, so finden wir

$$\left[\hat{x}, -\mathrm{i}\hbar\frac{\partial}{\partial x}\right]\psi(\boldsymbol{x}, t) = \hat{x}\left(-\mathrm{i}\hbar\frac{\partial}{\partial x}\right)\psi(\boldsymbol{x}, t) - \left(-\mathrm{i}\hbar\frac{\partial}{\partial x}\right)[\hat{x}\,\psi(\boldsymbol{x}, t)] = \mathrm{i}\hbar\psi(\boldsymbol{x}, t)$$

(2.77)

und daher gilt formal $[\hat{x}, \hat{p}_x] = \hat{x}\,\hat{p}_x - \hat{p}_x\hat{x} = \mathrm{i}\hbar$ als eine der grundlegenden Vertauschungsrelationen der Quantentheorie (Heisenberg 1925). Wir haben auch bereits gezeigt, dass die Wellenfunktionen $\Phi(\boldsymbol{p}, t)$ und $\psi(\boldsymbol{x}, t)$ ein Paar von Fourier Transformierten bilden. Ebenso haben wir bereits im einleitenden Abschn. 1.4.1 erkannt, dass aus den mathematischen Eigenschaften solcher Paare von Fourier Transformierten folgt, dass bei geeigneter Definition der Breite dieser Funktionen, die wir $\Delta(\frac{p_x}{\hbar}) = \Delta k_x$ und Δx nennen, diese Paare der Beziehung genügen werden $\Delta(\frac{p_x}{\hbar}) \cdot \Delta x = \Delta k_x \cdot \Delta x \simeq 1$. Es sollte jedoch möglich sein, diese Information aus der Schrödinger Gleichung zu gewinnen, da das Verhalten eines Teilchens in der Quantentheorie ganz durch sie bestimmt wird.

Die Unschärfen in den Koordinaten und Impulsen lassen sich (ähnlich der Gaußschen Fehlertheorie) durch die mittleren quadratischen Abweichungen vom Mittelwert charakterisieren. Demnach ist

$$\langle\Delta x^2\rangle = \int \psi^*(x - \langle x\rangle)^2\psi\,\mathrm{d}^3x$$

(2.78)

und analog

$$\langle\Delta p_x^2\rangle = \int \psi^*\left(-\mathrm{i}\hbar\frac{\partial}{\partial x} - \langle p_x\rangle\right)^2\psi\,\mathrm{d}^3x\,.$$

(2.79)

Wenn wir vereinfachend annehmen, dass $\langle x\rangle = 0$ und $\langle p_x\rangle = 0$ sind, was jedenfalls gilt, wenn $\psi(\boldsymbol{x}, t)$ eine gerade Funktion von x ist, dann erhalten wir für das Produkt der Unschärfen

$$\langle\Delta p_x^2\rangle\langle\Delta x^2\rangle = -\hbar^2\int \psi^*\frac{\partial^2\psi}{\partial x^2}\mathrm{d}^3x\int \psi^*x^2\psi\,\mathrm{d}^3x$$

(2.80)

und da $\mathrm{i}\frac{\partial}{\partial x}$ ein hermitescher Operator ist, können wir setzen

$$\int \psi^* \frac{\partial^2 \psi}{\partial x^2} \mathrm{d}^3 x = - \int \frac{\partial \psi^*}{\partial x} \frac{\partial \psi}{\partial x} \mathrm{d}^3 x \,, \tag{2.81}$$

sodass schließlich

$$\langle \Delta p_x^2 \rangle \langle \Delta x^2 \rangle = \hbar^2 \int \frac{\partial \psi^*}{\partial x} \frac{\partial \psi}{\partial x} \mathrm{d}^3 x \int \psi^* x^2 \psi \mathrm{d}^3 x \tag{2.82}$$

ist. Nun verwenden wir die Schwarzsche Ungleichung, die für zwei beliebige Funktionen f und g im Hilbert Raum besagt, dass folgende Beziehung gilt (Siehe Aufgabe 2.12)

$$(f,f)(g,g) \geq \left\{ \frac{1}{2} [(f,g) + (g,f)] \right\}^2 . \tag{2.83}$$

Setzen wir in dieser Ungleichung $f = \frac{\partial \psi}{\partial x}$ und $g = x\psi$, so ergibt sich aus (2.82)

$$\langle \Delta p_x^2 \rangle \langle \Delta x^2 \rangle \geq \frac{\hbar^2}{4} \left[\int \frac{\partial \psi}{\partial x} x \psi^* \mathrm{d}^3 x + \int x\psi \frac{\partial \psi^*}{\partial x} \mathrm{d}^3 x \right]^2$$

$$= \frac{\hbar^2}{4} \left[\int x \frac{\partial (\psi\psi^*)}{\partial x} \mathrm{d}^3 x \right]^2 = \frac{\hbar^2}{4} \,, \tag{2.84}$$

wobei die letzte Integration den Wert -1 liefert, wie man durch partielle Integration, unter Verwendung der Randbedingungen für ψ, leicht nachprüfen kann. Wenn wir nun als Unschärfen der Koordinaten und Impuls Messung $\overline{\Delta x} = \sqrt{\langle \Delta x^2 \rangle}$ und $\overline{\Delta p_x} = \sqrt{\langle \Delta p_x^2 \rangle}$ definieren, so erhalten wir aus (2.84) die verschärfte Form der Heisenbergschen Unschärferelatuion

$$\overline{\Delta p_x} \cdot \overline{\Delta x} \geq \frac{\hbar}{2} \,. \tag{2.85}$$

Ihre Bedeutung haben wir bereits im einleitenden Kap. 1 diskutiert. Wenn wir die Heisenbergsche Vertauschungsretation $[\hat{x}, \hat{p}_x] = \hat{x}\,\hat{p}_x - \hat{p}_x \hat{x} = \mathrm{i}\hbar$ mit der entsprechenden klassischen Poissonklammer vergleichen, wird neuerlich das Wirken des Bohrschen Korrespondenzprinzips offenbar. (Siehe Anhang A.6.4)

2.4.4 Das Wellenpaket minimaler Unschärfe

Es ist von einigem Interesse, herauszufinden, wann in der Heisenbergschen Unschärferelation das Gleichheitszeichen gilt. Dies besagt nämlich, unter welchen Bedingungen ist das Unschärfeprodukt $\overline{\Delta p_x} \cdot \overline{\Delta x}$ ein Minimum. Aus der geometrischen Interpretation der Schwarzschen Ungleichung wird klar, dass das Gleichheitszeichen dann zutrifft, wenn f und g bis auf eine multiplikative Konstante einander gleich sind. Verwenden wir wieder die Substitution $f = \frac{\partial \psi}{\partial x}$ und $g = x\psi$ so gilt in (2.83) das Gleichheitszeichen dann, wenn

$$\frac{\partial \psi}{\partial x} = -\alpha^2 x \psi \text{ also } \psi = A e^{-\frac{1}{2}\alpha^2 x^2} \tag{2.86}$$

ist, wo A und α^2 dieselben Konstanten sind, die wir im einleitenden Kap. 1 verwendet haben. Dort haben wir auch aus der Bedingung $(\psi, \psi) = 1$ die Normierungskonstante zu $A = \left(\frac{\alpha^2}{\pi}\right)^{\frac{1}{4}}$ bestimmt. In ähnlicher Weise können wir auch die Bedeutung von α^2 finden. Da ψ als eine gerade Funktion von x vorausgesetzt wurde, folgt

$$\langle \Delta x^2 \rangle = \int_{-\infty}^{+\infty} \psi^2 x^2 \mathrm{d}x = \left(\frac{\alpha^2}{\pi}\right)^{\frac{1}{2}} \int_{-\infty}^{+\infty} x^2 e^{-\alpha^2 x^2} \mathrm{d}x = \frac{1}{2\alpha^2} . \tag{2.87}$$

Dies ist gegenüber unserer Wahl im einleitenden Kap. 1 die verschärfte Definition der Breite des Wellenpaketes ψ. Der normierte Ausdruck für die Wellenfunktion ψ minimaler Unschärfe lautet dann

$$\psi(x, 0) = \frac{1}{(2\pi \langle \Delta x^2 \rangle)^{\frac{1}{4}}} e^{-\frac{x^2}{4\langle \Delta x^2 \rangle}} , \tag{2.88}$$

wobei wir ψ mit dem Anfangszustand zur Zeit $t = 0$ identifiziert haben, der im einleitenden Kapitel verwendet wurde. Damit erhielten wir das wichtige Resultat, dass das Wellenpaket minimaler Unschärfe die Gestalt einer Gaußschen Glockenkurve hat. Wir wissen bereits, dass dann auch die Fourier-Transformierte $\Phi(p_x, 0) = c(p_x)$, also das entsprechende Wellenpaket des Teilchenimpulses, dieselbe Gestalt besitzt. Da allgemein auch $\Phi(p_x, 0)$ als normiert definiert wurde, können wir sofort schreiben

$$\Phi(p_x, 0) = \frac{1}{(2\pi \langle \Delta p_x^2 \rangle)^{\frac{1}{4}}} e^{-\frac{p_x^2}{4\langle \Delta p_x^2 \rangle}} \tag{2.89}$$

und durch Vergleich mit dem Ausdruck für $c(p_x)$ in der Einleitung, finden wir $\overline{\Delta p_x} \cdot \overline{\Delta x} = \frac{\hbar}{2}$, entsprechend unserer Voraussetzung.

Andere Paare kanonisch konjugierter Observabler im Sinne der klassischen Mechanik, die einer ähnlichen Unschärferelation genügen, sind

$$\Delta E \cdot \Delta t \geq \frac{\hbar}{2}, \ \Delta \phi_z \cdot \Delta J_z \geq \frac{\hbar}{2}, \tag{2.90}$$

wo E und t die Energie und die Zeit eines Systems sind, während ϕ_z und J_z der azimuthale Winkel und der Drehimpuls eines Systems um eine beliebige z-Achse bedeuten. Da jedoch in der nichtrelativistischen Quantenmechanik die Zeit t nicht als eine Observable sondern als ein Parameter anzusehen ist, muss die Energie-Zeit Unschärferelation anders interpretiert werden. Dies folgt aus Überlegungen von Dirac und Schrödinger (1930), wonach aus einer Vertauschungsrelation $[\hat{H}, \hat{t}] = -i\hbar$ zu folgern wäre, dass $\hat{H}$ nur kontinuierliche Eigenwerte besitzt, was in Widerspruch mit der Erfahrung steht.

2.4.5 Interpretation der Energie-Zeit Unschärferelation

Die in (2.90) angegebene Energie-Zeit Unschärferelation macht eine Aussage über die Begrenzung der Genauigkeit der Energie Messung in einem endlichen Zeitintervall. Haben wir es mit einem stabilen Quantenzustand zu tun, so ist $\Delta E = 0$ und das System verharrt ∞ lang in diesem Zustand. Doch viele Zustände quantenmechanischer Systeme, etwa die angeregten Zustände eines Atoms, sind instabil, da sie spontan Strahlung emittieren können, um dabei in den Grundzustand überzugehen. Diese Zustände haben dann eine endliche Lebensdauer τ und eine zugehörige Zerfallsrate, dh. eine Wahrscheinlichkeit pro Zeiteinheit $w = \gamma = \frac{1}{\tau}$, sodass ihre Aufenthaltswahrscheinlichkeit in diesem Zustand exponentiell abklingt

$$dW(\boldsymbol{x}, t) = |\psi(\boldsymbol{x}, t)|^2 d^3x = |\psi(\boldsymbol{x}, 0)|^2 d^3x \, e^{-\frac{t}{\tau}} \,. \tag{2.91}$$

Daher ist die mittlere Zeit, die für die Energiemessung am System in diesem Zustand zur Verfügung steht $t = \tau$, da danach dW auf den e^{-1}-ten Teil abgeklungen ist, woraus eine Unschärfe in der Energiebestimmung folgt

$$\Delta E \cong \frac{\hbar}{\tau} = \hbar\gamma \tag{2.92}$$

und mit Hilfe $E = \hbar\omega$ erhalten wir daraus auch eine Frequenzunschärfe $\Delta\omega \cong \gamma$. Mit der spektroskopischen Beobachtung von Quantenübergängen können wir die Frequenzunschärfe $\Delta\omega \cong \gamma$ einer Spektrallinie bestimmen und damit die Lebensdauer τ des angeregten Niveaus.

Um dies noch etwas näher zu erläutern, betrachten wir einen instabilen Zustand von der Form

$$\psi(\boldsymbol{x}, t) = u(\boldsymbol{x}) e^{-\frac{i}{\hbar}E_0 t - \frac{\gamma}{2} t} \,, \tag{2.93}$$

der genau auf das obige Zerfallsgesetz (2.91) führt. Wir machen in Bezug auf die Energie E eine Fourier-Zerlegung dieses Zustandes

$$\psi(\boldsymbol{x}, t) = \int A(E, \boldsymbol{x}) e^{\frac{i}{\hbar}Et} dE \tag{2.94}$$

und erhalten für die Fourieramplituden

$$A(E, \boldsymbol{x}) = \frac{1}{2\pi} u(\boldsymbol{x}) \int_0^\infty e^{-\left[\frac{\gamma}{2} - \frac{i}{\hbar}(E - E_0)\right] t} dt = \frac{1}{2\pi} u(\boldsymbol{x}) \frac{1}{\frac{\gamma}{2} - \frac{i}{\hbar}(E - E_0)} \,, \tag{2.95}$$

sodass die Energieverteilung des Zustandes (2.93) durch folgenden Ausdruck gegeben ist

$$\mathcal{I}(E, \boldsymbol{x}) = |u(\boldsymbol{x})|^2 \frac{\hbar^2}{(2\pi)^2 \left[(E - E_0)^2 + \frac{\Gamma^2}{4}\right]} \,. \tag{2.96}$$

Diese Verteilung stellt das Energiespektrum des quasistationären Zustandes dar und die Halbwertsbreite des Energieniveaus ist durch $\Gamma = \hbar\gamma = \frac{\hbar}{\tau}$ gegeben.

Wir betrachten noch ein etwas anderes, einfaches Beispiel, das ebenso die Bedeutung der Energie-Zeit Unschärferelation demonstriert. Gegeben sei ein System im Zustand $\psi(\boldsymbol{x}, t)$, der aus einer Überlagerung zweier Energie-Eigenzustände $\psi_{\mathrm{E}}(\boldsymbol{x}, t)$ und $\psi_{\mathrm{E}'}(\boldsymbol{x}, t)$ zusammengesetzt ist

$$\psi(\boldsymbol{x}, t) = u_{\mathrm{E}}(\boldsymbol{x}) \mathrm{e}^{-\frac{i}{\hbar} E t} + u_{\mathrm{E}'}(\boldsymbol{x}) \mathrm{e}^{-\frac{i}{\hbar} E' t} . \tag{2.97}$$

Die physikalischen Eigenschaften des Systems in diesem Zustand sind dann wesentlich durch die Wahrscheinlichkeitsdichte bestimmt, also

$$P(\boldsymbol{x}, t) = \psi^* \psi = |u_{\mathrm{E}}(\boldsymbol{x})|^2 + |u_{\mathrm{E}'}(\boldsymbol{x})|^2 + 2 \operatorname{Re} u_{\mathrm{E}}^*(\boldsymbol{x}) u_{\mathrm{E}'}(\boldsymbol{x}) \mathrm{e}^{\frac{i}{\hbar}(E - E') t} . \tag{2.98}$$

Diese Wahrscheinlichkeitsdichte oszilliert ersichtlich zwischen den beiden Extremwerten $(|u_{\mathrm{E}}(\boldsymbol{x})| + |u_{\mathrm{E}'}(\boldsymbol{x})|)^2$ und $(|u_{\mathrm{E}}(\boldsymbol{x})| - |u_{\mathrm{E}'}(\boldsymbol{x})|)^2$ mit der Periode

$$\tau = \frac{\hbar}{|E - E'|} . \tag{2.99}$$

Daher sind die Eigenschaften des Systems erst für Zeiten $t \gtrsim \tau$ erkennbar. Dieses Verhalten ist ganz analog der Abstimmung eines Schwingkreises in der Elektronik auf ein Signal durch die Beobachtung der Schwebungen $\tau_s = \frac{2\pi}{|\omega - \omega'|}$. Erst für $\tau_s \to \infty$ herrscht Sicherheit, dass $\omega = \omega'$ ist.

Übungsaufgaben

2.1. Mache zur Lösung der Schrödinger Gleichung den Ansatz $\psi(\boldsymbol{x}, t) = \mathrm{e}^{\frac{i}{\hbar} S(\boldsymbol{x}, t)}$ und zeige, dass man auf diese Weise für $\hbar \to 0$ auf die Hamilton-Jacobische Differentialgleichung der klassischen Mechanik

$$\frac{\partial S}{\partial t} + H(\boldsymbol{x}, \nabla S) = 0 \tag{2.100}$$

geführt wird.

2.2. Löse die Schrödinger Gleichung für ein Potential von der Form $V = -V_0(1 + i\xi)$, wobei V_0 und ξ positive Konstanten sind. Zeige, dass für $\xi \ll 1$ stationäre Zustände existieren, welche ebene Wellen darstellen, deren Amplituden exponentiell abklingen und damit die Absorption dieser Wellen beschrieben wird.

2.3. Zeige, dass stets aus zwei linearen, zueinander adjungierten Operatoren durch Linearkombinationen hermitesche und antihermitesche Operatoren aufgebaut werden können. Ist $\hat{A}$ der betrachtete Operator und $\hat{A}^\dagger$ sein hermitesch Adjungierter, so ist jedenfalls $\frac{1}{2}(\hat{A} + \hat{A}^\dagger)$ ein hermitescher Operator. Die weiteren Möglichkeiten sind dann leicht zu finden.

2.4. Zeige, dass der Impulsoperator ein hermitescher Operator ist. Verwende dazu partielle Integration und beachte die Randbedingungen.

2.5. Zeige, dass im allgemeinen Fall, bei welchem das Potential $V(x)$ nicht in eine Potenzreihe entwickelt werden kann, die Transformation der Schrödinger Gleichung von der Koordinatendarstellung in die Impulsdarstellung auf eine Integralgleichung führt. Untersuche den eindimensionalen Fall. Bei Anwendung der Fourier-Transformation und ihrer Umkehrtransformation wird man für die Fourier-Transformierte $\Phi(p)$ auf folgende Schrödinger Gleichung im Impulsraum geführt

$$\left(\frac{p^2}{2m} - E \right) \Phi(p) + \int_{-\infty}^{+\infty} V(p - p')\Phi(p')\mathrm{d}p' = 0 \; . \tag{2.101}$$

2.6. Betrachte die zeitabhängige Schrödinger Gleichung für ein zeitunabhängiges Potential $V(x)$ und nehme an, die Eigenlösungen $u_n(x)$ zu den Eigenwerten E_n des Problems seien bekannt. Zeige, wie aus einer vorgegebenen Anfangsbedingung zur Zeit $t = 0$, mit $\psi(x, 0) = F(x)$, sich für eine beliebige spätere Zeit $t > 0$ die zugehörige Lösung finden lässt. Man macht dazu einen Reihenansatz für die Lösung mit zunächst beliebigen zeitabhängigen Koeffizienten, $\psi(x, t) = \sum_n a_n(t)u_n(x)$, und erhält die $a_n(0)$ als Fourier-Koeffizienten von $F(x)$. Die Zeitabhängigkeit ergibt sich dann aus der Schrödinger Gleichung.

2.7. Eine formale Lösung der Aufgabe 2.6 lässt sich so finden. Da das Potential $\hat{V}$ unabhängig von t ist, können wir eine infinitesimale Zeitverschiebung δt betrachten und ansetzen $\psi(t + \delta t) = \psi(t) + \frac{\partial \psi}{\partial t}\delta t$. Hier findet man $\frac{\partial \psi}{\partial t}$ aus der Schrödinger Gleichung und gelangt so zum Operator der infinitesimalen Zeitverschiebung $\delta U = (1 - \frac{\mathrm{i}}{\hbar}\delta t \hat{H})$. Eine endliche Zeitverschiebung folgt dann mit Hilfe der Definition der Exponentialfunktion, indem man $\delta t = \frac{t}{n}$ setzt und $U = \lim_{n \to \infty}(1 - \frac{\mathrm{i}}{\hbar}\frac{t}{n}\hat{H})^n$ berechnet.

2.8. Ist ein Energiewert E entartet, können eine Reihe linear unabhängiger Eigenfunktionen $u_E^1, u_E^2, \cdots u_E^f$ zu diesem Eigenwert gehören, die zwar normiert, aber nicht notwendig zueinader orthogonal sind. Zeige, wie man durch folgendes Verfahren ein äquivalentes System orthogonaler Funktionen $v_E^1, v_E^2, \cdots v_E^f$ erzeugen kann. Dazu geht man aus von u_E^1 und $\alpha u_E^1 + \beta u_E^2$ und orthogonalisiert diese beiden Funktionen durch Wahl der Koeffizienten α und β. Dann fügt man die nächste Funktion hinzu und orthogonalisiert diese in Bezug auf die beiden vorangehenden und so weiter. Führe diese Rechnung explizit für drei und vier entartete Zustände durch.

2.9. Löse die Schrödinger Gleichung für die eindimensionale Bewegung eines freien Teilchens mit der Anfangsbedingung $\psi(x, 0) = \sqrt{\frac{\alpha}{\pi}}\mathrm{e}^{-\alpha\frac{x^2}{2}}\mathrm{e}^{\mathrm{i}kx}$ und interpretiere das Ergebnis. Der Rechengang verläuft ganz ähnlich, wie die Herleitung der Gleichung (1.38) in Kapitel 1. Man findet

$$\psi(x,t) = (2\pi)^{-\frac{1}{4}} \left[\Delta x + \frac{i\hbar t}{2m\Delta x}\right]^{-\frac{1}{2}} \exp\left[-\frac{x^2}{4(\Delta x)^2 + 2i\hbar t m^{-1}}\right] . \quad (2.102)$$

2.10. Zeige, dass die Erwartungswerte eines Operators $\hat{A}$ in der $\boldsymbol{x}$-Darstellung und in der $\boldsymbol{p}$-Darstellung auf dasselbe Resultat führen. Verwende dazu die Fourier-Transformation.

2.11. Berechne den Kommutator $[(\boldsymbol{x} \cdot \boldsymbol{p}), \hat{H}]$ und zeige mit Hilfe der Bewegungsgleichung für die Erwartungswerte (2.33), dass $\frac{d}{dt}\langle \boldsymbol{x} \cdot \boldsymbol{p}\rangle = 0$ ist. Leite daraus das Virialtheorem der Quantenmechanik ab, wonach

$$2\langle \hat{T}\rangle = \langle \boldsymbol{x} \cdot \nabla V(\boldsymbol{x})\rangle \quad (2.103)$$

ist. Untersuche zunächst den eindimensionalen Fall. Wenn insbesondere $V(\boldsymbol{x}) = V(|\boldsymbol{x}|) \sim r^n$ ist, wo $n \gtrless 0$ und eine ganze Zahl darstellt, nimmt das Virialtheorem eine besonders einfache Gestalt an.

2.12. Berechne die Wurzeln λ des Skalarproduktes $(\lambda f + g, \lambda f + g) = 0$, wo $f(\boldsymbol{x})$ und $g(\boldsymbol{x})$ quadratisch integrable Funktionen sind und finde eine Bedingung unter der die Wurzeln λ reell sind. Leite daraus die Schwarzsche Ungleichung (2.83) ab.

3 Einige Lösungen der Schrödinger Gleichung

3.1 Einleitende Bemerkungen

In diesem Kapitel werden wir einige einfache quantenmechanische Probleme lösen. Damit soll der abstrakte Formalismus des vorhergehenden Kapitels durch Anwendung auf konkrete Beispiele erläutert werden. Ferner werden wir eine Reihe von Formeln ableiten, die für die späteren Kapitel von Interesse sein werden. Zunächst betrachten wir einige einfache eindimensionale Probleme, die uns gestatten, wesentliche Unterschiede zwischen dem klassischen und dem quantenmechanischen Teilchenverhalten hervorzuheben. Danach berechnen wir insbesondere die Eigenwerte und Eigenfunktionen des Drehimpulses eines Teilchens in einem konservativen Kraftfeld und die Energie Eigenwerte und Eigenfunktionen des Wasserstoff Atoms, zunächst unter Vernachlässigung des Elektronen Spins und der Mitbewegung des Atomkerns.

3.2 Allgemeine Bedingungen

Bei der Lösung der genannten Probleme haben wir die bereits früher genannten Rand- und Stetigkeitsbedingungen zu erfüllen:

1. Die Zustandsfunktion ψ und ihr Gradient $\nabla\psi$ müssen in allen Raumpunkten eindeutig, stetig und endlich sein.
2. ψ muss in jeder Raumrichtung in großer Entfernung vom Ursprung gegen Null gehen oder periodische Randbedingungen erfüllen (oder gleich Null sein). Wie wir bereits wissen, folgen diese Bedingungen aus der statistischen Interpretation von ψ.

3.2.1 Die Zeitumkehr

Wir nehmen an, das Potential $V(\boldsymbol{x})$ sei reell und unabhängig von der Zeit. Wenn wir dann in der Schrödinger Gleichung

$$i\hbar\frac{\partial\psi(\boldsymbol{x},t)}{\partial t} = \left[-\frac{\hbar^2}{2m}\Delta + V(\boldsymbol{x})\right]\psi(\boldsymbol{x},t) \tag{3.1}$$

die Substitutionen machen: $t \to -t$, $i \to -i$ und $\psi(\boldsymbol{x}, t) \to \psi^*(\boldsymbol{x}, -t)$ so geht die Schrödinger Gleichung (3.1) in die folgende Gleichung über

$$i\hbar \frac{\partial \psi^*(\boldsymbol{x}, -t)}{\partial t} = \left[-\frac{\hbar^2}{2m}\Delta + V(\boldsymbol{x}) \right] \psi^*(\boldsymbol{x}, -t)\,, \qquad (3.2)$$

wonach $\psi^*(\boldsymbol{x}, -t)$ ebenso eine Lösung der Schrödinger Gleichung ist wie $\psi(\boldsymbol{x}, t)$. Wir schließen daraus die Invarianz der Schrödinger Gleichung gegenüber Zeitumkehr. Bei stationären Zuständen $u_E(\boldsymbol{x})$ der Schrödinger Gleichung bedeutet dies, dass auch $u_E^*(\boldsymbol{x})$ eine Lösung ist und wenn der Eigenwert E nicht entartet ist, muss $u_E^*(\boldsymbol{x}) = e^{i\alpha} u_E(\boldsymbol{x})$ sein, wo $e^{i\alpha}$ einen irrelevanten Phasenfaktor darstellt, da ihm wegen der statistischen Interpretation keine physikalische Bedeutung zukommt. Ebenso sind aber auch bei Entartung der stationären Zustände $u_E(\boldsymbol{x})$, diese stets als reelle Funktionen wählbar und daher ist für stationäre Zustände stets die Wahrscheinlichkeitsstromdichte $j_E(\boldsymbol{x}, t) = 0$.

3.2.2 Die Parität (Spiegelungssymmetrie)

Wir betrachten die zeitunabhängige Schrödinger Gleichung

$$-\frac{\hbar^2}{2m}\Delta u(\boldsymbol{x}) + V(\boldsymbol{x})u(\boldsymbol{x}) = Eu(\boldsymbol{x}) \qquad (3.3)$$

und erhalten beim Ersetzen von $\boldsymbol{x}$ durch $-\boldsymbol{x}$

$$-\frac{\hbar^2}{2m}\Delta u(-\boldsymbol{x}) + V(-\boldsymbol{x})u(-\boldsymbol{x}) = Eu(-\boldsymbol{x})\,. \qquad (3.4)$$

Wenn $V(\boldsymbol{x}) = V(-\boldsymbol{x})$ ist, folgt daraus, dass auch $u(-\boldsymbol{x})$ eine Lösung der Schrödinger Gleichung mit demselben Eigenwert E darstellt. Daher können wir aus den beiden linear unabhängigen Lösungen $u(\boldsymbol{x})$ und $u(-\boldsymbol{x})$ zwei neue Linearkombinationen bilden

$$u_g(\boldsymbol{x}) = u(\boldsymbol{x}) + u(-\boldsymbol{x})\,,\ u_u(\boldsymbol{x}) = u(\boldsymbol{x}) - u(-\boldsymbol{x})\,, \qquad (3.5)$$

wo $u_g(\boldsymbol{x})$ eine gerade Funktion und $u_u(\boldsymbol{x})$ eine ungerade Funktion von $\boldsymbol{x}$ ist. Diese beiden Wellenfunktionen sind dann auch Lösungen der Wellengleichung zum gleichen Eigenwert E. Wenn die Folge der Eigenwerte E aber nicht entartet sein soll, also keine zwei oder mehrere Lösungen $u_E(\boldsymbol{x})$ zum selben Eigenwert E gehören, dann müssen alle vier oben betrachteten Funktionen Vielfache ein und derselben Funktion sein. Zwei Fälle sind dann möglich:

1. $u_E(\boldsymbol{x})$ ist ein Vielfaches von $u_g(\boldsymbol{x})$ und $u_u(\boldsymbol{x}) = 0$,
2. $u_E(\boldsymbol{x})$ ist ein Vielfaches von $u_u(\boldsymbol{x})$ und $u_g(\boldsymbol{x}) = 0$.

Somit erkennen wir, dass die Eigenfunktionen $u_E(\boldsymbol{x})$ entweder gerade Parität (Spiegelungssymmetrie) oder ungerade Parität besitzen, womit

$$u_E(-\boldsymbol{x}) = \pm u_E(\boldsymbol{x}) \tag{3.6}$$

ist. Wenn E zu einem entarteten System von n Eigenfunktionen gehört, so ist es möglich n linear unabhängige Superpositionen dieser Funktionen zu konstruieren, welche ganz bestimmte Parität besitzen. Dabei ist zu beachten, dass die Eigenfunktionen nur dann ganz bestimmte Parität haben können, wenn $V(\boldsymbol{x}) = V(-\boldsymbol{x})$ ist. Danach muss also das Potentialfeld Inversionssymmetrie besitzen. Es gibt Fälle, wie etwa das Potential nichtzentralsymmetrischer Kristalle, wo diese Bedingung nicht erfüllt ist, sodass die Eigenfunktionen weder gerade noch ungerade sein können, doch soll diese Möglichkeit hier nicht weiter untersucht werden.

3.3 Einfache ein- und dreidimensionale Probleme

Es gibt eine ganze Reihe einfache, ein- und dreidimensionale Probleme, die wertvolle Einblicke in charakteristische quantenmechanische Prozesse gestatten, welche ganz wesentlich von den entsprechenden klassischen Vorgängen abweichen und für das quantenmechanische Verhalten charakteristisch sind. Wir wollen im folgenden einige von ihnen untersuchen.

3.3.1 Teilchen im Potentialkasten

Wir betrachten ein Teilchen, das in einem eindimensionalen Potentialtopf der Breite a und mit unendlich hohen, daher total reflektierenden, Potentialwänden, eingesperrt ist, wie wir in Abb. 3.1 angedeutet haben. Dann haben wir das folgende Eigenwertproblem zu lösen (Siehe Anhang A.2.2)

$$-\frac{\hbar^2}{2m}\frac{\mathrm{d}^2}{\mathrm{d}x^2}u(x) = Eu(x) \ , \ u(0) = u(a) = 0 \ , \tag{3.7}$$

wobei die angegebenen Randbedingungen darauf hinweisen, dass die Wahrscheinlichkeit, das Teilchen bei der Reflexion an den Potentialwänden anzutreffen, $|u(0)|^2 = |u(a)|^2 = 0$ ist. Wir führen zur Lösung des Eigenwertproblems die Wellenzahl k ein und setzen $k^2 = \frac{2mE}{\hbar^2}$. Damit erhalten wir anstelle (3.7)

$$u''(x) + k^2 u(x) = 0 \ , \ u(x) = A\sin kx + B\cos kx \ . \tag{3.8}$$

Da $\cos k0 = 1$ ist, muss wegen der Randbedingung $u(0) = 0$, in der angegebenen allgemeinen Lösung für $u(x)$ der Koeffizient $B = 0$ sein, und wegen der zweiten Bedingung $u(a) = 0$, muss $\sin ka = 0$ erfüllt sein. Letzteres ist nur dann möglich, wenn $ka = n\,\pi$ ist und wir eine diskrete Folge von Wellenzahlen $k_n = \frac{\pi}{a}n$, mit $n \geq 1$ erhalten. Der Fall $n = 0$ führt auf eine Lösung,

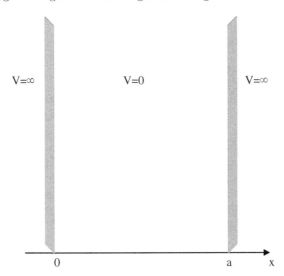

$V=\infty$ $V=0$ $V=\infty$

0   a   x

Abb. 3.1. Teilchen in unendlich hohem Potentialtopf

welche die Randbedingungen bei $x = 0$ und $x = a$ nicht erfüllt, während die Werte $n < 0$, keine neuen Lösungen liefern. Wir erhalten daher das System von Eigenfunktionen

$$u_n(x) = C_n \sin \frac{\pi}{a} n x , \ n \geq 1 , \tag{3.9}$$

wo C_n eine noch zu bestimmende Normierungskonstante ist. Diese Eigenfunktionen sind reell und zueinander orthogonal, denn

$$\int_0^a u_n(x) u_m(x) \mathrm{d}x = C_n C_m \int_0^a \sin(k_n x) \sin(k_m x) \mathrm{d}x = C_n C_m \frac{a}{2} \delta_{n,m} . \tag{3.10}$$

Daher lauten die normierten Eigenfunktionen und die zugehörigen Energie Eigenwerte

$$u_n(x) = \sqrt{\frac{2}{a}} \sin k_n x , \ E_n = \frac{(\hbar k_n)^2}{2m} , \ k_n = \frac{\pi}{a} n . \tag{3.11}$$

Wir erhalten also ein Spektrum diskreter, gebundener Zustände. n ist dabei die Zahl der Knoten (Nullstellen) der Eigenfunktionen im Intervall $[0, a]$. Für $n \to \infty$ gehen die Eigenwerte $E_n \to \infty$ und da die Impulse $p_n = \hbar k_n$ sind, gehen gleichzeitig die de Broglie Wellenlängen $\lambda_n = \frac{2a}{n} \to 0$. Da die Eigenfunktionen $u_n(x)$ reelle Funktionen sind, ist $j_n(x) = 0$. Wir erhalten als Lösungen der Schrödinger Gleichung (3.7) stehende Wellen, ähnlich wie in der klassischen Wellentheorie, etwa von Schallwellen zwischen zwei parallelen Wänden. Wenn wir die Breite des Potentialkastens $a \cong \Delta x$ taufen, können wir mit der Unschärferelation (2.85) die Impulswerte des Teilchens im Potentialkasten abschätzen, denn wir erhalten $\Delta p_x \cong \frac{\hbar}{a}$. Daraus folgt dann für die Teilchenenergie $E \cong \frac{\hbar^2}{2ma^2}$ und dies ist näherungsweise die Energie E_0 des Grundzustandes.

3.3.2 Verallgemeinerung auf drei Dimensionen

Diese Verallgemeinerung ist sehr einfach und soll daher in diesem Abschnitt mitbetrachtet werden. In diesem Fall ist die Schrödinger Gleichung

$$-\frac{\hbar^2}{2m}\Delta u(\boldsymbol{x}) = Eu(\boldsymbol{x}) \qquad (3.12)$$

mit der Randbedingung $u = 0$ auf der Oberfläche eines Würfels vom Volumen $V = a^3$ zu lösen. Die Separation der Gleichung (3.12) in kartesischen Koordinaten liefert als erlaubte, normierte Lösungen, die der Randbedingung genügen

$$u_{n_x,n_y,n_z}(x,y,z) = \left(\frac{2}{a}\right)^{\frac{3}{2}} \sin k_{n_x} x \sin k_{n_y} y \sin k_{n_z} z$$

$$k_{n_x} = \frac{\pi}{a}n_x \ , \ k_{n_y} = \frac{\pi}{a}n_y \ , \ k_{n_z} = \frac{\pi}{a}n_z \ , \ n_x, n_y, n_z \geq 1 \qquad (3.13)$$

und die zugehörigen Energie Eigenwerte lauten

$$E_{n_x,n_y,n_z} = \frac{(\hbar\pi)^2}{2ma^2}(n_x^2 + n_y^2 + n_z^2) \ . \qquad (3.14)$$

In diesem Fall ist die Energie des Grundzustandes $E_{1,1,1} = \frac{3(\hbar\pi)^2}{2ma^2}$ und wenn wir auf alle drei Raumrichtungen die Heisenbergsche Unschärferelation anwenden, erhalten wir auch hier genähert die Energie des Grundzustandes. Darüber hinaus stellt dieses Problem ein einfaches Beispiel dar, wie mit zunehmender Anregung des Systems die Energieniveaus immer stärker entartet sein werden.

Schließlich berechnen wir noch die Zahl der Zustände, deren Quantenzahlen in den Bereichen $n_x + \Delta n_x$, $n_y + \Delta n_y$, $n_z + \Delta n_z$ liegen, wobei wir noch annehmen, dass die Zahlen $n \gg 1$ und gleichzeitig die $\Delta n \ll n$ sind. Dann können wir folgenden Ausdruck berechnen

$$dN = \Delta n_x \Delta n_y \Delta n_z = \left(\frac{a}{\pi}\right)^3 \mathrm{d}k_x \mathrm{d}k_y \mathrm{d}k_z = \left(\frac{a}{\pi\hbar}\right)^3 p^2 \mathrm{d}p \mathrm{d}\Omega \ , \qquad (3.15)$$

wobei mit zunehmender Größe des Raumwürfels vom Volumen $V = a^3$ die Wellenzahlen k_n immer enger beisammen liegen und wir daher in (3.15) zu einer kontinuierlichen Verteilung von Wellenzahlen, bzw. Elektronen Impulsen mit Hilfe von $\mathrm{d}^3k = \frac{1}{\hbar^3}\mathrm{d}^3p$ übergehen konnten und anschließend das

Volumselement im p-Raum in Kugelkoordinaten p, θ, ϕ ausdrückten, wobei das Raumwinkelelement $\mathrm{d}\Omega = \sin\theta\mathrm{d}\theta\mathrm{d}\phi$ ist (Siehe Anhang A). Zum Schluss können wir noch die Dichte der Energiezustände $\frac{\mathrm{d}N(E)}{\mathrm{d}E}$ mit Hilfe von (3.15) berechnen, indem wir über das Raumwinkelelement $\mathrm{d}\Omega$ integrieren und beachten, dass unser Raumwürfel nur einen Volumsoktanden der Zahlen n_x, n_y, n_z umfasst. Also

$$\mathrm{d}N(E) = \left(\frac{a}{\pi\hbar}\right)^3 2mE\frac{\mathrm{d}p}{\mathrm{d}E}\mathrm{d}E \int_{\frac{\Omega}{8}} \mathrm{d}\Omega = \frac{V}{\pi^2\hbar^3}\frac{m^2E}{p}\mathrm{d}E , \qquad (3.16)$$

wobei wir $\frac{\mathrm{d}E}{\mathrm{d}p} = \frac{p}{m}$ verwendet haben. Da ferner $p = \sqrt{2mE}$ ist, erhalten wir schließlich für die Dichte der Energiezustände in einem sehr großen Raumwürfel

$$\frac{\mathrm{d}N(E)}{\mathrm{d}E} = \rho(E) = \frac{V}{\sqrt{2}\pi^2\hbar^3}m^{\frac{3}{2}}\sqrt{E} \qquad (3.17)$$

und dieses Resultat ist letztlich unabhängig von der Gestalt des Volumens V.

3.3.3 Teilchenreflexion und Transmission an einer Potentialstufe

Wir betrachten die Reflexion und Transmission eines Teilchens an einer bzw. durch eine Potentialstufe, die folgendermaßen definiert sein soll. (Siehe Abb. 3.2)

Im Bereich 1 für $x < 0$ sei $V_1 = 0$ und im Bereich 2 für $x \geq 0$ sei $V_2 = V = \text{const}$. Wir haben daher die Schrödinger Gleichung in den beiden Teilbereichen zu lösen und die Lösungen müssen bei $x = 0$ die Stetigkeitsbedingungen $\psi_1(0) = \psi_2(0)$ und $\nabla_x\psi_1(0) = \nabla_x\psi_2(0)$ erfüllen. Ausgehend von der Gleichung

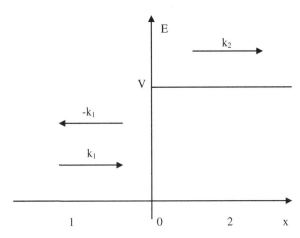

Abb. 3.2. Teilchenreflexion an einer Potentialstufe

$$-\frac{\hbar^2}{2m}\frac{\partial^2\psi}{\partial x^2} + V\psi = i\hbar\frac{\partial\psi}{\partial t} \tag{3.18}$$

können wir zunächst den Lösungsansatz $\psi(x,t) = u(x)\exp(-\frac{i}{\hbar}Et)$ machen, wobei die Energie des Teilchens, das von links auf die Potentialstufe auftrifft, $E > 0$ sein wird. Damit lautet die zu lösende zeitunabhängige Schrödinger Gleichung

$$u''(x) + k^2 u(x) = 0 \ , \ k_1^2 = \frac{2mE}{\hbar^2} > 0 \ , \ k_2^2 = \frac{2m(E-V)}{\hbar^2} \lessgtr 0 \ . \tag{3.19}$$

In den Bereichen 1 und 2 können wir folgende Lösungsansätze machen

$$u_1 = A_1 e^{ik_1 x} + B_1 e^{-ik_1 x}$$
$$u_2 = A_2 e^{ik_2 x} + B_2 e^{-ik_2 x} \ ; \ E > V \ , \ B_2 = 0 \ . \tag{3.20}$$

Demnach gibt es im Gebiet 1 eine einfallende und eine an der Potentialstufe reflektierte Welle und dasselbe gilt für das Gebiet 2, solange die Energie des einfallenden Teilchens $E < V$ ist. Hingegen ist für $E > V$ der Koeffizient $B_2 = 0$, da dann keine Reflexion im Gebiet 2 stattfindet.

Wir behandeln zunächst den Fall $E > V$. Dann lauten die Randbedingungen und ihre Folgerungen

$$(\mathrm{I}) : u_1(0) = u_2(0) \ \to \ A_1 + B_1 = A_2$$
$$(\mathrm{II}) : u_1'(0) = u_2'(0) \ \to \ ik_1(A_1 - A_2) = ik_2 A_2 \ . \tag{3.21}$$

Wir multiplizieren die Bedingung (I) mit k_2 und ziehen dann davon (II) ab. Ebenso multiplizieren wir die Bedingung (I) mit k_1 und ziehen davon (II) ab. Dies liefert

$$k_2(\mathrm{I}) - (\mathrm{II}) \ \to \ A_1(k_2 - k_1) + B_1(k_2 + k_1) = 0 \ \to \ B_1 = \frac{k_1 - k_2}{k_1 + k_2}A_1$$

$$k_1(\mathrm{I}) - (\mathrm{II}) \ \to \ A_2(k_1 + k_2) = 2A_1 k_1 \ \to \ A_2 = \frac{2k_1}{k_1 + k_2}A_1 \ . \tag{3.22}$$

Damit erhalten wir in den Gebieten 1 und 2 die folgenden beiden Lösungen

$$u_1 = A_1\left(e^{ik_1 x} + \frac{k_1 - k_2}{k_1 + k_2}e^{-ik_1 x}\right) = u^e(x) + u^r(x)$$

$$u_2 = A_1\frac{2k_1}{k_1 + k_2}e^{ik_2 x} = u^d(x) \ . \tag{3.23}$$

Diese Lösungen bestehen im Bereich 1 aus einer einfallenden Welle u^e und einer reflektierten Welle u^r und im Bereich 2 aus einer durchgelassenen Welle u^d. Von physikalischem Interesse ist zunächst die Berechnung der Wahrscheinlichkeitsstromdichten (2.21)

$$j = \frac{\hbar}{2mi}[u^* u' - u(u^*)'] \tag{3.24}$$

für die drei Wellen und wir erhalten mit (3.24)

$$j^e = \frac{\hbar}{2mi}A_1^2(ik_1 + ik_1) = A_1^2\frac{p_1}{m}$$
$$j^r = \frac{\hbar}{2mi}B_1^2(-ik_1 - ik_1) = -B_1^2\frac{p_1}{m}$$
$$j^d = \frac{\hbar}{2mi}A_2^2(ik_2 + ik_2) = A_2^2\frac{p_2}{m} \ . \tag{3.25}$$

Mit Hilfe dieser drei Gleichungen (3.25) können wir den physikalisch messbaren Reflexions- und Durchlässigkeitskoeffizienten berechnen und wir erhalten

$$R = \frac{|j^r|}{j^e} = \frac{B_1^2}{A_1^2} = \left(\frac{k_1 - k_2}{k_1 + k_2}\right)^2$$
$$D = \frac{j^d}{j^e} = \frac{p_2}{p_1}\left(\frac{2k_1}{k_1 + k_2}\right)^2 = \frac{4k_1 k_2}{(k_1 + k_2)^2} \tag{3.26}$$

und diese Koeffizienten haben ersichtlich die Eigenschaft, dass $R + D = 1$ ist, was nichts anderes als den Satz von der Erhaltung der Wahrscheinlichkeit ausdrückt, oder auch die Teilchenerhaltung, denn bei dem Prozess gehen keine Teilchen verloren, sie werden entweder durchgelassen oder reflektiert und die entsprechenden Wahrscheinlichkeiten sind durch R und D bestimmt. Dies ist ganz ähnlich den Verhältnissen in der Optik der nichtabsorbierender Medien, bei denen gleichfalls für das Reflexionsvermögen und das Durchlässigkeitsvermögen von Licht die obige Beziehung gilt. Ferner erkennen wir, dass für $E \gg V$ die Wellenzahl $k_2 \to k_1$ strebt und daher der Reflexionskoeffizient $R \to 0$ geht. Dies entspricht dem klassischen Grenzfall, bei dem keine Teilchen am Potential reflektiert werden. Wenn hingegen im anderen Extremfall $E \to V$ geht, dann wird $k_2 \to 0$ streben und es tritt starke Teilchenreflexion ein, was wiederum klassisch nicht erlaubt ist, solange $E > V$ ist, selbst für eine sehr kleine Abweichung.

Als nächstes betrachten wir den quantenmechanisch weitaus interessanteren Fall $E < V$. Dann ist $k_2^2 < 0$ und wir setzen daher $k_2 = i\kappa_2$ mit $\kappa_2^2 = \frac{2m}{\hbar^2}(V - E)$. Nun lautet die Lösung der Schrödinger Gleichung im Gebiet 2

$$u_2 = A_2 e^{-\kappa_2 x} + B_2 e^{\kappa_2 x} \ , \ B_2 = 0 \ , \tag{3.27}$$

wobei $B_2 = 0$ gesetzt wurde, da die Lösungen endlich sein sollen. Aus den entsprechend abgeänderten Randbedingungen (3.21) erhalten wir

$$B_1 = \frac{k_1 - i\kappa_2}{k_1 + i\kappa_2}A_1 \ , \ A_2 = \frac{2k_1}{k_1 + i\kappa_2}A_1 \tag{3.28}$$

und damit die Lösungen

$$u_1 = u^e + u^r = A_1 \left(e^{ik_1 x} + \frac{k_1 - i\kappa_2}{k_1 + i\kappa_2} e^{-ik_1 x} \right)$$

$$u_2 = u^d = A_1 \frac{2k_1}{k_1 + i\kappa_2} e^{-\kappa_2 x} , \tag{3.29}$$

mit deren Hilfe wir die Stromdichten j^e, j^r und die Wahrscheinlichkeitsdichte P^d berechnen können

$$j^e = A_1^2 \frac{p_1}{m} = |u^e|^2 v_1 , \quad j^r = -B_1 B_1^* \frac{p_1}{m} = -|u^r|^2 v_1$$

$$j^d = 0 , \quad |u^d|^2 = P^d = A_1^2 \frac{4k_1^2}{k_1^2 + \kappa_2^2} e^{-2\kappa_2 x} , \quad |u^e|^2 = P^e = A_1^2 . \tag{3.30}$$

Aus diesen Gleichungen (3.30) leiten wir schließlich die beiden wesentlichen Resultate ab

$$R = \frac{|j^r|^2}{j^e} = \frac{|B_1|^2}{A_1^2} = 1 , \quad \frac{P^d}{P^e} = \frac{4k_1^2}{k_1^2 + \kappa_2^2} e^{-2\kappa_2 x} . \tag{3.31}$$

Wir erkennen also, dass im Fall $E < V$ alle einfallenden Teilchen reflektiert werden, denn der Reflexionskoeffizient $R = 1$, doch dass eine gewisse Wahrscheinlichkeit besteht, dass Teilchen in das Potential eindringen, denn $P^d \sim \exp(-2\kappa_2 x)$. Wenn diese Wahrscheinlichkeit auf den e-ten Teil abgeklungen ist, können wir als Eindringtiefe definieren $d = \frac{1}{2\kappa_2}$. Dieses Phenomen ist ein typischer Quanteneffekt. Wenn das Potential $V \to \infty$ strebt, dann geht $\kappa_2 = \frac{1}{\hbar} \sqrt{2m(V - E)} \to \infty$ und daher $d \to 0$, sodass $u^d(0) = 0$ wird und sich daher für eine unendlich hohe Potentialwand die Randbedingung $u_1(0) = 0$ ergibt, die wir im vorhergehenden Beispiel verwendet haben. Gleichzeitig strebt für $\kappa_2 \to \infty$ aufgrund der ersten Gleichung in (3.28) der Koeffizient $B_1 \to -1$ und wir erhalten für die Lösung im Gebiet 1 für $V \to \infty$

$$u_1(x) = A_1 (e^{ik_1 x} - e^{-ik_1 x}) = 2iA_1 \sin k_1 x ,$$

dh. eine stehende Welle, also, abgesehen vom Koeffizienten, eine reelle Lösung für welche die Stromdichte $j_1(x) = 0$ ist.

Eine wichtige Verallgemeinerung des betrachteten Problems erhalten wir, wenn das Potential bei $x = a$ wieder auf Null abfällt. Dann haben wir es mit der Reflexion und Transmission von Teilchen an einem Potentialwall zu tun. Hier sind Lösungsansätze für die Schrödinger Gleichung in den Bereichen $x < 0$ mit $V_1 = 0$, dann in $0 \le x < a$ mit $V_2 = V$ und schließlich in $a \le x$ mit $V = 0$ zu machen und an den Stellen $x = 0$ und $x = a$ die Stetigkeitsbedingungen zu erfüllen. Diese Untersuchung führt auf ein einfaches Beispiel für den quantenmechanischen Tunneleffekt, wonach Teilchen mit Energien $E < V$ entgegen den klassischen Vorstellungen nicht nur an der Potential Barriere reflektiert, sondern auch durch diese hindurchgelassen werden können. Die Wahrscheinlichkeit der Transmission können wir mit Hilfe der zweiten Gleichung in (3.31) näherungsweise berechnen, indem wir $x = a$ setzen. Dies ergibt

$$\frac{P^e(a)}{P^e} \simeq \frac{4k_1^2}{k_1^2 + \kappa_2^2} e^{-2\kappa_2 a} \ . \tag{3.32}$$

Dieser Effekt ist unter anderem verantwortlich für den α-Zerfall radioaktiver Atomkerne (G. Gamov 1928) oder für die Ionisation von Atomen in einem sehr intensiven Laserfeld (N. B. Delone und V. P. Krainov 1998).

3.3.4 Die Eigenfunktionen des Impulsoperators

Als Ausgangspunkt unserer Untersuchung wählen wir die folgende einfache geometrische Konfiguration. Wir betrachten in der Ebene einen sehr großen Kreis vom Radius R mit dem Umfang $L = 2\pi R$. Auf dem Kreis bewege sich ein Teilchen der Masse m in positivem oder negativem Uhrzeigersinn. Wir taufen die Koordinate längs des Kreises s und wählen auf dem Kreis an einer beliebigen Stelle den Ursprung O unseres Koordinatensystems. Längs des Kreises gilt dann für den Impulsoperator $\hat{p}_s$ das Eigenwertproblem

$$-\mathrm{i}\hbar \frac{\mathrm{d}f(s)}{\mathrm{d}s} = p_s f(s) \ . \tag{3.33}$$

Dieses können wir sehr leicht durch Separation lösen und finden

$$\frac{\mathrm{d}f}{f} = \mathrm{i}\frac{p_s}{\hbar}\mathrm{d}s \ , \ f(s) = C\mathrm{e}^{\frac{\mathrm{i}}{\hbar}p_s s} \ . \tag{3.34}$$

Damit diese Lösung eindeutig ist, wenn der Kreis einmal umlaufen wurde, müssen wir verlangen, dass die folgende periodische Randbedingung

$$\mathrm{e}^{\frac{\mathrm{i}}{\hbar}p_s s} = \mathrm{e}^{\frac{\mathrm{i}}{\hbar}p_s(s+L)} \ \mathrm{bzw.} \ \mathrm{e}^{\frac{\mathrm{i}}{\hbar}p_s L} = 1 \tag{3.35}$$

erfüllt ist. Dies ist aber nur dann der Fall, wenn

$$\frac{p_s L}{\hbar} = 2n\pi \ , \ p_s = \frac{2\hbar n\pi}{L} \ , \ n = \pm 1, \pm 2, \dots \tag{3.36}$$

gilt. Nach Einführung der Wellenzahl mit Hilfe von $p_s = \hbar k_s$ erhalten wir für die zulässigen eindeutigen Lösungen des Eigenwertproblems

$$f_n(s) = C_n \mathrm{e}^{\mathrm{i}k_n s} \ , \ k_n = \frac{2n\pi}{L} \ , \ n = \pm 1, \pm 2, \dots \ . \tag{3.37}$$

Zur Berechnung der Normierungskonstante C_n betrachten wir das Integral

$$\int_0^L f_m^*(s)f_n(s) = C_m^* C_n \int_0^L \mathrm{e}^{-\mathrm{i}(k_m - k_n)s}\mathrm{d}s$$

$$= C_m^* C_n \int_0^L \mathrm{e}^{-\mathrm{i}\frac{2\pi}{L}(m-n)s}\mathrm{d}s = LC_m^* C_n \delta_{m,n} \ , \tag{3.38}$$

woraus wir bis auf einen Phasenfaktor für die Normierungskonstante $C_n = \frac{1}{\sqrt{L}}$ erhalten. Damit lauten die normierten Eigenfunktionen des Impulses auf dem Kreis

$$f_n(s) = \frac{1}{\sqrt{L}} e^{\frac{i}{\hbar} p_n s} \; , \; p_n = \frac{2\pi \hbar n}{L} \; , \; n = \pm 1, \pm 2, \ldots . \tag{3.39}$$

und diese Funktionen sind auch Lösungen der Schrödinger Gleichung auf dem Kreis

$$-\frac{\hbar^2}{2m} \frac{d^2 f_n(s)}{ds^2} = E_n f_n(s) \; , \; E_n = \frac{p_n^2}{2m} = \frac{(2\pi \hbar)^2 n^2}{2mL^2} \; . \tag{3.40}$$

Die Energien E_n sind ersichtlich zweifach entartet, denn zu jedem Eigenwert gehören die beiden Eigenfunktionen $f_n(s)$ und $f_{-n}(s)$. Wenn wir den Radius $R \to \infty$ gehen lassen, geht auch $L \to \infty$ und die diskrete Folge von Eigenfunktionen $f_n(s)$ geht in ein Kontinuum von Funktionen und Eigenwerten über

$$f_p(s) = C e^{\frac{i}{\hbar} p s} \; , \; E_p = \frac{p^2}{2m} \; . \tag{3.41}$$

Die Normierung und Orthogonalität dieser Funktionen folgt dann aus der Beziehung

$$\lim_{L \to \infty} |C|^2 \int_{-\frac{L}{2}}^{+\frac{L}{2}} e^{-\frac{i}{\hbar}(p'-p)s} ds = |C|^2 2\pi \hbar \delta(p'-p) \; , \tag{3.42}$$

wo $\delta(p'-p)$ die Diracsche δ-Funktion ist (Vergleiche Anhang A.2.4). Das Ergebnis (3.42) liefert uns auch die Normierungskonstante für die kontinuierlichen Impulseigenfunktionen und wir erhalten

$$f_p(s) = \frac{1}{\sqrt{2\pi \hbar}} e^{\frac{i}{\hbar} p s} \; . \tag{3.43}$$

Genau genommen, haben wir bei dieser Rechnung einen kleinen „Schwindel" gemacht, um das Argument der periodischen Randbedingungen einbringen zu können, denn in Wirklichkeit führt die Bewegung eines Massenpunktes auf einem Kreis von konstantem Radius R, wenn er auch noch so groß ist, nicht auf die Quantisierung der linearen Bewegung des Teilchens sondern auf die Quantisierung des Drehimpulses der Rotationsbewegung des Teilchens. Der entsprechende Zusammenhang lässt sich aber im vorliegenden Fall leicht finden, wenn wir $s = R\phi$ setzen, sodass $ds = R d\phi$ wird, und wir gleichzeitig anstelle der Masse m das Trägheitsmoment $\Theta = mR^2$ einführen. (Vergleiche Abschn. 3.5.3).

So sehr auch die Diskretisierung der Impuls-Eigenwerte und Eigenfunktionen für die Bewegung eines Quantenteilchens auf einem sehr großen Kreis durch Einführung der periodischen Randbedingung einleuchtend ist, so wenig mag dies im Dreidimensionalen verständlich sein. Dennoch hat sich diese künstliche Diskretisierung der Impuls-Eigenfunktionen und Eigenwerte auch im dreidimensionalen Raum für die praktische Durchführung von Rechnungen sehr bewährt. Wir betrachten also ein freies Teilchen in einem Raumwürfel des Volumens $V = L^3$ und verlangen, dass die Lösungen der Eigenwertgleichung des Impulses

$$-i\hbar\nabla\psi_{\boldsymbol{p}}(\boldsymbol{x}) = \boldsymbol{p}\psi_{\boldsymbol{p}}(\boldsymbol{x}) \;, \;\; \psi_{\boldsymbol{p}}(\boldsymbol{x}) = Ce^{\frac{i}{\hbar}\boldsymbol{p}\cdot\boldsymbol{x}} \tag{3.44}$$

in der x-, y-, und z-Richtung denselben periodischen Randbedingungen genügen. Dies ergibt, wenn wir in (3.44) $\boldsymbol{p}\cdot\boldsymbol{x} = p_x x + p_y y + p_z z$ setzen, die Bedingungen

$$e^{\frac{i}{\hbar}p_x L} = 1 \;, \;\; e^{\frac{i}{\hbar}p_y L} = 1 \;, \;\; e^{\frac{i}{\hbar}p_z L} = 1 \tag{3.45}$$

und diese können nur erfüllt sein, wenn gilt

$$p_x = \frac{2\pi\hbar}{L}n_x \;, \;\; p_y = \frac{2\pi\hbar}{L}n_y \;,$$
$$p_z = \frac{2\pi\hbar}{L}n_z \;, \;\; n_x, n_y, n_z = \pm 1, \pm 2, \ldots \;. \tag{3.46}$$

Daher lauten dann die normierten Eigenfunktionen des Impulses im Raumwürfel

$$\psi_{\boldsymbol{p}}(\boldsymbol{x}) = \frac{1}{\sqrt{V}}e^{i\frac{2\pi}{L}(n_x x + n_y y + n_z z)} \;, \;\; V = L^3 \tag{3.47}$$

und zu diesen gehören die Energiewerte

$$E_{n_x,n_y,n_z} = \frac{2(\pi\hbar)^2}{L^2 m}(n_x^2 + n_y^2 + n_z^2) \;. \tag{3.48}$$

Wenn wir schließlich die Kantenlängen $L \to \infty$ streben lassen, dann erhalten wir nun im dreidimensionalen Raum das Kontinuum von normierten Eigenfunktionen des Impulsoperators

$$\psi_{\boldsymbol{p}}(\boldsymbol{x}) = \frac{1}{(2\pi\hbar)^{\frac{3}{2}}}e^{\frac{i}{\hbar}\boldsymbol{p}\cdot\boldsymbol{x}} \tag{3.49}$$

und diese erfüllen die Orthogonalitätsrelation

$$\int_{-\infty}^{+\infty}\psi_{\boldsymbol{p}'}^*(\boldsymbol{x})\psi_{\boldsymbol{p}}(\boldsymbol{x})d^3x = \delta(\boldsymbol{p}' - \boldsymbol{p}) \;, \tag{3.50}$$

wo explizit $\delta(\boldsymbol{p}' - \boldsymbol{p}) = \delta(p_x' - p_x)\delta(p_y' - p_y)\delta(p_z' - p_z)$ bedeutet.

3.4 Der harmonische Oszillator

Der klassische, lineare harmonische Oszillator besteht aus einer Masse m, auf welche eine rücktreibende Kraft $K = -\kappa x$ wirkt, die proportional der Verschiebung der Masse m in Bezug auf einen bestimmten Punkt ist, der als Koordinatenursprung O gewählt wurde. Die Lösung des entsprechenden quantenmechanischen Problems dient der Veranschaulichung, wie das notwendige Verhalten der Wellenfunktion im Unendlichen auf die Bestimmung der Energie-Eigenwerte führt. Andere Probleme der Quantenmechanik, wie das elektromagnetische Strahlungsfeld in einem Hohlraum und die Fortpflanzung von Schallwellen in Festkörpern und Flüssigkeiten, zeigen formale Äquivalenz mit jenem des harmonischen Oszillators und ihre Behandlung beruht auf den Resultaten der folgenden Überlegungen. So führt etwa die Quantisierung des Strahlungsfeldes auf die Photonen und die Quantisierung des Schallfeldes in einem Festkörper auf die Phononen. Für die Bedeutung des harmonischen Oszillators ist auch maßgeblich, dass wir es bei vielen Problemen der Physik mit der Untersuchung eines Systems in der Umgebung einer Gleichgewichtslage zu tun haben. Wenn etwa das Potential $V(x)$ eines eindimensionalen Problems bei $x = a$ ein Minimum aufweist, dann befindet sich dort das System in einem stabilen Gleichgewicht und es ist dann bei $x = a$ die Ableitung $V'(a) = 0$. Daher können wir in der Umgebung von $x = a$ das Potential in eine Taylorreihe entwickeln $V(x) = V(a) + V''(a)(x - a)^2 + \ldots$ und wir sehen, dass in der Umgebung des Gleichgewichts, die Bewegung des Systems genähert durch ein Oszillatorpotential beschrieben wird. Diese Erkenntnis lässt sich natürlich auf mehrdimensionale Probleme übertragen und zur Analyse des quantenmechanischen Verhaltens eines Systems in der Umgebung des Gleichgewichts verwendet.

3.4.1 Die Energie Eigenwerte

Die zeitunabhängige Schrödinger Gleichung des linearen, harmonischen Oszillators erhalten wir aus der klassischen Hamilton Funktion

$$H = \frac{p_x^2}{2m} + \frac{\kappa}{2}x^2 = E \qquad (3.51)$$

durch die Substitution $p_x \to -\mathrm{i}\hbar\frac{d}{dx}$ und durch die Anwendung des resultierenden Hamilton-Operators auf die Zustandsfunktion $u(x)$, also

$$-\frac{\hbar^2}{2m}\frac{\mathrm{d}^2u(x)}{\mathrm{d}x^2} + \frac{1}{2}\kappa x^2 u(x) = Eu(x) \, . \qquad (3.52)$$

Es ist zweckmässig, folgende neue dimensionslose Veränderliche $\xi = \alpha x$ und neuen dimensionslosen Energie Parameter $\lambda = \frac{2E}{\hbar\omega}$ einzuführen, wobei

$$\alpha^4 = \frac{m\kappa}{\hbar^2} = \left(\frac{m\omega}{\hbar}\right)^2 \, , \quad \omega^2 = \frac{\kappa}{m} \qquad (3.53)$$

sind. Dann lautet die Gleichung (3.52) in normierter Form

$$\frac{\mathrm{d}^2u}{\mathrm{d}\xi^2} + (\lambda - \xi^2)u = 0 \, . \qquad (3.54)$$

Für $\xi^2 \gg \lambda$ wird das Verhalten von $u(\xi)$ durch einen Ausdruck der Form $\xi^n \exp\left(\pm\frac{\xi^2}{2}\right)$ als asymptotische Lösung bestimmt, wie sich durch Einsetzen in (3.54) leicht nachprüfen lässt. Daher erscheint es sinnvoll, für die exakte Lösung folgenden Lösungsansatz zu machen

$$u(\xi) = H(\xi)e^{-\frac{\xi^2}{2}} , \qquad (3.55)$$

wobei wir für $\xi \to \pm\infty$ das positive Vorzeichen in der Exponentialfunktion ausgeschlossen haben, da dieses im ∞ zu einer divergenten Lösung führen würde. Die noch zu bestimmenden Funktionen $H(\xi)$ müssen Polynome endlicher Ordnung sein, damit die Randbedingung (3.55) im Unendlichen erfüllt bleibt. Beim einsetzen von (3.55) in die Schrödinger Gleichung (3.54) erhalten wir eine Differentialgleichung für die Funktionen $H(\xi)$

$$\frac{\mathrm{d}^2 H}{\mathrm{d}\xi^2} - 2\xi\frac{\mathrm{d}H}{\mathrm{d}\xi} + (\lambda - 1)H = 0 . \qquad (3.56)$$

Zur Lösung dieser Gleichung machen wir den folgenden Potenzreihen Ansatz (Vgl. Anhang A.2.3)

$$H(\xi) = \xi^s \sum_{\nu=0} a_\nu \xi^\nu , \qquad (3.57)$$

wo $a_0 \neq 0$ sein soll, damit die Potenzreihe jedenfalls mit ξ^s beginnt. Wenn wir diesen Ansatz in die Differentialgleichung (3.56) für $H(\xi)$ einsetzen, kann der Potenzreihenansatz (3.57) nur dann eine Lösung sein, wenn die Koeffizienten der verschiedenen Potenzen von ξ gleich Null sind, also wenn gilt

$$\begin{aligned} s(s-1)a_0 &= 0 , \ (s+1)sa_1 = 0 \\ (s+2)(s+1)a_2 &- (2s+1-\lambda)a_0 = 0 \\ &\cdots\cdots\cdots \\ (s+\nu+2)(s+\nu+1)a_{\nu+2} &- (2s+2\nu+1-\lambda)a_n = 0 . \end{aligned} \qquad (3.58)$$

Da $a_0 \neq 0$ gewählt wurde, folgt aus der ersten Gleichung, dass $s = 0$ oder $s = 1$ sein kann und aus der zweiten Gleichung schließen wir $s = 0$ oder $a_1 = 0$ oder beides. Die letzte Gleichung in (3.58) zeigt, wie der allgemeine Koeffizient $a_{\nu+2}$ aus a_ν bestimmt werden kann. Wir erhalten demnach eine zweigliedrige Rekursionsformel zur Bestimmung der Koeffizienten a_ν. Wir betrachten zunächst den Fall $s = 0$. Da $a_0 \neq 0$ ist, besteht die einzige Möglichkeit, die Folge der a_ν mit geradem ν abzubrechen, in der Bedingung

$$\lambda = 2\nu + 1 \qquad (3.59)$$

für beliebige gerade Werte von ν. Dann kann λ die Werte $1, 5, 9, \ldots$ annehmen. Diese Werte von λ werden, wie aus der Rekursionsformel ersichtlich, nicht die Folge der a_ν mit ungeradem ν beenden. Daher besteht die einzige Möglichkeit, dafür zu sorgen, dass $H(\xi)$ nur eine endliche Anzahl von Termen besitzt, darin dass $a_1 = 0$ gesetzt wird. Dies verhindert, dass die Folge der a_ν mit ungeradem ν überhaupt beginnt. Dieselben Argumente lassen sich nun für den zweiten Fall $s = 1$ verwenden. Wiederum sind nur Terme mit geradem ν erlaubt und $a_1 = 0$. In dem Fall durchläuft λ die Wertefolge

$$\lambda = 2\nu + 3 \,, \text{ oder } \lambda = 3, 7, 11, \ldots \tag{3.60}$$

und die resultierenden Polynome $H(\xi)$ sind nun ungerade Funktionen von ξ, da die vorhergehenden geraden Polynome $H(\xi)$ jetzt mit ξ multipliziert wurden. Die Kombination der beiden Resultate (3.59,3.60) liefert dann die erlaubten Werte von λ

$$\lambda = 2n + 1 \,, \; n = 0, 1, 2, 3, \ldots \tag{3.61}$$

und mit Hilfe der Definition $\lambda = \frac{2E}{\hbar\omega}$ erhalten wir für die möglichen Energie Eigenwerte des quantenmechanischen Oscillators

$$E_n = \left(n + \frac{1}{2} \right) \hbar\omega \,. \tag{3.62}$$

Wie wir sehen, führt das Abbrechen der Reihe für $H(\xi)$ zu einer diskreten Folge von Energie Eigenwerten. Dieses Abbrechen ist aber notwendig, um die Randbedingung im Unendlichen $u(\xi) \sim \exp\left(-\frac{\xi^2}{2} \right)$ nicht zu verletzen. Denn wenn wir die Reihe nicht abbrechen, dann gilt asymptotisch $\frac{a_{\nu+2}}{a_\nu} \to \frac{2}{\nu}$ und wir würden als asymptotisches Verhalten von $H(\xi) \sim \exp(\xi^2)$ erhalten, in Widerspruch mit der Randbedingung für $u(\xi)$.

Aufgrund der Formel (3.62) besitzt der Quantenoszillator selbst im niedrigsten Energiezustand $n = 0$ einen endlichen Energiewert $E_0 = \frac{\hbar\omega}{2}$. Hingegen ist die niedrigste Energie eines klassischen harmonischen Oszillators $E_0 = 0$. Dieser wesentliche Unterschied ist eine Folge des Unschärfeprinzips. Damit der klassische harmonische Oszillator die Energie $E_0 = 0$ hat, muss sowohl der Impuls p_x als auch die Lage x gleich Null sein, wie aus der klassischen Hamilton Funktion folgt. In der Quantenmechanik ist dies aber nach der Unschärferelation $\Delta x \cdot \Delta p_x \geq \frac{\hbar}{2}$ unmöglich, da $p_x = x = 0$ nicht gleichzeitig durch Messung feststellbar sind. Die Aufteilung der Unschärfen auf p_x und x, welche die minimale Gesamtenergie liefert und gleichzeitig der Unschärferelation genügt, liefert $E \simeq \hbar\omega$. Um dies zu zeigen, betrachten wir die Gesamtenergie, die sich aus der mittleren quadratischen Abweichung der Messung ergibt, nämlich

$$\bar{E} = \frac{1}{2} \left[\frac{\langle \Delta p_x^2 \rangle}{m} + \kappa \langle \Delta x^2 \rangle \right] \,, \tag{3.63}$$

und fordern die minimalen Unschärfen, sodass $\langle \Delta x^2 \rangle \langle \Delta p_x^2 \rangle = \frac{\hbar^2}{4}$ ist. Dann erhalten wir nach Eliminierung von $\langle \Delta x^2 \rangle$

$$\bar{E} = \frac{1}{2} \left[\frac{\kappa \hbar^2}{4 \langle \Delta p_x^2 \rangle} + \frac{\langle \Delta p_x^2 \rangle}{m} \right] \,. \tag{3.64}$$

Wenn wir diesen Energieausdruck nach $\langle\Delta p_x^2\rangle$ differenzieren und die Ableitung gleich 0 setzen, finden wir, dass das Minimum bei $\langle\Delta p_x^2\rangle = \frac{\hbar\omega}{2}$ liegt und daher ist nach Einsetzen dieses Wertes in (3.64)

$$E_{\min} = \frac{1}{2}\hbar\omega = E_0 \ . \tag{3.65}$$

Dieses Resultat legt nahe, dass die Wellenfunktion $u_0(x)$ des niedrigsten Energiezustandes die Gestalt eines Wellenpaketes minimaler Unschärfe (2.88) hat, also eine Gaußsche Kurve ist. Dies ist tatsächlich der Fall, da gemäß unserem Lösungsansatz (3.55) für $u(\xi)$ folgt, dass $u_0(x) = H_0(\xi)\exp\left(\frac{-\xi^2}{2}\right) = a_0\exp\left(-\frac{\alpha^2 x^2}{2}\right)$ ist. Im Gegensatz zur Bewegung eines freien Quantenteilchens, zerfließt dieses minimale Unschärfepaket des Quantenoszillators nicht, da hier gilt $\psi_0(x,t) = u_0(x)\exp(-\frac{i}{\hbar}E_0 t)$. Diese Tatsache war historisch der Anlass, dass Schrödinger ein Elektron als Quantenteilchen mit einem Wellenpaket identifizieren wollte. Diese Untersuchungen führten ihn auf die Erfindung der Kohärenten Zustände, die viele Jahre später in der Laserphysik große Bedeutung erlangen sollten.

3.4.2 Die Eigenfunktionen des Oszillators

Die Lösungen der Differentialgleichung (3.56) für $H(\xi)$, welche verschiedenen Werten von $\lambda = 2n+1$ entsprechen, sind Polynome n-ter Ordnung. Diese sind gerade, wenn n gerade ist und sie sind ungerade für ungerades n. Setzen wir $\lambda = 2n+1$, dann lautet die Differentialgleichung für die Polynome $H_n(\xi)$, welche die Hermiteschen Polynome genannt werden (Siehe Anhang A.3.1)

$$\frac{\mathrm{d}^2 H_n}{\mathrm{d}\xi^2} - 2\xi\frac{\mathrm{d}H_n}{\mathrm{d}\xi} + 2n H_n = 0 \ . \tag{3.66}$$

Diese Polynome lassen sich zweckmäßig aus der Taylorschen Reihenentwicklung der erzeugenden Funktion $G(\xi,s) = \exp(-s^2 + 2s\xi)$ herleiten, nämlich

$$G(\xi,s) = \mathrm{e}^{-s^2 + 2s\xi} = \sum_{n=0}^{\infty}\frac{H_n(\xi)}{n!}s^n \ . \tag{3.67}$$

Wenn wir auf diese Gleichung den Operator $\frac{\partial^2}{\partial\xi^2} - 2\xi\frac{\partial}{\partial\xi} + 2s\frac{\partial}{\partial s}$ anwenden, erkennen wir sofort, dass die Koeffizienten $H_n(\xi)$ der Taylorschen Reihenentwicklung tatsächlich der Gleichung (3.66) genügen. Daher erfolgt die Erzeugung der Hermiteschen Polynome durch die Formel

$$H_n(\xi) = \left\{\frac{\partial^n}{\partial s^n}\left[\mathrm{e}^{\xi^2 - (s-\xi)^2}\right]\right\}_{s=0}$$

$$= \mathrm{e}^{\xi^2}(-1)^n\left[\frac{\partial^n}{\partial\xi^n}\mathrm{e}^{-(s-\xi)^2}\right]_{s=0} = (-1)^n\mathrm{e}^{\xi^2}\frac{\mathrm{d}^n}{\mathrm{d}\xi^n}\mathrm{e}^{-\xi^2} \ , \tag{3.68}$$

wobei der Faktor $(-1)^n$ vom Übergang der Differentiation nach s zur Differentiation nach ξ herrührt. Die Anwendung der Formel (3.68) führt zum Beispiel auf folgende ersten drei $H_n(\xi)$

$$H_0(\xi) = 1 \ , \ H_1(\xi) = 2\xi \ , \ H_2(\xi) = 4\xi^2 - 2 \ ,\ldots . \tag{3.69}$$

Die so definierte unendliche Folge von Orthogonalpolynomen ist gekennzeichnet durch unsere Wahl von $a_0 = 1$ in unserem Lösungsansatz für $H(\xi)$ bei der Auffindung der Eigenwerte E_n des harmonischen Oszillators.

3.4.3 Die Normierung der Eigenfunktionen

Mit Hilfe unseres Lösungsansatzes (3.55) und der Definition von $\xi = \alpha x$ lauten somit die zulässigen Eigenfunktionen des linearen harmonischen Oszillators

$$u_n(x) = N_n e^{-\frac{\alpha^2}{2}x^2} H_n(\alpha x) \ , \ \alpha^2 = \frac{m\omega}{\hbar} \ . \tag{3.70}$$

Die Normierungskonstante N_n bestimmen wir mit Hilfe der Bedingung

$$\int_{-\infty}^{+\infty} u_n^* u_n \mathrm{d}x = N_n^2 \int_{-\infty}^{+\infty} e^{-\alpha^2 x^2} H_n^2(\alpha x) \mathrm{d}x$$

$$= \frac{N_n^2}{\alpha} \int_{-\infty}^{+\infty} e^{-\xi^2} H_n^2(\xi) \mathrm{d}\xi = 1 \ . \tag{3.71}$$

Die Berechnung von N_n erfolgt am zweckmäßigsten mit Hilfe der erzeugenden Funktion. Dazu betrachten wir das Integral

$$\int_{-\infty}^{+\infty} e^{-\xi^2} G(\xi, s) G(\xi, t) \mathrm{d}\xi = \int_{-\infty}^{+\infty} e^{-s^2 + 2s\xi} e^{-t^2 + 2t\xi} e^{-\xi^2} d\xi$$

$$= \sum_{n=0}^{\infty} \sum_{m=0}^{\infty} \frac{s^n t^m}{n! m!} \int_{-\infty}^{+\infty} e^{-\xi^2} H_n(\xi) H_m(\xi) \mathrm{d}\xi \tag{3.72}$$

Das Integral in (3.72) über das Produkt der beiden erzeugenden Funktionen lässt sich leicht berechnen, wenn wir die Umwandlung machen $-[\xi^2 - 2(t + s)\xi + t^2 + s^2] = -(\xi - t - s)^2 + 2ts$ und die neue Integrationsvariable $\eta = \xi - t - s$ einführen. Dies gestattet dann, das nach der Umrechnung resultierende Gaußsche Fehler Integral zu berechnen und wir erhalten

$$\sqrt{\pi} e^{2ts} = \sqrt{\pi} \sum_{n=0}^{\infty} \frac{2^n s^n t^n}{n!} = \sum_{n=0}^{\infty} \sum_{m=0}^{\infty} \frac{s^n t^m}{n! m!} \int_{-\infty}^{+\infty} e^{-\xi^2} H_n(\xi) H_m(\xi) \mathrm{d}\xi \ . \tag{3.73}$$

Das Gleichsetzen der Koeffizienten mit denselben Potenzen $s^n t^m$ auf beiden Seiten von (3.73) liefert die Orthogonalitäts-Bedingung

$$\int_{-\infty}^{+\infty} e^{-\xi^2} H_n(\xi) H_m(\xi) \mathrm{d}\xi = \sqrt{\pi} n! 2^n \delta_{n,m} \ , \tag{3.74}$$

woraus wir den Normierungsfaktor $N_n = \left[\frac{\alpha}{\sqrt{\pi} n! 2^n} \right]^{\frac{1}{2}}$ ablesen können und die normierten Eigenfunktionen lauten schließlich

$$u_n(x) = \left[\frac{\alpha}{\sqrt{\pi} n! 2^n} \right]^{\frac{1}{2}} H_n(\alpha x) e^{-\frac{\alpha^2}{2} x^2} . \qquad (3.75)$$

Wenn wir die Wahrscheinlichkeitsdichten $|u_n(x)|^2$ der Anregungszustände (3.75) des Quantenoszillators in ein Diagramm, gemeinsam mit dem Oszillatorpotential $V(x) = \frac{\kappa}{2} x^2$ und den Energieniveaus $E_n = \hbar\omega(n + \frac{1}{2})$, eintragen, stellen wir fest, dass diese Wahrscheinlichkeiten für kleine Werte von n kaum Ähnlichkeit mit der entsprechenden klassischen Verteilung $\sim (x_n^2 - x^2)^{-\frac{1}{2}}$ haben, doch dass mit zunehmender Anregung des Oszillators die Aufenthaltswahrscheinlichkeiten $dW_n(x) = |u_n(x)|^2 dx$ sich innerhalb der Grenzen $x_n = \pm\sqrt{\frac{2E_n}{\kappa}}$ der korrespondierenden klassischen Verteilung im Mittel annähern. Dies ist ein weiterer Hinweis auf das Wirken des Bohrschen Korrespondenzprinzips für große Quantenzahlen n. Das angedeutete Verhalten haben wir in Abb. 3.3 dargestellt.

Nun verwenden wir die erzeugende Funktion, um zwei weitere Integrale zu berechnen. Als Ausgangspunkt wählen wir das Integral

$$I = \int_{-\infty}^{+\infty} G(\xi, s) e^{-\frac{\xi^2}{2}} \frac{\partial}{\partial \xi} \left[G(\xi, t) e^{-\frac{\xi^2}{2}} \right] d\xi . \qquad (3.76)$$

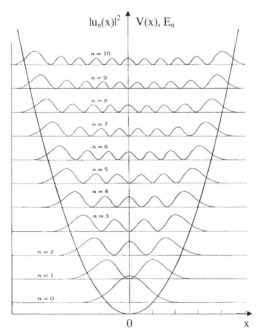

Abb. 3.3. Der harmonische Oszillator

Nach Einsetzen der Definitionen von $G(\xi, s)$ und $G(\xi, t)$ erhalten wir mit einigen elementaren Umformungen

$$
\begin{aligned}
I &= \int_{-\infty}^{+\infty} e^{-s^2+2s\xi} e^{-\frac{\xi^2}{2}} \frac{\partial}{\partial \xi} \left[e^{-t^2+2t\xi} e^{-\frac{\xi^2}{2}} \right] d\xi \\
&= \int_{-\infty}^{+\infty} e^{-(s^2+t^2)} e^{2\xi(s+t)} e^{-\xi^2} (2t - \xi) d\xi \\
&= -e^{2st} \int_{-\infty}^{+\infty} e^{-(\xi-s-t)^2} \left[(\xi - s - t) - (t - s) \right] d\xi \; .
\end{aligned} \tag{3.77}
$$

Nun führen wir die neue Integrationsveränderliche $\eta = \xi - s - t$ ein und finden für (3.77) wegen $\int_{-\infty}^{+\infty} e^{-\xi^2} d\xi = \sqrt{\pi}$

$$
\begin{aligned}
I &= -e^{2st} \int_{-\infty}^{+\infty} e^{-\eta^2} [\eta - (t - s)] d\eta \\
&= \sqrt{\pi}(t - s) e^{2st} = \sqrt{\pi} \sum_{n=0}^{\infty} \frac{s^n t^{n+1} - s^{n+1} t^n}{2^n n!} \; .
\end{aligned} \tag{3.78}
$$

Andrerseits erhalten wir mit Hilfe der Taylorschen Reihenentwicklung von $G(\xi, s)$ und $G(\xi, t)$ in (3.76)

$$
I = \sum_{n=0}^{\infty} \sum_{m=0}^{\infty} \frac{s^n t^m}{n! m!} \int_{-\infty}^{+\infty} H_n(\xi) e^{-\frac{\xi^2}{2}} \frac{\partial}{\partial \xi} \left[H_m(\xi) e^{-\frac{\xi^2}{2}} \right] d\xi \tag{3.79}
$$

und da $H_n(\xi) \exp(-\frac{\xi^2}{2}) = u_n(x)(\frac{\sqrt{\pi} n! 2^n}{\alpha})^{\frac{1}{2}}$ ist, liefert das Gleichsetzen der Koeffizienten mit denselben Potenzen $s^n t^m$ in den beiden Reihen (3.78) und (3.79) für I das folgende erste wichtige Integral $\mathcal{A}$

$$
\int_{-\infty}^{+\infty} u_n(x) \frac{d}{dx} u_m(x) dx = \alpha \left[\left(\frac{n+1}{2} \right)^{\frac{1}{2}} \delta_{m,n+1} - \left(\frac{n}{2} \right)^{\frac{1}{2}} \delta_{m,n-1} \right] \; . \tag{3.80}
$$

Als nächstes berechnen wir mit Hilfe der Eigenwertgleichung $H u_n = E_n u_n$ und der expliziten Form des Hamilton-Operators des harmonischen Oszillators (3.52) zunächst das weitere Integral für den Kommutator $[H, x]$

$$
\begin{aligned}
\int_{-\infty}^{+\infty} u_n(x)[H, x] u_m(x) dx &= (E_n - E_m) \int_{-\infty}^{+\infty} u_n(x) x u_m(x) dx \\
&= -\frac{\hbar^2}{2m} \int_{-\infty}^{+\infty} u_n(x) \left(\frac{d^2}{dx^2} x - x \frac{d^2}{dx^2} \right) u_m(x) dx \\
&= -\frac{\hbar^2}{m} \int_{-\infty}^{+\infty} u_n(x) \frac{d}{dx} u_m(x) dx \; ,
\end{aligned} \tag{3.81}
$$

wobei das letzte Integral gilt, weil $\frac{d^2}{dx^2}(x u_m) = 2 \frac{d}{dx} u_m + x \frac{d^2}{dx^2} u_m$ ist. Damit erhalten wir das folgende zweite wichtige Integral $\mathcal{B}$

$$\int_{-\infty}^{+\infty} u_n(x) x u_m(x) \mathrm{d}x = \frac{1}{\alpha} \left[\left(\frac{n+1}{2} \right)^{\frac{1}{2}} \delta_{m,n+1} + \left(\frac{n}{2} \right)^{\frac{1}{2}} \delta_{m,n-1} \right] , \quad (3.82)$$

wobei in den Integralen $\mathcal{A}$ und $\mathcal{B}$ die Beziehung $E_{n+1} - E_n = \hbar\omega$ und die Definition $\alpha^2 = \frac{m\omega}{\hbar}$ verwendet wurden.

3.4.4 Die Erzeugungs- und Vernichtungsoperatoren

Als nächstes führen wir die beiden Operatoren a^+ und a ein, die folgendermaßen definiert sind

$$a = \frac{\alpha}{\sqrt{2}} x + \frac{\mathrm{i}}{\sqrt{2}\hbar\alpha} p_x = \frac{\alpha}{\sqrt{2}} x + \frac{\mathrm{i}}{\sqrt{2}\alpha} \frac{\mathrm{d}}{\mathrm{d}x}$$

$$a^+ = \frac{\alpha}{\sqrt{2}} x - \frac{\mathrm{i}}{\sqrt{2}\hbar\alpha} p_x = \frac{\alpha}{\sqrt{2}} x - \frac{\mathrm{i}}{\sqrt{2}\alpha} \frac{\mathrm{d}}{\mathrm{d}x} . \quad (3.83)$$

Mit Hilfe dieser Definitionen und den beiden Integralen $\mathcal{A}$ und $\mathcal{B}$ erhalten wir die folgenden beiden Integrale

$$\int_{-\infty}^{+\infty} u_n(x)\, a\, u_m(x) \mathrm{d}x = \sqrt{n+1}\delta_{m,n+1}$$

$$\int_{-\infty}^{+\infty} u_n(x)\, a^+ u_m(x) \mathrm{d}x = \sqrt{n}\delta_{m,n-1} . \quad (3.84)$$

Um mehr über die Operatoren a und a^+ zu erfahren, beachten wir, dass die beiden Integrale (3.84) mit folgenden Beziehungen verträglich sind

$$a^+ u_n = \sqrt{n+1}u_{n+1} , \ au_n = \sqrt{n}u_{n-1} . \quad (3.85)$$

Um zu zeigen, dass diese beiden Gleichungen richtig sind, haben wir nur zu beweisen, dass die beiden Funktionen $a^+ u_n$ und au_n der Schrödinger Gleichung des harmonischen Oszillators mit den Eigenwerten E_{n+1} und E_{n-1} genügen, wie wir gleich sehen werden.

Die Operatoren a^+ und a werden gewöhnlich als Erzeugungs- und Vernichtungsoperatoren bezeichnet, weil aufgrund der Beziehungen (3.85) die Operation mit a^+ (oder a) auf die Zustandsfunktion u_n, die einem Zustand mit n Quanten der Energie $\hbar\omega$ entspricht, zu einem neuen Zustand mit $n+1$ (bzw. $n-1$) Quanten führt, dh. es wird die Einheit $\hbar\omega$ eines Quants der Anregung des Oszillators erzeugt (bzw. vernichtet).

Unter Verwendung der Kommutator Beziehung $[\hat{p}_x, \hat{x}] = -\mathrm{i}\hbar$ erhalten wir für den Kommutator von a und a^+ mit Hilfe der Definitionen (3.83)

$$[a, a^+] = \left[\left(\frac{\alpha}{\sqrt{2}} \hat{x} + \frac{\mathrm{i}}{\sqrt{2}\hbar\alpha} \hat{p}_x \right), \left(\frac{\alpha}{\sqrt{2}} \hat{x} - \frac{\mathrm{i}}{\sqrt{2}\hbar\alpha} \hat{p}_x \right) \right]$$

$$= -\frac{\mathrm{i}}{2\hbar} [\hat{x}, \hat{p}_x] + \frac{\mathrm{i}}{2\hbar} [\hat{p}_x, \hat{x}] = 1 . \quad (3.86)$$

Andrerseits können wir mit Hilfe der Definitionen (3.83) von a und a^+ die Operatoren $\hat{x}$ und $\hat{p}_x$ in folgender Weise ausdrücken

$$\hat{x} = \frac{1}{\sqrt{2}\alpha}(a + a^+) \, , \; \hat{p}_x = \frac{\mathrm{i}\hbar\alpha}{\sqrt{2}}(a^+ - a) \tag{3.87}$$

und wenn wir dies in den Hamilton-Operator des Oszillators (3.52)

$$\hat{H} = \frac{\hat{p}_x^2}{2m} + \frac{1}{2}\kappa\hat{x}^2 \tag{3.88}$$

einsetzen, die Abkürzungen $\alpha^4 = \frac{m\,\kappa}{\hbar^2}$ und $\omega = \sqrt{\frac{\kappa}{m}}$ beachten und den Kommutator (3.86) verwenden, dann lässt sich der Hamilton-Operator (3.88) in folgender Weise durch die Erzeugungs- und Vernichtungsoperatoren ausdrücken

$$\hat{H} = \frac{\hbar\omega}{2}(a\,a^+ + a^+a) = \hbar\omega\left(a^+a + \frac{1}{2}\right) \, . \tag{3.89}$$

Dies ist eine außerordentlich nützliche Gestalt des Hamilton-Operators des harmonischen Oszillators und ist unter anderem von grundlegender Bedeutung für die Quantisierung von Wellenfeldern, wie dem elektromagnetischen Strahlungsfeld, dem Wellenfeld der Schwingungen eines Festkörpers oder eines Plasmas, deren Quantisierung respektive auf die Photonen, Phononen, oder Plasmonen etc. als den Quanten dieser Felder führt, also den Ausgangspunkt einer Quantenfeldtheorie bildet.

Da der Operator a^+a ersichtlich dieselben Eigenfunktionen u_n wie der Hamilton-Operator $\hat{H}$ hat und die Zahl n der Quanten $\hbar\omega$ die zugehörigen Eigenwerte sind, ist auch a^+a ein hermitescher Operator, der mit $\hat{H}$ kommutiert, im Gegensatz zu den beiden Operatoren a und a^+ allein für sich. Um diese Eigenschaft von a^+a explizit nachzuweisen, genügt es die Eigenschaften der Operatoren a und a^+ anzuwenden, denn wir erhalten

$$a^+a u_n = a^+\sqrt{n}u_{n-1} = \sqrt{n}a^+u_{n-1} = nu_n \tag{3.90}$$

und daher ist auch

$$\hat{H}u_n = \hbar\omega\left(a^+a + \frac{1}{2}\right)u_n = \hbar\omega\left(n + \frac{1}{2}\right)u_n \, . \tag{3.91}$$

Somit ist die Lösung des Eigenwertproblems des harmonischen Oszillators äquivalent mit der Lösung von $\hat{N}u = Eu$, wo $\hat{N} = a^+a$ der Besetzungszahl Operator genannt wird. Mit Hilfe der Eigenschaften von a, a^+ und $\hat{N}$, die aus der Kommutator Beziehung von x und p_x folgen, lässt sich das Eigenwertproblem des harmonischen Oszillators auf rein algebraischem Wege lösen. Die Operatoren a^+ und a werden in diesem Zusammenhang auch Leiteroperatoren genannt, da man mit ihnen die Leiter der Energieniveaus des Oszillators hinauf, bzw. hinab steigen kann.

3.4.5 Quantisierung des Strahlungsfeldes

Von der Quantisierung des linearen harmonischen Oszillators führt ein direkter Weg zur Quantisierung des Strahlungsfeldes, wie bereits mehrfach angedeutet. Im Vakuum lässt sich das elektromagnetische Strahlungsfeld, das durch die Feldstärken $\boldsymbol{E}(\boldsymbol{x},t)$ und $\boldsymbol{B}(\boldsymbol{x},t)$ bestimmt ist, aus dem Vektorpotenial $\boldsymbol{A}(\boldsymbol{x},t)$ mit Hilfe der Beziehungen (Siehe Anhang A.6.2)

$$\boldsymbol{E} = -\frac{1}{c}\frac{\partial \boldsymbol{A}}{\partial t} \ , \ \boldsymbol{B} = \mathrm{rot}\boldsymbol{A} \tag{3.92}$$

herleiten und das Vektorpotential genügt der Wellengleichung

$$\Delta \boldsymbol{A}(\boldsymbol{x},t) - \frac{1}{c^2}\frac{\partial^2}{\partial t^2}\boldsymbol{A}(\boldsymbol{x},t) = 0 \ . \tag{3.93}$$

Wir betrachten hier nur den einfachen Fall, dass sich das Strahlungsfeld in der x-Richtung fortpflanzt und in der y-Richtung linear polarisiert ist. Dann können wir setzen $\boldsymbol{A}(x,t) = \boldsymbol{\varepsilon}_y A(x,t)$, wo $\boldsymbol{\varepsilon}_y$ einen Einheitsvektor linearer Polarisation darstellt und $A(x,t)$ der Gleichung

$$\frac{\partial^2 A(x,t)}{\partial x^2} - \frac{1}{c^2}\frac{\partial^2 A(x,t)}{\partial t^2} = 0 \tag{3.94}$$

genügt. Nun schließen wir das Strahlungsfeld zwischen zwei unendlich ausgedehnten Wänden bei $x = 0$ und $x = L$ ein, die zur x-Achse senkrecht stehen, wobei L sehr groß sein soll, und unterwerfen $A(x,t)$ den Randbedingungen $A(0,t) = A(L,t) = 0$. Dann können wir $A(x,t)$ in eine Fourier-Reihe in folgender Form entwickeln

$$A(x,t) = \sqrt{\frac{8\pi c^2}{L}} \sum_{\lambda=1}^{\infty} q_\lambda(t)\sin\frac{\lambda\pi}{L}x \ , \tag{3.95}$$

wobei der Vorfaktor $\sqrt{\frac{8\pi c^2}{L}}$ aus Zweckmäßigkeitsgründen eingeführt wurde und die Fourier-Funktionen der Orthogonalitätsrelation

$$\int_0^L \sin\frac{\lambda\pi x}{L}\sin\frac{\mu\pi x}{L}\mathrm{d}x = \frac{L}{2}\delta_{\lambda,\mu} \tag{3.96}$$

genügen. Wenn wir den Ansatz (3.95) in die Wellengleichung (3.94) einsetzen, so erhalten wir

$$\sum_{\lambda=1}^{\infty}\left[-\left(\frac{\lambda\pi}{L}\right)^2 q_\lambda - \frac{1}{c^2}\ddot{q}_\lambda\right]\sin\frac{\lambda\pi}{L}x = 0 \ . \tag{3.97}$$

Multiplizieren wir diese Gleichung mit $\sin\left(\frac{\mu\pi x}{L}\right)$ und verwenden wir danach die Orthogonalitätsrelation (3.96) so erhalten wir

$$\ddot{q}_\lambda + \omega_\lambda^2 q_\lambda = 0 \ , \ \omega_\lambda^2 = c^2 k_\lambda^2 \ , \ k_\lambda = \frac{\pi}{L}\lambda \tag{3.98}$$

und erkennen, dass wir das Strahlungsfeld auf diese Weise in ein unendliches System von Feldoszillatoren zerlegen konnten. Nun berechnen wir mit

Hilfe der Gleichungen (3.92) und dem Ansatz (3.95) $\boldsymbol{E} = -\frac{1}{c}\frac{\partial A}{\partial t}\boldsymbol{\varepsilon}_y$ und $\boldsymbol{B} = -\frac{\partial A}{\partial x}\boldsymbol{\varepsilon}_z$ und setzen dies in den Ausdruck für die elektromagnetische Strahlungsenergie zwischen den beiden Wänden ein. Dies ergibt unter Verwendung der Orthogonalitätsrelationen (3.96)

$$W = \frac{1}{8\pi}\int_0^L dx(E^2 + B^2) = \frac{1}{2}\sum_{\lambda=1}^{\infty}(\dot{q}_\lambda^2 + \omega_\lambda^2 q_\lambda^2) = \sum_{\lambda=1}^{\infty}H_\lambda(p_\lambda, q_\lambda)\,, \quad (3.99)$$

wo wir formal die $H_\lambda(p_\lambda, q_\lambda)$ als die Hamilton Funktionen der Feldoszillatoren betrachten können, die im klassischen Fall mit den Energien E_λ dieser Oszillatoren übereinstimmen, deren Summe die gesamte Energie W des Strahlungsfeldes zwischen den beiden Wänden liefert. Überdies ist $p_\lambda = \partial H_\lambda/\partial\dot{q}_\lambda = \dot{q}_\lambda$, da hier alle Feldoszillatoren im übertragenen Sinn die „Masse" $m = 1$ haben. (Vgl. Anhang A.6.1)

Nun betrachten wir diese Feldoszillatoren als harmonische Oszillatoren der Quantenmechanik. Bei der Quantisierung gehen die klassischen Größen p_λ und q_λ in die korrespondierenden Operatoren $\hat{p}_\lambda$ und $\hat{q}_\lambda$ über, die den Heisenbergschen Vertauschungsrelationen

$$[\hat{p}_\lambda, \hat{q}_\mu] = -\mathrm{i}\hbar\delta_{\lambda,\mu} \quad (3.100)$$

genügen, sodass der Hamiltonoperator und die Schrödinger Gleichung des Strahlungsfeldes lauten

$$\hat{H}_{\mathrm{el}} = \frac{1}{2}\sum_{\lambda=1}^{\infty}(\hat{p}_\lambda^2 + \omega_\lambda^2\hat{q}_\lambda^2)\,, \; \hat{H}\psi_{\mathrm{el}} = \mathrm{i}\hbar\frac{\partial\psi_{\mathrm{el}}}{\partial t}\,. \quad (3.101)$$

Da $\hat{H}_{\mathrm{el}}$ nicht explizit von der Zeit t abhängt, können wir den Ansatz machen $\psi_{\mathrm{el}} = u_{\mathrm{el}}\exp(-\frac{\mathrm{i}}{\hbar}Et)$ und die stationären Zustände genügen dann der Gleichung $\hat{H}_{\mathrm{el}}u_{\mathrm{el}} = Eu_{\mathrm{el}}$. Da die Feldoszillatoren nicht gekoppelt sind, können wir einen Separationsansatz für die Eigenzustände machen

$$u_{\mathrm{el}} = \prod_{\lambda=1}^{\infty}u_\lambda\,, \; E = \sum_{\lambda=1}^{\infty}E_\lambda \quad (3.102)$$

und die Schrödinger Gleichung für die einzelnen Feldoszillatoren lautet dann

$$\left[-\frac{\hbar^2}{2}\frac{\partial^2}{\partial q_\lambda^2} + \frac{1}{2}\omega_\lambda^2 q_\lambda^2\right]u_\lambda = E_\lambda u_\lambda\,, \quad (3.103)$$

deren Eigenwerte und Eigenfunktionen wir bereits kennen

$$E_\lambda = E_{n_\lambda} = \hbar\omega_\lambda\left(n_\lambda + \frac{1}{2}\right)\,, \; u_\lambda = u_{n_\lambda}(q_\lambda) \quad (3.104)$$

und wo die n_λ die Anzahl der Feldquanten im Oszillator λ sind. Ein spezieller angeregter Zustand des Strahlungsfeldes, oder ein Eigenzustand des Strahlungsfeldes ist dann

$$\psi_{n_1,n_2,\ldots n_\mu\ldots} = u_{n_1,n_2,\ldots n_\mu\ldots}\, e^{-\frac{i}{\hbar}E_{n_1,n_2,\ldots n_\mu}\ldots t}$$

$$u_{n_1,n_2,\ldots n_\mu\ldots} = \prod_\lambda u_\lambda \ , \ E_{n_1,n_2,\ldots n_\mu\ldots} = \sum_\lambda \hbar\omega_\lambda \left(n_\lambda + \frac{1}{2}\right) \ . \quad (3.105)$$

Nun führen wir die Vernichtungs- und Erzeugungsoperatoren von Photonen $\hbar\omega_\lambda$ ein

$$\hat{q}_\lambda = \frac{1}{\sqrt{2}\alpha_\lambda}(a_\lambda^+ + a_\lambda) \ , \ \hat{p}_\lambda = \frac{i\hbar\alpha_\lambda}{\sqrt{2}}(a_\lambda^+ - a_\lambda) \ , \ \alpha_\lambda = \left(\frac{\omega_\lambda}{\hbar}\right)^{\frac{1}{2}} \ , \quad (3.106)$$

deren Vertauschungsrelationen lauten

$$[a_\lambda, a_\mu^+] = \delta_{\lambda\mu} \ , \ [a_\lambda, a_\mu] = 0 \ , \ [a_\lambda^+, a_\mu^+] = 0 \ , \quad (3.107)$$

sodass der Hamiltonoperator des freien Strahlungsfeldes die Form erhält

$$\hat{H} = \sum_\lambda \hat{H}_\lambda \ , \ \hat{H}_\lambda = \hbar\omega_\lambda \left(\hat{N}_\lambda + \frac{1}{2}\right) \ , \ \hat{N}_\lambda = a_\lambda^+ a_\lambda \quad (3.108)$$

und folgende Gleichungen gelten

$$\hat{N}_\lambda u_{n_1,n_2,\ldots n_\lambda\ldots} = n_\lambda u_{n_1,n_2,\ldots n_\lambda\ldots}$$
$$a_\lambda^+ u_{n_1,n_2,\ldots n_\lambda\ldots} = \sqrt{n_\lambda + 1}\, u_{n_1,n_2,\ldots n_\lambda+1\ldots}$$
$$a_\lambda u_{n_1,n_2,\ldots n_\lambda\ldots} = \sqrt{n_\lambda}\, u_{n_1,n_2,\ldots n_\lambda-1\ldots} \ . \quad (3.109)$$

Abschließend können wir das quantisierte Vektorpotential angeben, das nun als Quantenoperator auf einen ganz bestimmten Zustand des Strahlungsfeldes wirken kann

$$\hat{\boldsymbol{A}}\,(x) = \varepsilon_y \hat{A}(x) = \varepsilon_y \sqrt{\frac{4\pi\hbar c^2}{L}} \sum_{\lambda=1}^{\infty} \frac{1}{\sqrt{\omega_\lambda}}(a_\lambda^+ + a_\lambda)\sin\frac{\lambda\pi}{L}x \ , \quad (3.110)$$

wobei in der Schrödinger Darstellung (oder Schrödinger Bild) die Operatoren des Strahlungsfeldes zeitunabhängig sind und die Zustände des Feldes (3.105) zeitabhängig. Die Verallgemeinerung der Quantisierung des Strahlungsfeldes auf drei Dimensionen und beliebige Polarisation ist zwar aufwendiger, doch die prinzipielle Idee der Zerlegung des Feldes in Feldoszillatoren, von denen angenommen wird, dass sie wie mechanische Oszillatoren behandelt werden können, ist dieselbe. (Siehe Abschn. 7.3.2).

3.5 Die Schrödinger Gleichung im kugelsymmetrischen Potential

3.5.1 Voraussetzungen

Ein sphärisch symmetrisches Potential ist dadurch ausgezeichnet, dass das Potential V nur vom Abstand vom Ursprung des Koordinatensystems abhängt, also $V(\boldsymbol{x}) = V(|\boldsymbol{x}|) = V(r)$ ist. In der klassischen Mechanik besitzt ein Teilchen, das sich unter der Einwirkung einer Kraft $\boldsymbol{K} = -\nabla V(r)$ bewegt, einen konstanten Drehimpuls $\boldsymbol{L} = \boldsymbol{x} \times \boldsymbol{p}$, denn wir finden zunächst

$$\frac{\mathrm{d}\boldsymbol{L}}{\mathrm{d}t} = \frac{\mathrm{d}\boldsymbol{x}}{\mathrm{d}t} \times \boldsymbol{p} + \boldsymbol{x} \times \frac{\mathrm{d}\boldsymbol{p}}{\mathrm{d}t} = \boldsymbol{x} \times \boldsymbol{K} \,, \qquad (3.111)$$

wobei der erste Term in dieser Gleichung verschwindet, da $\boldsymbol{v} \times \boldsymbol{p} = 0$ ist. Da $\boldsymbol{K}$ die Kraft ist, die aus einem Potential $V(r)$ ableitbar, finden wir weiter

$$\frac{\mathrm{d}\boldsymbol{L}}{\mathrm{d}t} = \boldsymbol{x} \times \frac{\boldsymbol{x}}{r} \frac{\mathrm{d}V(r)}{\mathrm{d}r} = 0 \,, \qquad (3.112)$$

denn $\boldsymbol{x} \times \boldsymbol{x} = 0$ (Siehe Anhang A.6.1). In diesem Fall sind in der klassischen Mechanik, etwa beim Kepler-Problem, sowohl die Energie E als auch der Drehimpuls $\boldsymbol{L}$ Konstanten der Bewegung. Wie wir sogleich zeigen werden, lautet das korrespondierende Resultat in der Quantenmechanik, dass die drei Operatoren $\hat{H}$, $\hat{\boldsymbol{L}}^2$ und $\hat{L}_z$ miteinander kommutieren, sodass die drei Observablen $\mathcal{E}$, $\mathcal{L}^2$ und $\mathcal{L}_z$ gleichzeitig scharf gemessen werden können. Dabei kann die z-Achse beliebig im Raum orientiert sein. Diese Möglichkeiten der gleichzeitigen scharfen Messung in der Quantenmechanik bedeuten eine Einschränkung gegenüber der klassischen Mechanik, wo bekanntlich alle drei Komponenten des Drehimpulses gleichzeitig scharf messbar sind. Also werden wir für die Drehimpulskomponenten von Null verschiedene Vertauschungsrelationen und entsprechende Unschärferelationen zu erwarten haben.

3.5.2 Separation der Schrödinger Gleichung in Kugelkoordinaten

Zur Umrechnung des Laplaceschen Operators Δ in Kugelkoordinaten r, θ, ϕ verwenden wir die Beziehungen (Siehe Anhang A)

$$x = r\sin\theta\cos\phi \,, \ y = r\sin\theta\sin\phi \,, \ z = r\cos\theta \,. \qquad (3.113)$$

Damit geht die zeitunabhängige Schrödinger Gleichung

$$\left[-\frac{\hbar^2}{2m} \Delta(r, \theta, \phi) + V(r) \right] u(r, \theta, \phi) = E u(r, \theta, \phi) \qquad (3.114)$$

über in

$$-\frac{\hbar^2}{2m}\left[\frac{1}{r^2}\frac{\partial}{\partial r}\left(r^2\frac{\partial}{\partial r}\right) + \frac{1}{r^2\sin\theta}\frac{\partial}{\partial\theta}\left(\sin\theta\frac{\partial}{\partial\theta}\right) + \frac{1}{r^2\sin^2\theta}\frac{\partial^2}{\partial\phi^2}\right]u(r,\theta,\phi)$$
$$+ V(r)u(r,\theta,\phi) = Eu(r,\theta,\phi) \ . \tag{3.115}$$

Bei einem kugelsymmetrischen Potential können wir für die Lösungen $u(r,\theta,\phi)$ den folgenden Separationsansatz machen

$$u(r,\theta,\phi) = R(r)Y(\theta,\phi) \ . \tag{3.116}$$

Wenn wir diesen Ansatz in (3.115) verwenden und eine Separationskonstante λ einführen, erhalten wir die beiden separierten Gleichungen

$$\frac{1}{R}\frac{\mathrm{d}}{\mathrm{d}r}\left(r^2\frac{\mathrm{d}R}{\mathrm{d}r}\right) + \frac{2mr^2}{\hbar^2}[E - V(r)] = \lambda \tag{3.117}$$

und

$$-\left[\frac{1}{\sin\theta}\frac{\partial}{\partial\theta}\left(\sin\theta\frac{\partial}{\partial\theta}\right) + \frac{1}{\sin^2\theta}\frac{\partial^2}{\partial\phi^2}\right]Y = \lambda Y \ . \tag{3.118}$$

Die radiale Differentialgleichung (3.117) lässt sich auf folgende Form umschreiben

$$\frac{1}{r^2}\frac{\mathrm{d}}{\mathrm{d}r}\left(r^2\frac{\mathrm{d}R}{\mathrm{d}r}\right) + \left\{\frac{2m}{\hbar^2}[E - V(r)] - \frac{\lambda}{r^2}\right\}R = 0 \ . \tag{3.119}$$

Auf diese letzte Gleichung kommen wir später zurück, wenn wir ein ganz bestimmtes Potential $V(r)$ betrachten werden, etwa das Coulomb Potential des Wasserstoff Atoms.

3.5.3 Die Kugelflächenfunktionen

Die winkelabhängige Differentialgleichung (3.118) lässt sich mit dem Ansatz $Y(\theta,\phi) = \Theta(\theta)\Phi(\phi)$ weiter separieren. Mit Hilfe der Separationskonstanten m^2 (nicht mit der Masse zu verwechseln) ergeben sich die beiden Gleichungen

$$\frac{1}{\Phi}\frac{\mathrm{d}^2\Phi}{\mathrm{d}\phi^2} = -m^2 \tag{3.120}$$

und

$$\frac{1}{\sin\theta}\frac{\partial}{\partial\theta}\left(\sin\theta\frac{\partial\Theta}{\partial\theta}\right) + \left(\lambda - \frac{m^2}{\sin^2\theta}\right)\Theta = 0 \ . \tag{3.121}$$

Die Lösungen der Gleichung für $\Phi(\phi)$ sind leicht anzugeben. Wir haben die beiden Fälle $m \neq 0$ und $m = 0$ zu betrachten und finden

$$m \neq 0 \ \rightarrow \ \Phi(\phi) = Ae^{im\phi} + Be^{-im\phi}$$
$$m = 0 \ \rightarrow \ \Phi(\phi) = A' + B'\phi \ . \tag{3.122}$$

Da die Lösungen der Schrödinger Gleichung eindeutige Wahrscheinlichkeitsampituden sein sollen, müssen wir verlangen, dass $u(r, \theta, \phi + 2\pi) = u(r, \theta, \phi)$ gilt. Dies führt auf die Einschränkung der erlaubten Werte von m auf die ganzen Zahlen. Dann ergeben sich aus (3.122) die Lösungen

$$\Phi_m(\phi) = \frac{1}{\sqrt{2\pi}} e^{im\phi} \, , \ m = 0, \pm 1, \pm 2, \pm 3, \ldots \, , \tag{3.123}$$

wobei wir bereits den Normierungsfaktor $(2\pi)^{-\frac{1}{2}}$ eingeführt haben, der aus der Bedingung $(\Phi_m, \Phi_m) = 1$ folgt. Überdies sind diese Funktionen zueinander orthonormal, d.h. $(\Phi_m, \Phi_{m'}) = \delta_{m,m'}$.

Zur weiteren Behandlung der Differentialgleichung (3.121) führen wir die neue Veränderliche $\xi = \cos \theta$ ein. Dann geht der Variablenbereich $0 \le \theta \le \pi$ über in $-1 \le \xi \le +1$. Ferner machen wir die Umbenennung $\Theta(\theta) = P(\xi)$. Danach lautet die neue Differentialgleichung

$$\frac{\mathrm{d}}{\mathrm{d}\xi}\left[(1 - \xi^2)\frac{\mathrm{d}P}{\mathrm{d}\xi}\right] + \left(\lambda - \frac{m^2}{1 - \xi^2}\right) P = 0 \, . \tag{3.124}$$

Die einzigen im Intervall $-1 \le \xi \le +1$ eindeutigen und in den Endpunkten $\xi = \pm 1$ endlichen Lösungen der Differentialgleichung (3.124) ergeben sich durch den Ansatz

$$P(\xi) = (1 - \xi^2)^{\frac{|m|}{2}} f(\xi) \, , \tag{3.125}$$

womit wir für $f(\xi)$ die folgende Differentialgleichung erhalten

$$(1 - \xi^2)\frac{\mathrm{d}^2 f}{\mathrm{d}\xi^2} - 2(|m| + 1)\xi\frac{\mathrm{d}f}{\mathrm{d}\xi} + [\lambda - |m|(|m| + 1)]f = 0 \, , \tag{3.126}$$

welche mit dem Reihenansatz

$$f(\xi) = \sum_{s=0}^{\infty} c_s \xi^s \tag{3.127}$$

folgende Rekursionsformel für die Koeffizienten c_s liefert

$$(s + 1)(s + 2)c_{s+2} = \left[s(s - 1) + 2(|m| + 1)s - \lambda + |m|(|m| + 1)\right]c_s \, . \tag{3.128}$$

Damit die Reihe für $f(\xi)$ im Intervall $(-1, +1)$ endlich bleibt, ist notwendig und hinreichend, dass $f(\xi)$ ein Polynom ist, das wir vom Grad ρ nennen wollen. Daraus folgt, dass $c_{\rho+2} = 0$ sein muss und daher ergibt sich für den Parameter λ

$$\lambda = \rho(\rho - 1) + 2(|m| + 1)\rho + |m|(|m| + 1) = (\rho + |m|)(\rho + |m| + 1) \, . \tag{3.129}$$

Wenn wir jetzt $\rho + |m| = l$ taufen, so folgt

$$\lambda = l(l + 1) \, , \ l = 0, 1, 2, 3, \ldots \, . \tag{3.130}$$

Die so definierten Polynome $f_\rho(\xi)$ vom Grad $\rho = l - |m| \geq 0$, dürfen bei festem l und $|m|$ nur die Werte $|m| \leq l$ annehmen. Die hier, ähnlich wie bei der Behandlung des harmonischen Oszillators, aufgefundenen, im Intervall $(-1, +1)$ physikalisch zulässigen, eindeutigen und endlichen Lösungen $P_l^m(\xi)$ heißen die zugeordneten Legendreschen Funktionen und diese lassen die folgende Darstellung zu (Vgl. Anhang A.3.3)

$$P_l^m(\xi) = (1 - \xi^2)^{\frac{|m|}{2}} \frac{\mathrm{d}^{|m|}}{\mathrm{d}\xi^{|m|}} P_l(\xi) , \tag{3.131}$$

wo die $P_l(\xi)$ die gewöhnlichen Legendre Polynome sind, welche aus der folgenden erzeugenden Funktion hervorgehen

$$G(r, \xi) = \frac{1}{\sqrt{1 - 2r\xi + r^2}} = \sum_{l=0}^{\infty} P_l(\xi) r^l . \tag{3.132}$$

Damit hat dann eine partikuläre Lösung der Schrödinger Gleichung (3.115) für ein kugelsymmetrisches Potential die folgende Gestalt

$$u(r, \theta, \phi) = \frac{1}{\sqrt{2\pi}} R_{n,l}(r) \mathrm{e}^{im\phi} N_{l,m} P_l^m(\cos\theta) . \tag{3.133}$$

Hier wurde bereits eine weitere Quantenzahl n in Bezug auf die Lösung der radialen Schrödinger Gleichung (3.119) eingeführt. In dieser Gleichung ist nun auch λ durch $l(l+1)$ zu setzen. Die Normierungskonstanten $N_{l,m}$ folgen aus der Bedingung

$$|N_{l,m}|^2 \int_0^\pi [P_l^m(\cos\theta)]^2 \sin\theta d\theta = 1 \tag{3.134}$$

und da die $P_l^m(\xi)$ die Orthogonalitätseigenschaft haben

$$\int_{-1}^{+1} P_l^m(\xi) P_{l'}^m(\xi) \mathrm{d}\xi = \frac{2}{2l+1} \frac{(l+|m|)!}{(l-|m|)!} \delta_{l,l'} , \tag{3.135}$$

folgt (bis auf einen unbedeutenden Phasenfaktor)

$$N_{l,m} = \left[\frac{2l+1}{2} \frac{(l-|m|)!}{(l+|m|)!} \right]^{\frac{1}{2}} . \tag{3.136}$$

Damit lautet dann wegen (3.123) der normierte Winkelanteil einer partikulären Lösung der Schrödinger Gleichung (3.114) (Siehe Anhang A.3.4)

$$Y_l^m(\theta, \phi) = \left[\frac{2l+1}{4\pi} \frac{(l-|m|)!}{(l+|m|)!} \right]^{\frac{1}{2}} P_l^m(\cos\theta) \mathrm{e}^{im\phi} \left\{ \begin{matrix} (-1)^m , & m > 0 \\ 1 , & m \leq 0 \end{matrix} \right\} . \tag{3.137}$$

Diese Funktionen werden die Kugelflächenfunktionen genannt. Einige dieser Funktionen von der niedrigsten Ordnung sind

$$Y_0^0(\theta, \phi) = \frac{1}{\sqrt{4\pi}} \ , \ Y_1^0(\theta, \phi) = \left(\frac{3}{4\pi}\right)^{\frac{1}{2}} \cos\theta$$

$$Y_1^1(\theta, \phi) = -\left(\frac{3}{8\pi}\right)^{\frac{1}{2}} \sin\theta e^{i\phi} \ , \ Y_1^{-1}(\theta, \phi) = \left(\frac{3}{8\pi}\right)^{\frac{1}{2}} \sin\theta e^{-i\phi} \ . (3.138)$$

Der radiale Teil der Zustandsfunktion $R_{n,l}(r)$ wird durch die Lösung der radialen Schrödinger Gleichung (3.119) bestimmt. Diese Funktionen $R_{n,l}(r)$ hängen im Gegensatz zum winkelabhängigen Anteil $Y_l^m(\theta, \phi)$ von der speziellen Form des Zentralpotentials $V(r)$ ab. Da wir gezeigt haben, dass $\lambda = l(l+1)$ ist, werden die radialen Lösungen $R_{n,l}(r)$ von l und einer weiteren Quantenzahl n abhängen, die bei der Lösung der radialen Gleichung (3.119) eingeführt wird. Aus demselben Grund werden im allgemeinen die Energieeigenwerte gleichfalls von n und l abhängen, nicht aber von m, da m in der radialen Gleichung nicht vorkommt. Daraus folgt, dass infolge der Bedingung $|m| \leq l$, im allgemeinen mindestens $2l + 1$ Eigenfunktionen (jede mit verschiedenem m) zu jedem Energieeigenwert $E_{n,l}$ gehören, dh. $(2l + 1)$-fache Entartung vorliegt.

3.5.4 Die Parität der Kugelflächenfunktionen

Wir finden die Paritätseigenschaften der Kugelflächenfunktionen, indem wir das Verhalten dieser Funktionen untersuchen, wenn wir x durch $-x$ ersetzen. In Kugelkoordinaten ausgedrückt, entspricht dieser Substitution die Transformation

$$r \to r \ , \ \theta \to \pi - \theta \ , \ \phi \to \phi + \pi \ . \tag{3.139}$$

Da die Funktionen $P_l^m(\xi)$, mit der Veränderlichen $\xi = \cos\theta$, bestimmt sind durch den Faktor $(1 - \xi^2)^{\frac{|m|}{2}}$, multipliziert mit einem Polynom in ξ vom Grade $l - |m|$ folgt bis auf einen Normierungsfaktor, daß

$$Y_l^m(\pi - \theta, \phi + \pi) = (-1)^{l-|m|} P_l^m(\cos\theta)e^{im\phi}e^{im\pi} =$$
$$P_l^m(\cos\theta)e^{im\phi}(-1)^l = (-1)^l Y_l^m(\theta, \phi) \ . \tag{3.140}$$

Daher ist die Parität dieser Funktionen gerade, wenn l eine gerade ganze Zahl ist und sie ist ungerade, wenn l eine ungerade ganze Zahl, oder anders gesagt, $Y_l^m(\theta, \phi)$ hat die Parität von l. Diese Eigenschaft ist zum Beispiel von Wichtigkeit für die Auswahlregeln bei der elektromagnetischen Dipolstrahlung der Atome. (Vgl. Abschn. 7.4)

3.5.5 Die Drehimpulsoperatoren und ihre Eigenfunktionen

Der klassische Drehimpuls L eines Teilchens mit der Koordinate x und dem Impuls p ist durch den Ausdruck $L = x \times p$ definiert, wobei L in Bezug auf den Ursprung des Koordinatensystems definiert wird, welcher in den meisten Fällen mit dem Zentrum $r = 0$ der Zentralkraft zusammenfällt. Unter Verwendung der Operatorsubstitution $\boldsymbol{p} = -i\hbar\nabla$ können wir die entsprechenden quantenmechanischen Operatoren $\hat{L}_x, \hat{L}_y$ und $\hat{L}_z$ in kartesischen Koordinaten definieren

$$\hat{L}_x = yp_z - zp_y = -i\hbar \left(y\frac{\partial}{\partial z} - z\frac{\partial}{\partial y} \right)$$

$$\hat{L}_y = zp_x - xp_z = -i\hbar \left(z\frac{\partial}{\partial x} - x\frac{\partial}{\partial z} \right)$$

$$\hat{L}_z = xp_y - yp_x = -i\hbar \left(x\frac{\partial}{\partial y} - y\frac{\partial}{\partial x} \right) . \qquad (3.141)$$

Zur Umrechnung dieser Operatoren auf Kugelkoordinaten verwenden wir die bekannten Beziehungen (3.113) und finden durch Differentiation

$$\frac{\partial}{\partial x} = \sin\theta\cos\phi\frac{\partial}{\partial r} + \frac{\cos\theta\cos\phi}{r}\frac{\partial}{\partial\theta} - \frac{\sin\phi}{r\sin\theta}\frac{\partial}{\partial\phi}$$

$$\frac{\partial}{\partial y} = \sin\theta\sin\phi\frac{\partial}{\partial r} + \frac{\cos\theta\sin\phi}{r}\frac{\partial}{\partial\theta} + \frac{\cos\phi}{r\sin\theta}\frac{\partial}{\partial\phi}$$

$$\frac{\partial}{\partial z} = \cos\theta\frac{\partial}{\partial r} - \frac{\sin\theta}{r}\frac{\partial}{\partial\theta} . \qquad (3.142)$$

Wenn wir dies in die Definitionen (3.141) der Drehimpulskomponenten einsetzen, so erhalten wir die Ausdrücke

$$\hat{L}_x = i\hbar \left(\sin\phi\frac{\partial}{\partial\theta} + \cot\theta\cos\phi\frac{\partial}{\partial\phi} \right)$$

$$\hat{L}_y = i\hbar \left(-\cos\phi\frac{\partial}{\partial\theta} + \cot\theta\sin\phi\frac{\partial}{\partial\phi} \right)$$

$$\hat{L}_z = -i\hbar\frac{\partial}{\partial\phi} . \qquad (3.143)$$

Unter Verwendung dieser Resultate können wir den Operator des Gesamdrehimpuls-Quadrats $\hat{\boldsymbol{L}}^2 = \hat{\boldsymbol{L}} \cdot \hat{\boldsymbol{L}}$ berechnen und erhalten

$$\hat{\boldsymbol{L}}^2 = -\hbar^2 \left[\frac{1}{\sin\theta}\frac{\partial}{\partial\theta} \left(\sin\theta\frac{\partial}{\partial\theta} \right) + \frac{1}{\sin^2\theta}\frac{\partial^2}{\partial\phi^2} \right] = -\hbar^2\Delta_{\theta,\phi} . \qquad (3.144)$$

Dieser Operator ist das $\hbar^2$-fache des Operators auf der linken Seite der Differentialgleichung (3.118) der Kugelflächenfunktionen $Y_l^m(\theta, \phi)$ mit den Eigenwerten $\lambda = l(l + 1)$. Daher können wir sofort die Eigenfunktionen und Eigenwerte des Drehimpulsquadrates angeben, denn es gilt die Eigenwertgleichung

$$\hat{\boldsymbol{L}}^2 Y_l^m(\theta, \phi) = \hbar^2 l(l + 1) Y_l^m(\theta, \phi) . \qquad (3.145)$$

Die möglichen Werte für den Betrag des Drehimpulses sind daher $\hbar\sqrt{l(l+1)}$. Dies steht im Gegensatz zur Bohr-Sommerfeldschen Theorie, wo $L = \hbar n_\phi = \hbar(l+1)$ ist. Da wir bei der Separation der Schrödinger Gleichung gesehen haben, dass der Operator $\hat{L}^2$ mit dem Hamilton-Operator $\hat{H}$ kommutiert, weil dessen winkelabhängiger Anteil durch $\Delta_{\theta,\phi}$ gegeben ist, sind der Betrag des Drehimpulses und die Energie des Systems gleichzeitig scharf messbar.

Als nächstes betrachten wir den Operator $\hat{L}_z = -\mathrm{i}\hbar\partial_\phi$. Auch dieser Operator kommutiert mit dem Hamilton Operator und hat daher die gleichen Eigenfunktionen. Mit Hilfe der Definition (3.137) der $Y_l^m(\theta,\phi)$ finden wir

$$\hat{L}_z Y_l^m(\theta,\phi) = -\mathrm{i}\hbar\frac{\partial}{\partial\phi}Y_l^m(\theta,\phi) = \hbar m Y_l^m(\theta,\phi)\,, \qquad (3.146)$$

sodass das Resultat der Messung der Projektion von $\hat{L}$ längs der z-Richtung durch einen der Eigenwerte $\hbar m$ gegeben ist. Es läßt sich auch durch einfache Rechnung leicht nachweisen, dass jede der drei Drehimpulskomponenten $\hat{L}_x$, $\hat{L}_y$ und $\hat{L}_z$ für sich mit $\hat{L}^2$ und natürlich auch mit $\hat{H}$ kommutiert, sodass auch die Komponente von $\hat{L}$ längs einer beliebigen Richtung $\boldsymbol{n}$, also $\hat{L}\cdot\boldsymbol{n}$, mit $\hat{L}^2$ und $\hat{H}$ kommutiert, also diese Größen gleichzeitig scharf messbar sind. Die Quantisierung des Bahndrehimpulses haben wir in Abb. 3.4 dargestellt, in der auch das Abweichen von klassischen Vorstellungen zu erkennen ist.

Schließlich untersuchen wir noch die Möglichkeit der gleichzeitigen Messung irgend zweier Komponenten, etwa $\hat{L}_x$ und $\hat{L}_y$ von $\hat{L}$. Dazu müssen wir den Kommutator $[\hat{L}_x,\hat{L}_y]$ betrachten. Unter Verwendung der Heisenbergschen Vertauschungsrelation $[\hat{z},\hat{p}_z] = \mathrm{i}\hbar$, sodass $\hat{z}\hat{p}_z = \hat{p}_z\hat{z} + \mathrm{i}\hbar$ gilt, erhalten wir

$$[\hat{L}_x,\hat{L}_y] = [(\hat{y}\hat{p}_z - \hat{z}\hat{p}_y),(\hat{z}\hat{p}_x - \hat{x}\hat{p}_z)] = [\hat{y}\hat{p}_z,\hat{z}\hat{p}_x] + [\hat{z}\hat{p}_y,\hat{x}\hat{p}_z] \qquad (3.147)$$
$$= \hat{y}\hat{p}_z\hat{z}\hat{p}_x - \hat{z}\hat{p}_x\hat{y}\hat{p}_z + \hat{z}\hat{p}_y\hat{x}\hat{p}_z - \hat{x}\hat{p}_z\hat{z}\hat{p}_y = \mathrm{i}\hbar(\hat{x}\hat{p}_y - \hat{y}\hat{p}_x) = \mathrm{i}\hbar\hat{L}_z\,.$$

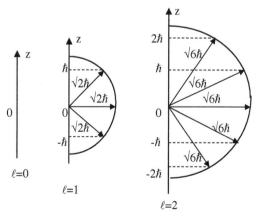

Abb. 3.4. Quantisierung von $\sqrt{\hat{L}^2}$ und $\hat{L}_z$

Die anderen beiden Kommutatorbeziehungen erhält man durch zyklische Vertauschung von (x, y, z) Auf diese Weise finden wir schließlich

$$[\hat{L}_x, \hat{L}_y] = i\hbar\hat{L}_z \; , \; [\hat{L}_y, \hat{L}_z] = i\hbar\hat{L}_x \; , \; [\hat{L}_z, \hat{L}_x] = i\hbar\hat{L}_y \; . \qquad (3.148)$$

Folglich lassen sich keine zwei Komponenten von $\boldsymbol{\hat{L}}$ gleichzeitig scharf messen. Dies steht im Gegensatz zur Auffassung der klassischen Mechanik. Daher definieren bereits die drei Operatoren $\hat{H}$, $\boldsymbol{\hat{L}}^2$ und $\hat{L}_z$ ein vollständiges System kommutierender Observabler $\mathcal{E}$, $\mathcal{L}^2$ und $\mathcal{L}_z$, deren Eigenwerte und Eigenfunktionen (gekennzeichnet durch die Quantenzahlen n, l und m) zur kompletten Beschreibung des Systems vollständig ausreichen. (Der Spin eines Elektrons ist dabei nicht berücksichtigt).

3.5.6 Die Unschärferelationen des Bahndrehimpulses

Wegen der Vertauschungsrelationen (3.148) sind entsprechende Unschärferelationen der Bahndrehimpuls-Komponenten zu erwarten. Dazu gehen wir aus von der Vertauschungsrelation

$$[\hat{L}_x, \hat{L}_y] = i\hbar\hat{L}_z \qquad (3.149)$$

und wenden diese auf die Zustandsfunktion $u_{n,l,m}(r,\theta,\phi) = R_{n,l}(r)Y_l^m(\theta,\phi)$ an. Dies ergibt

$$[\hat{L}_x, \hat{L}_y] u_{n,l,m}(r,\theta,\phi) = i\hbar^2 m \, u_{n,l,m}(r,\theta,\phi) \qquad (3.150)$$

und wir schließen daraus in Analogie zu (2.85) folgende Unschärferelation für $\hat{L}_x$ und $\hat{L}_y$

$$\Delta L_x \cdot \Delta L_y \geq \frac{\hbar^2 |m|}{2} \; . \qquad (3.151)$$

Diese besagt, dass für den Zustand $u_{n,l,m}(r,\theta,\phi)$, die Operatoren $\hat{L}_x$ und $\hat{L}_y$ keine scharfen Messwerte zulassen. Hingegen gilt nur

$$(\hat{L}_x^2 + \hat{L}_y^2)u_{n,l,m} = (\boldsymbol{\hat{L}}^2 - \hat{L}_z^2)u_{n,l,m} = \hbar^2[l(l+1) - m^2]u_{n,l,m} \; . \qquad (3.152)$$

Wir können daher den Winkel α zwischen $\boldsymbol{\hat{L}}$ und der z-Achse angeben, nämlich

$$\cos\alpha = \frac{m}{\sqrt{l(l+1)}} \; , \qquad (3.153)$$

doch wir kennen nicht das Azimuth ϕ der Projektion von $\boldsymbol{\hat{L}}$ in die (x,y)-Ebene, $\hbar[l(l+1) - m^2]^{\frac{1}{2}}$. Dieses Verhalten wurde in den Abb. 3.4 und 3.5 angedeutet. Da die mittlere quadratische Abweichung von $\hat{L}_x$ durch $\langle(\Delta\hat{L}_x)^2\rangle = \langle\hat{L}_x^2\rangle - \langle\hat{L}_x\rangle^2$ gegeben ist und aus Symmetriegründen $\Delta L_x = \Delta L_y$ sein muss, folgt für den Erwartungswert von $\hat{L}_x^2 + \hat{L}_y^2$ im Zustand $u_{n,l,m}(r,\theta,\phi)$

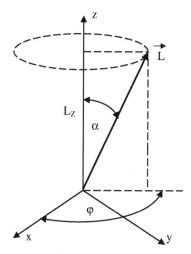

Abb. 3.5. Bahndrehimpulsunschärfe

$$\hbar^2[l(l+1) - m^2] \geq \langle (\Delta \hat{L}_x)^2 \rangle + \langle (\Delta \hat{L}_y)^2 \rangle \geq \hbar^2|m| \; . \tag{3.154}$$

Daher hat im Zustand $u_{n,l,m}(r, \theta, \phi)$ für $m = l$ die Größe $\langle (\hat{L}_x^{\,2} + \hat{L}_y^{\,2}) \rangle$ den kleinsten Wert, der mit der Unschärferelation verträglich ist und $\langle L_z \rangle$ hat entsprechend seinen größten Wert $\hbar l$, doch kann es wegen der Unschärferelation den Wert $\hbar\sqrt{l(l+1)}$ nicht erreichen.

3.6 Das Wasserstoff Atom

3.6.1 Die Schrödinger Gleichung

Das Wasserstoff Atom ist das einfachste Atom der Natur und lässt als einziges Atom eine exakte quantenmechanische Lösung zu, ganz ähnlich wie in der klassischen Mechanik nur das Zwei-Körper Problem exakt lösbar ist. Der Atomkern besteht aus einem Proton dessen Masse m_2 angenähert um den Faktor 10^3 schwerer ist als die Masse m_1 des Elektrons. Zwischen Proton und Elektron wirkt eine Zentralkraft, die durch ein Potential $V(|\boldsymbol{x}_1 - \boldsymbol{x}_2|)$ beschrieben werden kann, wo $\boldsymbol{x}_1$ die Koordinaten des Elektrons und $\boldsymbol{x}_2$ jene des Protons sind. Die klassische Hamilton-Funktion des Problems können wir sofort angeben

$$H = \frac{\boldsymbol{p}_1^2}{2m_1} + \frac{\boldsymbol{p}_2^2}{2m_2} + V(|\boldsymbol{x}_1 - \boldsymbol{x}_2|) = E \tag{3.155}$$

und erhalten mit den Substitutionen $\boldsymbol{p}_1 \to -\mathrm{i}\hbar\nabla_{x_1}$, $\boldsymbol{p}_2 \to -\mathrm{i}\hbar\nabla_{x_2}$ und $E \to \mathrm{i}\hbar\partial_t$ die Schrödinger Gleichung

$$\left[-\frac{\hbar^2}{2m_1}\Delta_{x_1} - \frac{\hbar^2}{2m_2}\Delta_{x_2} + V(|\boldsymbol{x}_1 - \boldsymbol{x}_2|) \right]\Psi = \mathrm{i}\hbar\frac{\partial\Psi}{\partial t} \; . \tag{3.156}$$

3.6.2 Separation in Schwerpunkts- und Relativkoordinaten

Da das Potential nicht von der Zeit abhängt, können wir den Ansatz machen $\Psi = U \exp(-\frac{i}{\hbar} E_{tot} t)$. Dies liefert beim Einsetzen in (3.156) die zeitunabhängige Schrödinger Gleichung

$$\left[-\frac{\hbar^2}{2m_1} \Delta_{x_1} - \frac{\hbar^2}{2m_2} \Delta_{x_2} + V(|\boldsymbol{x}_1 - \boldsymbol{x}_2|) \right] U = E_{tot} U \; , \qquad (3.157)$$

die wir durch Einführung von Schwerpunkts- und Relativkoordinaten separieren können, denn mit den Definitionen

$$\boldsymbol{X} = \frac{m_1 \boldsymbol{x}_1 + m_2 \boldsymbol{x}_2}{m_1 + m_2} \; , \quad \boldsymbol{x} = \boldsymbol{x}_1 - \boldsymbol{x}_2 \qquad (3.158)$$

erhalten wir nach einfacher Umrechnung

$$\left[-\frac{\hbar^2}{2M} \Delta_X - \frac{\hbar^2}{2\mu} \Delta_x + V(|\boldsymbol{x}|) \right] U = E_{tot} U \; , \qquad (3.159)$$

wo $M = m_1 + m_2$ die Gesamtmasse von Elektron und Proton ist und $\mu = \frac{m_1 m_2}{M}$ die sogenannte reduzierte Masse des Systems. Da $m_2 \gg m_1$ ist, können wir zunächst die Näherung betrachten, bei welcher die Protonenmasse $m_2 \to \infty$ (und damit auch $M \to \infty$) strebt und im Koordinatenursprung ruht. In dieser Näherung ist $\mu = m_1 = m$ und die Gleichung (3.159) geht in die Gleichung

$$\left[-\frac{\hbar^2}{2m} \Delta_x + V(|\boldsymbol{x}|) \right] u(\boldsymbol{x}) = E u(\boldsymbol{x}) \qquad (3.160)$$

über. Diese Gleichung ist aber identisch mit (2.50), die wir ausgehend von (3.114) bereits in Kugelkoordinaten separiert haben. Daher müssen wir im nächsten Abschnitt nur mehr die Lösung der radialen Schrödinger Gleichung für das H-Atom untersuchen. Auf die Mitbewegung des Schwerpunktes im Fall endlicher Protonenmasse kommen wir in Kapitel 8.2.2 zurück.

3.6.3 Lösung der radialen Schrödinger Gleichung des H-Atoms

Beim Wasserstoff Atom und bei den Wasserstoff ähnlichen Ionen ist die potentielle Energie des Kernfeldes in den Schwerpunktskoordinaten gegeben durch

$$V(|\boldsymbol{x}|) = V(r) = (-e)\frac{Ze}{r} = -\frac{Ze^2}{r} \; , \qquad (3.161)$$

wo $-e$ die Ladung des Elektrons und r die Entfernung des Elektrons vom Atomkern. Mit dem Ausdruck (3.161) für das Potential lautet die radiale Schrödinger Gleichung (3.119)

$$\frac{d^2 R(r)}{dr^2} + \frac{2}{r} \frac{dR(r)}{dr} + \left[\frac{2m}{\hbar^2} E + \frac{2m}{\hbar^2} \frac{Ze^2}{r} - \frac{l(l+1)}{r^2} \right] R(r) = 0 \; . \qquad (3.162)$$

Für die weitere Behandlung ist es zweckmäßig, die folgenden neuen Parameter einzu- führen

$$A = k^2 = \frac{2m}{\hbar^2} E \ , \ B = \frac{mZe^2}{\hbar^2} = \frac{Z}{a_{\mathrm{B}}} \ , \ a_{\mathrm{B}} = \frac{\hbar^2}{me^2} \ . \tag{3.163}$$

Dabei hat A die Dimension des Quadrats einer Wellenzahl und B die Dimension einer inversen Länge. Mit diesen neuen Parametern lautet die radiale Schrödinger Gleichung

$$\frac{\mathrm{d}^2 R(r)}{\mathrm{d}r^2} + \frac{2}{r}\frac{\mathrm{d}R(r)}{\mathrm{d}r} + \left[A + \frac{2B}{r} - \frac{l(l+1)}{r^2} \right] R(r) = 0 \ . \tag{3.164}$$

3.6.4 Das asymptotische Verhalten der Lösungen

Die Untersuchung des asymptotischen Verhaltens der Lösungen $R(r)$ der Gleichung (3.164) für $r \to \infty$ gibt wertvolle Aufschüssen über den Charakter dieser Lösungen, je nachdem ob $E > 0$ (bzw. $k^2 > 0$) ist, oder ob $E < 0$ (also $k^2 < 0$) gilt. Um dies zu untersuchen, lassen wir in der obigen Gleichung $r \to \infty$ gehen. Dann erhalten wir für große Werte von r die folgende elementare Differentialgleichung

$$\frac{\mathrm{d}^2 R(r)}{\mathrm{d}r^2} + k^2 R(r) = 0 \tag{3.165}$$

und diese hat folgende mögliche Lösungen, je nachdem ob $k^2 > 0$ oder < 0 ist,

$$\text{für } k^2 > 0 \, , \text{ folgt } R(r) = a\mathrm{e}^{\mathrm{i}kr} + b\mathrm{e}^{-\mathrm{i}kr} \ ,$$
$$\text{für } k^2 < 0 \, , \text{ gilt } k = \pm \mathrm{i}\kappa \, , \text{ daher } R(r) = \alpha\mathrm{e}^{\kappa r} + \beta\mathrm{e}^{-\kappa r} \ . \tag{3.166}$$

Im ersten Fall sind also die Lösungen im Unendlichen oszillierend und streben daher nicht gegen Null, wenn $r \to \infty$ geht. Sie sind daher nicht quadratisch integrabel, also normierbar, wenn wir $r \to \infty$ gehen lassen. Mit dieser Art von Lösungen werden wir uns später in Kapitel 9.3.3 beschäftigen, wenn wir die Streuung von Elektronen an einem Coulomb Potential behandeln werden. Auch in der klassischen Mechanik ist bei der ungebundenen Bewegung eines Kometen um die Sonne die Gesamtenergie $E > 0$ und bei der gebundenen Bewegung eines Planeten die Gesamtenergie $E < 0$.

Im zweiten Fall, hingegen, erhalten wir eine konvergente asymptotische Lösung, wenn wir $\alpha = 0$ setzen und die restliche Lösung entspricht dann asymptotisch den zu untersuchenden gebundenen Zuständen des Wasserstoff Atoms. Für die weiteren Untersuchungen dieses Falles setzen wir

$$A = k^2 = -\frac{1}{r_0^2} \ , \ \rho = \frac{2r}{r_0} \ , \tag{3.167}$$

wo r_0, entsprechend der Dimension von k, die Dimension einer Länge hat und ρ unsere neue, dimensionslose Veränderliche sein wird. Die Umrechnung der Differentialgleichung (3.164) auf diese neue Veränderliche liefert

$$\frac{\mathrm{d}^2R(\rho)}{\mathrm{d}\rho^2} + \frac{2}{\rho}\frac{\mathrm{d}R(\rho)}{\mathrm{d}\rho} + \left[-\frac{1}{4} + \frac{r_0B}{\rho} - \frac{l(l+1)}{\rho^2}\right]R(\rho) = 0 \qquad (3.168)$$

und wir erhalten jetzt für $\rho \to \infty$ die beiden asymptotischen Lösungen

$$R(\rho) \to \mathrm{e}^{\pm\frac{\rho}{2}} , \qquad (3.169)$$

von denen wir, gemäß der vorhergehenden Analyse, die divergente Lösung auszuscheiden haben. Daher machen wir für beliebige Werte von ρ den folgenden Lösungsansatz (Siehe Anhang A.2.3)

$$R(\rho) = \mathrm{e}^{-\frac{\rho}{2}}F(\rho) \qquad (3.170)$$

und dies ergibt nach Einsetzen in (3.168) zunächst

$$\frac{\mathrm{d}R}{\mathrm{d}\rho} = \left[-\frac{1}{2}F + \frac{\mathrm{d}F}{\mathrm{d}\rho}\right]\mathrm{e}^{-\frac{\rho}{2}}$$
$$\frac{\mathrm{d}^2R}{\mathrm{d}\rho^2} = \left[\frac{1}{4}F - \frac{\mathrm{d}F}{\mathrm{d}\rho} + \frac{\mathrm{d}^2F}{\mathrm{d}\rho^2}\right]\mathrm{e}^{-\frac{\rho}{2}} \qquad (3.171)$$

und daher nach weglassen des Faktors $\mathrm{e}^{-\frac{\rho}{2}}$

$$F''(\rho) + \left(\frac{2}{\rho} - 1\right)F'(\rho) + \left[(r_0B - 1)\frac{1}{\rho} - \frac{l(l+1)}{\rho^2}\right]F(\rho) = 0 . \qquad (3.172)$$

3.6.5 Die Energie Eigenwerte

Wie wir sofort erkennen, hat die Differentialgleichung (3.172) bei $\rho = 0$ eine Singularität, nämlich einen Pol. Aus der Theorie solcher Differentialgleichungen ist bekannt (Vergleiche Anhang A.2.3), dass eine bei $\rho = 0$ reguläre Lösung durch folgenden Potenzreihenansatz

$$F(\rho) = \rho^s L(\rho) = \rho^s \sum_{p=0}^{\infty} a_p\rho^p \qquad (3.173)$$

gefunden werden kann. Dabei soll für das Folgende $a_0 \neq 0$ angenommen werden. Zur Bestimmung der Potenz s gehen wir mit dem Ansatz (3.173) in die Differentialgleichung (3.172) ein und wir finden nach Multiplikation mit ρ^{2-s} die folgende Differentialgleichung für $L(\rho)$

$$\rho^2 L''(\rho) + \rho[2(s+1) - \rho]L'(\rho)$$
$$+ [\rho(r_0B - s - 1) + s(s+1) - l(l+1)]L(\rho) = 0 . \qquad (3.174)$$

Wenn wir in dieser Gleichung $\rho = 0$ setzen, so folgt aus dem Ansatz (3.173) für $L(\rho)$, daß

$$s(s+1) - l(l+1) = 0 \qquad (3.175)$$

sein muss, damit auch für $\rho = 0$ die Differentialgleichung erfüllt ist. Die quadratische Gleichung (3.175) in s hat die beiden folgenden Wurzeln: $s = l$ und $s = -(l+1)$. Wegen unserer allgemeinen Randbedingung, dass $R(\rho)$ und damit auch $F(\rho)$ bei $\rho = 0$ endlich sein sollen, ist die zweite dieser beiden Wurzeln auszuschließen. Daher ergibt sich mit Hilfe der Wahl $s = l$ für $L(\rho)$ die folgende Differentialgleichung

$$\rho L''(\rho) + [2(l+1) - \rho]L'(\rho) + (r_0 B - l - 1)L(\rho) = 0 \qquad (3.176)$$

und wenn wir in diese den Ansatz (3.173) für $L(\rho)$ einsetzen, so finden wir die Gleichung

$$\sum_{p=0}^{\infty}[(p+1)(p+2l+2)a_{p+1} - (p+l+1-r_0 B)a_p]\rho^p = 0 \,, \qquad (3.177)$$

wobei wir beim Einsetzen schon die Koeffizienten nach gleichen Potenzen von ρ geordnet haben. Da die Summe (3.177) für alle Werte von ρ verschwinden soll, muss in (3.177) der Koeffizient von ρ^p in den eckigen Klammenr gleich Null sein und daher muss gelten

$$(p+1)(p+2l+2)a_{p+1} = (p+l+1-r_0 B)a_p \,. \qquad (3.178)$$

Diese Rekursionsformel gestattet sukzessive alle a_p und damit $L(\rho)$ bis auf eine willkürliche Normierungskonstante a_0 zu bestimmen. Wir finden jedoch, dass für $p \gg 2(l+1)$ und $p \gg l+1-r_0 B$, also asymptotisch für $p \to \infty$, näherungsweise $a_{p+1} = \frac{a_p}{p+1}$ ist, sodass wir asymptotisch die Reihe $L(\rho) \sim \exp(\rho)$ erhalten. Damit wäre aber asymptotisch für $\rho \to \infty$, die Lösung $R(\rho) = \exp(-\frac{\rho}{2})F(\rho) \sim \exp(\frac{\rho}{2})$ und diese Lösung würde unsere Randbedingung im Unendlichen verletzen. Wenn also die gesuchte Lösung $R(\rho)$ im Unendlichen nach Null streben soll, muss $L(\rho)$ ein Polynom sein. Den Grad dieses Polynoms wollen wir n_r nennen. Dann folgt aus der Bedingung, dass bei der Potenz ρ^{n_r} das Polynom abbrechen soll, also $a_{n_r+1} = 0$ wird, und mit $n_r \geq 0$ die Beziehung

$$n_r + l + 1 = n = r_0 B \,. \qquad (3.179)$$

Dies ist die gesuchte Quantenbedingung des H-Atoms. Aus historischen Gründen nennt man n_r die radiale Quantenzahl, die in der Bohrschen Theorie des Wasserstoff Atoms eingeführt wurde, und $n \geq 1$ wird die Hauptquantenzahl genannt. Wir erkennen, dass in der Schrödinger Theorie die Quantenbedingung eine Folge der gestellten Randbedingungen ist, welche auf Lösungen $u(r, \theta, \phi)$ führt, die normierbar sind. Aus unserer Quantenbedingung (3.179) können wir sofort die Energie Eigenwerte der gebundenen Zustände des H-Atoms (und der H-ähnlichen Atome) herleiten. Wenn wir in (3.179) die Definitionen (3.167, 3.163) von r_0 und B einsetzen, so erhalten wir

$$(r_0 B)^2 = -\frac{B^2}{A} = -\frac{mZ^2e^4}{2\hbar^2 E} = n^2 = (n_r + l + 1)^2$$

$$E_n = -\frac{mZ^2e^4}{2\hbar^2}\frac{1}{n^2} = -\frac{(\alpha Z)^2 mc^2}{2(n_r + l + 1)^2} \simeq -13{,}6\left(\frac{Z}{n}\right)^2 \text{ eV.} \quad (3.180)$$

In der zweiten Form der Gleichung für E_n wurde die Sommerfeldsche Feinstrukturkonstante $\alpha = \frac{e^2}{\hbar c}$ eingeführt. Die Energiewerte (3.180) sind in Übereinstimmung mit den Resultaten der Bohr-Sommerfeldschen Theorie und (abgesehen von der Feinstruktur) auch experimentell bestätigt. Wegen des langsamen Abklingens des Coulombschen Potentials für $r \to \infty$, erhalten wir eine diskrete unendliche Folge von Bindungsenergien im Bereich $E_1 = -(\alpha Z)^2 \frac{mc^2}{2} \leq E_n < 0$.

3.6.6 Die Laguerreschen Polynome

Bevor wir unsere Resultate ausführlicher diskutieren, müssen wir noch die Eigenfunktionen näher untersuchen, deren Radialteil $R(\rho)$ nun von den Quantenzahlen n_r und l oder n und l abhängt. Unsere Ansätze (3.170, 3.173) für $R(\rho)$ und $F(\rho)$ führen auf (Vgl. Anhang A.2.3)

$$R_{n,l}(\rho) = e^{-\frac{\rho}{2}}\rho^l L_{n_r}(\rho) = e^{-\frac{\rho}{2}}\rho^l L_{n+l}^{(2l+1)}(\rho) \,. \quad (3.181)$$

Das durch das Abbrechen des Reihenansatzes für $L(\rho)$ gewonnenen Polynom $L_{n_r}(\rho)$ genügt jetzt der Differentialgleichung

$$\rho L_{n_r}''(\rho) + [2(l+1) - \rho]L_{n_r}'(\rho) + n_r L_{n_r}(\rho) = 0 \,, \quad (3.182)$$

welche aus der ursprünglichen Gleichung (3.176) für $L(\rho)$ hervorgeht, wenn mit Hilfe der Quantenbedingung (3.179) $r_0 B - l - 1 = n - l - 1 = n_r$ gesetzt wird. Die letztgenannte Differentialgleichung (3.182) kann mit Hilfe der Substitutionen $2l + 1 = q$ und $n + l = p$ auf die Form gebracht werden

$$\rho\frac{\mathrm{d}^2 L_p^q(\rho)}{\mathrm{d}\rho^2} + [q + 1 - \rho]\frac{\mathrm{d}L_p^q(\rho)}{\mathrm{d}\rho} + (p - q)L_p^q(\rho) = 0 \,, \quad (3.183)$$

welche die Differentialgleichung der zugeordneten Laguerreschen Polynome darstellt. Damit ist dann die obige Schreibweise $L_{n_r}(\rho) \equiv L_{n+l}^{(2l+1)}(\rho)$ gerechtfertigt. Das zugeordnete Laguerresche Polynom $L_p^q(\rho)$ ist definiert als die q-te Ableitung des gewöhnlichen Laguerreschen Polynoms $L_p(\rho)$ und diese sind darstellbar durch

$$L_p(\rho) = e^\rho\frac{\mathrm{d}^p}{\mathrm{d}q^p}(\rho^p e^{-\rho}) \text{ und } L_p^q(\rho) = \frac{\mathrm{d}^q}{\mathrm{d}\rho^q}L_p(\rho) \,. \quad (3.184)$$

Die Laguerresche Funktion $L_p(\rho)$ ist ersichtlich ein Polynom der Ordnung p und genügt der Differentialgleichung

$$\rho L_p''(\rho) + (1 - \rho)L_p'(\rho) + pL_p(\rho) = 0 \ . \tag{3.185}$$

Ähnlich wie für die Hermiteschen Polynome und die Legendreschen Polynome lässt sich für die Laguerreschen Polynome eine erzeugende Funktion $G(\rho, s)$ angeben, welche lautet

$$G(\rho, s) = \frac{e^{-\frac{\rho s}{1-s}}}{1 - s} = \sum_{p=0}^{\infty} \frac{L_p(\rho)}{p!} s^p \tag{3.186}$$

und aus der durch q-malige Differentiation nach ρ die Erzeugung der Funktionen $L_p^q(\rho)$ hervorgeht. Ganz ähnlich wie mit Hilfe der Erzeugenden Funktion der Hermiteschen Polynome die Normierung dieser Polynome abgeleitet werden kann, lässt sich auch hier mit Hilfe der Erzeugenden Funktion $G(\rho, s)$ das Normierungsintegral der $L_{n+l}^{(2l+1)}(\rho)$ herleiten. Dieses lautet

$$\int_0^{\infty} e^{-\rho} \rho^{2l} \left[L_{n+l}^{(2l+1)}(\rho) \right]^2 \rho^2 \mathrm{d}\rho = \frac{2n[(n + l)!]^3}{(n - l - 1)!} \tag{3.187}$$

und die zugeordneten Polynome sind für einen festen Wert von $2l + 1$ zueinander orthogonal.

3.6.7 Diskussion der Eigenfunktionen und Eigenwerte

Die kompletten Eigenlösungen der Schrödinger Gleichung des Wasserstoff Atoms (und der H-ähnlichen Ionen) lauten nun

$$u_{n,l,m}(r, \theta, \phi) = N_{n,l}R_{n,l}(r)Y_l^m(\theta, \phi) \ . \tag{3.188}$$

Da die Kugelflächenfunktionen bereits normiert wurden, folgen die Normierungskonstanten $N_{n,l}$ aus der Bedingung

$$N_{n,l}^2 \int_0^{\infty} R_{n,l}^2(r)r^2 \mathrm{d}r = 1 \ . \tag{3.189}$$

Setzt man hier für $R_{n,l}(r)$ die gefundenen Lösungen der radialen Schrödinger Gleichung ein und geht zur Variablen $\rho = \frac{2r}{r_0}$ über, so liefert das Normierungsintegral (3.187)

$$N_{n,l}^2 \left(\frac{r_0}{2} \right)^3 \frac{2n[(n + l)!]^3}{(n - l - 1)!} = 1 \ . \tag{3.190}$$

Mit Hilfe der Definitionen (3.163,3.167) von r_0 und A und dem bereits hergeleiteten Ausdruck (3.180) für die Energie Eigenwerte E_n erhalten wir

$$\left(\frac{2}{r_0} \right)^2 = -4A = -\frac{8m}{\hbar^2}E_n = \frac{8m}{\hbar^2}\frac{mZ^2e^4}{2\hbar^2n^2} = \left[\frac{2Zme^2}{n\hbar^2} \right]^2 \ . \tag{3.191}$$

Doch wegen des Ausdrucks für die erste Bohrsche Bahn, $a_{\mathrm{B}} = \frac{\hbar^2}{me^2}$, ist es zweckmäßig, auch in der Quantenmechanik diese Längeneinheit zu verwenden, sodass wir schließlich aus (3.190) den Normierungsfaktor $N_{n,l}$ erhalten

$$N_{n,l} = \left[\left\{ \frac{2Z}{na_{\mathrm{B}}} \right\}^3 \frac{(n-l-1)!}{2n\{(n+l)!\}^3} \right]^{\frac{1}{2}} \tag{3.192}$$

und gleichzeitig den dimensionslosen Parameter ρ durch den Radius r ausdrücken können

$$\rho = \frac{2}{r_0} r = \frac{2Z}{na_{\mathrm{B}}} r \ . \tag{3.193}$$

Als nächstes bestimmen wir die Anzahl der von einander verschiedenen Eigenfunktionen $u_{n,l,m}(r,\theta,\phi)$, die zu einem vorgegebenen Wert n der Hauptquantenzahl gehören. Aufgrund unserer Quantenbedingung (3.179) ist

$$n = n_r + l + 1 \ . \tag{3.194}$$

Da $n_r \geq 0$ ist, kann bei vorgegebenem n, l den maximalen Wert $n-1$ erreichen und den minimalen Wert 0 annehmen, also insgesamt n Werte. Zu jedem dieser l-Werte gehören noch folgende Werte der magnetischen Quantenzahl $-l \leq m \leq +l$, deren Gesamtzahl $2l+1$ ist. Zu einem vorgegebenen Wert von n, dh. zu vorgegebener Energie E_n, gehören demnach

$$\sum_{l=0}^{n-1} (2l+1) = n + 2 \sum_{l=0}^{n-1} l = n + n(n-1) = n^2 \tag{3.195}$$

voneinander linear unabhängige Eigenfunktionen. Ein Quantenzustand mit dem Energie Eigenwert E_n ist demnach n^2-fach entartet. In unseren bisherigen Untersuchungen des H-Atoms ist der Spin des Elektrons nicht berücksichtigt. Wenn wir auch den Spin berücksichtigen und von der Feinstruktur der Eigenwerte absehen, wird sich später zeigen, dass zu jedem Energie Eigenwert E_n, insgesamt $2n^2$ voneinander linear unabhängige Eigenfunktionen gehören. Der Eigenwert E_n ist demnach $2n^2$-fach entartet.

Ferner behandeln wir die physikalische Bedeutung der Quantenzahlen, welche einen Zustand negativer Energie E_n charakterisieren. Wir haben gesehen, dass die zulässigen Energiewerte E_n nur von der Hauptquantenzahl $n = n_r + l + 1$ abhängen. Der genannte Ausdruck für n zeigt, dass in der Bohrschen Theorie n_r der radialen und l der Nebenquantenzahl entsprechen. Um die Bedeutung der radialen Quantenzahl n_r in der Wellenmechanik zu erhellen, betrachten wir den radialen Teil $R_{n,l}(r)$ der Lösung der Schrödinger Gleichung (3.181), welcher die zugeordneten Laguerreschen Polynome $L_{n+l}^{(2l+1)}(\rho)$ enthält, von denen wir bereits wissen, dass sie vom Grad n_r sind. Daher haben diese Polynome n_r voneinander verschiedene Nullstellen. Also existieren um den Schwerpunkt des H-Atoms n_r Kugelflächen wo stets $R_{n,l} = 0$ ist und daher dort auch $u_{n,l,m} = 0$ gilt. Der radialen Quantenzahl n_r

der Bohrschen Theorie entsprechen also in wellenmechanischer Behandlung des H-Atoms Kugelflächen auf denen stets $\psi_{n,l,m} = 0$ ist. Daher stellt n_r bei Berücksichtigung der Zeitabhängigkeit $\psi_{n,l,m}(r,\theta,\phi,t) = u_{n,l,m}\exp(-\frac{i}{\hbar}E_n t)$ die Zahl der Knotenflächen des betrachteten stationären Zustandes dar. Eine ähnliche Bedeutung kommt auch den anderen beiden Quantenzahlen l und m zu. Die Abhängigkeit der Eigenfunktionen $u_{n,l,m}(r,\theta,\phi)$ von θ ist durch die zugeordneten Legendre Polynome $P_l^m(\cos\theta)$ in (3.137) bestimmt, welche Polynome l-ten Grades in $\cos\theta$ und $\sin\theta$ sind. In diesem Fall bestehen die Knotenflächen aus koaxialen zweifachen Kegeln mit einer gemeinsamen z-Achse. Die Anzahl dieser Zweifachkegel ist l. Die Abhängigkeit der Eigenfunktionen $u_{n,lm}$ von ϕ wird in (3.137) durch die Faktoren $\cos m\phi$ und $\sin m\phi$ dargestellt und dies ergibt m Knotenebenen durch die z-Achse.

In der quantenmechanischen Behandlung des Wasserstoff Atoms fehlt der Begriff von Elektronenbahnen der Bohrschen Theorie. Wesentlich ist jetzt die Angabe der Ortswahrscheinlichkeit für das Elektron im Atom, die für einen ganz bestimmten stationären Quantenzustand mit den Quantenzahlen (n,l,m) durch $\mathrm{d}W_{n,l,m}(r,\theta.\phi,t) = |u_{n,l,m}(r,\theta.\phi)|^2 r^2 \mathrm{d}r\mathrm{d}\Omega$, unabhängig von der Zeit, gegeben ist. Wenn wir diese Wahrscheinlichkeit über alle Raumrichtungen integrieren, dann erhalten wir wegen der Normierung (3.137) der Kugelflächenfunktionen die radiale Aufenthaltswahrscheinlichkeit des Elektrons $\mathrm{d}W_{n,l}(r) = R_{n,l}^2(r)r^2\mathrm{d}r$. Diese radiale Aufenthaltswahrscheinlichkeit ist von einiger anschaulicher Bedeutung, da sie in der Umgebung der Bohrschen Bahnradien $a_n = n^2 a_{\mathrm{B}}$ ausgeprägte Maxima besitzt, wie wir für $n = 1$ und $n = 2$ in Abb. 3.6 skizziert haben.

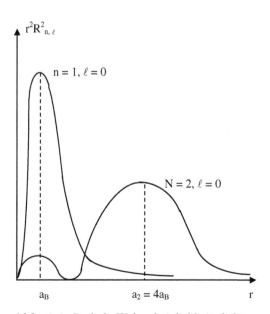

Abb. 3.6. Radiale Wahrscheinlichkeitsdichten

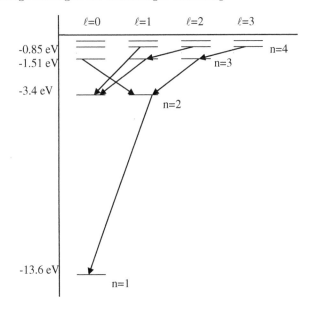

Abb. 3.7. Termschema mit Dipolübergängen des H-Atoms

Die in diesem Abschnitt dargestellte Behandlung des Wasserstoff Atoms ist nur näherungsweise gültig. Die Feinstruktur des Wasserstoff Spektrums und der Elektronen Spin sind nicht berücksichtigt worden. Diese weiteren Einzelheiten folgen erst aus der relativistischen Behandlung nach der Diracschen Theorie (1928). Ebenso ist unsere Darstellung auch für die H-ähnlichen Atome, wie den Alkalien mit einem Valenzelektron, nur eine Näherung. Hier erfolgt eine Aufhebung der Entartung in Bezug auf l und es gibt daher n verschiedene Energieniveaus bei vorgegebener Hauptquantenzahl n des H-ähnlichen Atoms. (Vergleiche die Skizze des Termschemas in Abb. 3.7). Die Ursache liegt darin, dass zwar bei den H-ähnlichen Atomen noch eine Zentralkraft wirkt, diese aber nicht durch ein reines Coulombfeld beschrieben wird. Bei der Aufhebung der Kugelsymmetrie durch ein äußeres elektrisches oder magnetisches Feld verschwindet die Entartung vollständig. Das n-te H-ähnliche Niveau spaltet in n^2 verschiedene Niveaus auf. Ganz allgemein ist der Entartungsgrad eines quantenmechanischen Problems wesentlich durch seine Symmetrieeigenschaften bestimmt.

3.6.8 Die Quantendefekt-Methode

Zur Berechnung der Spektren H-ähnlicher Atome, dh. von Atomen oder Ionen mit einem Valenzelektron, hat man zu berücksichtigen, dass die inneren Elektronenschalen das Kernpotential teilweise abschirmen. Diese Abschirmung kann man näherungsweise durch eine effektive Kernladungszahl beschreiben. Diese effektive Kernladungszahl lässt sich genähert in folgender

Weise berechnen

$$Z_{\text{eff}} = \frac{4\pi}{e} \int_0^{r_0} \rho(r) r^2 \mathrm{d}r = Z - 4\pi \sum_n \int_0^{r_0} |\psi_n|^2 r^2 \mathrm{d}r \; . \tag{3.196}$$

Dabei ist $\rho(r)$ die gesamte radiale räumliche Ladungsdichte aller abgeschlossenen Elektronenschalen, die durch den Ausdruck $\sum_n |\psi_n|^2$ bestimmt ist, wobei die ψ_n die Zustandsfunktionen der Rumpf-Elektronen darstellen. Die obere Integrationsgrenze r_0 ist dabei ein Maß für den „Radius" des Atomrumpfs. Die obige Näherung ist aber nicht ausreichend genau, da das Eindringen der Valenzelektronen in die abgeschlossenen Schalen (die sogenannten „Tauchbahnen" der Bohrschen Theorie) dabei nicht berücksichtigt wird. Wir betrachten daher eine quantitativere Näherung, welche die Wirkung dieses Quantendefekts berücksichtigt. Dazu machen wir die Annahme, dass die potentielle Energie des Valenzelektrons durch folgenden Ausdruck gegeben ist

$$V(r) = -\frac{Z_{\text{eff}} e^2}{r} \left(1 + \frac{b}{r} \right) \; , \tag{3.197}$$

wobei die Abänderung $\frac{b}{r}$ des Coulomb Potentials bewirkt, dass die Anziehungskraft auf das Leuchtelektron durch den Kern der Ladung Ze verstärkt wird, wenn das Elektron in die abgeschlossenen Schalen eindringt. Je tiefer dieses Eindringen ist, umso größer ist die vom Valenzelektron gesehene Kernladung. Z_{eff} und b werden dann so gewählt, dass die beste Übereinstimmung mit den beobachteten Spektren erzielt wird. Der Potentialansatz (3.197) führt auf folgende Modifikation der radialen Schrödinger Gleichung (3.164)

$$\frac{\mathrm{d}^2 R(r)}{\mathrm{d}r^2} + \frac{2}{r} \frac{\mathrm{d}R(r)}{\mathrm{d}r} + \left[A + \frac{2B}{r} - \frac{l(l+1) - 2Bb}{r^2} \right] R(r) = 0 \tag{3.198}$$

und gestattet die Durchführung aller weiteren Lösungsschritte wie bei der Behandlung des Wasserstoffatoms. Nach Einführung der neuen Veränderlichen $\rho = \frac{2r}{r_0}$ und den Lösungsansätzen $R(\rho) = \exp(-\frac{\rho}{2}) F(\rho)$ und $F(\rho) = \rho^s L(\rho)$ werden wir auf folgende abgeänderte Quantenbedingung geführt

$$r_0 B = n + \Delta(l) \; ,$$

$$\Delta(l) = \left[\left(l + \frac{1}{2} \right)^2 - \frac{2Z_{\text{eff}}}{a_B} b \right]^{\frac{1}{2}} - \left(l + \frac{1}{2} \right) \tag{3.199}$$

und mit Hilfe der Definitionen (3.167) und (3.163) für r_0 und B erhalten wir aus (3.199) die Energieniveaus der H-ähnlichen Atome oder Ionen

$$E_{n,l} = -\frac{Z_{\text{eff}}^2 e^2}{2 a_B [n + \Delta(l)]^2} \; , \tag{3.200}$$

welche nicht mehr hinsichtlich der Drehimpuls Quantenzahl l entartet sind, da das betrachtete Potential (3.197) kein reines Coulomb Potential mehr ist.

Ebenso sind auch die zugehörigen Eigenfunktionen der radialen Schrödinger Gleichung nicht mehr durch die zugeordneten Laguerreschen Polynome exakt darstellbar. Wie wir aus (3.199) ersehen, nimmt $\Delta(l)$ mit wachsendem Wert von l ab, was darauf hindeutet, dass mit wachsendem Drehimpuls die Verweilzeit des Leuchtelektrons im Atomrumpf abnimmt.

Übungsaufgaben

3.1. Löse in einer Dimension das Problem der Transmission und Reflexion von Teilchen an einer Potentialstufe endlicher Breite, d.h. $V = 0$ für $x < 0$ und $x > a$ und $V = V_0$ für $0 \leq x \leq a$. Betrachte die Fälle, bei denen die Teilchenenergie $E < V_0$ oder $E > V_0$ ist. Diskutiere insbesondere den Tunneleffekt als Funktion der verschiedenen Parameter und stelle die Resultate graphisch dar. Man findet für den Reflexions- und Durchlässigkeitskoeffizienten für $E > V_0$

$$R = [1 + \gamma]^{-1} \ , \ D = \left[1 + \gamma^{-1}\right]^{-1} \ ,$$

$$\gamma = \frac{4E(E - V_0)}{V_0^2 \sin^2(\alpha a)} \ , \ \alpha = \sqrt{\frac{2m}{\hbar^2}(E - V_0)} \tag{3.201}$$

und für $E < V_0$ ist α durch $i\beta$ zu ersetzen, wo β sich aus α ergibt, indem $E - V_0$ durch $V_0 - E$ ersetzt wird. Der Rechenvorgang ist ganz ähnlich wie bei der Untersuchung der Transmission und Reflexion eines Teilchens an einer Potentialstufe. Die äußeren und inneren Lösungen sind von der Form

$$u_{\ddot{a}}(x) = A\mathrm{e}^{ikx} + B\mathrm{e}^{-ikx} \ , \ k = \sqrt{\frac{2mE}{\hbar^2}}$$

$$u_i(x) = C\mathrm{e}^{ik'x} + D\mathrm{e}^{-ik'x} \ , \ k' = \sqrt{\frac{2m(E - V_0)}{\hbar^2}} \tag{3.202}$$

und sind an die Stetigkeitsbedingungen und asymptotischen Bedingungen anzupassen.

3.2. Behandle in gleicher Weise das Problem der Transmission und Reflexion an einer Potentialmulde $V = -V_0$ für $0 \leq x \leq a$ und $V = 0$ sonst. Diskutiere neben dam Verhalten der Lösungen als Funktion der Teilchenenergien $E > 0$, auch den Fall $E < 0$. Der Rechengang erfolgt ganz ähnlich wie in Aufgabe 3.1, doch die Resultate sind recht verschieden, da im ersten Fall es sich um Streuzustände wie in Aufgabe 3.1 handelt, doch im zweiten Fall wir es mit gebundenen Zuständen zu tun haben, deren Lösungen im Unendlichen exponentiell nach Null streben müssen, um die Normierbarkeit zu gewährleisten. Hier hat man Lösungsansätze der Form

$$u_n(x) = C_n\mathrm{e}^{K_n x} \ , \ \text{für } x < 0$$

$$u_n(x) = A_n \sin k_n x + B_n \cos k_n x \ , \ \text{für } 0 \leq x \leq a \tag{3.203}$$

$$u_n(x) = D_n\mathrm{e}^{-K_n x} \ , \ \text{für } x > a$$

zu machen und bei $x = 0$ und $x = a$ die Randbedingungen $u_n(0)$ und $u'_n(0)$ bzw. $u_n(a)$ und $u'_n(a)$ stetig, zu erfüllen. Dabei ergeben sich verschiedene Lösungen, je nachdem ob die gebundenen Zustände von gerader oder ungerader Parität sind. Die aus den Randbedingungen resultierenden Eigenwertgleichungen sind dann graphisch oder numerisch zu lösen.

3.3. Betrachte die Transmission und Reflexion von Teilchen an einer doppelten Potentialstufe endlicher Breite a, die sich im Abstand b voneinander befinden und gleiche Höhe V_0 besitzen. Betrachte dasselbe Problem für die entsprechenden Potentialmulden.

3.4. Zeige, dass das Problem des linearen harmonischen Oszillators mit dem zusätzlichen Potential $V' = \lambda x$ mit λ einer beliebigen, reellen Konstanten, exakt lösbar ist. Versuche es mit quadratischer Ergänzung des Potentials und finde die entsprechenden Energieeigenwerte und Eigenfunktionen.

3.5. Zur Zeit $t = 0$ sei der Zustand eines linearen harmonischen Oszillators durch die Funktion $\psi(x,0) = \sqrt{\frac{b}{\sqrt{\pi}}} e^{-\frac{1}{2}b^2(x-x_0)^2}$ bestimmt. Wie lautet die Zustandsfunktion zu einem späteren Zeitpunkt. Dazu entwickelt man die Zustandsfunktion $\psi(x,t)$ nach den Eigenfunktionen $\psi_n(t) = u_n(x) \exp(-\frac{i}{\hbar}E_n t)$ des harmonischen Oszillators und berechnet die Entwicklungskoeffizienten mit Hilfe der obigen Anfangsbedingung. Vergleiche dazu die Aufgabe 2.6. Zeige, dass die Wahrscheinlichkeitsverteilung als Funktion der Zeit hin und her oszilliert, ohne zu zerfließen, und dass sich diese Oszillation ähnlich verhält, wie die Bewegung des entsprechenden klassischen Oszillators. Zur Berechnung der Entwicklungskoeffizienten der Reihenentwicklung des Anfangszustandes nach den Eigenfunktionen des Oszillators verwendet man die erzeugende Funktion der Hermiteschen Polynome (3.67). Das Resultat für die oszillierende Wahrscheinlichkeitsdichte lautet

$$|\psi(x,t)|^2 = \frac{b}{\sqrt{\pi}} e^{-b^2(x-x_0\cos\omega t)^2} \ . \tag{3.204}$$

3.6. Betrachte in einer Dimension einen sanften Potentialhügel mit dem Potential $V(x)$ der von einem Teilchen mit der Energie $E < V(x)$ im Bereich $x_1 < x < x_2$ passiert wird. Zeige, dass für diesen Tunnelprozess näherungsweise der folgende Durchlässigkeitskoeffizient

$$D \cong |C|^2 e^{-\frac{2}{\hbar}\int_{x_1}^{x_2}\sqrt{2m(V(x)-E)}dx} \tag{3.205}$$

hergeleitet werden kann. Löse dazu die Schrödinger Gleichung innerhalb des Potentialgebiets mit dem Ansatz $u(x) = Ce^{\frac{i}{\hbar}S(x)}$ und vernachlässige wegen der langsamen Änderung des Potentials die Ableitung $S''(x)$.

3.7. In einem Potentialkasten der Breite a und mit unendlich hohen Wänden sei der Anfangszustand ψ zur Zeit $t = 0$ vorgegeben. Berechne unter Verwendung der Lösungen (3.11) den Zustand $\psi(x,t)$ des Teilchens für einen beliebigen späteren Zeitpunkt t. Betrachte insbesondere den Fall, dass der Anfangszustand durch $\psi(x,0) = -(x - \frac{a}{2})^2 + (\frac{a}{2})^2$ gegeben ist und berechne die Wahrscheinlichkeit, dass zur Zeit $t > 0$ bei einer Messung das Teilchen im Zustand n angetroffen wird. Siehe dazu (2.70, 2.72).

3.8. Zeige unter Verwendung der Vertauschungsrelation $[\hat{x}, \hat{p}_x] = i\hbar\hat{I}$, dass die Gleichungen $[\hat{p}_x, \hat{x}^n] = -i\hbar n\hat{x}^{n-1}$ und $[\hat{x}, \hat{p}_x^n] = i\hbar n\hat{p}_x^{n-1}$ erfüllt sind. Damit zeige dann weiter, dass für einen Hamilton-Operator von der Form $\hat{H} = \frac{\hat{p}_x^2}{2m} + a\hat{x}^n$ die folgende Operatorbeziehung erfüllt ist

$$[\hat{x}\hat{p}_x, \hat{H}] = i\hbar(\frac{\hat{p}_x^2}{m} - an\hat{x}^n) = i\hbar(2\hat{T} - n\hat{V}) \qquad (3.206)$$

und stelle einen Zusammenhang mit dem Ehrenfestschen Theorem her.

3.9. Löse das Problem des isotropen harmonischen Oszillators in der Ebene, bei dem das Potential durch $V(x,y) = \frac{\kappa}{2}(x^2 + y^2) = \frac{\kappa}{2}\rho^2$ gegeben ist. Das Problem kann ersichtlich durch Separation in kartesischen Koordinaten (x,y) als auch durch Separation in ebenen Polarkoordinaten (ρ, ϕ) gelöst werden. Berechne die Energieeigenwerte und Eigenfunktionen und diskutiere die Entartung der zugehörigen Energiezustände. Die Lösung in kartesischen Koordinaten ist einfach zu finden. Zur Lösung in ebenen Polarkoordinaten gelangt man wegen der Rotationssymmetrie zunächst mit dem Ansatz $u(\rho, \phi) = v(\rho)\exp(im\phi)$, $m = 0, \pm 1, \pm 2, \ldots$ zur radialen Schrödinger Gleichung. In dieser setzt man $\rho = \alpha\xi$, wo $\alpha^2 = \frac{\sqrt{m\kappa}}{\hbar}$ ist, und macht den Lösungsansatz $v(\xi) = \exp(-\frac{\xi^2}{2})w(\xi)$, um die Gleichung $w'' + (\xi^{-1} - 2\xi)w'' + (\varepsilon - 2 - m^2\xi^{-2})w = 0$ zu erhalten, wo $\varepsilon = \frac{2E}{\hbar\omega}$ und $\omega = \sqrt{\frac{\kappa}{m}}$ sind. Die Gleichung für $w(\xi)$ löst man mit dem Frobenius Ansatz (A.35) $w(\xi) = \xi^m \sum_{l=0} c_l\xi^l$. Aus der Polynombedingung folgt dann die gesuchte Eigenwertgleichung $E_n = \hbar\omega(\nu + m + 1)$, $\nu = 0, 1, 2, \ldots, m = 0, \pm 1, \pm 2, \ldots$.

3.10. Löse analog das Problem des isotropen harmonischen Oszillators mit $V(x,y,z) = \frac{\kappa}{2}(x^2 + y^2 + z^2) = \frac{\kappa}{2}r^2$ in kartesischen Koordinaten (x,y,z) und in Kugelkoordinaten (r, θ, ϕ). Das Problem in kartesischen Koordinaten ist wiederum leicht zu behandeln, doch in Kugelkoordinaten muss man ähnlich wie in Aufgabe 3.9 vorgehen. Hier macht man wegen der Kugelsymmetrie den Lösungsansatz $u(r, \theta, \phi) = v(r)Y_l^m(\theta, \phi)$, um zur radialen Schrödinger-Gleichung zu gelangen. Dort setzt man wieder $\rho = \alpha r$ und findet mit dem Ansatz $v(\rho) = \exp(-\frac{\rho^2}{2})w(\rho)$ eine Gleichung für $w(\rho)$, die man mit einem Ansatz $w = \rho^l \sum_{k=0} c_k\rho^k$ löst, um die Eigenwertgleichung $E_N = \hbar\omega(l+n+\frac{3}{2})$ zu finden, wo $N = n + l = 0, 1, 2, \ldots$ ist.

3.11. Zeige unter Bezug auf Aufgabe 3.10, dass auch das Problem des isotropen Oszillators mit dem Potential $V(r) = -V_0 + \frac{\kappa}{2}r^2$ exakt lösbar ist. Berechne insbesondere die Energie Eigenwerte und diskutiere ihre Entartung. Die Lösung der radialen Schrödinger Gleichung führt auf konfluente hypergeometrische Funktionen. Dieses Oszillatormodel fand in der Kernphysik Anwendung zur Beschreibung des „Schalenmodells" leichter Atomkerne, wonach sich im Atomkern die Nukleonen in einem gemeinsamen Potential in Schalen anordnen, deren Energien durch E_N gegeben sind und deren Entartung dafür Sorge trägt, dass jedes Niveau durch eine bestimmte Anzahl von Nukleonen gleichzeitig besetzt werden kann derart, dass dem Pauli Prinzip (8.48) Genüge geleistet wird.

3.12. An einer masselosen Stange der Länge L sei ein Teilchen der Masse m befestigt. Das andere Ende der Stange sei im Ursprung O fixiert, sodass sich das Teilchen frei in festem Abstand L um O bewegen kann. Löse die Schrödinger Gleichung für dieses kugelsymmetrische Problem und berechne die Eigenwerte E und Zustandsfunktionen ψ. Beachte, dass mL^2 das Trägheitsmoment Θ des Problems ist

3.13. Zeige, dass mit Hilfe der Vernichtungs- und Erzeugungsoperatoren $\hat{a}$ und $\hat{a}^+$ alle Energieeigenwerte und Eigenfunktionen des linearen harmonischen Oszillators gefunden werden können, sobald der Grundzustand bekannt ist. Dies zeigt den Weg, wie mit einem rein algebraischen Verfahren, die Lösungen des harmonischen Oszillators erhalten werden können.

3.14. Führe die räumliche Quantisierung des freien Strahlungsfeldes in einem Raumwürfel der Kantenlänge L durch. Berechne den Hamilton Operator des freien Strahlungsfeldes und die erlaubten Eigenwerte und Zustandsfunktionen des Feldes. Man geht ganz ähnlich vor, wie im eindimensionalen Fall. Man nimmt an, die Hamilton Funktion des freien Strahlungsfeldes sei $H = \frac{1}{8\pi} \int (\boldsymbol{E}^2 + \boldsymbol{B}^2) \mathrm{d}^3 x$, wo $\boldsymbol{E} = -\frac{1}{c}\frac{\partial \boldsymbol{A}}{\partial t}$ und $\boldsymbol{B} = \mathrm{rot}\,\boldsymbol{A}$ sind. Nun setzt man im Raumwürfel der Kantenlänge L das Vektorpotential als Reihe in der Form

$$\boldsymbol{A}(\boldsymbol{x},t) = \left(\frac{8\pi c^2}{L}\right)^{\frac{3}{2}} \sum_{\lambda=1}^{\infty} \boldsymbol{\varepsilon}_\lambda q_\lambda(t) \sin(\boldsymbol{k}_\lambda \cdot \boldsymbol{x}), \text{ mit } \boldsymbol{k}_\lambda = \frac{\boldsymbol{n}_\lambda \pi}{L}, \qquad (3.207)$$

an und berechnet, $\boldsymbol{E}$ und $\boldsymbol{B}$ sowie die Hamilton-Funktion H unter Verwendung der Orthogonalität der Funktionen $\sin(\boldsymbol{k}_\lambda \cdot \boldsymbol{x})$. Danach verläuft die Quantisierung wie beim eindimensionalen Problem.

3.15. Ein Teilchen befindet sich in einer kräftefreien Kugel, deren Zentrum sich im Koordinatenursprung befindet. Die Oberfläche der Kugel vom Radius R sei undurchdringlich, sodass auf ihr für alle Zeiten die Zustandsfunktion $\psi = 0$ sein muss. Man finde die Eigenfunktionen und Eigenwerte dieses Problems. Dabei ist zu beachten, dass nach der Separation in Kugelkoordinaten, die radiale Schrödinger Gleichung auf sphärische Bessel Funktionen führt, welche, wie alle Besselfunktionen, eine unendliche Anzahl diskreter Nullstellen besitzen, aus denen auf eine Eigenwertbedingung geschlossen werden kann. Man separiert die Schrödinger Gleichung mit dem Ansatz

$u(r, \theta, \phi) = v(r) Y_l^m(\theta, \phi)$ und führt in der radialen Gleichung die neue Variable $\rho = r\sqrt{\frac{2mE}{\hbar^2}}$ ein. Dies ergibt die Gleichung $v'' + \frac{2}{\rho} v' + \left(1 - \frac{l(l+1)}{\rho^2}\right) v = 0$ mit den im Ursprung regulären Lösungen (A.83) $v(\rho) = \sqrt{\frac{\pi}{2\rho}} J_{l+\frac{1}{2}}(\rho)$. Wegen der Randbedingung auf der Kugeloberfläche muss $v\left(R\sqrt{\frac{2mE}{\hbar^2}}\right) = 0$ sein. Dies kann durch eine der Nullstellen $\rho_{n,l}$ der Besselfunktionen $J_{l+\frac{1}{2}}$ erfüllt werden, wo $n = 1, 2, 3, \ldots$ die Nullstellen kennzeichnet, die für alle l voneinander verschieden sind. Daher sind die diskreten Energieeigenwerte durch $E_{n,l} = \frac{\hbar^2}{2m}\left(\frac{\rho_{n,l}}{R}\right)^2$ gegeben. Diese Niveaus sind $2l + 1$-fach entartet.

3.16. Finde die asymptotische Form der Lösungen der Schrödinger Gleichung, wenn das kugelsymmetrische Potential $V(r)$ für $r \to \infty$ rascher als $\frac{1}{r^2}$ gegen Null strebt und zeige, dass diese Lösungen die Form einlaufender und auslaufender Kugelwellen haben. In diesem Fall sind als Lösungen der radialen Gleichung von Aufgabe 3.15 nicht nur die sphärischen Besselfunktionen $j_l(\rho)$ sondern auch die im Ursprung divergenten sphärischen Neumann Funktionen $n_l(\rho) = (-1)^{l+1}\sqrt{\frac{\pi}{2\rho}} J_{-l-\frac{1}{2}}(\rho)$ von Interesse. Ihre Linearkombinationen $h_l^{(1)} = j_l(\rho) + i n_l(\rho)$ und $h_l^{(2)} = j_l(\rho) - i n_l(\rho)$, die sphärischen Hankelfunktionen verhalten sich für $\rho \to \infty$ wie $\frac{e^{\pm i\rho}}{\rho}$. (Vgl. Anhang A.3.5).

3.17. Berechne den mittleren Abstand eines Elektrons vom Atomkern, wenn sich das System im Grundzustand des Wasserstoffatoms befindet. Die Wellenfunktion des Grundzustandes des Wasserstoffatoms ist $u(r) = (\pi a_0^3)^{-\frac{1}{2}} \exp(-\frac{r}{a_0})$ und wir finden damit für den mittleren Abstand des Elektrons vom Atomkern $\langle r \rangle = \int r u^2(r) r^2 dr d\Omega = \frac{3}{2} a_0$.

3.18. Berechne die Wahrscheinlichkeitsverteilung des Impulses, wenn sich ein Wasserstoffatom im Grundzustand befindet und finde den mittleren Impulswert des Elektrons in diesem Zustand. Zeige, dass $\langle r \rangle \cdot \langle p \rangle \cong \hbar$ ist. Mit der Zustandsfunktion $u(r)$ von Aufgabe 3.17 berechnet man die entsprechende Zustandsfunktion $\phi(p) = \frac{(2a_0\hbar)^{\frac{3}{2}} \hbar}{\pi(\hbar^2 + a_0^2 p^2)^2}$ im Impulsraum und mit dieser ergibt sich $\langle p \rangle = \int p \phi^2(p) p^2 dp d\Omega_p = \frac{8\hbar}{3a_0}$, sodass mit dem Resultat von Aufgabe 3.17 $\langle r \rangle \cdot \langle p \rangle = 4\hbar$ wird, in Übereinstimmung mit der Heisenbergschen Unschärferelation. Man kann also ganz allgemein aus den Dimensionen quantenmechanischer Systeme auf die in ihnen auftretenden Impulswerte Rückschlüsse ziehen.

4 Quantenmechanik in Matrixgestalt (1925–1926)

In den vorangehenden beiden Kapiteln fanden wir die Lösungen und Eigenwerte der Schrödingerschen Wellengleichung mit den bekannten Mitteln zur Lösung partieller Differentialgleichungen bei vorgegebenen Randbedingungen, die durch die Wahrscheinlichkeitsinterpretation der ψ-Funktion vorgeben sind. Jedoch die Eigenfunktionen und Eingenwerte hermitescher Operatoren lassen sich auch auf algebraischem Wege mit Hilfe von Methoden der Matrixalgebra gewinnen. Diese Formulierung der Quantenmechanik wurde von Werner Heisenberg, Max Born und Pasqual Jordan entwickelt und ist formal äquivalent mit der Wellenmechanik Schrödingers, wie dieser 1926 nachwies. Im folgenden Kapitel soll diese Äquivalenz aufgezeigt werden und im Anschluß daran wird die Matrixmethode zur Lösung quantenmechanischer Probleme herangezogen werden. (Siehe Anhang A.5)

4.1 Grundlegende Eigenschaften von Matrizen

4.1.1 Matrix Multiplikation und Inversion

Wir beginnen mit einer Zusammenfassung der im folgenden benötigten grundlegenden Definitionen und Rechenregeln für Matrizen. (Weitere Erläuterungen findet der Leser in Anhang A.5). Das kl-te Element des Produktes zweier Matrizen A und B ist bekanntlich durch folgenden Ausdruck bestimmt

$$(AB)_{kl} = \sum_m A_{km} B_{ml} \qquad (4.1a)$$

und durch Erweiterung dieser Vorschrift erhalten wir

$$(ABC)_{kl} = \sum_m \sum_n A_{km} B_{mn} C_{nl} \,. \qquad (4.2)$$

Die Einheitsmatrix I ist definiert als jene Matrix, die bei Multiplikation mit einer Matrix B diese unverändert lässt

$$BI = B \,, \ IB = B \,. \qquad (4.3)$$

Daraus folgt, dass ihre Matrixelemente $I_{kl} = \delta_{kl}$ sind. Die inverse Matrix B^{-1} von B ist jene Matrix, welche die Bedingungen erfüllt

$$B^{-1}B = I \,, \quad BB^{-1} = I \,. \tag{4.4}$$

Das Inverse des Produktes von Matrizen ist gleich dem Produkt der Inversen in umgekehrter Reihenfolge, also

$$(AB)^{-1} = B^{-1}A^{-1} \,. \tag{4.5}$$

Die Elemente von A^{-1} stehen mit den Elementen von A in folgender Beziehung

$$(A^{-1})_{kl} = \frac{\text{Adjungierte von } A_{lk}}{\text{Determinante von } A} \,. \tag{4.6}$$

Dabei ist die umgekehrte Reihenfolge von k und l auf beiden Seiten der Gleichung zu beachten und die Adjungierte von $A_{lk} = (-1)^{l+k} \times$ der entsprechenden Unterdeterminante.

Für die Quantentheorie von Interesse sind Matrizen mit komplexen Elementen. Insbesondere nennen wir die hermitesch Adjungierte einer Matrix A jene Matrix $A^\dagger$, deren Elemente durch folgende Beziehung definiert sind

$$(A^\dagger)_{kl} = A^*_{lk} \,, \tag{4.7}$$

wo „$*$" bedeutet, dass die konjugiert komplexe Zahl gemeint ist. Eine Matrix A heißt hermitesch (oder selbstadjungiert), wenn sie ihre eigene hermitesch Adjungierte ist, also

$$A^\dagger = A \,. \tag{4.8}$$

Die entsprechenden Matrixelemente genügen dann der Beziehung

$$(A^\dagger)_{kl} = A_{kl} = A^*_{lk} \,, \tag{4.9}$$

sodass bei einer hermiteschen Matrix die Vertauschung von Zeilen und Spalten mit der Ersetzung eines jeden Elements durch sein konjugiert komplexes Element äquivalent ist. Dies kann daher nur für quadratische Matrizen gelten. Ebenso folgt für hermitesche Matrizen, dass ihre Matrixelemente A_{kk} längs der Hauptdiagonale reell sind.

Eine unitäre Matrix ist dadurch ausgezeichnet, daß ihre hermitesch adjungierte Matrix gleich ihrer inversen Matrix ist, also

$$A^\dagger = A^{-1} \tag{4.10}$$

gilt. Daraus folgt, dass für eine unitäre Matrix A die Beziehung $AA^\dagger = I$ erfüllt ist. Diese besagt in Komponentenform ausgedrückt, daß

$$(AA^\dagger)_{kl} = \sum_n A_{kn}(A^\dagger)_{nl} = \sum_n A_{kn}A^*_{ln} = \delta_{kl} \tag{4.11}$$

ist, wobei von der Definition einer hermitesch adjungierten Matrix Gebrauch gemacht wurde.

4.1.2 Transformation einer quadratischen Matrix

Eine Matrix A', die aus einer quadratischen Matrix A durch die Operation

$$A' = SAS^{-1} \tag{4.12}$$

hervorgegangen ist, nennt man die Transformation von A mit Hilfe der quadratische Matrix S. Matrixgleichungen bleiben invariant gegenüber einer Transformation der einzelnen Matrizen. Eine Gleichung von Matrixprodukten und Summen, etwa von der Form

$$AB + CDE = F \, , \tag{4.13}$$

geht bei der Transformation in folgende Gleichung über

$$SAS^{-1}SBS^{-1} + SCS^{-1}SDS^{-1}SES^{-1} = SFS^{-1} \, , \tag{4.14}$$

wobei die Beziehung $S\,S^{-1} = I$ verwendet wurde. Wegen der Definition (4.12) unserer Transformation folgt dann aus (4.14)

$$A'B' + C'D'E' = F' \, . \tag{4.15}$$

4.1.3 Diagonalisierung einer Matrix

Von besonderem Interesse für die Quantenmechanik ist die Auffindung jener Transformierten A einer quadratischen Matrix A', welche Diagonalform hat. Wir werden später zeigen, dass die Auffindung der Elemente A_{kk} und der Elemente der Matrix S in der Matrixformulierung der Qunatenmechanik dieselbe Rolle spielt, wie die Lösung der Schrödinger Gleichung in der Wellenmechanik. Es sei also die Matrix A eine Diagonalmatrix mit den unbekannten Elementen $A_{kk} = A_k$, sodass

$$(SA'S^{-1})_{kl} = A_k \delta_{kl} \tag{4.16}$$

ist. Wir multiplizieren nun die Beziehung $SA'S^{-1} = A$ von rechts mit S und erhalten mit Hilfe $S\,S^{-1} = I$ die Beziehung

$$SA' = AS \, , \tag{4.17}$$

deren kl-tes Element lautet

$$\sum_m S_{km} A'_{ml} = \sum_m A_{km} S_{ml} = A_k S_{kl} \, , \tag{4.18}$$

oder

$$\sum_m S_{km}(A'_{ml} - A_k \delta_{ml}) = 0 \, . \tag{4.19}$$

Wenn S eine N-dimensionale Matrix ist, dann erhalten wir N Gleichungen, indem wir k festhalten und die Gleichung (4.19) für alle Werte $1 \leq l \leq N$ anschreiben. Die dabei resultierenden N simultanen und homogenen Gleichungen für die N Unbekannten $S_{k1}, S_{k2}, \ldots S_{kN}$ haben nur dann eine nichttriviale Lösung, wenn die Determinante der Koeffizientenmatrix verschwindet, wenn also

$$\det[A'_{ml} - A_k \delta_{ml}] = 0 \qquad (4.20)$$

ist. Die N Wurzeln $A_1, A_2, \ldots A_N$ für A_k, die sich aus der Lösung dieser Gleichung (4.20) ergeben, sind die gesuchten Elemente der Diagonalmatrix A_{kk}. Sie heißen auch die N Eigenwerte der Matrix A'. Der Rest der Aufgabe besteht dann in der Auffindung der Elemente S_{km} der Transformationsmatrix. Dazu setzen wir einen der aufgefundenen Eigenwerte A_k in das homogene Gleichungssystem (4.19) ein. Die resultierenden N homogenen Gleichungen sind dann lösbar und liefern die Matrixelemente $S_{k1}, S_{k2}, \ldots S_{kN}$ bis auf eine beliebige multiplikative Konstante. Diese Rechnung ist mit jedem der N Eigenwerte A_k auszuführen und auf diese Weise lassen sich die Elemente der Transformationsmatrix S_{km} auffinden. Die zusätzliche notwendige Bedingung, um die Elemente S_{km} eindeutig festzulegen, besteht, wie sich später zeigen wird, in der Forderung, dass S eine unitäre Matrix sein muss und daher die Elemente S_{km} die Bedingungen erfüllen

$$\sum_n S_{kn} S^*_{ln} = \delta_{kl} . \qquad (4.21)$$

4.2 Darstellung von Operatoren durch Matrizen

In der Matrixformulierung der Quantenmechanik wird ein beliebiger Operator $\hat{A}$ durch eine Matrix A dargestellt. Eine spezielle Matrixdarstellung A eines Operators $\hat{A}$ lässt sich durch die Beziehung herleiten

$$A_{km} = \int u^*_k(\boldsymbol{x}) \hat{A} u_m(\boldsymbol{x}) \mathrm{d}^3 x , \qquad (4.22)$$

wo die Funktionen $u_m(\boldsymbol{x})$ irgend ein beliebiges vollständiges orthonormales Funktionensystem sein können. Diese Darstellung A_{km} eines Operators $\hat{A}$ ist folglich nicht eindeutig und hängt von der beliebigen Wahl des Systems der $u_m(\boldsymbol{x})$ ab. Der Operator $\hat{A}$ kann ebenso gut auch eine andere Darstellung besitzen. Es sei etwa eine solche Darstellung im Funktionenraum durch das System $v_n(\boldsymbol{x})$ gegeben, die wir A' nennen wollen. Diese habe die Matrixelemente

$$A'_{km} = \int v^*_k(\boldsymbol{x}) \hat{A} v_m(\boldsymbol{x}) \mathrm{d}^3 x . \qquad (4.23a)$$

Eine unitäre Transformationsmatrix für den Übergang von der einen zur anderen Darstellung ergibt sich nun folgendermaßen. Wir können ein beliebiges

Element des Systems der Funktionen $v_n(\boldsymbol{x})$ nach dem System der Funktionen $u_k(\boldsymbol{x})$ in eine verallgemeinerte Fourier Reihe entwickeln, nämlich

$$v_n(\boldsymbol{x}) = \sum_k S_{kn} u_k(\boldsymbol{x}) \,, \qquad (4.24)$$

wobei die entsprechende umgekehrte Entwicklung lautet

$$u_k(\boldsymbol{x}) = \sum_n S_{kn}^* v_n(\boldsymbol{x}) \,, \qquad (4.25)$$

wie sich bei der Berechnung der verallgemeinerten Fourier Koeffizienten S_{kn} aus den Orthonormalsystemen der $u_k(\boldsymbol{x})$ und $v_n(\boldsymbol{x})$ sofort ergibt. Denn wir finden

$$S_{kn} = \int u_k^*(\boldsymbol{x}) v_n(\boldsymbol{x}) \mathrm{d}^3 x \,. \qquad (4.26)$$

Das System der Zahlen S_{kn} können wir als eine Matrix auffassen, welche wir als die Transformationsmatrix vom Funktionenraum der $v_n(\boldsymbol{x})$ in den Raum der $u_k(\boldsymbol{x})$ nennen, die auch als Basis Transformation bezeichnet wird. Die auf diese Weise definierte Matrix S ist unitär. Zum Nachweis müssen wir nur zeigen, dass $S\,S^\dagger = I$ ist, wo I wieder die Einheitsmatrix darstellt. Im Detail ergibt dies

$$\begin{aligned}
(SS^\dagger)_{kl} &= \sum_n S_{kn}(S^\dagger)_{nl} = \sum_n S_{kn} S_{ln}^* \\
&= \sum_n \int u_k^*(\boldsymbol{x}) v_n(\boldsymbol{x}) \mathrm{d}^3 x \int u_l(\boldsymbol{x}') v_n^*(\boldsymbol{x}') \mathrm{d}^3 x' \\
&= \int \mathrm{d}^3 x\, u_k^*(\boldsymbol{x}) \int \mathrm{d}^3 x'\, u_l(\boldsymbol{x}') \sum_n v_n(\boldsymbol{x}) v_n^*(\boldsymbol{x}') \\
&= \int \mathrm{d}^3 x\, u_k^*(\boldsymbol{x}) \int \mathrm{d}^3 x'\, u_l(\boldsymbol{x}') \delta(\boldsymbol{x} - \boldsymbol{x}') \\
&= \int u_k^*(\boldsymbol{x}) u_l(\boldsymbol{x}) \mathrm{d}^3 x = \delta_{kl} \,, \qquad (4.27)
\end{aligned}$$

wobei wir die Vollständigkeitsbeziehung (2.64) verwendet haben. Ein anderer Beweis, der etwas mehr physikalischen Einblick in die Natur der unitären Transformation liefert, besteht in folgendem. Man zeigt, daß eine unitäre Transformation notwendig ist, um zu gewährleisten, dass die Norm (d.h. das Betragsquadrat) eines beliebigen Vektors im Hilbert Raum (dem abstrakten Funktionenraum)

$$(f, f) = \int f^*(\boldsymbol{x}) f(\boldsymbol{x}) \mathrm{d}^3 x \qquad (4.28)$$

unverändert bleibt, wenn $f(\boldsymbol{x})$ entweder nach der Basis der $v_n(\boldsymbol{x})$ oder nach der Basis der $u_k(\boldsymbol{x})$ entwickelt wird, wobei die $v_n(\boldsymbol{x})$ und die $u_k(\boldsymbol{x})$ denselben Hilbert Raum „aufspannen". Die unitäre Transformation hat demnach im

Hilbert Raum eine ähnliche Bedeutung wie die orthogonale Transformation im dreidimensionalen Vektorraum, da dort eine orthogonale Transformation gleichfalls die Länge eines Vektors konstant lässt.

4.2.1 Transformation der Darstellung eines Operators

Im vorangehenden Abschnitt haben wir zwei beliebige Darstellungen eines Operators $\hat{A}$ betrachtet. Die eine war in Bezug auf die Basis der Funktionen $v_n(\boldsymbol{x})$ und die andere in Bezug auf die Basis $u_k(\boldsymbol{x})$, also

$$A_{kl} = \int u_k^* \hat{A} u_l \mathrm{d}^3 x \,, \quad A'_{kl} = \int v_k^* \hat{A} v_l \mathrm{d}^3 x \,, \quad u_k = \sum_n S_{kn}^* v_n \,. \qquad (4.29)$$

Wir können die Matrixdarstellung A aus der Darstellung A', und umgekehrt, erhalten, indem wir die Transformation

$$A = SA'S^{-1} = SA'S^\dagger \qquad (4.30)$$

ausführen, wo S die unitäre Transformationsmatrix ist, welche von den u_k auf die v_n führt. Zum Beweis ersetzen wir in der Matrix A_{kl} von (4.29) die Funktionen u_k^* und u_l durch die entsprechenden Darstellungen in der Basis der Funktionen v_n. Dies ergibt

$$\begin{aligned}
A_{kl} &= \int u_k^* \hat{A} u_l \mathrm{d}^3 x = \int \left(\sum_n S_{kn} v_n^* \right) \hat{A} \left(\sum_m S_{lm}^* v_m \right) \mathrm{d}^3 x \\
&= \sum_{n,m} S_{kn} \left(\int v_n^* \hat{A} v_m \mathrm{d}^3 x \right) S_{lm}^* = \sum_{n,m} S_{kn} A'_{nm} (S^\dagger)_{ml} \\
&= (SA'S^\dagger)_{kl} \,.
\end{aligned} \qquad (4.31)$$

Wenn die Matrix A' hermitesch ist, so ist es auch die Matrix A, also ist die Hermitezität einer Matrix invariant gegenüber einer unitären Tranformation. Zum Beweis zeigen wir, dass $A_{kl} = A_{lk}^*$ automatisch folgt, sobald $A'_{mn} = A'^*_{nm}$ erfüllt ist, denn

$$A_{kl} = \sum_{m,n} S_{km} A'_{mn} (S^\dagger)_{nl} = \sum_{m,n} S_{km} A'^*_{nm} S_{ln}^* = \sum_{m,n} S_{ln}^* A'^*_{nm} (S^\dagger)^*_{mk} = A_{lk}^* \,.$$
$$(4.32)$$

Daraus folgt auch, dass die Eigenwerte einer hermiteschen Matrix reell sind. Sobald nämlich jede unitäre Transformation einer hermiteschen Matrix wieder eine hermitesche Matrix liefert, so haben diese Matrizen alle reelle Diagonalelemente. Dies gilt dann auch für jene unitäre Transformation, welche die hermitesche Matrix auf Diagonalform bringt. Die Elemente dieser Matrix sind dann aber die Eigenwerte des Operators $\hat{A}$.

4.2.2 Herleitung der Eigenfunktionen und Eigenwerte

Die Auffindung der Eigenfunktionen und Eigenwerte eines beliebigen hermiteschen Operators mit Hilfe der Matrixmethode besteht in der Lösung der Gleichung

$$\hat{A}u_n = a_n u_n \, , \tag{4.33}$$

wo die Folge der Funktionen u_n die Eigenfunktionen von $\hat{A}$ heißen und die reellen Zahlen a_n seine entsprechenden Eigenwerte sind. Als Beispiele von Eigenwertproblemen, die wir bereits nach der Schrödinger Methode gelöst haben, können wir den harmonischen Oszillator oder das Wasserstoff Atom anführen. Beim harmonischen Oszillator haben wir die Eigenfunktionen $u_n = N_n H_n(\xi)\exp(-\frac{\xi^2}{2})$ und die Eigenwerte $E_n = \hbar\omega(n + \frac{1}{2})$ gefunden (3.62,3.75). Ein anderer Zugang zur Lösung eines Eigenwertproblems besteht nun in der hier vorgestellten Matrix Methode nach Heisenberg, Born und Jordan. Die Matrixdarstellung eines hermiteschen Operators $\hat{A}$ im Hilbert Raum der Eigenfunktionen u_n liefert eine Diagonalmatrix mit den Eigenwerten a_n längs der Hauptdiagonale, also

$$A_{kl} = \int u_k^* \hat{A} u_l \mathrm{d}^3 x = a_l \int u_k^* u_l \mathrm{d}^3 x = a_l \delta_{kl} \, . \tag{4.34}$$

Daraus können wir sofort folgendes schließen. Ist die Darstellung A' eines hermiteschen Operators $\hat{A}$ in Bezug auf irgend ein vollständiges orthonormales Funktionensystem v_n bekannt, so können wir auf vorgezeichnetem Wege die Eigenfunktionen und Eigenwerte von $\hat{A}$ erhalten, indem wir den soeben beschriebenen Rechengang nachvollziehen, nämlich wir suchen jene Matrix S, welche die Matrixdarstellung A' diagonalisiert, d.h.

$$A_{kl} = (SA'S^{\dagger})_{kl} = a_k \delta_{kl} \, . \tag{4.35}$$

Die so gefundenen Diagonalelemente a_k sind dann die Eigenwerte des Operators $\hat{A}$. Da wir aber auch gezeigt haben, daß dieselbe Matrix S dazu verwendet werden kann, um vom Funktionensystem der v_n zum System der Eigenfunktionen u_k von $\hat{A}$ zu gelangen, sind diese Eigenfunktionen u_k einfach durch die Beziehung gegeben

$$u_k(\boldsymbol{x}) = \sum_n S_{kn}^* v_n(\boldsymbol{x}) \, . \tag{4.36}$$

Also gewährleistet die unitäre Transformation S den Übergang zur „Eigendarstellung" des Operators $\hat{A}$ und seiner Eigenfunktionen. Wenn nur die Eigenwerte von $\hat{A}$ und nicht auch seine Eigenfunktionen gesucht werden, dann ist es nicht nötig, die Elemente der unitären Matrix S explizit zu berechnen. Die Eigenwerte a_n lassen sich durch Lösung der Determinantengleichung (4.20)

$$\det[A'_{ml} - a_n \delta_{ml}] = 0 \tag{4.37}$$

allein finden. Um uns zu überzeugen, dass die Eigenwerte von $\hat{A}$, welche wir durch die Matrix-Diagonalisierung erhalten, dieselben sind wie jene, die aus der Lösung des Eigenwertproblems $\hat{A}u_n = a_n u_n$ erhalten werden, betrachten wir die Matrixelemente des Opertors $\hat{A}$ in Bezug auf die Basis der Funktionen u_n. Dann erhalten wir mit Hilfe der obigen Eigenwertgleichung (4.33)

$$A_{nm} = \int u_n^* \hat{A} u_m \mathrm{d}^3 x = a_n \delta_{nm} \,, \tag{4.38}$$

sodass die Matrix A_{nm} tatsächlich eine Diagonalmatrix ist, deren Elemente auf der Hauptdiagonale mit den Eigenwerten a_n identisch sind. Da die beiden Matrixdarstellungen A_{kl} und A'_{nm} miteinander durch eine unitäre Transformation verbunden sind, haben sie auch beide die gleichen Eigenwerte a_n.

Die soeben beschriebene Rechenmethode kann zur Auffindung der Eigenwerte und Eigenfunktionen jedes beliebigen hermiteschen Operators verwendet werden. Zur Veranschaulichung betrachten wir formal den Hamilton-Operator $\hat{H}$ für ein Ein-Teilchen Problem

$$\hat{H} = -\frac{\hbar^2}{2m}\Delta + V(\boldsymbol{x}) \,, \tag{4.39}$$

dessen Eigenfunktionen und Eigenwerte wir u_k und E_k nennen, sodass das Eigenwertproblem lautet

$$\hat{H}u_k = E_k u_k \,. \tag{4.40}$$

Nun sei eine Matrixdarstellung H' in Bezug auf ein beliebiges orthonormales Funktionensystem v_n gegeben, sodass gilt

$$H'_{mn} = \int v_m^* \hat{H} v_n \mathrm{d}^3 x \,. \tag{4.41}$$

Die Matrixelemente des unitären Operators $\hat{S}$ sind dann durch die Beziehung definiert

$$u_k = \sum_n S_{kn}^* v_n \tag{4.42a}$$

und wir zeigen nun, dass die transformierte Matrix H' des Hamilton-Operators $\hat{H}$ diagonal sein wird und ihre Elemente gleich den Eigenwerten E_n sein werden, denn aus der Beziehung

$$H = S\,H'S^\dagger \tag{4.43}$$

folgt

$$(S\,H'S^\dagger)_{kl} = \sum_{m,n} S_{km}H'_{mn}S^*_{l\,n}$$

$$= \sum_{m,n} \int u^*_k v_m \mathrm{d}^3 x \int v^*_m H v_n \mathrm{d}^3 x' \int u_l v^*_n \mathrm{d}^3 x''$$

$$= \int \mathrm{d}^3 x u^*_k(\boldsymbol{x}) \int \mathrm{d}^3 x' \sum_m v_m(\boldsymbol{x}) v^*_m(\boldsymbol{x}\,')\hat{H}$$

$$\times \int u_l(\boldsymbol{x}\,'') \sum_n v_n(\boldsymbol{x}\,')v^*_n(\boldsymbol{x}\,'')\mathrm{d}^3 x''$$

$$= \int \mathrm{d}^3 x u^*_k(\boldsymbol{x}) \int \mathrm{d}^3 x'\delta(\boldsymbol{x}-\boldsymbol{x}\,')\hat{H} \int u_l(\boldsymbol{x}\,'')\delta(\boldsymbol{x}\,'-\boldsymbol{x}\,'')\mathrm{d}^3 x''$$

$$= \int \mathrm{d}^3 x u^*_k(\boldsymbol{x}) \int \delta(\boldsymbol{x}-\boldsymbol{x}\,')\hat{H}\,u_l(\boldsymbol{x}\,')\mathrm{d}^3 x'$$

$$= \int u^*_k \hat{H}\,u_l \mathrm{d}^3 x = E_l \delta_{kl}\,, \tag{4.44}$$

wobei von der Vollständigkeit (2.64) des Funktionensystems der v_n und der Eigenwertgleichung (4.40) für die u_k Gebrauch gemacht wurde. Das Resultat (4.44) ist also in Übereinstimmung mit unserer Behauptung.

Somit können wir schließlich unsere Annahme rechtfertigen, daß Operatoren, welche zur Beschreibung physikalischer Observabler dienen, hermitesch sein müssen. Für einen Operator ist die notwendige und hinreichende Bedingung, dass er eine hermitesche Matrixdarstellung hat, äquivalent mit der Bedingung, dass er hermitesch ist. Dies folgt aus der allgemeinen Definition eines hermiteschen Operators (2.31)

$$\int f^*(\hat{A}\,g)\mathrm{d}^3 x = \int (\hat{A}\,f)^*g\mathrm{d}^3 x\,, \tag{4.45}$$

wenn wir f und g nach einer vollständigen Basis v_n entwickeln. Da eine hermitesche Matrix reelle Eigenwerte hat, wie aus ihrer Diagonaldarstellung hervorgeht, und diese Eigenwerte nach Heisenberg den möglichen Resultaten physikalischer Messungen entsprechen, müssen die entsprechenden Operatoren hermitesch sein.

4.3 Darstellungen oder „Bilder"

4.3.1 Die Heisenbergschen Bewegungsgleichungen

Wir haben bereits im zweiten Kapitel für den Erwartungswert eines beliebigen hermiteschen Operators $\hat{B}$ die folgende Bewegungsgleichung abgeleitet (2.33)

$$\frac{\mathrm{d}\langle\hat{B}\rangle}{\mathrm{d}t} = \left\langle \frac{\partial\hat{B}}{\partial t} \right\rangle + \frac{\mathrm{i}}{\hbar}\langle[\hat{H},\hat{B}]\rangle\,, \tag{4.46}$$

wo $\langle \hat{B} \rangle = \int \psi^* \hat{B}\,\psi \mathrm{d}^3 x$ ist und ψ der zeitabhängigen Schrödinger Gleichung (2.7)

$$\frac{\partial \psi}{\partial t} = -\frac{\mathrm{i}}{\hbar}\hat{H}\,\psi \qquad (4.47)$$

genügt. Diese Gleichung besitzt, wenn $\hat{H}$ nicht explizit von der Zeit t abhängt, die formale Lösung

$$\psi(\boldsymbol{x},t) = \mathrm{e}^{-\frac{\mathrm{i}}{\hbar}\hat{H}\,t}\psi(\boldsymbol{x},0)\,, \qquad (4.48)$$

wie wir durch Ableitung nach t sofort feststellen können, da die Reihe

$$\mathrm{e}^{-\frac{\mathrm{i}}{\hbar}\hat{H}\,t} = \sum_{n=0}^{\infty} \frac{1}{n!}\left[-\frac{\mathrm{i}}{\hbar}\hat{H}\,t \right]^n \qquad (4.49)$$

die eigentliche Bedeutung des Exponentialoperators darstellt und $[\hat{H},\hat{H}^n]=0$ ist. Daher kann der Erwartungswert von $\hat{B}$ auch in folgender Weise dargestellt werden

$$\begin{aligned}
\langle \hat{B} \rangle &= \int \left[\mathrm{e}^{-\frac{\mathrm{i}}{\hbar}\hat{H}\,t}\psi(\boldsymbol{x},0) \right]^* \hat{B}\,\mathrm{e}^{-\frac{\mathrm{i}}{\hbar}\hat{H}\,t}\psi(\boldsymbol{x},0)\mathrm{d}^3 x \\
&= \int \psi^*(\boldsymbol{x},0)\,\mathrm{e}^{\frac{\mathrm{i}}{\hbar}\hat{H}\,t}\hat{B}\,\mathrm{e}^{-\frac{\mathrm{i}}{\hbar}\hat{H}\,t}\psi(\boldsymbol{x},0)\mathrm{d}^3 x \\
&= \int \psi^*(\boldsymbol{x},0)\hat{B}_H(t)\psi(\boldsymbol{x},0)\mathrm{d}^3 x\,.
\end{aligned} \qquad (4.50)$$

Beim Übergang von der ersten zur zweiten Zeile in der letzten Gleichung wurde die Reihendarstellung (4.49) verwendet und beachtet, daß auch $\hat{H}^n$ ein hermitescher Operator ist und daher mit $\psi^*(\boldsymbol{x},0)$ vertauscht werden kann. Der in der Gleichung (4.50) auftretende, zeitabhängige Operator

$$\hat{B}_H(t) = \mathrm{e}^{\frac{\mathrm{i}}{\hbar}\hat{H}\,t}\hat{B}\,\mathrm{e}^{-\frac{\mathrm{i}}{\hbar}\hat{H}\,t} \qquad (4.51)$$

wird die Heisenberg Darstellung des Operators $\hat{B}$ genannt. Daher werden in der Heisenbergschen Formulierung der Quantenmechanik die Erwartungswerte physikalischer Observabler, dargestellt durch hermitesche Operatoren $\hat{B}$, mit Hilfe von Wellenfunktionen zu einer festen Zeit (meist $t=0$) berechnet, sodass die Zustandsfunktionen $\psi(\boldsymbol{x},0)$ stationär, d.h. zeitunabhängig sind. Die Operatoren $\hat{B}_H(t)$ hingegen ändern sich mit der Zeit und folgen der Gleichung (4.51). Wir müssen daher zur Berechnung von $\langle \hat{B} \rangle$ die Zeitabhängigkeit von $\hat{B}_H(t)$ kennen. Die Differentialgleichung, welche die zeitliche Entwicklung von $\hat{B}_H(t)$ beschreibt, kann leicht aus der Darstellung (4.51) gewonnen werden. Wir finden (Siehe (A.154))

$$\begin{aligned}
\frac{\mathrm{d}\hat{B}_H(t)}{\mathrm{d}t} &= \frac{\mathrm{i}}{\hbar}\left\{ \hat{H}\,\mathrm{e}^{\frac{\mathrm{i}}{\hbar}\hat{H}\,t}\hat{B}\,\mathrm{e}^{-\frac{\mathrm{i}}{\hbar}\hat{H}\,t} - \mathrm{e}^{\frac{\mathrm{i}}{\hbar}\hat{H}\,t}\hat{B}\,\mathrm{e}^{-\frac{\mathrm{i}}{\hbar}\hat{H}\,t}\hat{H} \right\} \\
&\quad + \mathrm{e}^{\frac{\mathrm{i}}{\hbar}\hat{H}\,t}\frac{\partial \hat{B}}{\partial t}\mathrm{e}^{-\frac{\mathrm{i}}{\hbar}\hat{H}\,t} = \frac{\mathrm{i}}{\hbar}[\hat{H},\hat{B}_H(t)] + \left(\frac{\partial \hat{B}}{\partial t} \right)_H\,.
\end{aligned} \qquad (4.52)$$

Die Heisenbergsche Form der Quantenmechanik ist bei der Untersuchung von vielen mehr formalen Problemen, insbesondere in der Quantenfeldtheorie, von Nutzen, doch soll in unserer Einführung auf diese Dinge nicht weiter eingegangen werden.

4.3.2 Konstanten der Bewegung

Wenn der Operator $\hat{B}$ nicht explizit von der Zeit t abhängt, also $(\frac{\partial \hat{B}}{\partial t})_H = 0$ ist, und die Beziehung $\frac{d\hat{B}_H}{dt} = 0$ erfüllt ist, dann ist auch der Kommutator $[\hat{H}, \hat{B}_H] = 0$ und man nennt in diesem Fall $\hat{B}$ eine Konstante der Bewegung in Analogie zur klassischen Mechanik. (Vergleiche Anhang A.6.4). Der Operator $\hat{H}$ der Gesamtenergie eines Systems ist natürlich mit sich selbst vertauschbar. Er ist also genau dann konstant, wenn er nicht explizit von der Zeit abhängt. Das ist gerade der Energie-Erhaltungssatz. Der Impulsoperator $\hat{p} = -i\hbar\nabla$ ist nicht explizit zeitabhängig. Wenn daher im Hamilton-Operator $\hat{H}$ das Potential $V = $ const. ist, so folgt sofort $[\hat{H}, \hat{p}] = 0$ und der Impuls-Erhaltungssatz gilt daher auch in der Quantenmechanik. Für Zentralkräfte ist das Potential nur eine Funktion des Abstandes, $\hat{V}(\boldsymbol{x}) = V(|\boldsymbol{x}|)$. Das Quadrat des Drehimpulsoperators $\hat{\boldsymbol{L}}^2$ ist daher mit $\hat{V}(r)$ vertauschbar und da der Hamilton Operator gemäß (3.115) in der folgenden Form geschrieben werden kann $\hat{H} = \hat{T}_r + \frac{1}{2mr^2}\hat{\boldsymbol{L}}^2 + \hat{V}(r)$, wo $\hat{T}_r$ den Radialteil der kinetischen Energie darstellt, so ist auch $[\hat{H}, \hat{\boldsymbol{L}}^2] = 0$ und folglich gilt für Zentralkräfte der Drehimpulserhaltungssatz. Dasselbe finden wir auch für die z-Komponente des Drehimpulses $[\hat{H}, \hat{L}_z] = 0$, denn es ist $[\hat{\boldsymbol{L}}^2, \hat{L}_z] = 0$.

4.3.3 Heisenberg Bild und Schrödinger Bild

In der Schrödinger Darstellung (auch Schrödinger Bild genannt) der Quantenmechanik, die wir bisher fast ausschließlich zugrundegelegt haben, wird angenommen, dass der Hamilton Operator $\hat{H} = \hat{H}_S$ als auch alle anderen Operatoren $\hat{B} = \hat{B}_S$, welche den Observablen $\mathcal{B}$ zugeordnet sind, von der Zeit nicht explizit abhängen. Die zeitliche Änderung des Zustandes eines Systems wird ausschließlich durch den Zustandsvektor $\psi_S(\boldsymbol{x}, t)$ im Hilbert Raum beschrieben

$$\psi_S(\boldsymbol{x}, t) = e^{-\frac{i}{\hbar}\hat{H}_S t}\psi_S(\boldsymbol{x}, 0), \qquad (4.53)$$

wenn $\psi_S(\boldsymbol{x}, 0)$ der Anfangszustand des Systems zur Zeit $t = 0$ war, da ja die Lösung der zeitabhängigen Schrödinger Gleichung, als einer partiellen Differentialgleichung erster Ordnung in der Zeit t, ein Anfangswertproblem darstellt. In der Heisenberg Darstellung (oder Heisenberg Bild), der ursprünglich die Matrixformulierung zugrundelag, wird hingegen angenommen, dass der Zustandsvektor $\psi_H(\boldsymbol{x}) = \psi_S(\boldsymbol{x}, 0)$ sich mit der Zeit nicht ändert, dagegen die zeitliche Änderung des Systemzustandes durch die zeitabhängigen Operatoren $\hat{B}_H(t)$ getragen werden, also

$$\hat{B}_H(t) = \mathrm{e}^{\frac{i}{\hbar}\hat{H}_S\,t}\hat{B}_S\mathrm{e}^{-\frac{i}{\hbar}\hat{H}_S\,t}\,, \tag{4.54}$$

wobei dieser Zusammenhang auch für den Hamilton-Operator $\hat{H}_H(t)$ gilt. Beide Bilder sind einander physikalisch äquivalent, da der Operator der zeitlichen Entwicklung

$$\hat{U}(t) = \mathrm{e}^{-\frac{i}{\hbar}\hat{H}_S\,t} \tag{4.55}$$

ein unitärer Operator ist. Für eine infinitesimale Transformation $U(\delta t)$ ist dies sofort einzusehen, denn

$$\hat{U}^\dagger(\delta t)\hat{U}(\delta t) = (1 + \frac{i}{\hbar}\hat{H}^\dagger\delta t)(1 - \frac{i}{\hbar}\hat{H}\,\delta t) = I\,, \tag{4.56}$$

sobald $\delta t \to 0$ strebt und wir beachten, dass der Hamilton Operator $\hat{H}$ hermitesch ist, also $\hat{H} = \hat{H}^\dagger$ gilt. Jede endliche Transformation $\hat{U}(t)$ können wir dann mit der Wahl $\delta t = \frac{t}{n}$ (wo $n > 0$ und eine ganze Zahl ist) in der Form ausdrücken

$$\hat{U}(t) = \lim_{n\to\infty}\left(1 - \frac{i}{\hbar}\hat{H}\frac{t}{n}\right)^n\,, \tag{4.57}$$

entsprechend der Definition der Exponentialfunktion.

4.3.4 Die Diracsche Bezeichnungsweise

Nach dem Vorgehen von Dirac verwendet man für das Matrixelement eines Operators $\hat{A}$, in Bezug auf ein bestimmtes Funktionensystem $u_n(\boldsymbol{x})$, anstelle des Ausdrucks (4.22)

$$A_{m,n} = (u_m, \hat{A}\,u_n) = \int u_m^*\hat{A}\,u_n\mathrm{d}^3x \tag{4.58}$$

eine abkürzende Schreibweise für dieses Matrixelement mit Hilfe eckiger Klammern

$$A_{m,n} = \langle m|\hat{A}|n\rangle\,. \tag{4.59}$$

Ausgehend von dieser Vereinfachung, führt Dirac eine systematische Notation ein, die auf der Anwendung dieser eckigen Klammern beruht. In dieser Schreibweise wird ein Vektor im Hilbert Raum, den wir bisher mit ϕ oder ψ bezeichneten, bei Dirac durch das Symbol $|\ \rangle$ (oder $|\phi\rangle$ bzw. $|\psi\rangle$) ersetzt und ein ket-Vektor genannt. Die Symbole und die verschiedenen Eigenwerte, die zwei ket-Vektoren unterscheiden, werden in Gestalt der Bestimmungsstücke dieser Vektoren geschrieben, also schreibt man zum Beispiel für die Eigenfunktionen des H-Atoms

$$u_{n,l,m}(r,\theta,\phi) \equiv |n,l,m\rangle\,. \tag{4.60}$$

Wenn $\psi \equiv |\ \rangle$, so bezeichnet man den konjugiert komplexen Vektor ψ^* nicht mit $|\ \rangle^*$ sondern mit $\langle\ |$ und nennt diesen einen bra-Vektor. Diese Benennung stammt aus dem Englischen, denn $\langle\,\rangle$ ist eine bra(c)ket (eine Klammer). Die Vektoren $\langle\,|$ und $|\,\rangle$ entsprechen den Zeilen- und Spaltenvektoren der Matrixalgebra. (Vgl. Anhang A.5).

Das Skalarprodukt von $\psi \equiv |b\rangle$ und $\phi \equiv |a\rangle$, wo b und a für die Bestimmungsstücke (Quantenzahlen) des Zustandes stehen, wird dann gemäß der obigen Vorschrift folgendermaßen geschrieben

$$(\phi, \psi) = \langle a \,|\, b\rangle \tag{4.61}$$

und es folgt dann sogleich für das hermitesch konjugierte Skalarprodukt

$$\langle b \,|\, a\rangle^* = \langle a \,|\, b\rangle\,. \tag{4.62}$$

Wenn $\hat{A}$ ein hermitescher Operator ist, so schreibt man sinngemäß das Skalarprodukt von $\phi \equiv |c\rangle = A|a\rangle$ und $\psi \equiv |b\rangle$ in der Form

$$(\psi, \phi) \equiv \langle b \,|\, c\rangle = \langle b \,|\, \hat{A}\,|\, a\rangle \tag{4.63}$$

und allgemeiner für das Matrixelement von $\hat{A}$ zwischen zwei Zuständen ψ' und ψ'', die jeweils durch n Eigenwertparameter $f_1', f_2', \ldots f_n'$ und $f_1'', f_2'', \ldots f_n''$ charakterisiert sein sollen, schreibt man

$$(\psi'', \hat{A}\,\psi') = \langle f_1'', f_2'', \ldots f_n'' \,|\, \hat{A} \,|\, f_1', f_2', \ldots f_n'\rangle\,. \tag{4.64}$$

Wenn schließlich $A^\dagger$ der zu A adjungierte Operator ist, so wird für zwei beliebige ket Vektoren $|a\rangle$ und $|b\rangle$ gelten

$$\langle a \,|\, \hat{A} \,|\, b\rangle = \langle b \,|\, \hat{A}^\dagger \,|\, a\rangle\,. \tag{4.65}$$

Mehr wollen wir hier nicht über die Dirac Notation aussagen, da wir sie in den folgenden Kapiteln nicht verwenden werden.

Übungsaufgaben

4.1. Zeige, wenn $\hat{F}$ ein hermitescher Operator ist, dann ist $\hat{U} = e^{i\hat{F}}$ ein unitärer Operator. Dabei ist $e^{i\hat{F}}$ durch die Reihe für eine Exponentialfunktion definiert. Dazu lassen sich ähnliche Überlegungen anstellen, wie sie bereits in Aufgabe 2.7 von Kapitel 2 vorgeführt wurden. Es genügt die Unitarität von $\delta\hat{U} = 1 + i\delta\hat{F}$ nachzuweisen, denn da $\hat{F} = \hat{F}^\dagger$ ist, finden wir

$$\begin{aligned}
\delta\hat{U}^+ \delta\hat{U} &= (1 - i\delta\hat{F}^\dagger)(1 + i\delta\hat{F}) \\
&= 1 - i\delta(\hat{F}^\dagger - \hat{F}) + \delta^2 \hat{F}\hat{F}^\dagger = 1 + \delta^2\hat{F}^2 = 1
\end{aligned} \tag{4.66}$$

bei Vernachlässigung der Größe, die quadratisch in δ ist.

4.2. Zeige, dass mit Hilfe des Impulsoperators der Operator der räumlichen Translation definiert werden kann. Betrachte dazu in einer Dimension eine infinitesimale Verschiebung in x-Richtung: $\psi(x + \delta x) = \psi(x) + \frac{\partial \psi}{\partial x} \delta x$. Die Translationsinvarianz drückt die Homogenität des Raumes aus. Wir können mit Hilfe der x-Komponente des Impulsoperators schreiben $\psi(x + \delta x) = (1 + \delta x \frac{i}{\hbar} \hat{p}_x) \psi(x)$ und wir erhalten mit $\delta x = \frac{x_0}{n}$ für eine endliche Translation $\psi(x + x_0) = \lim_{n \to \infty} (1 + \frac{x_0}{n} \frac{i}{\hbar} \hat{p}_x)^n \psi(x) = e^{\frac{i}{\hbar} x_0 \hat{p}_x} \psi(x)$.

4.3. Zeige, dass mit Hilfe des Drehimpulsoperators der Operator der räumlichen Rotation definiert werden kann. Betrachte dazu eine infinitesimale Rotation um die z-Achse: $\psi(\phi + \delta\phi) = \psi(\phi) + \frac{\partial \psi}{\partial \phi} \delta\phi$. Die Rotationsinvarianz drückt die Isotropie des Raumes aus. Hier geht man ähnlich wie in Aufgabe 4.2 vor, nur dass hier der Drehimpulsoperator $\frac{\hbar}{i} \frac{\partial}{\partial \phi}$ zur Anwendung kommt.

4.4. Zeige, dass die notwendige und hinreichende Bedingung, dass zwei Matrizen A und B von gleichem Rang miteinander kommutieren, darin besteht, dass sie von ein und derselben Transformationsmatrix S auf Diagonalform gebracht werden können. Wenn insbesondere die beiden Matrizen A und B hermitesch sind, muss die Transformationsmatrix $S = U$ eine unitäre Matrix sein. Die Bedingung ist jedenfalls hinreichend, denn auf die Reihenfolge des Produktes der Eigenwerte kommt es nicht an. Dass die Bedingung notwendig ist, sieht man so ein. Angenommen die Matrix A sei durch die Matrix S auf Diagonalform gebracht, sodass die transformierte Matrix $A'_{ik} = a_i \delta_{i,k}$ ist. Nun betrachten wir die transformierte Beziehung $\sum_k (A'_{ik} B'_{kj} - B'_{ik} A'_{kj}) = \sum_k (a_i \delta_{ik} B'_{kj} - B'_{ik} a_k \delta_{kj}) = a_i B'_{ij} - a_j B'_{ij} = (a_i - a_j) B'_{ij}$ und dies ist im allgemeinen nur dann gleich Null, wenn auch $B'_{ij} = b_i \delta_{ij}$ ist, also die Transformationsmatrix S gleichzeitig A und B auf Diagonalform bringt. Sind A und B hermitesch, so wird etwa $A'^\dagger = (SAS^{-1})^\dagger = SAS^{-1} = A'$ sein, woraus sich schließen lässt, dass $S^\dagger S = 1$ sein muss, oder $S = U$ ist.

4.5. Wenn $\hat{A}$ einen hermiteschen Operator darstellt und ψ_n die Eigenzustände des Hamilton-Operators $\hat{H}$ sind, zeige, dass $(\psi_n, [\hat{H}, \hat{A}] \psi_m) = (E_n - E_m)(\psi_n, \hat{A} \psi_m)$ ist und wende dieses Resultat auf die Operatoren $A = \hat{x}$ und $\hat{A} = \hat{p}$ an. Da $\hat{H}$ ein hermitescher Operator ist, können wir setzen $(\psi_n, [\hat{H}, \hat{A}] \psi_m) = (\hat{H} \psi_n, \hat{A} \psi_m) - (\psi_n, \hat{A} \hat{H} \psi_m) = (E_n - E_m)(\psi_n, \hat{A} \psi_m)$, woraus sich die genannten Spezialfälle leicht berechnen lassen.

4.6. Zeige mit Hilfe der Matrixmethode, dass für einen harmonischen Oszillator $\hat{x}_{n,m} \neq 0$ ist, wenn $E_n - E_m = \pm \hbar \omega$ ist und dass $\hat{x}^2_{n,m} \neq 0$ gilt, wenn $E_n - E_m = \pm 2\hbar \omega$. Beachte, dass $\hat{H} = \frac{\hat{p}^2}{2m} + \frac{\kappa}{2} \hat{x}^2$ und $\hat{x}\hat{p} - \hat{p}\hat{x} = i\hbar \hat{I}$ gilt. Diese Beziehungen sind am einfachsten zu untersuchen, wenn wir die Erzeugungs- und Vernichtungsoperatoren (3.83) anstelle von $\hat{x}$ und $\hat{p}$ einführen.

4.7. Schreibe mit Hilfe der Matrixmethode explizit die Matrizen $(n, \hat{x} n')$ und $(n, \hat{x}^2 n')$ des harmonischen Oszillators an. Verwende dazu die Vernichtungs- und Erzeugungsoperatoren.

4.8. Berechne mit Hilfe der Eigenzustände des linearen harmonischen Oszillators und den Zusammenhängen (3.83) zwischen $\hat{x}$ und $\hat{p}$ und $\hat{a}$ und $\hat{a}^+$ die explizite Matrixform der Operatoren $\hat{x}$ und $\hat{p}$.

4.9. Zeige, dass die Norm eines Vektors im Hilbert Raum bei einer unitären Transformation unverändert bleibt. $\hat{U}$ sei ein unitärer Operator. Dann ist $\hat{U}^\dagger \hat{U} = I$. Die Norm eines Vektors f im Hilbert Raum sei $(f, f) = 1$. Wir verwenden die Identität $f = \hat{U}^\dagger \hat{U} f$. Wenn wir daher die Norm des transformierten Vektors $g = \hat{U} f$ berechnen, so finden wir $(g, g) = (\hat{U} f, \hat{U} f) = (f, \hat{U}^\dagger \hat{U} f) = (f, f) = 1$, q.e.d.

4.10. Man schreibe die Bewegungsgleichung für die Erwartungswerte (2.33) in Matrixform an. Dazu entwickeln wir ψ nach dem System von orthonormalen Eigenfunktionen des Hamilton-Operators $\hat{H}$, d.h. $\psi = \sum_n a_n \phi_n$ und setzen dies in die Bewegungsgleichung (2.33) ein. Dies ergibt

$$\frac{\mathrm{d}}{\mathrm{d}t} \hat{A}_{n,m} = \frac{\mathrm{i}}{\hbar} (E_n - E_m) \hat{A}_{n,m} \; . \tag{4.67}$$

4.11. Zeige mit Hilfe der Heisenbergschen Bewegungsgleichung, dass die Parität eine Konstante der Bewegung ist.

5 Algebraische Theorie des Drehimpulses

Die im vorangehenden Kapitel dargelegte Matrixmethode der Quantenmechanik soll nun zur allgemeinen Behandlung des Drehimpulses dienen. Zunächst wird gezeigt, dass es außer dem Bahndrehimpuls eine weitere Erscheinungsform des Drehimpulses geben muss, deren Eigenwerte sich durch halbzahlige Quantenzahlen beschreiben lassen und die den Namen Spin bekommen hat. Die Eigenfunktionen des Spins und ihre Eigenschaften werden wir zunächst untersuchen. Danach behandeln wir die Zusammensetzung mehrerer Spins zum Gesamtspin und die Zusammensetzung von Spin und Bahndrehimpuls zum Gesamtdrehimpuls. Bei der Kopplung von mehr als zwei Drehimpulsen kommt es auf die Stärke der Kopplung zwischen ihnen an. Als Grenzfälle werden wir die Russel-Saunders und die $j - j$ Kopplung behandeln.

5.1 Eigenwerte und Eigenfunktionen des Drehimpulses

5.1.1 Der Bahndrehimpuls

Diesen haben wir bereits behandelt. Sein quantenmechanischer Operator lautet

$$\hat{\boldsymbol{L}} = \frac{\hbar}{i}(\hat{\boldsymbol{x}} \times \nabla) \tag{5.1}$$

und für seine Komponenten fanden wir die Vertauschungsrelationen

$$\hat{L}_z\hat{L}_y - \hat{L}_y\hat{L}_z = \frac{\hbar}{i}\hat{L}_x \,, \quad \hat{L}_x\hat{L}_z - \hat{L}_z\hat{L}_x = \frac{\hbar}{i}\hat{L}_y$$

$$\hat{L}_y\hat{L}_x - \hat{L}_x\hat{L}_y = \frac{\hbar}{i}\hat{L}_z \,, \quad \hat{L}_i\hat{\boldsymbol{L}}^2 - \hat{\boldsymbol{L}}^2\hat{L}_i = 0 \,, \quad i = x, y, z \,. \tag{5.2}$$

Da die Bahndrehimpuls Komponenten untereinander nicht kommutieren, ist es nicht möglich, mehr als eine von ihnen gleichzeitig scharf zu messen (außer wenn $\hat{L}_x = \hat{L}_y = \hat{L}_z = 0$ ist). Im allgemeinen wird ein Koordinatensystem so gewählt, dass die z-Komponente $\hat{L}_z$ ausgezeichnet wird. Dann sind $\hat{L}_z$ und $\hat{\boldsymbol{L}}^2$ gleichzeitig scharf messbar. Aufgrund unserer Lösung der Schrödinger Gleichung für ein kugelsymmetrisches Potential $V(r)$ in Kapitel 3.4, ist auch der Hamilton Operator $\hat{H}$ mit $\hat{\boldsymbol{L}}^2$ und $\hat{L}_z$ vertauschbar, sodass unter diesen Bedingungen die Energie, das Quadrat des Drehimpulses und seine z-Komponente gleichzeitig scharf gemessen werden können. Für die Eigenfunktionen der Operatoren $\hat{L}_z$ und $\hat{\boldsymbol{L}}^2$ fanden wir

$$\hat{L}_z u_m = \hbar m \, u_m \, , \quad u_m = \frac{1}{\sqrt{2\pi}} \mathrm{e}^{\mathrm{i}m\phi} \, , \quad m = 0, \pm 1, \pm 2, \dots$$

$$\hat{\boldsymbol{L}}^2 u_{l,m} = \hbar^2 l(l+1) u_{l,m} \, , \quad u_{l,m} = Y_l^m = N_{l,m} P_l^m(\cos\theta)\mathrm{e}^{\mathrm{i}m\phi}$$

$$l = 0, 1, 2, \dots, \quad |m| \le l \, . \tag{5.3}$$

5.1.2 Der Gesamtdrehimpuls

Wie sich zeigen wird, gibt es außer dem Bahndrehimpuls, weitere Operatoren, die den genannten Vertauschungsrelationen (5.2) genügen. Um dies explizit nachzuweisen, gehen wir allein von den Vertauschungsrelationen aus, ohne ihre Koordinatendarstellung zu benutzen. Wir nehmen an, dass das physikalische Problem kugelsymmetrisch und damit auch rotationssymmetrisch um die z-Achse sei, sodass für die z-Komponente des allgemeinen Drehimpulsoperators, der mit $\hat{\boldsymbol{J}}$ bezeichnet werden soll, die Eigenwertgleichung

$$\hat{J}_z u_m = \hbar m u_m \tag{5.4}$$

mit zunächst unbekanntem m und unbekannten u_m gilt. Die Ausgangsposition unserer Überlegungen ist ferner durch die folgenden Gleichungen gegeben

$$\hat{J}_z \hat{J}_y - \hat{J}_y \hat{J}_z = \frac{\hbar}{\mathrm{i}} \hat{J}_x \, , \quad \hat{J}_i \hat{\boldsymbol{J}}^2 - \hat{\boldsymbol{J}}^2 \hat{J}_i = 0 \, , \tag{5.5}$$

wobei in der ersten dieser beiden Gleichungen (x, y, z) zyklisch zu vertauschen sind und in der zweiten Gleichung $i = x, y$ und z zu setzen ist. Wir suchen die möglichen Eigenwerte m von $\hat{J}_z$ und die Eigenwerte von $\hat{\boldsymbol{J}}^2$. Die Methode zur Auffindung dieser Eigenwerte ist ganz ähnlich jener, die bei der algebraischen Behandlung des linearen harmonischen Oszillators, unter Einführung der Erzeugungs- und Vernichtungsoperatoren a^+ und a, angewandt werden kann. Wir führen zunächst zwei nicht-hermitische aber zueinander hermitesch konjugierte Operatoren $\hat{J}^+$ und $\hat{J}^-$ durch die folgenden Definitionen ein

$$\hat{J}^+ = \hat{J}_x + \mathrm{i}\,\hat{J}_y \, , \quad \hat{J}^- = \hat{J}_x - \mathrm{i}\,\hat{J}_y \, . \tag{5.6}$$

Dann gelten aufgrund der Vertauschungsrelationen (5.5) die folgenden Beziehungen

$$\hat{J}^+ \hat{J}^- = \hat{J}_x^2 + \mathrm{i}(\hat{J}_y \hat{J}_x - \hat{J}_x \hat{J}_y) + \hat{J}_y^2 = \hat{J}_x^2 + \hat{J}_y^2 + \hbar \hat{J}_z$$

$$\hat{J}^- \hat{J}^+ = \hat{J}_x^2 - \mathrm{i}(\hat{J}_y \hat{J}_x - \hat{J}_x \hat{J}_y) + \hat{J}_y^2 = \hat{J}_x^2 + \hat{J}_y^2 - \hbar \hat{J}_z$$

$$\hat{\boldsymbol{J}}^2 = \hat{J}_x^2 + \hat{J}_y^2 + \hat{J}_z^2 = \hat{J}_z^2 + \frac{1}{2}(\hat{J}^+ \hat{J}^- - \hat{J}^- \hat{J}^+) \tag{5.7}$$

und wir erhalten die weiteren beiden Kommutator Gleichungen

$$\hat{J}_z\hat{J}^+ - \hat{J}^+\hat{J}_z = \hat{J}_z\hat{J}_x + \mathrm{i}\,\hat{J}_z\hat{J}_y - \hat{J}_x\hat{J}_z - \mathrm{i}\,\hat{J}_y\hat{J}_z = \hbar\,\hat{J}^+$$
$$\hat{J}_z\hat{J}^- - \hat{J}^-\hat{J}_z = \hat{J}_z\hat{J}_x - \mathrm{i}\,\hat{J}_z\hat{J}_y - \hat{J}_x\hat{J}_z + \mathrm{i}\,\hat{J}_y\hat{J}_z = -\hbar\,\hat{J}^-$$
$$\hat{J}^+\hat{J}^- - \hat{J}^-\hat{J}^+ = 2\hbar\,\hat{J}_z\,. \tag{5.8}$$

Wenn wir die erste Kommutator Beziehung von (5.8) auf die Eigenfunktion u_m anwenden, so erhalten wir mit Hilfe der Eigenwertgleichung (5.4) die folgende Beziehung

$$\hat{J}_z(\hat{J}^+u_m) - \hat{J}^+(\hat{J}_zu_m) =$$
$$\hat{J}_z(\hat{J}^+u_m) - \hbar m(\hat{J}^+u_m) = \hbar(\hat{J}^+u_m) \tag{5.9}$$

und wir schließen aus dieser Gleichung mit Hilfe von (5.4)

$$\hat{J}_z(\hat{J}^+u_m) = \hbar(m+1)(\hat{J}^+u_m)\,, \tag{5.10}$$

wonach $\hat{J}^+u_m$ eine Eigenfunktion des Operators $\hat{J}_z$ mit dem Eigenwert $\hbar(m+1)$ ist. Also ist $\hat{J}^+u_m$ proportional der Eigenfunktion u_{m+1} oder die Beziehung muß gleich Null sein, also

$$\hat{J}^+u_m = \alpha_{m+1}u_{m+1}\,, \quad \alpha_{m+1} = \mathrm{const}.$$
$$\text{oder } \hat{J}^+u_m = 0\,. \tag{5.11}$$

Wenn wir die zweite Kommutator Beziehung von (5.8) auf die Eigenfunktion u_m anwenden, finden wir mit der Eigenwertgleichung (5.4) die Beziehung

$$\hat{J}_z(\hat{J}^-u_m) - \hat{J}^-(\hat{J}_zu_m) = -\hbar(\hat{J}^-u_m)\,, \tag{5.12}$$

wonach $\hat{J}^-u_m$ eine Eigenfunktion von $\hat{J}_z$ ist mit dem Eigenwert $\hbar(m-1)$, oder der Ausdruck muß gleich Null sein. Hier schließen wir daraus, unter Verwendung von (5.4),

$$\hat{J}^-u_m = \beta_{m-1}u_{m-1}\,, \quad \beta_{m-1} = \mathrm{const}.$$
$$\text{oder } \hat{J}^-u_m = 0\,. \tag{5.13}$$

Daraus leiten wir ab, dass der Operator $\hat{J}^+$ die Überführung des Systems vom Zustand u_m in den Zustand u_{m+1} bewirkt, also ein Hebungsoperator ist und dass der Operator $\hat{J}^-$ die Überführung vom Zustand u_m in den Zustand u_{m-1} bewirkt und daher einen Senkungsoperator darstellt. Da $\hat{J}^-$ und $\hat{J}^+$ zueinander adjungierte Operatoren sind, gilt aufgrund der Definition (2.30) eines hermitesch adjungierten Operators

$$\int u_m^*\hat{J}^+u_{m-1}\mathrm{d}^3x = \int (\hat{J}^-u_m)^*u_{m-1}\mathrm{d}^3x\,,$$
$$\text{daher } \alpha_m \int |u_m|^2\mathrm{d}^3x = \beta_{m-1}^* \int |u_{m-1}|^2\mathrm{d}^3x\,. \tag{5.14}$$

Unter Berücksichtigung der Normierung der Funktionen u_m, folgern wir daher aus der zweiten Gleichung in (5.14) $\alpha_m = \beta_{m-1}^*$. Mit Hilfe der obigen Resultate erhalten wir schließlich folgende Eigenwertgleichungen für die Operatoren $\hat{J}^+\hat{J}^-$ und $\hat{J}^-\hat{J}^+$

$$\hat{J}^+\hat{J}^- u_m = \beta_{m-1}\alpha_m u_m = |\beta_{m-1}|^2 u_m$$
$$\hat{J}^-\hat{J}^+ u_m = \alpha_{m+1}\beta_m u_m = |\beta_m|^2 u_m \,. \tag{5.15}$$

Wenn wir nun die dritte Kommutator Beziehung in (5.8) auf u_m anwenden und dabei die Ergebnisse von (5.15) berücksichtigen, so finden wie schließlich die folgende Differenzengleichung

$$|\beta_{m-1}|^2 - |\beta_m|^2 = 2\hbar^2 m \,. \tag{5.16}$$

Diese Differenzengleichung hat die Lösung

$$|\beta_m|^2 = C - \hbar^2 m(m+1) \,, \quad C = \text{const.}, \tag{5.17}$$

wie wir durch Einsetzen in (5.16) leicht bestätigen können. Tragen wir $|\beta_m|^2$ als Funktion von m in einem kartesischen Koordinatensystem auf, so erhalten wir eine nach oben gewölbte Parabel, wie Abb. 5.1 zeigt. Da die linke Seite der Gleichung (5.17) notwendig positiv ist, kann m nur solche Werte haben, dass

$$C - \hbar^2 m(m+1) \geq 0 \tag{5.18}$$

ist. Wenn wir nun den größten Wert von m mit J bezeichnen, so ist jedenfalls $J \geq 0$. Dann wäre ein Widerspruch zu erwarten, wenn $m = J + 1$ wäre. Um dies zu vermeiden, müssen wir verlangen, dass

$$\hat{J}^+ u_J = 0 \,, \quad \text{also } \alpha_{J+1} = \beta_J^* = 0 \tag{5.19}$$

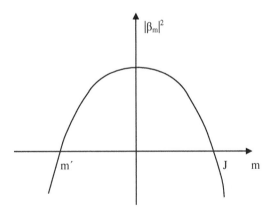

Abb. 5.1. Zur Drehimpulsalgebra

gilt. Dann ist natürlich auch $\beta_J = 0$. Aus der Lösung (5.17) der Differenzen-gleichung folgt für $m = J$

$$C = \hbar^2 J(J+1) \,. \tag{5.20}$$

Wenn wir jetzt den kleinsten Wert von m mit m' bezeichnen, dann müssen wir mit der gleichen Schlussweise verlangen, dass

$$\hat{J}^- u_{m'} = 0 \,, \ \text{also} \ \beta_{m'-1} = 0 \tag{5.21}$$

ist. Beim Einsetzen dieses Resultats in die Lösung der Differenzengleichung (5.17) ergibt sich

$$0 = \hbar^2 J(J+1) - \hbar^2(m'-1)m' \,. \tag{5.22}$$

Diese quadratische Gleichung in m' hat die beiden Lösungen

$$m' = J+1 \,, \ m' = -J \,. \tag{5.23}$$

Die erste dieser beiden Lösungen kann nicht die gesuchte sein, denn der größte Wert von m war mit J bezeichnet worden. Also ist $m' = -J$.

Die Eigenwerte des Operators $\hat{J}_z$ laufen also in Schritten von 1 zwischen $-J$ und $+J$. Damit dies möglich sein kann, muß die stets positive Zahl J entweder ganzzahlig oder halbzahlig sein

$$J = 0, \ \frac{1}{2}, \ 1, \ \frac{3}{2}, \ \dots, \tag{5.24}$$

wie man sich leicht überlegen kann. Die Eigenwerte der anderen Operatoren lassen sich nun aus den Eigenwertgleichungen (5.15) für $\hat{J}^+\hat{J}^-$ und $\hat{J}^-\hat{J}^+$ und dem Zusammenhang (5.7) mit $\hat{\boldsymbol{J}}^2$ gewinnen. Wir finden

$$\hat{J}^+\hat{J}^- u_m = |\beta_{m-1}|^2 u_m = \hbar^2[J(J+1) - m(m-1)]u_m$$
$$\hat{J}^-\hat{J}^+ u_m = |\beta_m|^2 u_m = \hbar^2[J(J+1) - m(m+1)]u_m$$
$$\hat{\boldsymbol{J}}^2 u_m = \hbar^2 \left[m^2 + \frac{1}{2}\{2J(J+1) - m(m-1) - m(m+1)\} \right] u_m$$
$$= \hbar^2 J(J+1)u_m \,. \tag{5.25}$$

Dieses Resultat zeigt, dass u_m gleichzeitig Eigenfunktion von $\hat{J}_z$ und $\hat{\boldsymbol{J}}^2$ ist und dass die Eigenwerte von $\hat{J}_z$ durch $\hbar m$ und jene von $\hat{\boldsymbol{J}}^2$ durch $\hbar^2 J(J+1)$ gegeben sind. Wenn die Quantenzahl J ganzzahlig ist, ist auch m ganzzahlig und wenn J halbzahlige Werte hat, ist auch m halbzahlig. In jedem Fall kann bei gegebener Quantenzahl J, die Quantenzahl m die Werte J, $J-1$, $J-2$, $\cdots - J$ annehmen und es gibt daher $2J+1$ mögliche m-Werte.

Ein Vergleich der Eigenwertgleichung für $\hat{\boldsymbol{J}}^2$ mit jener für $\hat{\boldsymbol{L}}^2$ zeigt, dass der Fall des Bahndrehimpulses in unserem Ergebnis für $\hat{\boldsymbol{J}}^2$ einbezogen ist (die Quantenzahl l ist stets ganzzahlig). Darüber hinaus kann es jedoch noch eine Drehimpulsform geben, die halbzahlige Eigenwerte besitzt. Ein solcher

Drehimpuls wurde experimentell in Gestalt des „Spins" (Eigendrehimpuls) der Elementarteilchen (Proton, Neutron, Elektron, Neutrino etc.) gefunden. Eine anschauliche Deutung für den Spin gibt es nicht. Eine gewisse makroskopische Analogie liegt vor bei dem System Sonne-Erde in Form der täglichen Umdrehung der Erde um ihre N-S-Achse zusätzlich zu ihrer Bahnbewegung um die Sonne. Diese Analogie darf man aber nicht wörtlich nehmen, denn zum Beispiel ein mit dem Drehimpuls $\frac{\hbar}{2}$ um die eigene Achse rotierendes Elektron, das man sich als Kügelchen mit dem klassischen Elektronenradius $r_0 = 2{,}82 \times 10^{-13}$ cm vorstellen könnte, hätte eine Umfangsgeschwindigkeit, die weit größer wäre als die Lichtgeschwindigkeit c. Außerdem kann natürlich ein klassisches, makroskopisches Analogon nicht die Halbzahligkeit der zum Spin gehörenden Quantenzahl erklären.

Der Gesamtdrehimpuls $\hat{\boldsymbol{J}}$ eines Systems von Teilchen setzt sich folglich aus allen Bahndrehimpulsen $\hat{\boldsymbol{l}}_i$ und allen Spins $\hat{\boldsymbol{s}}_i$ der beteiligten Teilchen zusammen

$$\hat{\boldsymbol{J}} = \sum_i \hat{\boldsymbol{l}}_i + \sum_i \hat{\boldsymbol{s}}_i \,. \tag{5.26}$$

Man bezeichnet in diesem Zusammenhang die Drehimpulsvektoren (Operatoren) der einzelnen Teilchen mit kleinen Buchstaben, die des zusammengesetzten Systems mit großen Buchstaben. Entsprechend gilt für die z-Komponente des Gesamt-Drehimpulses

$$\hat{J}_z = \sum_i \hat{l}_{i\,z} + \sum_i \hat{s}_{i\,z} \,. \tag{5.27}$$

Die Quantenzahlen J und m_J sind ganzzahlig, wenn das System aus einer geraden Anzahl von Fermionen, die jeweils den Spin $\frac{1}{2}$ haben, besteht, während bei einer ungeraden Anzahl von Fermionen J und m_J halbzahlig sind. (Vgl. Abschn. 8.2)

5.1.3 Matrixdarstellungen

Die Matrixdarstellungen der Drehimpulsoperatoren findet man wie folgt. Aus den Eigenschaften (5.11) von $\hat{J}^+$ folgt für die Matrixelemente des Operators $\hat{J}^+$

$$J_{km}^+ = \int u_k^* \hat{J}^+ u_m \mathrm{d}^3 x = \alpha_{m+1} \int u_k^* u_{m+1} \mathrm{d}^3 x$$
$$= \beta_m^* \delta_{k,m+1} = \hbar \sqrt{J(J+1) - m(m+1)} \delta_{k,m+1} \,, \tag{5.28}$$

wobei die beim Wurzel ziehen aus $|\beta_m|^2$ freibleibende Phase gewöhnlich gleich Null gesetzt wird. Entsprechend ergeben sich mit den Eigenschaften (5.13) von $\hat{J}^-$ die Matrixelemente

$$J_{km}^- = \int u_k^* \hat{J}^- u_m \mathrm{d}^3 x = \beta_{m-1} \int u_k^* u_{m-1} \mathrm{d}^3 x$$
$$= \beta_{m-1} \delta_{k,m-1} = \hbar \sqrt{J(J+1) - m(m-1)} \delta_{k,m-1} \,. \tag{5.29}$$

Die Operatoren $\hat{J}^+\hat{J}^-$ und $\hat{J}^-\hat{J}^+$ haben gemäß (5.25) nur Matrixelemente für $k = m$, ihre Matrizen sind also auf Diagonalform und aus ihren Eigenwertgleichungen folgen die Matrixdarstellungen

$$(\hat{J}^+\hat{J}^-)_{km} = |\beta_{m-1}|^2\delta_{k,m} = \hbar^2[J(J+1) - m(m-1)]\delta_{k,m}$$

$$(\hat{J}^-\hat{J}^+)_{km} = |\beta_m|^2\delta_{k,m} = \hbar^2[J(J+1) - m(m+1)]\delta_{k,m} . \tag{5.30}$$

Die Matrizen für die kartesischen Komponenten des Drehimpulses ergeben sich aus dem Zusammenhang (5.6) mit jenen von $\hat{J}^+$ und $\hat{J}^-$ und zwar

$$(\hat{J}_x)_{km} = \frac{1}{2}(\hat{J}^+_{km} + \hat{J}^-_{km}), \quad (\hat{J}_y)_{km} = \frac{1}{2i}(\hat{J}^+_{km} - \hat{J}^-_{km})$$

$$(\hat{J}_z)_{km} = \frac{1}{2\hbar}[(\hat{J}^+\hat{J}^-)_{km} - (\hat{J}^-\hat{J}^+)_{km}] = \hbar m\,\delta_{k,m} . \tag{5.31}$$

Als Anwendung betrachten wir den Fall $J = \frac{1}{2}$, was zum Beispiel einem einzelnen Spin entsprechen würde. Die Matrix für $\hat{J}^+$ ist dann zweireihig, da m nur die Werte $+\frac{1}{2}$ und $-\frac{1}{2}$ annehmen kann. Man ist übereingekommen, das Matrixelement mit den größten Werten von m und k in der Matrixdarstellung als linkes oberes Element anzuordnen, also

$$\begin{array}{cc} m = \frac{1}{2} & m = -\frac{1}{2} \end{array}$$
$$\hat{J}^+ = \begin{pmatrix} 0 & \beta^*_{-\frac{1}{2}} \\ 0 & 0 \end{pmatrix} \begin{array}{c} k = \frac{1}{2} \\ k = -\frac{1}{2} \end{array} , \tag{5.32}$$

wo $\beta^*_{-\frac{1}{2}} = \hbar$ ist, oder, knapper ausgedrückt, und analog die entsprechende Matrix für $\hat{J}^-$

$$\hat{J}^+ = \hbar\begin{pmatrix} 0 & 1 \\ 0 & 0 \end{pmatrix} \text{ und } \hat{J}^- = \hbar\begin{pmatrix} 0 & 0 \\ 1 & 0 \end{pmatrix} . \tag{5.33}$$

Aus diesen Darstellungen folgen dann für die kartesischen Komponenten $\hat{J}_x$, $\hat{J}_y$, $\hat{J}_z$ und für $\hat{\boldsymbol{J}}^2$ die Matrizen

$$\hat{J}_x = \frac{\hbar}{2}\begin{pmatrix} 0 & 1 \\ 1 & 0 \end{pmatrix} = \frac{\hbar}{2}\sigma_x , \quad \hat{J}_y = \frac{\hbar}{2}\begin{pmatrix} 0 & -i \\ i & 0 \end{pmatrix} = \frac{\hbar}{2}\sigma_y ,$$

$$\hat{J}_z = \frac{\hbar}{2}\begin{pmatrix} 1 & 0 \\ 0 & -1 \end{pmatrix} = \frac{\hbar}{2}\sigma_z ,$$

$$\hat{\boldsymbol{J}}^2 = \hat{J}_x^2 + \hat{J}_y^2 + \hat{J}_z^2 = \frac{3}{4}\hbar^2\begin{pmatrix} 1 & 0 \\ 0 & 1 \end{pmatrix} . \tag{5.34}$$

Die Matrizen σ_x, σ_y, und σ_z werden als die Paulischen Spinmatrizen bezeichnet. Sie gehorchen den Rechenregeln

$$\sigma_x\sigma_y = i\sigma_z \;;\; \sigma_y\sigma_x = -i\sigma_z \;;\; \sigma_x\sigma_y + \sigma_y\sigma_x = 0$$

$$[\sigma_x, \sigma_y] = \sigma_x\sigma_y - \sigma_y\sigma_x = 2i\sigma_z \tag{5.35}$$

mit den entsprechenden zyklischen Vertauschungen von x, y und z. Diese Resultate sind in Übereinstimmung mit den Vertauschungsrelationen für die allgemeinen Drehimpulsoperatoren (5.5). Die Drehimpulsmatrizen für andere Werte von J können nach dem gleichen Schema berechnet werden.

5.2 Der Spin

5.2.1 Die Eigenfunktionen

Der Spin eines Teilchens ist als Teilcheneigenschaft nicht vom Ort des Teilchens abhängig. Die Eigenfunktionen zum Spin sind daher keine Ortsfunktionen. Die Spinfunktionen, die mit χ_{m_s} bezeichnet werden, hängen nur von der Spinvariablen s und damit vom Wert der Spinquantenzahl m_s ab, wo m_s die Quantenzahl der z-Komponente des Spinoperators ist. Da $|\chi_{m_s}|^2$ die Wahrscheinlichkeit angeben soll, dass das Teilchen mit dem Spin s im Zustands m_s zu finden ist, das heißt, dass die z-Komponente des Spindrehimpulses den Wert $\hbar m_s$ hat, stehen für χ_{m_s} nur die Werte 0 und 1 zur Verfügung.

Die Spinvariable s kann bei einem Teilchen mit Spin $\frac{1}{2}$ nur zwei Werte annehmen

$$s = \frac{1}{2}\hbar, \ \text{für } m_s = \frac{1}{2}, \ \ s = -\frac{1}{2}\hbar, \ \text{für } m_s = -\frac{1}{2}. \tag{5.36}$$

Es liegt also die Situation vor, dass der Index „m" der m-ten Spineigenfunktion χ_m bestimmt, an welcher Stelle die „Variable" s der Funktion von Null verschieden ist, also

$$\text{wenn } m_s = +\frac{1}{2} \text{ dann ist } \begin{array}{l} \chi_{+\frac{1}{2}}(s = +\frac{\hbar}{2}) = 1 \\ \chi_{+\frac{1}{2}}(s = -\frac{\hbar}{2}) = 0 \end{array}$$

$$\text{wenn } m_s = -\frac{1}{2} \text{ dann ist } \begin{array}{l} \chi_{-\frac{1}{2}}(s = +\frac{\hbar}{2}) = 0 \\ \chi_{-\frac{1}{2}}(s = -\frac{\hbar}{2}) = 1 \end{array}. \tag{5.37}$$

Zur Abkürzung schreibt man oft

$$\chi_+ = \chi_{+\frac{1}{2}}(s), \ \ \chi_- = \chi_{-\frac{1}{2}}(s). \tag{5.38}$$

Die Funktionen χ_+ und χ_- sind zueinander orthogonal, denn es gilt

$$\int |\chi_+|^2 ds = \sum_s |\chi_+|^2 = \left|\chi_+\left(+\frac{\hbar}{2}\right)\right|^2 + \left|\chi_+\left(-\frac{\hbar}{2}\right)\right|^2 = 1 + 0 = 1$$

$$\int |\chi_-|^2 ds = \sum_s |\chi_-|^2 = \left|\chi_-\left(+\frac{\hbar}{2}\right)\right|^2 + \left|\chi_-\left(-\frac{\hbar}{2}\right)\right|^2 = 0 + 1 = 1$$

$$\int \chi_+ \chi_- ds = \sum_s \chi_+(s)\chi_-(s) = 0. \tag{5.39}$$

χ_+ und χ_- sind per Definitionem die Eigenfunktionen des Operators $\hat{s}_z$ eines Einzelteilchens, also

$$\hat{s}_z\chi_+ = \hbar m_s\chi_+\,,\ \text{für } m_s = +\frac{1}{2}\,,\ \text{also } \hat{s}_z\chi_+ = \frac{\hbar}{2}\chi_+$$

$$\hat{s}_z\chi_- = \hbar m_s\chi_-\,,\ \text{für } m_s = -\frac{1}{2}\,,\ \text{also } \hat{s}_z\chi_- = -\frac{\hbar}{2}\chi_-\,. \tag{5.40}$$

Mit Hilfe der allgemeinen Definition (5.11,5.13) der Hebungs- und Senkungsoperatoren finden wir

$$\hat{s}_x = \frac{1}{2}(\hat{s}^+ + \hat{s}^-)\,,\ \ \hat{s}_y = \frac{1}{2i}(\hat{s}^+ - \hat{s}^-)\,. \tag{5.41}$$

Ferner ist gemäß unseren oben zitierten allgemeinen Resultaten über die Anwendung der Hebungs- und Senkungsoperatoren (5.11,5.13) mit den Werten für α_{m+1} und β_{m-1}, angewandt auf $\hat{s}^+$ und $\hat{s}^-$

$$\hat{s}^+\chi_+ = 0\,,\ \ \hat{s}^+\chi_- = \hbar\chi_+\ ;\ \hat{s}^-\chi_+ = \hbar\chi_-\,,\ \ \hat{s}^-\chi_- = 0 \tag{5.42}$$

und daher gilt für $\hat{s}_x$ und $\hat{s}_y$

$$\hat{s}_x\chi_+ = \frac{\hbar}{2}\chi_-\,,\ \ \hat{s}_x\chi_- = \frac{\hbar}{2}\chi_+$$

$$\hat{s}_y\chi_+ = i\frac{\hbar}{2}\chi_-\,,\ \ \hat{s}_y\chi_- = -i\frac{\hbar}{2}\chi_+\,. \tag{5.43}$$

Schließlich kann man auch die Spinfunktionen als Matrizen auffassen und schreiben

$$\chi_+ = \begin{pmatrix} 1 & 0 \\ 0 & 0 \end{pmatrix}\,,\ \ \chi_- = \begin{pmatrix} 0 & 0 \\ 1 & 0 \end{pmatrix} \tag{5.44}$$

oder abgekürzt als Spaltenvektoren

$$\chi_+ = \begin{pmatrix} 1 \\ 0 \end{pmatrix}\,,\ \ \chi_- = \begin{pmatrix} 0 \\ 1 \end{pmatrix}\,, \tag{5.45}$$

welche Pauli Spinoren genannt werden. Die vorangehenden Gleichungen (5.43) ergeben sich dann unter Benutzung der Pauli Matrizen (5.34)

$$\hat{s}_x\chi_+ = \frac{\hbar}{2}\begin{pmatrix} 0 & 1 \\ 1 & 0 \end{pmatrix}\begin{pmatrix} 1 & 0 \\ 0 & 0 \end{pmatrix} = \frac{\hbar}{2}\begin{pmatrix} 0 & 0 \\ 1 & 0 \end{pmatrix} = \frac{\hbar}{2}\chi_-$$

$$\hat{s}_x\chi_- = \frac{\hbar}{2}\begin{pmatrix} 0 & 1 \\ 1 & 0 \end{pmatrix}\begin{pmatrix} 0 & 0 \\ 1 & 0 \end{pmatrix} = \frac{\hbar}{2}\begin{pmatrix} 1 & 0 \\ 0 & 0 \end{pmatrix} = \frac{\hbar}{2}\chi_+$$

$$\hat{s}_y\chi_+ = \frac{\hbar}{2}\begin{pmatrix} 0 & -i \\ i & 0 \end{pmatrix}\begin{pmatrix} 1 & 0 \\ 0 & 0 \end{pmatrix} = i\frac{\hbar}{2}\begin{pmatrix} 0 & 0 \\ 1 & 0 \end{pmatrix} = i\frac{\hbar}{2}\chi_-$$

$$\hat{s}_y\chi_- = \frac{\hbar}{2}\begin{pmatrix} 0 & -i \\ i & 0 \end{pmatrix}\begin{pmatrix} 0 & 0 \\ 1 & 0 \end{pmatrix} = -i\frac{\hbar}{2}\begin{pmatrix} 1 & 0 \\ 0 & 0 \end{pmatrix} = -i\frac{\hbar}{2}\chi_+\,. \tag{5.46}$$

5.2.2 Projektion des Spins

Da die Wahl unseres Koordinatensystems (x, y, z), in Bezug auf welches wir die Spinoperatoren $\hat{s}_x, \hat{s}_y, \hat{s}_z$ und die Eigenvektoren χ_+ und χ_- des Operators $\hat{s}_z$ definiert haben, ganz beliebig ist, wird es von Interesse sein, den Spinoperator $\hat{s}_n$ der Projektion des Spins auf eine beliebige Raumrichtung $\boldsymbol{n}$ und seine Eigenvektoren $\chi_\uparrow$ und $\chi_\downarrow$ aufzufinden, da dies sowohl von praktischer Bedeutung ist, aber auch eine wichtige Aussage über die Messung des Spins in Bezug auf eine beliebige Raumrichtung macht. Für diese Untersuchung führen wir in Bezug auf unser Koordinatensystem einen Einheitsvektor $\boldsymbol{n}$ ein, der in räumlichen Polarkoordinaten folgende Komponenten besitzt

$$n_x = \sin\theta\cos\phi\,, \quad n_y = \sin\theta\sin\phi\,, \quad n_z = \cos\theta\,. \tag{5.47}$$

Die Projektion des Spinoperators $\hat{s}$ in Bezug auf diese Raumrichtung ist dann gegeben durch

$$\hat{s}_n = \boldsymbol{n}\cdot\hat{\boldsymbol{s}} = \frac{\hbar}{2}(n_x\hat{\sigma}_x + n_y\hat{\sigma}_y + n_z\hat{\sigma}_z) = \frac{\hbar}{2}\boldsymbol{n}\cdot\hat{\boldsymbol{\sigma}}\,. \tag{5.48}$$

Zur Berechnung der Eigenwerte und Eigenvektoren des Operators $\hat{s}_n$ betrachten wir zunächst die Wirkung von $\hat{s}_n$ auf die Vektoren $\chi_\pm$. Dies ergibt mit Hilfe der obigen Tabelle (5.46)

$$\hat{s}_n\chi_+ = \frac{\hbar}{2}(\cos\theta\chi_+ + \sin\theta\mathrm{e}^{\mathrm{i}\phi}\chi_-)$$

$$\hat{s}_n\chi_- = \frac{\hbar}{2}(\sin\theta\mathrm{e}^{-\mathrm{i}\phi}\chi_+ - \cos\theta\chi_-)\,. \tag{5.49}$$

Zur Berechnung der Eigenvektoren und Eigenwerte von $\hat{s}_n$ haben wir die Eigenwertgleichung

$$\hat{s}_n\chi = \lambda\chi \tag{5.50}$$

zu lösen. Dazu machen wir einen Lösungsansatz in Bezug auf die Basis der Vektoren $\chi_\pm$

$$\chi = a\chi_+ + b\chi_-\,. \tag{5.51}$$

Dies ergibt bei Einsetzen in (5.50) unter Verwendung von (5.49)

$$\frac{\hbar}{2}\left[a\cos\theta + b\sin\theta\mathrm{e}^{-\mathrm{i}\phi})\chi_+ + (a\sin\theta\mathrm{e}^{\mathrm{i}\phi} - b\cos\theta)\chi_-\right]$$
$$= \lambda[a\chi_+ + b\chi_-]\,. \tag{5.52}$$

Wenn wir diese Gleichung auf die Vektoren $\chi_\pm$ projizieren und beachten, dass wegen (5.45) die $\chi_\pm$ zueinander orthogonal und normiert sind, so erhalten wir das folgende homogene lineare Gleichungssystem

$$\left(\frac{\hbar}{2}\cos\theta - \lambda\right)a + \frac{\hbar}{2}\sin\theta\mathrm{e}^{-\mathrm{i}\phi}b = 0$$

$$\frac{\hbar}{2}\sin\theta\mathrm{e}^{\mathrm{i}\phi}a - \left(\frac{\hbar}{2}\cos\theta + \lambda\right)b = 0 \tag{5.53}$$

zur Bestimmung der unbekannten Koeffizienten a und b. Zur Lösung des Problems ist notwendig, dass die Determinante der Koeffizienten verschwindet und dies ergibt nach Ausrechnung

$$D = -\left(\frac{\hbar^2}{4}\cos^2\theta - \lambda^2\right) - \frac{\hbar^2}{4}\sin^2\theta = -\left(\frac{\hbar^2}{4} - \lambda^2\right) = 0\,. \tag{5.54}$$

Damit sind aber die Eigenwerte des Spinprojektions-Operators $\hat{s}_n$

$$\lambda = \pm\frac{\hbar}{2} \tag{5.55}$$

und wir erhalten für die normierten Lösungen des homogenen Gleichungssystems (5.53) die Eigenvektoren des Operators $\hat{s}_n$

$$\lambda = +\frac{\hbar}{2}:\ \chi_\uparrow = \cos\frac{\theta}{2}\chi_+ + \sin\frac{\theta}{2}e^{i\phi}\chi_-$$

$$\lambda = -\frac{\hbar}{2}:\ \chi_\downarrow = -\sin\frac{\theta}{2}e^{-i\phi}\chi_+ + \cos\frac{\theta}{2}\chi_-\,. \tag{5.56}$$

Durch spezielle Wahl der Richtung des Vektors $\boldsymbol{n}$, können wir aus (5.56) die Eigenfunktionen der Spinkomponenten $\hat{s}_x$, $\hat{s}_y$ und $\hat{s}_z$ berechnen. Wir erhalten

Richtung	θ	ϕ	$\chi_\uparrow$	$\chi_\downarrow$
x	$\frac{\pi}{2}$	0	$\frac{1}{\sqrt{2}}(\chi_+ + \chi_-)$	$-\frac{1}{\sqrt{2}}(\chi_+ - \chi_-)$
y	$\frac{\pi}{2}$	$\frac{\pi}{2}$	$\frac{1}{\sqrt{2}}(\chi_+ + i\chi_-)$	$\frac{1}{\sqrt{2}}(i\chi_+ + \chi_-)$
z	0	$-$	χ_+	χ_-

$$\tag{5.57}$$

und erkennen daraus, dass die Eigenfunktionen der verschiedenen Spinprojektionen recht verschieden sind. Dies bestätigt die quantenmechanische Erkenntnis, dass zwei in verschiedene Richtungen orientierte Spinkomponenten nicht gleichzeitig scharf gemessen werden können.

Die gesamte Zustandsfunktion ψ eines Teilchens hängt nunmehr von den Variablen $\boldsymbol{x}$, t und s ab. Wenn sich der Spin separieren lässt, dann zerfällt die Zustandsfunktion in zwei Funktionen je nach dem Wert der Spinkoordinate s. Für stationäre Zustände erhalten wir dann die allgemeine Schreibweise

$$\psi(\boldsymbol{x}, t, s) = u(\boldsymbol{x})\chi(s)e^{-\frac{i}{\hbar}Et}\,, \tag{5.58}$$

wobei in einem kugelsymmetrischen Potentialfeld $V(r)$ die Funktionen $u(\boldsymbol{x})$ gegeben sind durch (3.133), also

$$u(\boldsymbol{x}) = u_{n,l,m}(r,\theta,\phi) = R_{n,l}(r)Y_l^m(\theta,\phi)\,, \quad E = E_{n,l}\,, \tag{5.59}$$

nachdem $R_{n,l}(r)$ normiert wurde. Schließlich sind die Eigenfunktionen des Gesamtdrehimpulsoperators $\hat{\boldsymbol{j}}$ Produkte aus den Eigenfunktionen $Y_l^m(\theta,\phi)$ von $\hat{\boldsymbol{L}}$ und den Eigenfunktionen $\chi_\pm$ von $\hat{\boldsymbol{s}}$, derart, dass $\hbar^2 j(j+1)$ die Eigenwerte des Operators $\hat{\boldsymbol{j}}^2$ und $\hbar m_j$ die Eigenwerte von $\hat{j}_z$ sind. Wie man die Eigenfunktionen von $\hat{\boldsymbol{L}}$ und $\hat{\boldsymbol{s}}$ zusammensetzen muss, um das genannte Ziel zu erreichen, werden wir als nächstes untersuchen.

5.3 Die Kopplung zweier Drehimpulse

Der Gesamtdrehimpuls $\hat{\boldsymbol{J}}$ eines Systems sei aus zwei Anteilen $\hat{\boldsymbol{J}}_1$ und $\hat{\boldsymbol{J}}_2$ zusammengesetzt

$$\hat{\boldsymbol{J}} = \hat{\boldsymbol{J}}_1 + \hat{\boldsymbol{J}}_2 \,, \quad \hat{J}_z = \hat{J}_{1z} + \hat{J}_{2z} \,. \tag{5.60}$$

Wenn keine äußeren Momente auf diese Drehimpulse wirken und ebenso keine inneren Momente (z.B. magnetische Wechselwirkungen) zwischen den Teilsystemen vorhanden sind, sind $\hat{\boldsymbol{J}}_1$ und $\hat{\boldsymbol{J}}_2$ und damit auch $\hat{\boldsymbol{J}}$ fest im Raum orientiert. In diesem Fall gelten Erhaltungssätze für $\hat{\boldsymbol{J}}_1^{\,2}$, $\hat{J}_{1z}$, $\hat{\boldsymbol{J}}_2^{\,2}$, $\hat{J}_{2z}$, $\hat{\boldsymbol{J}}^{\,2}$ und $\hat{J}_z$. Die Wahl der z-Richtung ist dann beliebig.

Wenn hingegen äußere Momente eingeschaltet sind, zum Beispiel durch Anlegen eines Magnetfeldes bei der Untersuchung des Zeeman Effektes, dann definieren deren Resultierende eine z-Richtung, um welche, klassisch gesprochen, die Drehimpulsvektoren der Teilsysteme unabhängig voneinander präzedieren, es bleiben dann nur $\hat{J}_{1z}$ und $\hat{J}_{2z}$ konstant. Für die Größe $\hat{\boldsymbol{J}}^{\,2}$ des Gesamtdrehimpulses gilt dann kein Erhaltungssatz, da diese Größe sich laufend ändert, jedoch $\hat{J}_z = \hat{J}_{1z} + \hat{J}_{2z}$ bleibt konstant. Die gleichen Überlegungen bleiben gültig, wenn die äußeren magnetischen Momente die inneren Momente stark überwiegen.

Sind andererseits die inneren Momente größer als die äußeren, dann präzedieren $\hat{\boldsymbol{J}}_1$ und $\hat{\boldsymbol{J}}_2$ um $\hat{\boldsymbol{J}}$, das seinerseits langsam um das äußere Feld präzediert. Jetzt sind $\hat{J}_{1z}$ und $\hat{J}_{2z}$ nicht mehr für sich konstant, nur noch ihre Summe $\hat{J}_z$. In beiden Fällen gilt also nur für $\hat{J}_z = \hat{J}_{1z} + \hat{J}_{2z}$ ein Erhaltungssatz.

Der Effekt der Kopplung auf die Lage der Energieterme des Atoms muß mit Hilfe der Methode der Störungstheorie berechnet werden, auf die wir im nächsten Kapitel 6 zu sprechen kommen. Als Ausgangssystem von Zustandsfunktionen wird man dabei zweckmäßig das Eigenfunktionssystem bei fehlender Kopplung wählen. Dies kann entweder durch die zu $\hat{\boldsymbol{J}}_1$ und $\hat{\boldsymbol{J}}_2$ oder durch die zu $\hat{\boldsymbol{J}}$ gehörigen Eigenfunktionen dargestellt werden. Wir wollen im folgenden den Zusammenhang zwischen den beiden möglichen Funktionensystemen aufzeigen. Dies ist notwendig, weil einerseits die Kopplungsenergie oft proportional zu

$$\hat{\boldsymbol{J}}_1 \cdot \hat{\boldsymbol{J}}_2 = \frac{1}{2} \left[\hat{\boldsymbol{J}}^{\,2} - \hat{\boldsymbol{J}}_1^{\,2} - \hat{\boldsymbol{J}}_2^{\,2} \right] \tag{5.61}$$

ist, also den Operator $\hat{\boldsymbol{J}}^2$ enthält, während andrerseits im allgemeinen die zu den einzelnen Teilsystemen gehörenden Eigenfunktionen zunächst bekannt sein dürften. Dabei wird angenommen, dass die Operatoren $\hat{\boldsymbol{J}}_1$ und $\hat{\boldsymbol{J}}_2$ miteinander kommutieren, da sie auf verschiedene Teilsysteme wirken. Bevor wir den allgemeinen Fall behandeln, betrachten wir ein einfaches Beispiel, dessen Ergebnisse wir später, in Kapitel 8, benötigen werden.

5.3.1 Zusammensetzung zweier Spins

Wir betrachten die Zusammensetzung zweier Spins $\hat{\boldsymbol{s}}^{(1)}$ und $\hat{\boldsymbol{s}}^{(2)}$ zum Gesamtspin $\hat{\boldsymbol{S}}$ bei fehlender Kopplung der zugehörigen magnetischen Momente. Die Spinquantenzahlen seien jeweils $\frac{1}{2}$. Bei diesem Beispiel interessieren uns nur die Spinfunktionen des Gesamtsystems. Gemäß unserer Voraussetzung ist

$$\hat{\boldsymbol{S}} = \hat{\boldsymbol{s}}^{(1)} + \hat{\boldsymbol{s}}^{(2)}, \quad \hat{S}_z = \hat{s}_z^{(1)} + \hat{s}_z^{(2)}$$
$$\hat{\boldsymbol{S}}^2 = \left(\hat{\boldsymbol{s}}^{(1)} + \hat{\boldsymbol{s}}^{(2)}\right)^2 = (\hat{\boldsymbol{s}}^{(1)})^2 + (\hat{\boldsymbol{s}}^{(2)})^2 + 2\,\hat{\boldsymbol{s}}^{(1)} \cdot \hat{\boldsymbol{s}}^{(2)}. \tag{5.62}$$

Versuchsweise wollen wir zunächst untersuchen, ob die folgenden Produkte von Spin Eigenfunktionen

$$\chi_+^{(1)}\chi_+^{(2)}, \quad \chi_+^{(1)}\chi_-^{(2)}, \quad \chi_-^{(1)}\chi_+^{(2)}, \quad \chi_-^{(1)}\chi_-^{(2)} \tag{5.63}$$

Eigenfunktionen von $\hat{\boldsymbol{S}}^2$ und $\hat{S}_z$ sein können, oder nicht sein können, und welche Eigenwerte sich ergeben. Dazu bilden wir

$$\hat{S}_z \chi_+^{(1)}\chi_+^{(2)} = \hat{s}_z^{(1)}\chi_+^{(1)}\chi_+^{(2)} + \hat{s}_z^{(2)}\chi_+^{(1)}\chi_+^{(2)}$$
$$= \frac{\hbar}{2}\left(\chi_+^{(1)}\chi_+^{(2)} + \chi_+^{(1)}\chi_+^{(2)}\right) = \hbar\chi_+^{(1)}\chi_+^{(2)}$$
$$\hat{S}_z \chi_+^{(1)}\chi_-^{(2)} = \hat{s}_z^{(1)}\chi_+^{(1)}\chi_-^{(2)} + \hat{s}_z^{(2)}\chi_+^{(1)}\chi_-^{(2)}$$
$$= \frac{\hbar}{2}\left(\chi_+^{(1)}\chi_-^{(2)} - \chi_+^{(1)}\chi_-^{(2)}\right) = 0$$
$$\hat{S}_z \chi_-^{(1)}\chi_+^{(2)} = \hat{s}_z^{(1)}\chi_-^{(1)}\chi_+^{(2)} + \hat{s}_z^{(2)}\chi_-^{(1)}\chi_+^{(2)}$$
$$= -\frac{\hbar}{2}\left(\chi_-^{(1)}\chi_+^{(2)} - \chi_-^{(1)}\chi_+^{(2)}\right) = 0. \tag{5.64}$$

Also gilt allgemein für beliebige Konstante a und b

$$\hat{S}_z(a\chi_+^{(1)}\chi_-^{(2)} + b\chi_-^{(1)}\chi_+^{(2)}) = 0. \tag{5.65}$$

Ferner gilt

$$\hat{S}_z \chi_-^{(1)}\chi_-^{(2)} = -\frac{\hbar}{2}\chi_-^{(1)}\chi_-^{(2)} - \frac{\hbar}{2}\chi_-^{(1)}\chi_-^{(2)} = -\hbar\chi_-^{(1)}\chi_-^{(2)} \tag{5.66}$$

und

$$\hat{\boldsymbol{S}}^2 \chi_+^{(1)}\chi_+^{(2)}$$
$$= [(\hat{\boldsymbol{s}}^{(1)})^2 + (\hat{\boldsymbol{s}}^{(2)})^2 + 2\{\hat{s}_x^{(1)}\hat{s}_x^{(2)} + \hat{s}_y^{(1)}\hat{s}_y^{(2)} + \hat{s}_z^{(1)}\hat{s}_z^{(2)}\}]\chi_+^{(1)}\chi_+^{(2)}$$
$$= \left[\frac{3}{4}\hbar^2 + \frac{3}{4}\hbar^2\right]\chi_+^{(1)}\chi_+^{(2)} + 2\left[\frac{\hbar}{2}\chi_-^{(1)}\chi_-^{(2)} + i\frac{\hbar}{2}\chi_-^{(1)}\,i\frac{\hbar}{2}\chi_-^{(2)} + \frac{\hbar^2}{4}\chi_+^{(1)}\chi_+^{(2)}\right]$$
$$= 2\hbar^2\chi_+^{(1)}\chi_+^{(2)} \tag{5.67}$$

$$\hat{\boldsymbol{S}}^2 \chi_+^{(1)} \chi_-^{(2)}$$
$$= [(\hat{\boldsymbol{s}}^{(1)})^2 + (\hat{\boldsymbol{s}}^{(2)})^2 + 2\{\hat{s}_x^{(1)}\hat{s}_x^{(2)} + \hat{s}_y^{(1)}\hat{s}_y^{(2)} + \hat{s}_z^{(1)}\hat{s}_z^{(2)}\}]\chi_+^{(1)}\chi_-^{(2)}$$
$$= \left[\frac{3}{4}\hbar^2 + \frac{3}{4}\hbar^2\right]\chi_+^{(1)}\chi_-^{(2)} + 2\left[\frac{\hbar}{2}\chi_-^{(1)}\chi_+^{(2)} + \mathrm{i}\frac{\hbar}{2}\chi_-^{(1)}(-\mathrm{i})\frac{\hbar}{2}\chi_+^{(2)} - \frac{\hbar^2}{4}\chi_+^{(1)}\chi_-^{(2)}\right]$$
$$= \hbar^2[\chi_+^{(1)}\chi_-^{(2)} + \chi_-^{(1)}\chi_+^{(2)}] \tag{5.68}$$

sowie analog

$$\hat{\boldsymbol{S}}^2 \chi_-^{(1)}\chi_+^{(2)} = \hbar^2[\chi_-^{(1)}\chi_+^{(2)} + \chi_+^{(1)}\chi_-^{(2)}], \quad \hat{\boldsymbol{S}}^2\chi_-^{(1)}\chi_-^{(2)} = 2\hbar^2\chi_-^{(1)}\chi_-^{(2)}. \tag{5.69}$$

Zusammenfassend ist das Ergebnis dieser Rechnungen, dass offenbar nicht alle Produkte der Spineigenfunktionen $\chi_\pm^{(1)}$ und $\chi_\pm^{(2)}$ auch Eigenfunktionen zu den Operatoren $\hat{\boldsymbol{S}}^2$ und $\hat{S}_z$ sind, wohl aber folgende Kombinationen

Eigenfunktion χ	Eigenw. v. $\hat{\boldsymbol{S}}^2$	Eigenw. v. $\hat{S}_z$	Austauschsymmetrie
$\chi_+^{(1)}\chi_+^{(2)}$	$2\hbar^2$	$+\hbar$	symmetrisch
$\frac{1}{\sqrt{2}}[\chi_+^{(1)}\chi_-^{(2)} + \chi_-^{(1)}\chi_+^{(2)}]$	$2\hbar^2$	0	symmetrisch
$\chi_-^{(1)}\chi_-^{(2)}$	$2\hbar^2$	$-\hbar$	symmetrisch
$\frac{1}{\sqrt{2}}[\chi_+^{(1)}\chi_-^{(2)} - \chi_-^{(1)}\chi_+^{(2)}]$	0	0	antisymmetrisch.

$$\tag{5.70}$$

Die bei den Eigenfunktionen χ auftretenden Faktoren $\frac{1}{\sqrt{2}}$ stammen von der Forderung, dass diese Funktionen orthonormiert sein sollen. Also muß zum Beispiel gelten

$$\iint \frac{1}{2}\left|\chi_+^{(1)}\chi_-^{(2)} + \chi_-^{(1)}\chi_+^{(2)}\right|^2 \mathrm{d}s_1\mathrm{d}s_2 = \frac{1}{2} + \frac{1}{2} = 1. \tag{5.71}$$

Die ersten drei Eigenfunktionen der Liste (5.70) lassen sich als die Spinfunktionen eines Teilchens deuten, das den Gesamtspin $\hbar$ mit der Spinquantenzahl $S = 1$ hat, also

$$\hat{\boldsymbol{S}}^2\chi = \hbar^2 S(S+1)\chi, \quad \hat{S}_z\chi = \hbar M_S\chi, \quad \text{mit } M_S = +1, 0, -1. \tag{5.72}$$

Die letzte Eigenfunktion in (5.70) dagegen verhält sich so wie die Spinfunktion eines Teilchens mit der Spinquantenzahl $S = 0$ und daher ist entsprechend auch $M_S = 0$. Diese Funktionen werden uns bei der Diskussion des Heliumspektrums im Abschn. 8.3.1 wieder begegnen.

5.3.2 Allgemeiner Fall der Kopplung zweier Drehimpulse

Im allgemeinen Fall der Zusammensetzung zweier Drehimpulse und ihrer Eigenfunktionen entwickelt man die Gesamtfunktion F nach Produkten der zu jedem Drehimpuls gehörenden Eigenfunktionen u und v. Dies ist solange erlaubt, als zwischen den Teilsystemen keine Kopplung herrscht, dann ist nämlich F separierbar. Die Entwicklungskoeffizienten C werden bei dieser Reihendarstellung durch die Gesamtzahl aller Quantenzahlen charakterisiert. Also schreibt man

$$F_{J_1, J_2, J, M_J} = \sum_{m_1=J_1}^{-J_1} \sum_{m_2=J_2}^{-J_2} C_{J_1, J_2, J; m_1, m_2, M_J} \, u_{J_1, m_1} v_{J_2, m_2} \,, \qquad (5.73)$$

wobei zum Beispiel die Eigenwertgleichungen erfüllt sind

$$\hat{J}_{1z} u_{J_1, m_1} = \hbar m_1 u_{J_1, m_1}$$
$$\hat{J}_{2z} v_{J_2, m_2} = \hbar m_2 v_{J_2, m_2}$$
$$\hat{J}_z F_{J_1, J_2, J, M_J} = \hbar M_J F_{J_1, J_2, J, M_J} \,. \qquad (5.74)$$

Da stets für die z-Komponenten $\hat{J}_z = \hat{J}_{1z} + \hat{J}_{2z}$ gilt, können wir eine der Quantenzahlen eliminieren, etwa m_2, sodass wir erhalten

$$\hat{J}_z F = \hbar M_J F = \sum_{m_1} \sum_{m_2} \hbar(m_1 + m_2) C_{J_1, J_2, J; m_1, m_2, M_J} \, u_{J_1, m_1} v_{J_2, m_2} \,. \quad (5.75)$$

Ersetzen wir hier auf der linken Seite F durch die Summe in der Gleichung (5.73) und multiplizieren dann die resultierende Gleichung von links mit $u^*_{J_1 m'_1} v^*_{J_2, m'_2}$ und integrieren über alle Veränderlichen, welche die Eigenfunktionen charakterisieren, so erhalten wir wegen der Orthonormiertheit der Funktionen u_{J_1, m_1} und v_{J_2, m_2} die Beziehung

$$\hbar M_J C_{J_1, J_2, J; m'_1, m'_2, M_J} = \hbar(m'_1 + m'_2) C_{J_1, J_2, J; m'_1, m'_2, M_J} \,, \qquad (5.76)$$

woraus folgt, dass

$$C_{J_1, J_2, J; m_1, m_2, M_J} = \delta_{m_2, M_J - m_1} C_{J_1, J_2, J; m_1, m_2, M_J} \qquad (5.77)$$

ist. Dadurch reduziert sich die Summe über m_2 in der Darstellung (5.73) für F in einen einzigen Term und die Koeffizienten C hängen dann nicht mehr vom Parameter m_2 ab. Also finden wir anstelle (5.73) die Reihendarstellung

$$F_{J_1, J_2, J, M_J} = \sum_{m_1=J_1}^{-J_1} C_{J_1, J_2, J; m_1, M_J} \, u_{J_1, m_1} v_{J_2, M_J - m_1} \,. \qquad (5.78)$$

Die Koeffizienten $C_{J_1, J_2, J; m_1, M_J}$ werden Clebsch-Gordan Koeffizienten genannt und lassen sich explizit berechnen, indem man die Operatoren J^+ und J^- in geeigneter Weise auf die Summe (5.78) anwendet. Ohne Beweis wollen wir hier nur die allgemeine Formel angeben. Mit der Nebenbedingung $m_2 = M_J - m_1$ findet man

$$C_{J_1, J_2, J; m_1, M_J} = \sqrt{2J+1} \left[\frac{(J_1+J_2-J)!(J_2+J-J_1)!(J+J_1-J_2)!}{(J_1+J_2+J+1)!} \right]^{\frac{1}{2}}$$

$$\times \left[(J+M_J)!(J-M_J)!(J_1+m_1)!(J_1-m_1)!(J_2+m_2)!(J_2-m_2)! \right]^{\frac{1}{2}}$$

$$\times \sum_{\nu=0}^{J-M_J} \frac{(-1)^\nu}{\nu!(J_1+J_2-J-\nu)!(J_1-m_1-\nu)!(J_2+m_2-\nu)!(J-J_2+m_1+\nu)!(J-J_1-m_2+\nu)!} .$$

$$\text{(5.79)}$$

Dieser Ausdruck ist sehr lang und unübersichtlich, doch für kleine Werte von J_1 kann man sich zugänglichere Darstellungen verschaffen. Die einfachsten Fälle sind:

(1) $J_1 = 0$. Dann gibt es nur Koeffizienten für $J = J_2$, und $m_1 = 0$, nämlich

$$C_{0,J,J; 0, M_J} = 1 , \quad \text{unabhängig von } J , \, M_J . \qquad \text{(5.80)}$$

(2) $J_1 = \frac{1}{2}$. Dann gibt es nicht verschwindende Koeffizienten für $J = J_2 \pm \frac{1}{2}$ und $m_1 = \pm \frac{1}{2}$ und zwar

	$m_1 = \dfrac{1}{2}$	$m_1 = -\dfrac{1}{2}$
$C_{\frac{1}{2}, J_2, J_2+\frac{1}{2}; m_1, M_J} =$	$\sqrt{\dfrac{J_2 + M_J + \frac{1}{2}}{2J_2 + 1}}$	$\sqrt{\dfrac{J_2 - M_J + \frac{1}{2}}{2J_2 + 1}}$
$C_{\frac{1}{2}, J_2, J_2-\frac{1}{2}; m_1, M_J} =$	$\sqrt{\dfrac{J_2 - M_J + \frac{1}{2}}{2J_2 + 1}}$	$-\sqrt{\dfrac{J_2 + M_J + \frac{1}{2}}{2J_2 + 1}}$.

$$\text{(5.81)}$$

Ein Beispiel sind die in (5.70) in Tabellenform angegebenen Kombinationen der Spin Eigenfunktionen zweier Teilchen. Dort ist $J_2 = \frac{1}{2}$. Ein anderes, wichtiges Beispiel ist die Zusammensetzung von Spin und Bahndrehimpuls für ein Einzelteilchen mit Spin $\frac{1}{2}$, sodass

$$\hat{s}^2 \chi = \frac{3}{4} \hbar^2 \chi , \quad \hat{s}_z \chi = \pm \frac{1}{2} \hbar \chi \qquad \text{(5.82)}$$

ist.

Die Bahndrehimpuls Quantenzahl l kann dagegen einen beliebigen ganzzahligen Wert $l = 0, 1, 2, 3, \dots$ annehmen. Die Summe in der Darstellung für die Gesamtfunktion F (5.78) wird dann auf zwei Glieder reduziert. Die Funktion F trägt bei einem kugelsymmetrischen Potentialfeld $V(r)$ als zusätzlichen ersten Index die Hauptquantenzahl n des betrachteten Zustandes. Also erhalten wir

$$F_{n, \frac{1}{2}, l; j, m_j} = \sum_{m_s = -\frac{1}{2}}^{+\frac{1}{2}} C_{\frac{1}{2}, l, j; m_s, m_j} \chi_{\frac{1}{2}, m_s} u_{n, l, m_j - m_s}$$

$$\chi_{\frac{1}{2}, m_s} = \chi_+ \text{ für } m_s = \frac{1}{2} , \quad \chi_{\frac{1}{2}, m_s} = \chi_- \text{ für } m_s = -\frac{1}{2}$$

$$u_{n, l, m_j - m_s} = R_{n,l}(r) Y_l^{m_j - m_s}(\theta, \phi) . \qquad \text{(5.83)}$$

Um die Werte der Clebsch-Gordan Koeffizienten zu bestimmen, setzen wir

$$J_1 = s = \frac{1}{2} \; ; \; m_1 = m_s$$
$$J_2 = l \; ; \; m_2 = m_j - m_s$$
$$J = j \; ; \; M_J = m_j . \tag{5.84}$$

Damit erhalten wir für $j = l + \frac{1}{2}$ mit Hilfe der Tabelle in (5.81)

$$F_{n,\frac{1}{2},l,j,m_j} = \left[\left[\frac{l + m_j + \frac{1}{2}}{2l + 1} \right]^{\frac{1}{2}} \chi_+ Y_l^{m_j - \frac{1}{2}} + \left[\frac{l - m_j + \frac{1}{2}}{2l + 1} \right]^{\frac{1}{2}} \chi_- Y_l^{m_j + \frac{1}{2}} \right] R_{n,l}(r) \tag{5.85}$$

und für $j = l - \frac{1}{2}$ gilt

$$F_{n,\frac{1}{2},l,j,m_j} = \left[\left[\frac{l - m_j + \frac{1}{2}}{2l + 1} \right]^{\frac{1}{2}} \chi_+ Y_l^{m_j - \frac{1}{2}} + \left[\frac{l + m_j + \frac{1}{2}}{2l + 1} \right]^{\frac{1}{2}} \chi_- Y_l^{m_j + \frac{1}{2}} \right] R_{n,l}(r) . \tag{5.86}$$

Der einfachste *Fall* ist $l = 0$ (zum Beispiel der Grundzustand des H-Atoms). Dann ist $j = \frac{1}{2}$, $m_j = \pm\frac{1}{2}$. Es gibt dann nur den Fall $j = l + \frac{1}{2}$, da die Quantenzahl j nicht negativ sein kann. Also bekommen wir nur zwei Zustände, deren Wellenfunktionen man aus der Gleichung (5.85) gewinnt

$$F_{n,\frac{1}{2},0,\frac{1}{2},\frac{1}{2}} = \chi_+ Y_0^0 R_{n,0} , \quad F_{n,\frac{1}{2},0,\frac{1}{2},-\frac{1}{2}} = \chi_- Y_0^0 R_{n,0} . \tag{5.87}$$

Solange der Hamilton-Operator keine Spinabhängigkeit enthält, sind die beiden Zustande in (5.87) energetisch entartet. Eine energiemäßige Trennung der beiden Niveaus tritt auf, wenn man etwa ein Magnetfeld anlegt, wie dies beim anomalen Zeeman Effekt geschieht.

Der nächsteinfache Fall ist $l = 1$ (etwa der erste angeregte Zustand des H-Atoms). Dann ist entweder $j = \frac{3}{2}$ oder $j = \frac{1}{2}$. Für $j = \frac{3}{2}$ erhält man aus der Gleichung (5.85)

$$F_{n,\frac{1}{2},1,\frac{3}{2},\frac{3}{2}} = \chi_+ Y_1^1 R_{n,1} , \quad F_{n,\frac{1}{2},1,\frac{3}{2},-\frac{3}{2}} = \chi_- Y_1^{-1} R_{n,1}$$
$$F_{n,\frac{1}{2},1,\frac{3}{2},\frac{1}{2}} = \left[\sqrt{\frac{2}{3}} \chi_+ Y_1^0 + \frac{1}{\sqrt{3}} \chi_- Y_1^1 \right] R_{n,1}$$
$$F_{n,\frac{1}{2},1,\frac{3}{2},-\frac{1}{2}} = \left[\frac{1}{\sqrt{3}} \chi_+ Y_1^{-1} + \sqrt{\frac{2}{3}} \chi_- Y_1^0 \right] R_{n,1} \tag{5.88}$$

und im Fall $j = \frac{1}{2}$ erhalten wir aus (5.86)

$$F_{n,\frac{1}{2},1,\frac{1}{2},\frac{1}{2}} = \left[\frac{1}{\sqrt{3}} \chi_+ Y_1^0 - \sqrt{\frac{2}{3}} \chi_- Y_1^1 \right] R_{n,1}$$
$$F_{n,\frac{1}{2},1,\frac{3}{2},-\frac{1}{2}} = \left[\sqrt{\frac{2}{3}} \chi_+ Y_1^{-1} - \frac{1}{\sqrt{3}} \chi_- Y_1^0 \right] R_{n,1} . \tag{5.89}$$

Sobald eine Spin-Bahn Kopplung besteht, auf die wir im nächsten Kapitel zu sprechen kommen, spaltet der angeregte Zustand in zwei Zustände auf mit $j = \frac{3}{2}$ bzw. $j = \frac{1}{2}$ (die sogenannte Feinstrukturaufspaltung). Der Zustand mit $j = \frac{3}{2}$ ist dann vierfach entartet (und hat das statistische Gewicht 4) und der Zustand mit $j = \frac{1}{2}$ ist zweifach entartet (und hat das statistische Gewicht 2). Werden beide Zustände, etwa durch Einstrahlen einer elektromagnetischen Welle (mit breitem Frequenzband) bevölkert (d.h. es erfolgt induzierte atomare Anregung), so verhalten sich die Intensitäten des wieder abgestrahlten Feinstruktur-Doublets wie 2 : 1 (durch spontane Emission). In einem zusätzlichen Magnetfeld wird dann die Entartung aufgehoben und alle sechs Zustände sind dann energetisch separiert.

Die allgemeinere Form der Funktionen (5.83) kann als Basis System Verwendung finden, um die Spin-Bahn Wechselwirkungsenergien zu untersuchen, bzw. die energetische Aufspaltung der Atomniveaus zu berechnen, wie dies im nächsten Kapitel geschehen wird.

(3) Zum allgemeinen Fall der Zusammensetzung zweier beliebiger Drehimpulse $\hat{\boldsymbol{J}}_1$ und $\hat{\boldsymbol{J}}_2$ wollen wir noch folgende allgemeine Bemerkungen machen:

Ausgehend von den Eigenfunktionen u_{J_1,m_1} der Operatoren $\hat{\boldsymbol{J}}_1^2$ und $\hat{J}_{1z}$ und den Eigenfunktionen v_{J_2,m_2} der Operatoren $\hat{\boldsymbol{J}}_2^2$ und $\hat{J}_{2z}$ haben wir jenen Hilbertschen Funktionen Raum betrachtet, der durch die Produkte $u_{J_1,m_1}v_{J_2,m_2}$ dargestellt wird. Diese Produktfunktionen sind zueinander orthonormal und für feste Werte von J_1 und J_2 gibt es $(2J_1 + 1)(2J_2 + 1)$ solche Funktionen, die auch die Dimension des entsprechenden Unter-(oder Teil-)Raumes bestimmen. (Dies ist ganz analog zum Fall eines einzigen Bahndrehimpulses $\hat{\boldsymbol{l}}$, wo bei festem Wert der Quantenzahl l die Funktionen $Y_l^m(\theta,\phi)$ einen Teilraum von $2l+1$ Dimensionen aufspannen.) Vom Produktraum der Funktionen uv gingen wir dann zu neuen Funktionen $F_{J_1,J_2;J,M_J}$ mit Hilfe der Clebsch-Gordan Summe über. Diese Funktionen sind dann gemeinsame Eigenfunktionen von $\hat{\boldsymbol{J}}_1^2$, $\hat{\boldsymbol{J}}_2^2$, $\hat{\boldsymbol{J}}^2$ und $\hat{J}_z$ und bilden im gleichen Teilraum eine neue, vollständige orthonormale Basis von Eigenfunktionen. Daher müssen die Clebsch-Gordan Koeffizienten $C_{J_1,J_2,J;m_1,M_J}$ eine unitäre Transformation definieren. Da bei festem J_1 und J_2 die magnetischen Quantenzahlen m_1 und m_2 die maximalen Werte J_1 und J_2 haben, ist der maximale Wert von $M_J = J_1 + J_2$ und dies ist auch $J_{\max}$. Ebenso findet man $J_{\min} = |J_1 - J_2|$. Schließlich gibt es zu vorgegebenem J, $2J + 1$ Werte von M_J, sodass für die Dimension des Unterraumes gelten muß

$$\sum_{J=|J_1-J_2|}^{J_1+J_2} (2J + 1) = (2J_1 + 1)(2J_2 + 1)\,. \tag{5.90}$$

Aus diesen Überlegungen folgt auch, dass für $J = J_1 + J_2$ und $M_J = J_1 + J_2$ die Clebsch-Gordan Summe nur den Term mit $m_1 = J_1$ haben kann und wenn F normiert sein soll, muß

$$F_{J_1,J_2,J_1+J_2,J_1+J_2} = u_{J_1,J_1} v_{J_2,J_2} \, , \; C_{J_1,J_2,J_1+J_2,J_1+J_2} = 1 \tag{5.91}$$

gelten. Von diesem Resultat ausgehend, kann man auch durch geeignete Anwendung der Operatoren $\hat{J}^+$ und $\hat{J}^-$ alle anderen Clebsch-Gordan Koeffizienten und damit auch die Funktionen F_{J_1,J_1,J,M_J} finden. Dies kann in ähnlicher Weise erfolgen, wie bei der Anwendung der Leiteroperatoren in Abschn. 5.1.2 und beim harmonischen Oszillator in Abschn. 3.3.4.

Oft enthalten die Wechselwirkungsoperatoren Skalarprodukte aus Drehimpulsvektoren. Die Funktionen F_{J_1,J_2,J,M_J} haben die Eigenschaft, auch Eigenfunktionen dieser Skalarprodukte zu sein. Wenn $\hat{\boldsymbol{J}}_1$ und $\hat{\boldsymbol{J}}_2$ mit einander kommutieren, gilt wegen $\hat{\boldsymbol{J}} = \hat{\boldsymbol{J}}_1 + \hat{\boldsymbol{J}}_2$

$$(\hat{\boldsymbol{J}}_1 \cdot \hat{\boldsymbol{J}}_2) = \frac{1}{2}(\hat{\boldsymbol{J}}^2 - \hat{\boldsymbol{J}}_1^2 - \hat{\boldsymbol{J}}_2^2) \tag{5.92}$$

und entsprechend

$$(\hat{\boldsymbol{J}} \cdot \hat{\boldsymbol{J}}_1) = \frac{1}{2}(\hat{\boldsymbol{J}}^2 + \hat{\boldsymbol{J}}_1^2 - \hat{\boldsymbol{J}}_2^2)$$

$$(\hat{\boldsymbol{J}} \cdot \hat{\boldsymbol{J}}_2) = \frac{1}{2}(\hat{\boldsymbol{J}}^2 - \hat{\boldsymbol{J}}_1^2 + \hat{\boldsymbol{J}}_2^2) . \tag{5.93}$$

Damit ergeben sich dann die Relationen

$$(\hat{\boldsymbol{J}}_1 \cdot \hat{\boldsymbol{J}}_2) F_{J_1,J_2,J,M_J} = \frac{\hbar^2}{2}[J(J+1) - J_1(J_1+1) - J_2(J_2+1)] F_{J_1,J_2,J,M_J}$$

$$(\hat{\boldsymbol{J}} \cdot \hat{\boldsymbol{J}}_1) F_{J_1,J_2,J,M_J} = \frac{\hbar^2}{2}[J(J+1) + J_1(J_1+1) - J_2(J_2+1)] F_{J_1,J_2,J,M_J}$$

$$(\hat{\boldsymbol{J}} \cdot \hat{\boldsymbol{J}}_2) F_{J_1,J_2,J,M_J} = \frac{\hbar^2}{2}[J(J+1) - J_1(J_1+1) + J_2(J_2+1)] F_{J_1,J_2,J,M_J} .$$

$$\tag{5.94}$$

Die Zusammensetzung von mehr als zwei Drehimpulsen zu einem resultierenden Gesamtdrehimpuls lässt sich im Prinzip mit derselben Methode vornehmen. Man setzt zunächst zwei Drehimpulse zusammen, fügt dann den dritten hinzu und so fort. Es stellt sich jedoch heraus, dass bei nichtverschwindender Kopplungsenergie die Reihenfolge der Zusammensetzung der Drehimpulse das Resultat der Kopplung beeinflusst.

So wird man bei schwacher Spin-Bahn Kopplung zunächst alle Spins des Systems zum Gesamtspin $\hat{\boldsymbol{S}}$ und alle Bahndrehimpulse zum Gesamtbahndrehimpuls $\hat{\boldsymbol{L}}$ zusammensetzen und so den Gesamtdrehimpuls des Atoms

$$\hat{\boldsymbol{J}} = \hat{\boldsymbol{L}} + \hat{\boldsymbol{S}} \tag{5.95}$$

erhalten. Für den Grenzfall vernachlässigbar kleiner Spin-Bahn Kopplung, die sogenannte Russel-Saunders Kopplung, sind dann außer J und M_J auch L, M_L und S, M_S sogenannte gute Quantenzahlen, worunter man versteht, dass gilt

$$\hat{\boldsymbol{J}}^2 F = \hbar^2 J(J+1)F\,, \quad \hat{\boldsymbol{L}}^2 F = \hbar^2 L(L+1)F\,, \quad \hat{\boldsymbol{S}}^2 F = \hbar^2 S(S+1)F$$
$$\hat{J}_z F = \hbar M_J F\,, \quad \hat{L}_z F = \hbar M_L F\,, \quad \hat{S}_z F = \hbar M_S F\,, \tag{5.96}$$

wo F die entsprechende Zustandsfunktion des Gesamtsystems darstellt.

Der andere Extremfall ist jener der starken Spin-Bahn Kopplung für das Einzelteilchen und einer schwachen Wechselwirkung der Gesamtdrehimpulse der Einzelteilchen untereinander. Dies ist die sogenannte $\hat{\boldsymbol{j}} - \hat{\boldsymbol{j}}$-Kopplung. Dann gilt

$$\hat{\boldsymbol{l}}_i + \hat{\boldsymbol{s}}_i = \hat{\boldsymbol{j}}_i\,, \quad i = 1, 2, \ldots N\,, \tag{5.97}$$

wo N die gesamte Teilchenzahl und

$$\hat{\boldsymbol{J}} = \sum_{i=1}^{N} \hat{\boldsymbol{j}}_i\,. \tag{5.98}$$

Zusammen mit J und M_J sind dann im Grenzfall der verschwindenden Wechselwirkung zwischen den $\hat{\boldsymbol{j}}_i$–Vektoren die j_i und $m_{j(i)}$ gute Quantenzahlen, d.h. es gelten die entsprechenden Eigenwert Gleichungen für die gesamte Zustandsfunktion F.

Um in den beiden diskutierten Fällen die Eigenfunktionen des Gesamtsystems zu erhalten, wird man sinnvollerweise die Drehimpulse in der Reihenfolge der Kopplungsstärke miteinander koppeln. Das Problem der Auffindung der Energie-Eigenwerte und Eigenfunktionen in einem komplizierten atomaren oder nuklearen System ist oft mit erheblicher Rechenarbeit verbunden. Wir betrachten daher zur Erläuterung im folgenden Unterabschnitt und im nächsten Kapitel über Näherungsverfahren zwei einfache Anwendungen aus der Atomphysik.

5.4 Das magnetische Moment der Atome

Dem Experiment von Otto Stern und Walther Gerlach von 1921 (Vergleiche Abb. 5.2) lagen zwei aus der klassischen Mechanik und Elektrodynamik bekannte Beziehungen zugrunde:

(1) Wenn ein Teilchen (etwa ein Elektron) mit der Masse m und der Ladung $-e$ sich auf einer geschlossenen Bahn bewegt, so besitzt es sowohl einen Drehimpuls $\boldsymbol{l}$ als auch ein magnetisches Moment $\boldsymbol{\mu}_e$, welche miteinander in folgendem Zusammenhang stehen (Siehe Aufgabe 5.5)

$$\boldsymbol{\mu}_e = -\frac{e}{2mc}\boldsymbol{l}\,, \tag{5.99}$$

wobei der Proportionalitätsfaktor $-\frac{e}{2mc}$ das gyromagnetische Verhältnis genannt wird und das negative Vorzeichen auf die entgegengesetzte Orientierung von $\boldsymbol{\mu}_e$ und $\boldsymbol{l}$ (jedenfalls beim Elektron) hinweist.

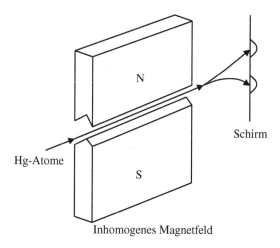

Abb. 5.2. Das Stern-Gerlach Experiment

(2) Auf ein magnetisches Moment $\boldsymbol{\mu}$ übt ein homogenes Magnetfeld $\boldsymbol{B}$ nur ein Drehmoment aus, doch ein inhomogenes $\boldsymbol{B}$-Feld führt auf eine Kraft, die gegeben ist durch den Ausdruck (Siehe Aufgabe 5.6.)

$$\boldsymbol{F} = (\boldsymbol{\mu} \cdot \nabla)\boldsymbol{B} \,. \tag{5.100}$$

In der experimentellen Anordnung von Stern und Gerlach wurde die Inhomogenität des $\boldsymbol{B}$-Feldes durch geeignete Form der Magnetpole erzielt. Die Resultate des Experiments (mit Hg-Atomen) haben die Existenz des magnetischen Moments der Atome und die Quantisierung des Drehimpulses nach der Bohrschen Theorie, wonach $L_z = m\hbar$ ist ($-l \leq m \leq +l$), bestätigt, allerdings nicht in vollkommener Übereinstimmung.

Die Beziehung (5.99) wird als Operatorgleichung in die Quantenmechanik übernommen. Zu diesem magnetischen Moment der Bahnbewegung muß in der Quantentheorie noch das mit dem Elektronenspin $\hat{\boldsymbol{s}}$ verbundene magnetische Moment $\hat{\boldsymbol{\mu}}_s$ hinzugefügt werden, wobei gilt

$$\hat{\boldsymbol{\mu}}_s = -\frac{e}{mc}\hat{\boldsymbol{s}} \,. \tag{5.101}$$

In diesem Fall ist das gyromagnetische Verhältnis um den Faktor 2 größer als jenes der Bahnbewegung und wird daher häufig als das anomale gyromagnetische Verhältnis des Elektrons bezeichnet. Dieser Wert steht in Übereinstimmung mit der Erfahrung, zum Beispiel mit dem Stern-Gerlach Experiment (1922) und dem Experiment von Goudsmit und Uhlenbeck (1926) über den anomalen Zeeman Effekt. Damit hat in der Quantenmechanik ein einzelnes Elektron im Atom das magnetische Dipolmoment

$$\hat{\boldsymbol{\mu}} = \hat{\boldsymbol{\mu}}_l + \hat{\boldsymbol{\mu}}_s = -\frac{e}{2mc}(\hat{\boldsymbol{l}} + 2\hat{\boldsymbol{s}}) \,. \tag{5.102}$$

Da das magnetische Moment $\hat{\boldsymbol{\mu}}$ stets nur durch Wechselwirkung mit einem Magnetfeld $\boldsymbol{B}$ gemessen werden kann und diese Wechselwirkung proportional $\hat{\boldsymbol{\mu}} \cdot \boldsymbol{B}$ ist, genügt es, da $\boldsymbol{B}$ in z-Richtung orientiert gewählt werden kann, nur die Eigenwerte und Eigenfunktionen der z-Komponente des magnetischen Dipolmoments zu bestimmen. Wenn wir daher den Operator $\hat{\mu}_z$ auf das Produkt von Bahndrehimpuls- und Spinfunktionen $Y_l^m(\theta, \phi)\chi_{m_s}$ anwenden, so erhalten wir

$$\hat{\mu}_z Y_l^m \chi_{m_s} = -\frac{e}{2mc}(\hat{l}_z + 2\hat{s}_z)Y_l^m\chi_{m_s} = -\mu_{\mathrm{B}}(m + 2m_s)Y_l^m\chi_{m_s}, \quad (5.103)$$

wo $\mu_{\mathrm{B}} = \frac{e\hbar}{2mc} = 9,27 \times 10^{-21}$ erg oersted^{-1} das Bohrsche Magneton ist. Damit sind die Funktionen $Y_l^m\chi_{m_s}$ die Eigenfunktionen des Operators μ_z mit den Eigenwerten $-\mu_{\mathrm{B}}(m + 2m_s)$. Da die magnetische Bahn-Quantenzahl m nur ganzzahlige Werte und die magnetische Spin-Quantenzahl m_s nur die Werte $\pm\frac{1}{2}$ annehmen kann, sind die Eigenwerte von $\hat{\mu}_z$ ganzzahlige Vielfache des Bohrschen Magnetons.

Für Elektronen im Atomverband ist jedoch in Abwesenheit äußerer Momente nur der Gesamtdrehimpuls $\hat{\boldsymbol{j}}$ eine Konstante der Bewegung, d.h. der Zustand der Elektronen wird durch die entsprechenden Drehimpuls Eigenfunktionen $F_{\frac{1}{2}, l; j, m_j}$ (5.83), die wir im vorangehenden Abschnitt angegeben haben, beschrieben. Diese Funktionen sind aber eine Linearkombination der Eigenfunktionen $Y_l^m\chi_+$ und $Y_l^{m+1}\chi_-$ von μ_z mit den Eigenwerten $-\mu_{\mathrm{B}}(m+1)$, bzw. $-\mu_{\mathrm{B}}m$ und können daher keine Eigenfunktionen des magnetischen Momentes sein. Daher bleibt in den Zuständen $F_{\frac{1}{2}, l; j, m_j}$ der Wert von $\hat{\mu}_z$ unbestimmt.

Wir können aber den Erwartungswert des magnetischen Momentes $\hat{\mu}_z$ im Elektronenzustand $F_{\frac{1}{2}, l; j, m_j}$ berechnen und erhalten wegen der Orthonormiertheit von $Y_l^m\chi_+$ und $Y_l^{m+1}\chi_-$ mit $m_j = m + \frac{1}{2}$

$$\langle\hat{\mu}_z\rangle = -\frac{e}{2mc}\iint F^*_{\frac{1}{2}, l; j, m_j}(l_z + 2s_z)F_{\frac{1}{2}, l; j, m_j}\,\mathrm{d}^3x\mathrm{d}s$$
$$= -\mu_{\mathrm{B}}[|C_{\frac{1}{2}, l, j;+\frac{1}{2}, m_j}|^2(m + 1) + |C_{\frac{1}{2}, l, j;-\frac{1}{2}, m_j}|^2 m] \quad (5.104)$$

und wenn wir hier für die Clebsch-Gordan Koeffizienten, die in (5.81) angegebenen Werte einsetzen, so folgt

$$\langle\hat{\mu}_z\rangle = -\mu_{\mathrm{B}}\frac{(l + 1)(2m + 1)}{2l + 1}, \quad j = l + \frac{1}{2}$$
$$\langle\hat{\mu}_z\rangle = -\mu_{\mathrm{B}}\frac{l(2m + 1)}{2l + 1}, \quad j = l - \frac{1}{2}. \quad (5.105)$$

Beide Formeln für $\langle\hat{\mu}_z\rangle$ lassen sich zusammenfassen, wenn wir den Landéschen g_{L} Faktor einführen, der durch folgenden Ausdruck definiert ist

$$g_{\mathrm{L}} = 1 + \frac{j(j + 1) - l(l + 1) + \frac{3}{4}}{2j(j + 1)} \quad (5.106)$$

und der die Werte annimmt

$$g_L = \frac{2(l+1)}{2l+1}\,,\quad j = l + \frac{1}{2}$$

$$g_L = \frac{2l}{2l+1}\,,\quad j = l - \frac{1}{2}\,. \tag{5.107}$$

Der Erwartungswert der z-Komponente des magnetischen Momentes eines Elektrons im Atom kann dann durch folgende einfache Formel dargestellt werden

$$\langle \hat{\mu}_z \rangle = -\mu_B\, g_L m_j\,,\quad m_j = m + \frac{1}{2}\,. \tag{5.108}$$

Der Landé Faktor g_L hat eine einfache, geometrisch anschauliche Bedeutung. Wegen der magnetomechanischen Anomalie des Elektrons liegen klassisch gesehen die Vektoren $\hat{\boldsymbol{\mu}}$ des magnetischen Gesamtmoments und $\hat{\boldsymbol{j}}$ des Gesamtdrehimpulses nicht in einer Geraden, vielmehr präzediert $\hat{\boldsymbol{\mu}}$ um den konstanten Vektor $\hat{\boldsymbol{j}}$. Daher trägt im Mittel nur die Komponente $\hat{\boldsymbol{\mu}}_j$ in Richtung antiparallel zu $\hat{\boldsymbol{j}}$ zur Messung des magnetischen Momentes bei. Wir schreiben dafür

$$\hat{\boldsymbol{\mu}}_j = -\frac{e}{2mc}\,\hat{G}\,\hat{\boldsymbol{j}} \tag{5.109}$$

und betrachten dies auch als die entsprechende quantenmechanische Operatorbeziehung. Die Eigenwerte und Eigenfunktionen des Projektionsoperators $\hat{G}$ bestimmen wir aus der Bedingung $\hat{\boldsymbol{\mu}} \cdot \hat{\boldsymbol{j}} = \hat{\boldsymbol{\mu}}_j \cdot \hat{\boldsymbol{j}}$ oder $(\hat{\boldsymbol{j}} + \hat{\boldsymbol{s}}) \cdot \hat{\boldsymbol{j}} = \hat{G}\,\hat{\boldsymbol{j}}^2$. Da das Operatorprodukt $\hat{\boldsymbol{s}} \cdot \hat{\boldsymbol{j}}$ kommutativ ist, können wir wie in (5.92) auch schreiben $\hat{\boldsymbol{s}} \cdot \hat{\boldsymbol{j}} = \frac{1}{2}(\hat{\boldsymbol{j}}^2 + \hat{\boldsymbol{s}}^2 - \hat{\boldsymbol{l}}^2)$. Da aber die Funktionen $F_{\frac{1}{2},l;j,m_j}$ sowohl Eigenfunktionen von $\hat{\boldsymbol{j}}^2$ als auch von $\hat{\boldsymbol{l}}^2$ und $\hat{\boldsymbol{s}}^2$ sind, gilt mit Hilfe der zu (5.96) analogen Beziehungen

$$\left[\hat{\boldsymbol{j}}^2 + \frac{1}{2}(\hat{\boldsymbol{j}}^2 + \hat{\boldsymbol{s}}^2 - \hat{\boldsymbol{l}}^2)\right] F_{\frac{1}{2},l;j,m_j}$$

$$= \hbar^2[j(j+1) + \frac{1}{2}\{j(j+1) + s(s+1) - l(l+1)\}]F_{\frac{1}{2},l;j,m_j}$$

$$= \hat{G}\,\hat{\boldsymbol{j}}^2 F_{\frac{1}{2},l;j,m_j} = \hat{G}\,\hbar^2 j(j+1)F_{\frac{1}{2},l;j,m_j}\,, \tag{5.110}$$

woraus wir für den Projektionsoperator $\hat{G}$ auf die Eigenwertgleichung schließen

$$\hat{G}\,F_{\frac{1}{2},l;j,m_j} = g_L F_{\frac{1}{2},l;j,m_j}\,,\quad g_L = 1 + \frac{j(j+1) + \frac{3}{4} - l(l+1)}{2j(j+1)}\,, \tag{5.111}$$

wonach der Landé Faktor g_L den Eigenwert des Projektionsoperators $\hat{G}$ zu den Eigenfunktionen $F_{\frac{1}{2},l;j,m_j}$ bestimmt. Für einen dieser Zustände ist dann der Erwartungswert für die z-Komponente von $\hat{\boldsymbol{\mu}}_j$ gegeben durch

$$\langle \hat{\mu}_{jz} \rangle = -\mu_B\, g_L m_j = \langle \hat{\mu}_z \rangle \tag{5.112}$$

und dies ist in Übereinstimmung mit (5.108).

Für Atome mit vielen Elektronen gilt die sogenannte Hundsche Regel, wonach die bereits genannte Russel-Saunders Kopplung vorherrscht. Dabei addieren sich die Bahndrehimpulse aller Elektronen im Atom und analog alle ihre Spins zum entsprechenden Gesamtbahndrehimpuls $\hat{\boldsymbol{L}}$ und Gesamtspin $\hat{\boldsymbol{S}}$, soweit dies mit dem Pauli-Prinzip (Vgl. Kapitel 8.2) verträglich ist. Der Gesamtdrehimpuls $\hat{\boldsymbol{J}} = \hat{\boldsymbol{L}} + \hat{\boldsymbol{S}}$ des Atoms ist dann eine Konstante der Bewegung und es gilt für das magnetische Moment

$$\langle \hat{\mu}_z \rangle = -\mu_B\, g_L M_J\,, \quad g_L = 1 + \frac{J(J+1) + S(S+1) - L(L+1)}{2J(J+1)}\,. \quad (5.113)$$

Dieses Resultat beschreibt den Paramagnetismus der Atome, der den Diamagnetismus bei weitem übertrifft.

Übungsaufgaben

5.1. Betrachte ein idealisiertes Stern-Gerlach Experiment bei dem genau die Hälfte aller Atome im Zustand χ_+ bzw. χ_- registriert werden. Wenn nun einer der beiden aus dem inhomogenen Magnetfeld austretenden Atomstrahlen ohne vorherige Messungen durch ein um den Winkel $\phi = \frac{\pi}{2}$ gegenüber dem ersten Magnetfeld verdrehtes Feld hindurchgelassen wird, was wird das Resultat dieses Experimentes sein ?

5.2. Betrachte die Zusammensetzung dreier Spins $\hat{\boldsymbol{s}}^{(1)}$, $\hat{\boldsymbol{s}}^{(2)}$ und $\hat{\boldsymbol{s}}^{(3)}$ zum Gesamtspin $\hat{\boldsymbol{S}} = \hat{\boldsymbol{s}}^{(1)} + \hat{\boldsymbol{s}}^{(2)} + \hat{\boldsymbol{s}}^{(3)}$ bei fehlender Kopplung der zugehörigen magnetischen Momente. Die Spinquantenzahlen seien jeweils $\frac{1}{2}$. Es sollen nur die Spinfunktionen und Eigenwerte des Gesamtsystems aufgesucht werden. Man geht ganz ähnlich vor, wie bei der Addition zweier Spins in (5.70), doch ergibt sich eine viel größere Kombinationsvielfalt. Mit den Spinfunktionen $\chi_\pm^{(i)}$, $i = 1, 2, 3$ liefert die etwas mühsame Rechnung folgende Tabelle. Dabei verwenden wir die Abkürzung $\chi_\pm^{(i)} \equiv i_\pm$ für die Spinfunktionen

χ	$\hat{\boldsymbol{S}}^2$	$\hat{S}_z$
$1_+2_+3_+$	$\frac{15}{4}\hbar^2$	$\frac{3}{2}\hbar$
$3^{-\frac{1}{2}}[1_+2_+3_- + 1_+2_-3_+ + 1_-2_+3_+]$	$\frac{15}{4}\hbar^2$	$\frac{1}{2}\hbar$
$3^{-\frac{1}{2}}[1_-2_+3_- + 1_-2_-3_+ + 1_+2_-3_-]$	$\frac{15}{4}\hbar^2$	$-\frac{1}{2}\hbar$
$1_-2_-3_-$	$\frac{15}{4}\hbar^2$	$-\frac{3}{2}\hbar$
$6^{-\frac{1}{2}}[2(1_-2_+3_+) - 1_+2_+3_- - 1_+2_-3_+]$	$\frac{3}{4}\hbar^2$	$\frac{1}{2}\hbar$
$6^{-\frac{1}{2}}[1_-2_+3_- + 1_-2_-3_+ - 2(1_+2_-3_-)]$	$\frac{3}{4}\hbar^2$	$-\frac{1}{2}\hbar$
$2^{-\frac{1}{2}}[1_+2_+3_- - 1_+2_-3_+]$	$\frac{3}{4}\hbar^2$	$\frac{1}{2}\hbar$
$2^{-\frac{1}{2}}[1_-2_+3_- - 1_-2_-3_+]$	$\frac{3}{4}\hbar^2$	$-\frac{1}{2}\hbar$

$$(5.114)$$

5.3. Berechne explizit die Matrixdarstellungen für den Spin $S = \frac{3}{2}$. Die Rechnung verläuft ganz ähnlich wie für den Spin $s = \frac{1}{2}$ in (5.34) und wir erhalten

$$\hat{S}_x = \frac{1}{2}\hbar \begin{bmatrix} 0 & \sqrt{3} & 0 & 0 \\ \sqrt{3} & 0 & 2 & 0 \\ 0 & 2 & 0 & \sqrt{3} \\ 0 & 0 & \sqrt{3} & 0 \end{bmatrix} \quad \hat{S}_y = \frac{1}{2}\hbar \begin{bmatrix} 0 & -i\sqrt{3} & 0 & 0 \\ i\sqrt{3} & 0 & -2i & 0 \\ 0 & 2i & 0 & -i\sqrt{3} \\ 0 & 0 & i\sqrt{3} & 0 \end{bmatrix}$$

$$\hat{S}_z = \frac{1}{2}\hbar \begin{bmatrix} 3 & 0 & 0 & 0 \\ 0 & 1 & 0 & 0 \\ 0 & 0 & -1 & 0 \\ 0 & 0 & 0 & -3 \end{bmatrix} \quad \hat{\boldsymbol{S}}^2 = \frac{15}{4}\hbar^2 \begin{bmatrix} 1 & 0 & 0 & 0 \\ 0 & 1 & 0 & 0 \\ 0 & 0 & 1 & 0 \\ 0 & 0 & 0 & 1 \end{bmatrix} .$$

Damit können dann auch die Matrixdarstellungen der Hebungs- und Senkungsoperatoren $\hat{S}^{(+)}$ und $\hat{S}^{(-)}$ gefunden werden.

5.4. Berechne in ähnlicher Weise die Matrixdarstellungen für den Spin $S = 1$. Man findet

$$\hat{S}_x = \frac{\hbar}{\sqrt{2}} \begin{bmatrix} 0 & 1 & 0 \\ 1 & 0 & 1 \\ 0 & 1 & 0 \end{bmatrix} \quad \hat{S}_y = \frac{\hbar}{\sqrt{2}} \begin{bmatrix} 0 & -i & 0 \\ i & 0 & -i \\ 0 & i & 0 \end{bmatrix}$$

$$\hat{S}_z = \hbar \begin{bmatrix} 1 & 0 & 0 \\ 0 & 0 & 0 \\ 0 & 0 & -1 \end{bmatrix} \quad \hat{\boldsymbol{S}}^2 = 2\hbar^2 \begin{bmatrix} 1 & 0 & 0 \\ 0 & 1 & 0 \\ 0 & 0 & 1 \end{bmatrix}$$

5.5. Berechne mit Hilfe der Eigenfunktionen $Y_l^m(\theta,\phi)$ des Bahndrehimpulses $\hat{\boldsymbol{l}}$ und der Eigenfunktionen $\chi_\pm$ des Spins $\hat{\boldsymbol{s}}$ durch geeignete Linearkombination die Eigenfunktionen des Gesamtdrehimpulses $\hat{\boldsymbol{j}} = \hat{\boldsymbol{l}} + \hat{\boldsymbol{s}}$ ohne die Verwendung der Clebsch-Gordan Koeffizienten. Nennt man F die Eigenfunktionen des Gesamtdrehimpulses, so genügen diese der Gleichung $\hat{\boldsymbol{j}}^2 F = \hbar^2 \beta F$. Die Eigenfunktionen F müssen als Funktionen der Ortskoordinaten und der Spinkoordinaten angesetzt werden, dh. $F = F_+(\boldsymbol{x})\chi_+ + F_-(\boldsymbol{x})\chi_-$. Führt man dies in die Eigenwertgleichung ein und beachtet, dass $\hat{\boldsymbol{j}}^2 = \hat{\boldsymbol{l}}^2 + \frac{3}{4}\hbar^2 + \hbar(\hat{l}_x\sigma_x + \hat{l}_y\sigma_y + \hat{l}_z\sigma_z)$ ist, so ergibt sich ein lineares Gleichungssystem für die Funktionen F_+ und F_-. Für diese setzt man an $F_+ = C_+ Y_l^m(\theta,\phi)$ und $F_- = C_- Y_l^{m+1}(\theta,\phi)$ und findet aus dem Gleichungssystem für $F_\pm$ ein homogenes Gleichungssystem für C_+ und C_-, das nur eine Lösung hat, wenn die Determinate der Koeffizienten verschwindet. Dies ergibt für den Parameter β die beiden Lösungen $\beta = j(j+1)$ mit $j = l + \frac{1}{2}$ und $j = l - \frac{1}{2}$. Mit der Normierung der Eigenfunktionen, sodass $C_+^2 + C_-^2 = 1$ ist, findet man für die Funktionen F die gleichen Ergebnisse, die in (5.85,5.86) angegeben wurden.

5.6. In der klassischen Elektrodynamik wird gezeigt, dass ein konstanter elektrischer Strom I, der in einer ebenen geschlossenen Leiterschleife der Fläche $\boldsymbol{F} = \frac{1}{2}\oint(\boldsymbol{r} \times d\boldsymbol{s})$ fließt, ein magnetisches Moment $\boldsymbol{m} = \frac{I}{c}\boldsymbol{F}$ erzeugt. Leite aus dieser Beziehung das gyromagnetische Verhältnis ab. Setzt man in der

Gleichung für F, $d\boldsymbol{s} = \boldsymbol{v}dt$ und dividiert dann noch durch m, so ist mit $dq = Idt$ und $\boldsymbol{p} = m\boldsymbol{v}$ die Formel für das gyromagnetische Verhältnis leicht berechenbar.

5.7. Definiert man die potentielle Energie eines magnetischen Momentes $\boldsymbol{\mu}$ in einem vorgegebenen Magnetfeld $\boldsymbol{B}(\boldsymbol{x})$ durch $W(\boldsymbol{x}) = -\boldsymbol{\mu} \cdot \boldsymbol{B}(\boldsymbol{x})$, so zeige man, dass die Kraft $\boldsymbol{F} = -\nabla W$ für ein homogenes Magnetfeld verschwindet, doch für ein schwach inhomogenes $\boldsymbol{B}$-Feld durch (5.100) gegeben ist. Dazu setzt man $\boldsymbol{B}(\boldsymbol{x}) = \boldsymbol{B}(0) + \boldsymbol{x} \cdot \nabla \boldsymbol{B} + \cdots$ und kann dann (5.100) berechnen.

5.8. Ein Elektron bewegt sich in der (x, y)-Ebene unter der Einwirkung eines konstanten, homogenen Magnetfeldes $\boldsymbol{B}$, das in der z-Richtung orientiert ist. Stelle in ebenen Polarkoordinaten (ρ, ϕ) die zeitunabhängige Schrödinger Gleichung auf und löse diese. Da $\boldsymbol{B} = \mathrm{rot}\boldsymbol{A}$ ist und $B_x = B_y = 0$, während $B_z = B$ ist, wählt man $A_x = -\frac{By}{2}$, $A_y = \frac{Bx}{2}$ und $A_z = 0$. Dann ist wegen $\nabla \cdot \boldsymbol{A} = 0$, $(\boldsymbol{A} \cdot \nabla)u(\rho, \phi) = B\frac{\partial u(\rho, \phi)}{\partial \phi}$ und $\boldsymbol{A}^2 = \frac{B^2}{4}\rho^2$ und daher lautet gemäß (7.11) die Schrödinger Gleichung

$$\Delta u(\rho, \phi) - \frac{ie}{2\hbar c}B\frac{\partial u(\rho, \phi)}{\partial \phi} - \frac{e^2}{4\hbar^2 c^2}B^2\rho^2 u(\rho, \phi) + \frac{2m}{\hbar^2}Eu(\rho, \phi) = 0 \ . \quad (5.115)$$

Diese kann ersichtlich durch den Ansatz $u(\rho, \phi) = R(\rho)e^{im\phi}$ auf eine radiale Schrödinger Gleichung reduziert werden. Die radiale Gleichung hat dieselbe Struktur, wie jene des harmonischen Oszillators in der Ebene, die in Aufgabe 3.9 zu lösen war.

6 Näherungsverfahren

6.1 Einleitende Übersicht

Bisher haben wir nur elementare quantenmechanische Systeme behandelt, die Idealisierungen realer Systeme darstellten und exakte Lösungen zuließen. Die Zahl der exakt lösbaren Probleme ist aber sehr gering, hingegen ist die Zahl der quantenmechanischen Problemstellungen bei realen physikalischen Systemen außerordentlich groß und diese lassen daher im allgemeinen nur Näherungslösungen zu. In vielen Fällen weichen jedoch die realen Systeme von bekannten, idealisierten Systemen, die exakte Lösungen zulassen, nur geringfügig ab. In diesen Fällen können für die Lösung der realen Probleme, ähnlich wie in der Himmelsmechanik, Näherungsverfahren angegeben werden. Von den bekannten Näherungsmethoden sollen hier nur die beiden wichtigsten besprochen werden.

(1) Wir behandeln zunächst die zeitunabhängige Störungstheorie, die auch Rayleigh-Schrödinger Methode genannt wird. Bei dieser wird angenommen, dass der Hamilton-Operator $\hat{H}$ des wahren Systems in folgender Form geschrieben werden kann $\hat{H} = \hat{H}_0 + \hat{W}$, wo der Hamilton-Operator $\hat{H}_0$ ein exakt lösbares System beschreibt und $\hat{W}$ im Vergleich dazu nur einen kleinen, zeitunabhängigen Störoperator darstellt, der zum Beispiel die Wechselwirkung mit einem anderen System beschreibt. Die Abweichungen der Energie Eigenwerte und der Eigenfunktionen des durch $\hat{H}$ beschriebenen realen Systems von jenen des idealen Ausgangssystem $\hat{H}_0$ werden dann auf iterativem Wege bestimmt. Ein etwas anderes Verfahren, die Variationsmethode, gestattet insbesondere die Energie des Grundzustandes eines Systems genähert zu bestimmen.

(2) Mit der zeitabhängigen Störungstheorie, die auch die Diracsche Methode der Variation der Konstanten genannt wird, behandelt man die Lösung von Problemen, bei denen der Störoperator $\hat{W}(t)$ explizit von der Zeit abhängt und dessen Wirkung zu quantenmechanischen Übergängen des Systems zwischen einem stationären Ausgangszustand ψ_a zu einem ebensolchen Endzustand ψ_e von $\hat{H}_0$ führt, wenn der Operator $\hat{W}(t)$ während einer bestimmten Zeit T wirksam ist. Hier wird die Wahrscheinlichkeit eines solchen Übergangs iterativ berechnet.

6.2 Zeitunabhängige Störungstheorie

Der Hamilton-Operator unseres Systems sei

$$\hat{H} = \hat{H}_0 + \hat{W} \,, \tag{6.1}$$

wo H_0 jenen Hauptteil des Operators darstellt, für den wir die Lösungen der Schrödinger Gleichung

$$\hat{H}_0 u_k^0 = E_k^0 u_k^0 \tag{6.2}$$

kennen, d.h. die Energie Eigenwerte E_k^0 und die Eigenfunktionen u_k^0, und $\hat{W}$ sei die im Verhältnis zu $\hat{H}_0$ kleine Störung. Die zu lösende Schrödinger Gleichung hat daher die Form

$$\hat{H} u = (\hat{H}_0 + \hat{W}) u = E u \,. \tag{6.3}$$

Da nach Voraussetzung $\hat{W}$ im Vergleich zu $\hat{H}_0$ klein sein soll, können wir erwarten, dass sich die Energie Eigenwerte E nur wenig von den Eigenwerten E_k^0 des ungestörten Operators $\hat{H}_0$ unterscheiden werden. Daher setzen wir

$$E = E_k^0 + w \,, \tag{6.4}$$

wo w die infolge der Störung entstehende, im Vergleich zu E_k^0 kleine Energieänderung bezeichnet. Von der zum Eigenwert E gehörenden Eigenfunktion u setzen wir ebenfalls voraus, dass sich diese nur wenig von der zum ungestörten Eigenwert E_k^0 gehörenden Eigenfunktion u_k^0 unterscheiden wird. Hier müssen wir jedoch zwischen zwei Fällen unterscheiden, je nachdem ob

(1) der ungestörte Eigenwert E_k^0 ein einfacher Eigenwert ist, d.h. zu diesem nur eine einzige Eigenfunktion u_k^0 gehört, also E_k^0 nicht entartet ist, oder ob

(2) es sich um einen entarteten Eigenwert handelt zu dem mehrere Eigenfunktionen $u_{k1}^0, u_{k2}^0, \ldots, u_{kf}^0$ gehören.

6.2.1 Der nicht-entartete Fall

Zunächst befassen wir uns mit dem Fall, bei dem der Eigenwert E_k^0 nicht entartet ist. Dann wird sich u von u_k^0 nur durch eine kleine Korrektur v unterscheiden und wir können daher setzen

$$u = u_k^0 + v \,. \tag{6.5}$$

Führen wir nun die Ansätze (6.4,6.5) für E und u in die Schrödinger Gleichung (6.3) des Gesamtsystems ein und beachten wir, dass u_k^0 die Eigenfunktionen des ungestörten Operators $\hat{H}_0$ sind, so erhalten wir die Gleichung

$$\hat{H}_0 v + \hat{W} u_k^0 + \hat{W} v = E_k^0 v + w u_k^0 + w v \,. \tag{6.6}$$

Jetzt entwickeln wir die korrigierende Funktion v nach dem als bekannt vorausgesetzten vollständigen System von Eigenfunktionen u_k^0 des ungestörten Problems, also

$$v = \sum_n a_n u_n^0 \,, \tag{6.7}$$

und setzen dies in die Gleichung (6.6) ein. Dies liefert unter Beachtung der Eigenwertgleichung (6.2) die folgende Beziehung

$$\sum_n a_n E_n^0 u_n^0 + \hat{W} u_k^0 + \sum_n a_n \hat{W} u_n^0$$
$$= w u_k^0 + (E_k^0 + w) \sum_n a_n u_n^0 \,. \tag{6.8}$$

Wird nun diese Gleichung von links mit u_k^{0*} multipliziert und über den ganzen Raum integriert, so ergibt sich, wenn die Eigenfunktionen u_k^0 normiert sind, die folgende Gleichung

$$W_{kk} + \sum_n a_n W_{kn} = (1 + a_k) w \,, \tag{6.9}$$

wobei wir die Matrixelemente des Störoperators in der Basis der u_k^0 eingeführt haben, nämlich

$$W_{kn} = \int u_k^{0*} \hat{W} u_n^0 \mathrm{d}^3 x \,. \tag{6.10}$$

Damit sind wir in der Lage, die Energiekorrektur w durch die Matrixelemente des Störoperators $\hat{W}$ und durch die Koeffizienten a_n der Reihenentwicklung von v auszudrücken. Führen wir anstelle der Koeffizienten a_n die neuen Größen

$$b_n = \frac{a_n}{1 + a_k} \tag{6.11}$$

ein, dann ergibt sich für die Energiekorrektur

$$w = W_{kk} + \sum_n{}' W_{kn} b_n \,, \tag{6.12}$$

wobei der Strich ($'$) über dem Summenzeichen bedeutet, dass in der Summe das Glied mit $n = k$ auszuschließen ist, da wir im ursprünglichen Ausdruck (6.9)

$$\frac{W_{kk}}{1 + a_k} + \frac{a_k}{1 + a_k} W_{kk} = W_{kk} \tag{6.13}$$

erhalten. Auf diese Weise haben wir die Bestimmung der Energiekorrektur w auf die Berechnung der Koeffizienten a_n, oder, was dasselbe bedeutet, auf die Berechnung der Eigenfunktions-Korrektur v zurückgeführt.

Zur Berechnung der Koeffizienten a_n multiplizieren wir jetzt die obige Gleichung (6.8) mit u_m^{0*} ($m \neq k$) und integrieren über den ganzen Raum. Dies liefert

$$a_m E_m^0 + W_{mk} + \sum_n a_n W_{mn} = (E_k^0 + w)a_m \,. \tag{6.14}$$

Nun dividieren wir diese Gleichung durch $1 + a_k$, fassen wiederum aus der Summe über n das Glied mit $n = k$ mit dem Glied W_{mk} zusammen und lösen die Gleichung nach $b_m = \frac{a_m}{1+a_k}$ auf. Wir erhalten dann

$$b_m = \frac{W_{mk}}{E_k^0 - E_m^0 + w} + {\sum_n}' \frac{W_{mn}}{E_k^0 - E_m^0 + w} b_n \,. \tag{6.15}$$

Diese Gleichung für die Koeffizienten b_m lässt sich nun leicht mit der Methode der sukzessiven Approximationen lösen. Beim ersten Schritt dieses Verfahrens setzen wir auf der rechten Seite dieser Gleichung $b_n = 0$. Dies liefert die nullte Näherung und wir erhalten so für die Koeffizienten b_m die erste Näherung

$$b_m^{(1)} = \frac{W_{mk}}{E_k^0 - E_m^0 + w} \,. \tag{6.16}$$

Im zweiten Schritt setzen wir diese Näherung für b_n auf der rechten Seite von (6.15) ein und finden so für die Koeffizienten b_m den Ausdruck für die zweite Näherung

$$b_m^{(2)} = \frac{W_{mk}}{E_k^0 - E_m^0 + w} + {\sum_n}' \frac{W_{mn}W_{nk}}{(E_k^0 - E_m^0 + w)(E_k^0 - E_n^0 + w)} \,. \tag{6.17}$$

Diese Vorgangsweise können wir beliebig oft wiederholen und erhalten so für die Koeffizienten b_m eine Formel in der Form einer unendlichen Reihe

$$b_m = b_m^{(1)} + {\sum_n}' + {\sum_{n,\,l}}' + \dots \,. \tag{6.18}$$

Wenn wir diesen Ausdruck für die b_n in die bereits gefundene Gleichung (6.12) für die Energiekorrektur einsetzen, so erhalten wir für w die folgende transzendente Gleichung

$$w = T(w) = W_{k\,k} + {\sum_m}' \frac{W_{km}W_{mk}}{E_k^0 - E_m^0 + w} + \dots \,. \tag{6.19}$$

Hier haben wir zu beachten, dass bisher keinerlei Näherung angewandt wurde. Wir wären also durch Lösung der transzendenten Gleichung (6.19) in der Lage, die exakte Energiekorrektur w, bzw. die exakten Energie Eigenwerte E der Ausgangsgleichung (6.3) zu erhalten. Im Falle einer kleinen Störung $\hat{W}$ kann man jedoch die auf der rechten Seite der Gleichung (6.12) für w stehende unendliche Reihe in guter Näherung durch die ersten Glieder dieser Reihe approximieren. Das N-te Glied dieser Reihe enthält nämlich die Produkte von N zur Störung $\hat{W}$ proportionalen Matrixelementen W_{ik} und ist somit für größere Werte von N sehr klein.

In erster Näherung betrachten wir nur das erste Glied in der Reihe (6.12) für w und erhalten damit für die Störungsenergie 1. Ordnung

$$w_1 = W_{kk} = \int u_k^{0*} \hat{W} u_k^0 \mathrm{d}^3 x \,.$$ (6.20)

In erster Näherung ist also die Energie Korrektur der quantenmechanische Mittelwert der Störung $\hat{W}$, bezogen auf den ungestörten Zustand u_k^0. In der zweiten Näherung behalten wir in der Reihe (6.12) für w auch noch das zweite Glied, wobei wir hier im Nenner die Korrektur w gegenüber $E_k^0 - E_m^0$ vernachlässigen können und finden so für die Störungsenergie 2. Ordnung

$$w_2 = W_{kk} + \sum_m{}' \frac{W_{km} W_{mk}}{E_k^0 - E_m^0} \,.$$ (6.21)

Da der Störoperator $\hat{W}$ hermitesch sein muss, damit w reell ist, gilt $W_{mk} = W_{km}^*$. Berechnet man die Energiedifferenz zweier aufeinanderfolgender Niveaus des gestörten Systems, so stellt sich heraus, dass $|\Delta E_k| > |\Delta E_k^0|$ ist und dies rührt vom zweiten Term in der Störungsenergie w_2 her. Man spricht daher in diesem Zusammenhang von der gegenseitigen Abstoßung der Energie Niveaus des gestörten Systems. Die Formel für w_2 ist jedoch nur so lange brauchbar, als die Energiedifferenzen $|E_k^0 - E_m^0|$ ausreichend groß gegenüber den Korrekturen $|W_{km}|^2$ sind. Dies bedeutet, dass nur im Bereich stark gebundener Zustände mit ausreichend großen Abständen der Energieniveaus, die Formel für w_2 anwendbar ist.

Als nächstes betrachten wir (6.7), die Korrektur v für die Eigenfunktionen und berücksichtigen in erster Näherung nur das erste Glied in der Reihe (6.15) für b_m und setzen gleichzeitig im Nenner die Energiekorrektur $w = 0$. Dies ergibt

$$b_m = \frac{W_{mk}}{E_k^0 - E_m^0} \,.$$ (6.22)

Wegen der Definition (6.11) von b_m ist $a_m = (1 + a_k) b_m$, womit die Korrektur für die Eigenfunktionen lautet

$$v = \sum_m a_m u_m^0 = a_k u_k^0 + (1 + a_k) \sum_m{}' b_m u_m^0 \,.$$ (6.23)

Wenn wir in diese Gleichung die gefundene Näherung (6.22) für die Koeffizienten b_m einsetzen, so erhalten wir für die gestörte Eigenfunktion $u = u_k^0 + v$ in erster Näherung

$$u = (1 + a_k) \left[u_k^0 + \sum_m{}' \frac{W_{mk}}{E_k^0 - E_m^0} u_m^0 \right] \,.$$ (6.24)

Der numerische Faktor $(1 + a_k)$ in dieser Gleichung lässt sich aus der Normierungsbedingung $(u, u) = 1$ für die gestörte Energie Eigenfunktion bestimmen. Wenn wir uns mit nicht-normierten Eigenfunktionen begnügen, dann kann $a_k = 0$ gesetzt werden.

6.2.2 Der entartete Fall

Als nächstes behandeln wir den Fall, bei welchem die Energie Eigenwerte E_k^0 entartet sind. Dies bedeutet, dass zu einem Eigenwert E_k^0 des ungestörten Systems eine Anzahl f voneinander linear unabhängiger Eigenfunktionen

$$u_{k1}^0 \,,\, u_{k2}^0 \,,\, u_{k3}^0 \,,\, \ldots,\, u_{kf}^0 \qquad (6.25)$$

gehören und wir zu untersuchen haben, welche Linearkombinationen dieser Eigenfunktionen die nullte Näherung für die Eigenfunktionen für das gestörte Problem mit dem Hamilton-Operator (6.1) sein werden. Jedenfalls haben wir jetzt anstelle des Ansatzes (6.5), der im vorangehenden Abschnitt gemacht wurde, den neuen Ansatz zu verwenden

$$u = \sum_{\alpha=1}^{f} c_\alpha u_{k\,\alpha}^0 + v\,, \qquad (6.26)$$

wo die Koeffizienten c_α vorläufig noch unbekannt sind. Durch Einsetzen diese Ansatzes in die Schrödinger Gleichung des Gesamtsystems (6.3) erhalten wir unter Beachtung der Eigenwertgleichung (6.2)

$$\hat{H}_0 v + \sum_{\alpha=1}^{f} c_\alpha \hat{W} u_{k\,\alpha}^0 + \hat{W} v = E_k^0 v + w \sum_{\alpha=1}^{f} c_\alpha u_{k\,\alpha}^0 + wv\,. \qquad (6.27)$$

Der Einfachheit wegen werden wir hier nur die Energiekorrektur w in der ersten Näherung der Störungsrechnung auffinden. Wir bestimmen also ausschließlich die Störungskorrektur 1. Ordnung für die Energie. Dann können wir in der Gleichung (6.27) die Terme $\hat{W}v$ und wv als kleine Korrekturen von der zweiten Ordnung weglassen. Die restliche Gleichung multiplizieren wir von links mit einer der entarteten Eigenfunktionen $u_{k\beta}^{0*}$ und integrieren über den ganzen Raum. Dies liefert unter Verwendung der abgekürzten Schreibweise für Skalarprodukte (2.67) die Gleichung

$$(u_{k\beta}^0, \hat{H}_0 v) + \sum_{\alpha=1}^{f} c_\alpha (u_{k\beta}^0, \hat{W} u_{k\,\alpha}^0) = E_k^0 (u_{k\beta}^0, v) + w \sum_{\alpha=1}^{f} c_\alpha (u_{k\beta}^0, u_{k\,\alpha}^0)\,. \quad (6.28)$$

Wenn wir in dieser Gleichung auf beiden Seiten wieder den Ansatz für die Korrektur der Eigenfunktionen (6.7) in der Form $v = \sum_{n,\alpha} a_{n\,\alpha} u_{n\,\alpha}^0$ machen und annehmen, dass auch die entarteten Eigenfunktionen $u_{n\,\alpha}^0$ zueinander orthogonal sind, und zwar im folgenden Sinne

$$(u_{k\,\beta}^0, u_{n\,\alpha}^0) = \int u_{k\,\beta}^{0*} u_{n\,\alpha}^0 \mathrm{d}^3 x = \delta_{k,\,n} \delta_{\beta,\,\alpha}\,, \qquad (6.29)$$

dann heben sich in der Gleichung (6.28) auf beiden Seiten die ersten Terme gegenseitig weg und es bleibt unter Einführung der Matrixelemente

$$W_{\beta\,\alpha}^{(k)} = \int u_{k\,\beta}^{0*}\,\hat{W}u_{k\,\alpha}^0\,\mathrm{d}^3x \qquad (6.30)$$

die folgende Gleichung übrig

$$\sum_{\alpha=1}^{f}(W_{\beta\,\alpha}^{(k)} - w\delta_{\beta\,\alpha})c_\alpha = 0\,. \qquad (6.31)$$

Dies ist für die unbekannten Koeffizienten c_α ein homogenes lineares Gleichungssystem. Als Bedingung dafür, dass eine Lösung existiert, muss die Determinante der Koeffizienten des Gleichungssystems verschwinden, also

$$\det\,[W_{\beta\,\alpha}^{(k)} - w\delta_{\beta\,\alpha}] = 0\,. \qquad (6.32)$$

Dies liefert für die Energiekorrekturen w eine Gleichung f-ten Grades, welche die Sekulargleichung genannt wird. Die Wurzeln dieser Gleichung $w_1, w_2, \ldots, w_f$ geben dann die Korrekturen des Energie Eigenwerts E_k^0 an. Wenn alle f Wurzeln voneinander verschieden sind, wird durch die Störung $\hat{W}$ die Entartung des Energie Eigenwertes E_k^0 des ungestörten Systems vollkommen aufgehoben. Ansonsten findet nur eine teilweise Aufhebung der Entartung statt. Da die Matrixelemente $W_{\beta\,\alpha}^{(k)}$ nach Voraussetzung klein sind, werden auch die Wurzeln der Sekulargleichung, w_i, klein sein im Verhältnis zum ungestörten Energie Eigenwert E_k^0, denn die w_i werden als Lösungen von (6.32) durch Produkte von Matrixelementen $W_{\beta\,a}^{(k)}$ dargestellt sein. Daher wird der ungestörte und entartete Energie Eigenwert E_k^0 infolge der Störung in eine Reihe eng benachbarter Energieniveaus aufgespalten werden

$$E_k^{(i)} = E_k^0 + w_i\,, \quad i = 1, 2, \ldots, f\,. \qquad (6.33)$$

Wenn nicht alle w_i voneinander verschieden sind, so findet nur eine teilweise Aufspaltung statt.

Wie wir aus der Matrixalgebra in Abschn. 4.1 wissen, gehört zu jedem Wert w_i der Energie Korrekturen ein Lösungssystem der Koeffizienten $c_\alpha^{(i)}$. Mit diesen Werten der Koeffizienten $c_\alpha^{(i)}$ wird es möglich, das erste Glied in unserem Ansatz für die gestörte Eigenfunktion u, (6.26), d.h. die zum betreffenden Energie Eigenwert $E_k^{(i)}$ gehörende Eigenfunktion in nullter Näherung anzugeben, nämlich

$$u_k^{(i)} = \sum_{\alpha=1}^{f} c_\alpha^{(i)} u_{k,\alpha}^0\,. \qquad (6.34)$$

Gemäß unseren Ausführungen über die Matrixformulierung der Quantenmechanik bedeutet dieses Resultat, dass hier in niedrigster Ordnung der Störungstheorie der gestörte Hamilton-Operator (6.1) im Unterraum der Eigenfunktionen $u_{k,\alpha}^0$ (k ist fest gehalten und $\alpha = 1, 2, \ldots, f$) auf Diagonalform gebracht wird. Die Koeffizienten $c_a^{(i)} = S_{\alpha\,i}$ definieren die entsprechende unitäre Matrix, die dieses bewerkstelligt. Ebenso bestimmen die $c_\alpha^{(i)}$

die Eigenvektoren von $\hat{H}$ in der Basis $u^0_{k,\alpha}$, den Eigenvektoren von $\hat{H}_0$ in der betrachteten nullten Näherung. Dies ist gleichbedeutend der ersten Näherung für die Eigenwerte $E^{(i)}_k$.

Für das bessere Verständnis der Rayleigh-Schrödingerschen Störungstheorie betrachten wir im folgenden als zwei wichtige Anwendungen aus der Atomphysik die Spin-Bahn Wechselwirkung und den Zeeman-Effekt.

6.3 Die Spin-Bahn Wechselwirkung

Die im Atom sich bewegenden Elektronen stehen infolge ihres mit dem Spin $\hat{s}$ gekoppelten magnetischen Momentes $\hat{\boldsymbol{\mu}}_s$ in einer Wechselwirkung mit dem elektrischen Feld im Atom. Diese Wechselwirkung wird die Spin-Bahn Wechselwirkung genannt. In der klassischen Elektrodynamik wird gezeigt, dass die Energie eines Elektrons mit dem magnetischen Moment $\hat{\boldsymbol{\mu}}_s$, wenn es sich in einem elektrostatischen Feld der Feldstärke $\boldsymbol{E}$ mit der Geschwindigkeit $\boldsymbol{v}$ bewegt, durch folgenden Ausdruck gegeben ist

$$\hat{W} = \frac{1}{c}\hat{\boldsymbol{\mu}}_s(\boldsymbol{v} \times \boldsymbol{E})\,. \tag{6.35}$$

Wenn $\boldsymbol{E}$ aus einem reinen Coulomb Potential ableitbar ist, können wir den Ausdruck (6.35) elementar beweisen. Aufgrund des Biot-Savartschen Gesetzes erzeugt eine Ladung q, die sich mit der Geschwindigkeit $\boldsymbol{v}$ bewegt im Abstand $\boldsymbol{x}$ eine magnetische Induktion $\boldsymbol{B}$, die durch folgende Formel gegeben ist

$$\boldsymbol{B} = \frac{q}{c}\frac{\boldsymbol{v} \times \boldsymbol{x}}{r^3}\,, \quad r = |\boldsymbol{x}|\,. \tag{6.36}$$

Am Ort des Elektrons im Atom erzeugt daher die Kernladung Ze für einen Beobachter, der auf dem Elektron ruht, infolge der Relativbewegung $-\boldsymbol{v}$ die magnetische Induktion

$$\boldsymbol{B} = -\frac{Ze}{c}\frac{\boldsymbol{v} \times \boldsymbol{x}}{r^3} = -\frac{1}{c}\left(\boldsymbol{v} \times \frac{Ze}{r^2}\frac{\boldsymbol{x}}{r}\right) = -\frac{1}{c}(\boldsymbol{v} \times \boldsymbol{E})\,, \tag{6.37}$$

wenn wir $\boldsymbol{E} = -\nabla\Phi$ mit $\Phi = \frac{Ze}{r}$ setzen. Schließlich wissen wir, dass die magnetische Energie des Elektrons in diesem Feld durch $\hat{W} = -\hat{\boldsymbol{\mu}}_s \cdot \boldsymbol{B}$ gegeben ist. Solange die Kugelsymmetrie des elektrostatischen Potentials $\Phi(r)$ in einem beliebigen Atom gewahrt bleibt, gilt für die potentielle Energie eines Elektrons im Atom $V(r) = -e\Phi(r)$ und daher für das elektrostatische Feld am Ort des Elektrons

$$\boldsymbol{E} = -\nabla\Phi = \frac{1}{e}\frac{\boldsymbol{x}}{r}\frac{\mathrm{d}V}{\mathrm{d}r}\,. \tag{6.38}$$

Ferner ist der klassische Bahndrehimpuls eines Elektrons gegeben durch die Beziehung $\boldsymbol{l} = m(\boldsymbol{x} \times \boldsymbol{v})$ und zwischen dem Spin $\hat{s}$ und dem magnetischen Moment $\hat{\boldsymbol{\mu}}_s$ besteht der Zusammenhang (5.101) $\hat{\boldsymbol{\mu}}_s = -\frac{e}{mc}\hat{s}$. Wenn wir alle diese Beziehungen in den Ausdruck für die magnetische Energie des Elektrons einsetzen, so folgt für die Energie der Spin-Bahn Wechselwirkung

$$\hat{W} = \frac{1}{2m^2c^2} \frac{1}{r} \frac{dV}{dr} (\hat{\boldsymbol{l}} \cdot \hat{\boldsymbol{s}}) \,. \tag{6.39}$$

Dabei wurde noch der sogenannte Thomas Faktor $\frac{1}{2}$ hinzugefügt, der sich bei der relativistischen Herleitung des Ausdrucks für die Spin-Bahn Wechselwirkung ergibt. Die soeben berechnete, zusätzliche Wechselwirkungsenergie (6.39) wird nun als Operator in die Quantenmechanik übernommen. Dieser Operator ist im Verhältnis zum Operator der elektrostatischen Energie $\hat{V}(r)$ des Elektrons im Atom sehr klein und kann daher als Störung betrachtet werden.

Bei der Diskussion des Wasserstoffatoms in Abschn. 3.6 haben wir gesehen, dass die Elektronenzustände auch in einem beliebigen kugelsymmetrischen Potential $\hat{V}(r)$ weiterhin entartet sind, wonach einem mit der Hauptquantenzahl n und der Nebenquantenzahl l gekennzeichneten Energie Term $E_{n,l}$, $2(2l + 1)$ Zustände gehören, wobei der Faktor 2 für die beiden möglichen Spinzustände steht. Zur Kennzeichnung dieser Zustände haben wir zwei Möglichkeiten kennengelernt. Man kann diese Zustände entweder durch die magnetische Quantenzahl m und die Spin-Quantenzahl s oder durch die innere (Gesamtdrehimpuls) Quantenzahl j und deren Projektion m_j unterscheiden, beziehungsweise charakterisieren. Im ersten Fall sind die entsprechenden Elektronen Zustandsfunktionen

$$u(\boldsymbol{x})\chi(s) = R_{nl}(r)Y_l^m(\theta,\phi)\chi_{m_s}(s)$$
$$-l \leq m \leq +l \,, \quad m_s = \pm\frac{1}{2} \tag{6.40}$$

und im zweiten Fall lauten diese Eigenfunktionen

$$F_{n,\frac{1}{2},l;j,m_j}(\boldsymbol{x},s) = \sum_{m_s=-\frac{1}{2}}^{+\frac{1}{2}} C_{\frac{1}{2},l,j;m_s,m_j} \chi_{\frac{1}{2},m_s} u_{n,l,m_j-m_s}(\boldsymbol{x})$$
$$u_{n,l,m_j-m_s}(\boldsymbol{x}) = R_{n,l}(r)Y_l^{m_j-m_s}(\theta,\phi)$$
$$j = l \pm \frac{1}{2} \,, \quad -j \leq m_j \leq +j \,. \tag{6.41}$$

Diese beiden Systeme von Eigenfunktionen sind einander völlig äquivalent, wie wir bereits diskutiert haben, da das eine System von Funktionen aus dem anderen durch eine unitäre Linearkombination gewonnen werden kann. Bei der Untersuchung konkreter Probleme wird dann stets das zweckmäßigere Funktionensystem zu wählen sein.

Im vorliegenden Fall der Spin-Bahn Wechselwirkung ist es zweckmäßig, das zuletzt genannte Funktionensystem (6.41) als Ausgangsbasis einer Störungsrechnung zu verwenden, da diese Funktionen zugleich Eigenfunktionen des Gesamtdrehimpulses der Elektronen im Atom sind. Damit sind sie aber auch Eigenfunktionen des Operators $\hat{\boldsymbol{l}} \cdot \hat{\boldsymbol{s}} = \frac{1}{2}(\hat{\boldsymbol{j}}^2 - \hat{\boldsymbol{l}}^2 - \hat{\boldsymbol{s}}^2)$, wie wir bereits allgemein in Abschn. 5.3 diskutiert haben, und somit sind diese Funktionen auch Eigenfunktionen der Spin-Bahn Wechselwirkung, denn

$$
\begin{aligned}
(\hat{\boldsymbol{l}} \cdot \hat{\boldsymbol{s}}) F_{n,\frac{1}{2},l;\,j,\,m_j} &= \frac{1}{2}(\hat{\boldsymbol{j}}^2 - \hat{\boldsymbol{l}}^2 - \hat{\boldsymbol{s}}^2) F_{n,\frac{1}{2},l;\,j,\,m_j} \\
&= \frac{\hbar^2}{2}\left[j(j+1) - l(l+1) - \frac{3}{4} \right] F_{n,\frac{1}{2},l;\,j,\,m_j} \\
&= \frac{\hbar^2}{4} \frac{2 - g_{\mathrm{L}}}{g_{\mathrm{L}} - 1} F_{n,\frac{1}{2},l;\,j,\,m_j}\,,
\end{aligned}
\tag{6.42}
$$

wobei wir am Schluss dieser Gleichung den Landéschen g_{L}-Faktor (5.106) eingeführt haben. Mit dem letzten Ergebnis können wir nun in niedrigster Ordnung der Störungstheorie bei entarteten Zuständen, die Matrixelemente $W_{\beta,\alpha}^{(k)}$ des Störoperators (6.39) der Spin-Bahn Wechselwirkung berechnen. Da die Funktionen $F_{n,\frac{1}{2},l;\,j,\,m_j}$ eine orthonormale Basis bilden und Eigenfunktionen von W sind, erhalten wir

$$
W_{\beta,\alpha}^{(k)} \equiv W_{j,\,m_j\,;\,j',\,m_j'} = \frac{1}{2}\frac{2 - g_{\mathrm{L}}}{g_{\mathrm{L}} - 1}\zeta_{n,\,l}\,\delta_{j,\,j'}\delta_{m_j,\,m_j'}\,,
\tag{6.43}
$$

wo zur Abkürzung das verbleibende radiale Matrix Element $\zeta_{n,\,l}$ durch folgenden Ausdruck gegeben ist

$$
\zeta_{n,\,l} = \left(\frac{\hbar}{2mc} \right)^2 \int_0^\infty \frac{1}{r}\frac{\mathrm{d}V}{\mathrm{d}r} R_{n\,l}^2(r) r^2 \mathrm{d}r\,.
\tag{6.44}
$$

Also ist bei unsere Wahl des Basis Systems von Eigenfunktionen die Störmatrix (6.43) bereits auf Diagonalform gebracht, da nur die Matrixelemente mit $j = j'$ und $m_j = m_{j'}$ ungleich Null sind. Daher gelingt es hier, bei unserer Wahl des Basis Systems, die Sekulargleichung der Störungstheorie (6.32) unmittelbar auf elementarem Wege zu lösen, indem wir nur die Diagonalelemente der Determinanten-Gleichung Null setzen müssen. Dies liefert sofort die Energiekorrekturen der Spin-Bahnwechselwirkung

$$
w = \frac{1}{2}\left[\frac{2 - g_{\mathrm{L}}}{g_{\mathrm{L}} - 1} \right] \zeta_{n,\,l}\,.
\tag{6.45}
$$

Da g_{L} von der inneren Quantenzahl j abhängt, erhalten wir für die beiden Werte $j = l + \frac{1}{2}$ und $j = l - \frac{1}{2}$ zwei verschiedene Werte der Energiekorrektur w. Da ferner g_{L} von der magnetischen Quantenzahl m_j abhängt, bleiben die Werte von w weiterhin $(2j+1)$-fach entartet, d.h. die Spin-Bahn Wechselwirkung führt nur zu einer teilweisen Aufhebung der Entartung. Wenn wir den Ausdruck (5.111) für g_{L} einsetzen, so erhalten wir das folgende Endresultat für die Spin-Bahn Aufspaltung der Energieniveaus

$$w = l\,\zeta_{n,l}\,, \quad j = l + \frac{1}{2}\,, \quad 2l + 2 - \text{fach entartet}$$

$$w = -(l+1)\zeta_{n,l}\,, \quad j = l - \frac{1}{2}\,, \quad 2l - \text{fach entartet}\,. \tag{6.46}$$

Zusammenfassend können wir feststellen, dass wegen der Spin-Bahn Wechselwirkung die ursprünglichen $2(2l + 1)$-fach entarteten Energie Terme in zwei Niveaus aufspalten, die durch die beiden verschiedenen Werte von j gekennzeichnet sind. Beide Niveaus sind $(2j + 1)$-fach entartet. Der mit der Multiplizität des Niveaus als Gewichtsfaktor gebildete Mittelwert der beiden Niveaus liefert

$$\frac{(2l + 2)l\,\zeta_{n,l} - 2l(l + 1)\zeta_{n,l}}{2(2l + 1)} = 0\,. \tag{6.47}$$

Danach fällt der Schwerpunkt der beiden Energie Terme mit dem ungestörten Energie Niveau zusammen. Aus dem Ausdruck (6.44) für $\zeta_{n,l}$ entnehmen wir, dass für ein anziehendes Potential, wie dem Coulomb Potential, $\zeta_{n,l} > 0$ ist. Dann liegt das zu $j = l - \frac{1}{2}$ gehörende Niveau tiefer als jenes für $j = l + \frac{1}{2}$. Die von uns so gefundene Energieaufspaltung heißt die Landé-sche Intervallregel und gilt ganz allgemein für beliebige Probleme mit einer Zentralkraft (wie zum Beispiel für ein Valenzelektron in einem Alkaliatom).

Zur Abschätzung der Größenordnung der Energiekorrekturen w der Spin-Bahn Wechselwirkung berechnen wir $\zeta_{n,l}$ für H-ähnliche Atome. Dann ist $V = -\frac{Ze^2}{r}$, $\frac{dV}{dr} = \frac{Ze^2}{r^2}$ und wir erhalten mit Hilfe der in (3.181,3.192,3.193) angegeben Eigenfunktionen $R_{n,l}(r)$ der radialen Schrödinger Gleichung

$$\zeta_{n,l} = Ze^2 \left(\frac{\hbar}{2mc}\right)^2 \int_0^\infty \frac{dr}{r} R_{n,l}^2(r) = \frac{(\alpha Z)^4 mc^2}{2n^3 l(l + 1)(2l + 1)}\,. \tag{6.48}$$

Wenn wir dieses Resultat mit den Energie Eigenwerten (3.180) der Wasserstoff ähnlichen Atome vergleichen, so folgt bis auf einen numerischen Faktor der Größenordnung eins

$$\frac{w}{E_n} \simeq (\alpha Z)^2 = \beta_1^2 Z^2\,, \tag{6.49}$$

wo $\beta_1 = \frac{v_1}{c} = \alpha = \frac{e^2}{\hbar c} \simeq \frac{1}{137}$ ist. Dies ist die sogenannte Sommerfeldsche Feinstrukturkonstante, von der wir zeigten, dass sie gleich ist der Geschwindigkeit eines Elektrons auf der ersten Bohrschen Bahn, gemessen in Einheiten der Lichtgeschwindigkeit c. Daher ist die Korrektur w der Spin-Bahn Wechselwirkung eine relativistische Korrektur und auch der Name Feinstrukturkonstante verständlich.

Neben der relativistischen Korrektur der Spin-Bahn Wechselwirkung gibt es nach der vollständigen, relativistischen Theorie von Dirac noch zwei weitere Korrekturen von der gleichen Größenordnung, die im Rahmen der nichtrelativistischen Theorie von Schrödinger nicht behandelt werden können. Die erste von diesen liefert eine relativistischen Korrektur der kinetischen Energie, sodass $T \cong \frac{p^2}{2m}(1 - \frac{1}{4}\beta^2)$, wo $\beta \cong \beta_1 Z$ ist, während die zweite ihren Ursprung in der von Schrödinger analysierten „Zitterbewegung" des freien Dirac-Elektrons hat und zu einer ähnlichen Korrektur der Energie des Grundzustandes von der Größenordnung $E_1[1 - \frac{1}{2}(\beta_1 Z)^2]$ führt. Daher ist es nicht verwunderlich, dass die Landésche Aufspaltung nur qualitativ in Übereinstimmung mit dem Experiment steht. Jedoch ist die $(\hat{\boldsymbol{l}} \cdot \hat{\boldsymbol{s}})$-Wechselwirkung die einzige, welche magnetischen Ursprungs ist. Dies wird im nächsten Abschnitt von Interesse sein.

6.4 Der Zeeman Effekt

Die Aufspaltung der von einem Atom emittierten Spektrallinien, wenn das Atom in ein äußeres homogenes Magnetfeld $\boldsymbol{B}$ gebracht wird, nennt man den Zeeman Effekt. Dieser findet im Rahmen der klassischen Elektronentheorie von Hendrik Antoon Lorentz eine einfache qualitative Erklärung. Ein auf einer geschlossenen Bahn mit der Geschwindigkeit $\boldsymbol{v}$ und der Umlauffrequenz ω_0 sich bewegendes Elektron der Ladung $-e$ erleidet bekanntlich im Magnetfeld $\boldsymbol{B}$ eine zusätzliche Kraftwirkung $-\frac{e}{c}(\boldsymbol{v} \times \boldsymbol{B})$, die je nach Orientierung von $\boldsymbol{v}$ und $\boldsymbol{B}$ zu einer Verzögerung oder Beschleunigung des Elektrons auf seiner Bahn führt. Dem entspricht eine Änderung der Umlauffrequenz ω_0 um die Beträge $\pm\omega_{\mathrm{L}}$, wo

$$\omega_{\mathrm{L}} = \frac{eB}{2mc} \qquad (6.50)$$

die sogenannte Larmor-Frequenz ist, für die im allgemeinen im atomaren Bereich gilt, dass $\omega_{\mathrm{L}} \ll \omega_0$ ist. (Siehe Aufgabe 6.4.)

Zur quantenmechanischen Interpretation dieses Effektes wählen wir als Ausgangspunkt den klassischen Ausdruck für die magnetische Energie eines Elektrons im Atom, welches das magnetische Gesamtmoment $\hat{\boldsymbol{\mu}}$ hat und in einem äußeren magnetischen Feld $\boldsymbol{B}$ eingebettet ist. Dieser Ausdruck lautet

$$\hat{W} = -\hat{\boldsymbol{\mu}} \cdot \boldsymbol{B} \,. \qquad (6.51)$$

Dabei ist $\hat{\boldsymbol{\mu}}$ nach unseren früheren Überlegungen zusammengesetzt aus dem Moment der Bahnbewegung und dem Spin Moment. Wenn wir das magnetische Feld in der z-Richtung orientiert wählen, können wir setzen $\boldsymbol{B} = B\boldsymbol{e}_z$. Dann lautet der entsprechende Störoperator der magnetischen Wechselwirkung

$$\hat{W} = -\hat{\mu}_z B = \omega_{\mathrm{L}}(\hat{l}_z + 2\,\hat{s}_z) \,. \qquad (6.52)$$

6.4.1 Der normale Zeeman Effekt

Wir behandeln zunächst den sogenannten normalen Zeeman Effekt. Dieser tritt in relativ starken Magnetfeldern $B \gtrsim 5 \times 10^4$ Gauß auf. In diesem Fall kann die Spin-Bahn Wechselwirkung im Atom vernachlässigt werden und daher kann man Bahndrehimpuls $\hat{l}$ und Spin $\hat{s}$ als entkoppelt betrachten. Dann sind zur Berechnung der Zeeman Aufspaltung mit Hilfe der Störungsrechnung für entartete Zustände die durch die Quantenzahlen n, l, m, m_s charakterisierten Eigenzustände (6.40) des Elektrons im Atom als Ausgangsbasis geeignet, da diese Zustände Eigenfunktionen unseres Störoperators (6.52) sind und daher die Störmatrix bereits die Diagonalform $W_{\beta,\alpha}^{(k)} = W_{m,m_s;m',m_s'}^{(n,l)}$ hat. Wenn wir dann jedes Glied auf der Hauptdiagonale der zugehörigen Determinante der Sekulargleichung (6.32) gleich Null setzen, erhalten wir sofort die gesuchten Lösungen für die Eigenwerte des Störoperators (6.52)

$$w = \omega_L \hbar (m + 2m_s) = \mu_B B(m + 2m_s)$$

$$-l \leq m \leq +l, \quad m_s = \pm \frac{1}{2} \tag{6.53}$$

und diese Energiekorrekturen w, welche Funktionen der magnetischen Bahn Quantenzahl m und der Spin Quantenzahl m_s sind, führen im Magnetfeld B zur Aufhebung der Entartung des Niveaus mit der Energie $E_{n,l}$. Da $m + 2m_s$ nur ganzzahlige Werte haben kann, erfolgt die Zeeman-Aufspaltung in gleich großen Energieintervallen $\hbar \omega_L = \mu_B B$, entsprechend den quantisierten Einstellungen des Vektors $\hat{\boldsymbol{\mu}}$ in Bezug auf den Vektor $\boldsymbol{B}$. Diese Aufspaltung kommt nur bei den s-Termen im Atom mit $l = 0$ voll zur Auswirkung, wo die entsprechenden zwei Energie Niveaus für $m_s = \pm \frac{1}{2}$ (Doublet-Aufspaltung) auftreten, während bei allen anderen Termen (p, d, f, ...) mit $l > 0$ die Zeeman-Aufspaltung nur teilweise stattfindet, d.h. die Entartung von $E_{n,l}$ wird nur teilweise aufgehoben. Anstelle von $2(2l+1)$ Energiekorrekturen w erhalten wir nur $(2l+1) + 2 = 2l + 3$ voneinander verschiedene Werte von w, wie aus der obigen Gleichung (6.53) zu ersehen ist, also

$$w = 0, \pm \hbar \omega_L, \pm 2\hbar \omega_L, \pm 3\hbar \omega_L, \ldots, \pm (l+1)\hbar \omega_L. \tag{6.54}$$

Diese Aufspaltung zeigt die Skizze in Abb. 6.1.

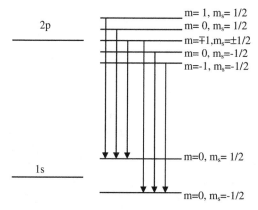

Abb. 6.1. Zeeman-Aufspaltung der s- und p-Terme

6.4.2 Der anomale Zeeman Effekt

Als nächstes betrachten wir den anderen Extremfall, dass $B \ll 5 \times 10^4$ Gauß ist. Dann ist das äußere Magnetfeld B viel schwächer als das innere magnetische Feld B_{SB} der Spin-Bahn Wechselwirkung im Inneren des Atoms. Bei der Berücksichtigung der Spin-Bahn Wechselwirkung ist die Termaufspaltung viel komplizierter und führt auf den sogenannten anomalen Zeeman Effekt. Ganz allgemein wird bei der Gegenwart einer äußeren und einer inneren magnetischen Störung der entarteten Energie Niveaus $E_{n,l}$ der im Atom wirksame Störoperator durch folgenden Ausdruck gegeben sein

$$\hat{W} = \frac{1}{2m^2c^2}\frac{1}{r}\frac{\mathrm{d}V}{\mathrm{d}r}(\hat{\boldsymbol{l}}\cdot\hat{\boldsymbol{s}}) + \omega_{\mathrm{L}}(\hat{l}_z + 2\,\hat{s}_z)\,. \qquad (6.55)$$

Doch bei der Diskussion der magnetischen Momente von Atomen haben wir gesehen, dass bei der Messung von $\hat{\boldsymbol{\mu}}$ in schwachen äußeren magnetischen Feldern nur die Komponente $\hat{\boldsymbol{\mu}}_j$ längs des Gesamtdrehimpulses $\hat{\boldsymbol{j}}$ maßgeblich ist. Daher können wir für den Störoperator des anomalen Zeeman Effektes den folgenden Ausdruck zugrunde legen

$$\hat{W} = \frac{1}{2m^2c^2}\frac{1}{r}\frac{\mathrm{d}V}{\mathrm{d}r}(\hat{\boldsymbol{l}}\cdot\hat{\boldsymbol{s}}) + \omega_{\mathrm{L}}\hat{G}\,\hat{j}_z\,, \qquad (6.56)$$

wo $\hat{G}$ der früher eingeführte „Projektionsoperator" (5.109,5.111) ist. Im gegenwärtigen Fall sind daher zur Berechnung der Eigenwerte w des Störoperators $\hat{W}$ mit Hilfe der Störungsrechnung für die entarteten Energie Niveaus $E_{n,l}$ die in (6.41) angegebenen Funktionen $F_{n,\frac{1}{2},l;j,m_j}$ besonders geeignet, da sie sowohl Eigenfunktionen von $(\hat{\boldsymbol{l}}\cdot\hat{\boldsymbol{s}})$ als auch von $\hat{j}_z$ sind. Daher finden wir mit diesen Funktionen, dass die Störmatrix $W_{\beta,\alpha}^{(k)} \equiv W_{j,m_j;\,j',m_j'}$ bereits diagonalisiert ist und daher finden wir durch Null setzen der einzelnen Elemente der faktorisierten Sekulargleichung (6.32) die Eigenwerte der Störmatrix

$$w = \frac{1}{2}\frac{2 - g_{\mathrm{L}}}{g_{\mathrm{L}} - 1}\zeta_{n,l} + \hbar\omega_{\mathrm{L}}\,g_{\mathrm{L}}m_j$$

$$j = l \pm \frac{1}{2}\,,\quad -j \le m_j \le +j\,. \qquad (6.57)$$

Hiernach spaltet beim anomalen Zeeman Effekt das schwache äußere Magnetfeld $\boldsymbol{B}$ jeden der beiden Doublet-Terme $j = l \pm \frac{1}{2}$ der Spin-Bahn Wechselwirkung in je $2j + 1$ Teilkomponenten auf, welche gleichen Abstand vom Betrag $\hbar\omega_{\mathrm{L}}g_{\mathrm{L}}$ voneinander haben. Jedoch sind diese Abstände für $j = l + \frac{1}{2}$ und $j = l - \frac{1}{2}$ wegen der jeweils verschiedenen Werte des Landé Faktors g_{L} (5.106) voneinander verschieden. Wegen der allgemeinen Beziehung (5.90), angewandt auf den gegenständlichen Fall, ist die Entartung völlig aufgehoben, da $2(2l + 1) = \sum_{l-\frac{1}{2}}^{l+\frac{1}{2}}(2j + 1)$ ist. Aus historischer Sicht ist am bekanntesten die Aufspaltung des Natrium Doublets. Wir ersehen aus der Formel

(6.57) für die Energiekorrekturen w, dass das Verhältnis $\frac{\zeta_{n,l}}{\hbar\omega_L}$ maßgeblich das Auftreten des normalen bzw. des anomalen Zeeman Effekts bestimmt. Dieses Verhältnis ist $\simeq 1$, sobald $B = \frac{\zeta_{n,l}}{\mu_B} \simeq 5 \times 10^4$ Gauß ist, also jener Wert von B, den wir anfangs genannt haben.

Mit wachsendem äußeren Magnetfeld B geht der anomale Zeeman Effekt in den normalen Zeeman Effekt über, da bei einem starken äußeren B-Feld, im Atom der Bahndrehimpuls $\hat{l}$ und der Spin $\hat{s}$ allmählich entkoppelt werden. In diesem Zwischengebiet spricht man dann vom Paschen-Back Effekt. Für die Behandlung des Paschen-Back Effektes ist die erforderliche Störungsrechnung zur Bestimmung der Termaufspaltung weitaus komplizierter und soll hier nicht näher behandelt werden.

6.5 Die Variationsmethode

Wenn die Voraussetzungen der bisher besprochenen zeitunabhängigen Störungstheorie nicht erfüllt sind, wenn sich also der Hamilton-Operator $\hat{H}$ nicht in der Form $\hat{H} = \hat{H}_0 + \hat{W}$ zerlegen läßt, wo $\hat{W}$ als kleine Störung aufgefasst werden kann, dann besteht die Möglichkeit, ein sehr allgemeines Variationsverfahren anzuwenden. Als Ergänzung zu den vorangehenden Überlegungen zur zeitunabhängigen Störungstheorie wollen wir kurz den Grundgedanken dieses Verfahrens skizzieren. Das Variationsverfahren dient vorallem zur näherungsweisen Bestimmung der Energie E_0 des Grundzustandes eines komplexeren quantenmechanischen Systems. Zur Erläuterung des Verfahrens gehen wir vom Erwartungswert des Hamilton Operators aus und betrachten

$$\langle \hat{H} \rangle = \int \psi^*(\boldsymbol{x}, t)\hat{H}\psi(\boldsymbol{x}, t)\mathrm{d}^3x \,. \tag{6.58}$$

Wir nehmen zunächst an, die Eigenwerte und Eigenfunktionen von $\hat{H}$ seien bekannt. Dann können wir die Reihenentwicklung

$$\psi(\boldsymbol{x}, t) = \sum_{\mathrm{E}} c_{\mathrm{E}}(t)u_{\mathrm{E}}(\boldsymbol{x}) \tag{6.59}$$

in (6.58) einsetzen und wir finden wegen der Orthonormiertheit der $u_{\mathrm{E}}(\boldsymbol{x})$

$$\begin{aligned}
\langle \hat{H} \rangle &= \sum_{\mathrm{E},\mathrm{E}'} c_{\mathrm{E}}^*(t)c_{\mathrm{E}'}(t)(u_{\mathrm{E}}, \hat{H}u_{\mathrm{E}'}) \\
&= \sum_{\mathrm{E},\mathrm{E}'} c_{\mathrm{E}}^*(t)c_{\mathrm{E}'}(t)E'(u_{\mathrm{E}}, u_{\mathrm{E}'}) = \sum_{\mathrm{E},\mathrm{E}'} c_{\mathrm{E}}^*(t)c_{\mathrm{E}'}(t)E'\delta_{\mathrm{E},\mathrm{E}'} \\
&= \sum_{\mathrm{E}} E\,|c_{\mathrm{E}}(t)|^2 \,. \tag{6.60}
\end{aligned}$$

Da die Energie E_0 des Grundzustandes eines quantenmechanischen Systems stets kleiner als jene eines angeregten Zustandes E_α ist, wo der Parameter α diskret oder kontinuierlich sein kann, so wird aus (6.60) zu folgern sein, daß

$$\langle \hat{H} \rangle = \sum_E E \, |c_E(t)|^2 \geqslant E_0 \sum_E |c_E(t)|^2 = E_0 \qquad (6.61)$$

gilt, da wegen der Orthonormiertheit der $u_E(\boldsymbol{x})$ und aus Gründen der Wahrscheinlichkeitserhaltung $\sum_E |c_E|^2 = 1$ ist. Somit können wir ganz allgemein schließen, dass die folgende Ungleichung gilt

$$E_0 \leqslant \frac{\int \psi^*(\boldsymbol{x}, t) \hat{H} \psi(\boldsymbol{x}, t) \mathrm{d}^3 x}{\int \psi^*(\boldsymbol{x}, t) \psi(\boldsymbol{x}, t) \mathrm{d}^3 x}, \qquad (6.62)$$

wenn im allgemeinen $\psi(\boldsymbol{x}, t)$ nicht normiert ist. Um einen genäherten Wert für die Energie des Grundzustandes eines quantenmechanischen Systems zu erhalten, kann man nun für $\psi(\boldsymbol{x}, t)$ eine Versuchsfunktion $\psi_0(\boldsymbol{x}, t, \lambda_1, \lambda_2, \dots)$ für den Grundzustand ansetzen und das Extremum von

$$\int \psi_0^*(\boldsymbol{x}, t, \lambda_1, \lambda_2, \dots) \hat{H} \psi_0(\boldsymbol{x}, t, \lambda_1, \lambda_2, \dots) \mathrm{d}^3 x = \langle \hat{H} \rangle_0 = \text{Minimum} \quad (6.63)$$

aufsuchen, indem man den Erwartungswert (6.63) nach den Parametern λ_i $(i = 1, 2, \dots)$ differenziert, also

$$\frac{\partial \langle \hat{H} \rangle_0}{\partial \lambda_i} = 0, \quad i = 1, 2, \dots \qquad (6.64)$$

bildet und diese Ableitungen gleich Null setzt, um aus den resultierenden Gleichungen die Extremalwerte $\lambda_i^{(ex)}$, $i = 1, 2, \dots$ zu finden, welche (6.63) zu einem Minimum machen.

6.5.1 Ein elementares Beispiel

Als einfaches Beispiel für die Anwendbarkeit dieses Verfahrens, suchen wir durch günstige Wahl der Versuchsfunktion, einen brauchbaren Wert für die Energie des Grundzustandes des linearen harmonischen Oszillators zu finden. Dazu gehen wir von der normierten Form der Schrödinger Gleichung des harmonischen Oszillators (3.54) aus

$$\frac{\mathrm{d}^2 u}{\mathrm{d} \xi^2} + (\lambda - \xi^2) u = 0 \qquad (6.65)$$

und wählen als Versuchsfunktion $u_0(\xi) = A \exp(-\beta |\xi|)$, die für $\xi \to \pm\infty$ das gewünschte asymptotische Verhalten besitzt. Die Normierungskonstante A ergibt sich aus dem Integral

$$2A^2 \int_0^\infty \mathrm{e}^{-2\beta\xi} \mathrm{d}\xi = \frac{A^2}{\beta} \int_0^\infty \mathrm{e}^{-\lambda} \mathrm{d}\lambda = -\frac{A^2}{\beta} \mathrm{e}^{-\lambda}\big|_0^\infty = \frac{A^2}{\beta}, \qquad (6.66)$$

wonach $A = \sqrt{\beta}$ ist. Nun berechnen wir den Erwartungswert von $-\frac{\mathrm{d}^2}{\mathrm{d}\xi^2} + \xi^2$ mit der normierten Versuchfunktion $u_0(\xi)$. Wir finden

$$\mathcal{I} = 2\beta \int_0^\infty e^{-\beta\xi} \left(-\frac{d^2}{d\xi^2} + \xi^2 \right) e^{-\beta\xi} d\xi$$

$$= \int_0^\infty \left(-\beta^2 + \frac{\lambda^2}{4\beta^2} \right) e^{-\lambda} d\lambda = -\beta^2 - \frac{1}{4\beta^2} . \tag{6.67}$$

Das Extremum dieses Integrals finden wir durch Differentiation nach β mit dem Resultat $\beta^2_{min} = \frac{1}{2}$ Daher ist das Minimum des Integrals $\mathcal{I}_{min} = -1$. Somit liefert das Variationsverfahren für den kleinsten Wert des Eigenwertparameters $\lambda_0 \leq 1$ und aufgrund der Definition $\lambda = \frac{2E}{\hbar\omega}$ finden wir für den kleinsten Energieeigenwert des harmonischen Oszillators $E_0 \leq \frac{\hbar\omega}{2}$ in sehr guter Übereinstimmung mit dem exakten Wert für E_0, den wir früher in (3.62) gefunden haben. Man erhält also vergleichsweise gute Werte für die Energie des Grundzustandes eines quantenmechanischen Problems, selbst wenn die Versuchsfunktion ziemlich von der exakten Wellenfunktion des Grundzustandes abweicht.

6.6 Die zeitabhängige Störungstheorie

6.6.1 Einleitende Bemerkungen

Wie aus unseren bisherigen Überlegungen hervorgeht, besitzt in der Quantenmechanik ein abgeschlossenes System, welches dadurch ausgezeichnet ist, dass es nicht in Wechselwirkung mit der Umgebung steht, die Eigenschaft der Energieerhaltung, wonach $\frac{d\hat{H}}{dt} = 0$ gilt. Ein solches System besitzt ganz bestimmte stationäre Zustände, in denen es unendlich lange verweilt, da die Messung scharfer Energiewerte wegen der Unschärfebeziehung $\Delta E \cdot \Delta t \simeq \hbar$ unendlich lange Beobachtungszeiten erfordert. Physikalische Prozesse, die in Übergängen zwischen solchen Zuständen bestehen, können nur stattfinden, indem dieses System mit anderen Systemen gekoppelt wird. Auch die Möglichkeit der Beobachtung eines solchen abgeschlossenen Systems hängt von derartigen Wechselwirkungen mit den die Messapparatur darstellenden Systemen ab. Dies kann zum Beispiel ein eingestrahltes elektromagnetisches Feld sein, dessen Absorption und Emission beobachtet werden kann. Die Kopplung muss dabei schwach sein, damit die Effekte der Kopplung zwischen beiden Systemen als kleine Störung $\hat{W}(t)$ beschrieben werden kann, deren Wirkung durch Größen ausdrückbar ist, die sich auf das ungestörte System beziehen.

Zur Untersuchung solcher durch Kopplung bedingter Störungen gehen wir von der zeitabhängigen Schrödinger Gleichung aus. Ein Atom, Molekül oder irgend ein anderes quantenmechanisches System sei anfangs in einem gegebenen stationären Zustand, den wir mit dem Index (i) bezeichnen und der die Energie E_i besitzt. Auf dieses System wirkt nun während einer bestimmten Zeit $(0, t)$ ein zeitlich veränderliches äußeres Feld, zum Beispiel ein

vorbeifliegendes α-Teilchen, oder ein Gasmolekül, oder das Feld eines Lichtimpulses. Nach Ablauf der genannten Wechselwirkungszeit, besteht nun die
Möglichkeit, dass das System einen Übergang zu irgend einem anderen stationären Zustand mit dem Index (k) und der Energie E_k ausgeführt hat.
Im folgenden werden wir die Wahrscheinlichkeit $P_{k,i}(t)$ berechnen, dass ein
solcher Übergang stattgefunden hat.

6.6.2 Übergangswahrscheinlichkeiten

Der genannten Berechnung liegen folgende physikalischen Vorstellungen zugrunde. Die zeitabhängige Schrödinger Gleichung des ungestörten Systems
(Atom, Molekül, etc.) laute

$$i\hbar\frac{\partial\psi}{\partial t} = \hat{H}_0\psi\,, \tag{6.68}$$

wo nach Voraussetzung der Hamilton Operator $\hat{H}_0$ des ungestörten Systems
explizit nicht von der Zeit abhängt. Wir wissen bereits, dass dann die stationären Lösungen dieser Gleichung die Gestalt haben

$$\psi_n(\boldsymbol{x},t) = u_n(\boldsymbol{x})\mathrm{e}^{-\frac{\mathrm{i}}{\hbar}E_n t}\,. \tag{6.69}$$

Wir nehmen nun an, dass zur Zeit $t = 0$ sich das ungestörte System in einem
Anfangszustand $\psi_i(\boldsymbol{x},t) = u_i(\boldsymbol{x})\exp(-\frac{\mathrm{i}}{\hbar}E_i t)$ befindet. Nach Einschalten der
Störung habe die Schrödinger Gleichung die Gestalt

$$i\hbar\frac{\partial\psi}{\partial t} = [\hat{H}_0 + \hat{W}(t)]\psi\,, \tag{6.70}$$

wobei der Hamilton-Operator des Störfeldes $\hat{W}(t)$, der im allgemeinen von $\boldsymbol{x}$,
$-\mathrm{i}\hbar\nabla$, und t abhängen wird, die Wechselwirkung des ursprünglichen Systems
mit einem anderen System beschreiben soll. Wenn wir später die Störung
eines Atoms durch das elektrische Feld eines vorbeifliegenden α-Teilchens
betrachten werden, dann ist $\hat{W}(t)$ die potentielle Energie eines Elektrons des
Atoms im Coulomb Feld des α-Teilchens und diese Energie wird von der
Zeit t abhängen, da sich während des Vorbeifliegens der Abstand zwischen
α-Teilchen und Elektron im Atom ändert.

Da die Schrödinger Gleichung (6.70) für das betrachtete Problem eine
Differentialgleichung erster Ordnung in der Zeit t ist, wissen wir aus früheren Überlegungen in Kapitel 1, dass wir die Lösung dieser Gleichung für eine beliebige spätere Zeit t finden können, wenn wir die Anfangsbedingung
$\psi(\boldsymbol{x}, t = 0)$ kennen. Wenn die Störung zur Zeit $t = 0$ eingeschaltet werden soll, nehmen wir an, der Anfangszustand sei durch den Zustand $\psi_i(\boldsymbol{x}, t)$
des ungestörten Problems gegeben, d.h. $\psi(\boldsymbol{x}, t = 0) = \psi_i(\boldsymbol{x}, 0) = u_i(\boldsymbol{x})$.
Ferner machen wir die übliche Annahme, dass die Lösungen $\psi_n(\boldsymbol{x}, t)$ des ungestörten Problems ein vollständiges Orthonormalsystem bilden, also insbesondere $(\psi_n, \psi_m) = (u_n, u_m)\exp\left[\frac{\mathrm{i}}{\hbar}(E_n - E_m)t\right] = \delta_{n,m}$ gilt. Wir betrachten

nun für beliebige Zeiten $t > 0$ die Entwicklung der Zustandsfunktion $\psi(\boldsymbol{x}, t)$ des gestörten Systems, indem wir diese in eine Reihe nach den Eigenlösungen (6.69) des ungestörten Problems entwickeln

$$\psi(\boldsymbol{x}, t) = \sum_{n=0}^{\infty} c_n(t)\psi_n(\boldsymbol{x}, t) = \sum_{n=0}^{\infty} c_n(t)u_n(\boldsymbol{x})\mathrm{e}^{-\frac{\mathrm{i}}{\hbar}E_n t}, \qquad (6.71)$$

wobei die Entwicklungskoeffizienten $c_n(t)$ nun explizit von der Zeit t abhängen müssen, da der Hamilton-Operator $\hat{H}(t)$ in (6.70) des gestörten Systems nun auch explizit von der Zeit abhängt. Bei der Diskussion der Postulate der Quantenmechanik in Abschn. 2.3 wurde bereits auf die physikalische Bedeutung der Entwicklungskoeffizienten $c_n(t)$ hingewiesen, wonach $|c_n(t)|^2$ die Wahrscheinlichkeit darstellt, dass das System im ungestörten Eigenzustand $\psi_n(\boldsymbol{x}, t)$ angetroffen wird, falls sich das gestörte System in einem Zustand $\psi(\boldsymbol{x}, t)$ zur Zeit t befindet und eine Messung der Energie des ungestörten Problems ausgeführt wird, nachdem eine gewisse Zeit $(0, t)$ verstrichen ist.

Aus der Forderung der Erhaltung der Wahrscheinlichkeit folgt aber, dass mit der Entwicklung (6.71) für alle Zeiten gelten muss

$$\int \psi^* \psi \mathrm{d}^3 x = \sum_{n,m=0}^{\infty} c_n^*(t)c_m(t) \int \psi_n^* \psi_m \mathrm{d}^3 x$$

$$= \sum_{n=0}^{\infty} |c_n(t)|^2 = 1. \qquad (6.72)$$

Da aber als Anfangszustand zur Zeit $t = 0$

$$\psi(\boldsymbol{x}, 0) = \psi_i(\boldsymbol{x}, 0) = u_i(\boldsymbol{x}) \qquad (6.73)$$

gewählt wurde, muss für $t = 0$: $c_n(0) = \delta_{n,i}$ sein, d.h. $c_i = 1$ und alle anderen $c_n = 0$. Folglich ist

$$P_{n,i}(t) = |c_n(t)|^2 \qquad (6.74)$$

die gesuchte Übergangswahrscheinlichkeit, also jene Wahrscheinlichkeit, die angibt, dass während der Zeit $(0, t)$ das ungestörte System unter dem Einfluss der Störung von einem Anfangszustand $\psi_i(\boldsymbol{x}, t)$ in einen Endzustand $\psi_n(\boldsymbol{x}, t)$ bei Durchführung einer Messung übergegangen sein kann. Zur Berechnung der Wahrscheinlichkeitsamplituden, d.h. der Koeffizienten $c_n(t)$, setzen wir die Entwicklung (6.71) der Zustandsfunktion ψ in die Schrödinger Gleichung (6.70) des gestörten Problems ein und finden

$$\mathrm{i}\hbar \sum_{n=0}^{\infty} \frac{\partial}{\partial t}\left[c_n(t)u_n \exp\left(-\frac{\mathrm{i}}{\hbar}E_n t\right)\right] = \sum_{n=0}^{\infty}[E_n c_n(t) + \mathrm{i}\hbar \dot{c}_n(t)]\psi_n$$

$$= \sum_{n=0}^{\infty} c_n(t)[\hat{H}_0 + \hat{W}(t)]\psi_n = \sum_{n=0}^{\infty} c_n(t)[E_n + \hat{W}(t)]\psi_n. \qquad (6.75)$$

Wie ersichtlich, heben sich in dieser Gleichung zwei Terme gegenseitig auf und es bleibt die folgende Beziehung

$$i\hbar \sum_{n=0}^{\infty} \dot{c}_n(t)\psi_n(\boldsymbol{x},t) = \sum_{n=0}^{\infty} c_n(t)\hat{W}(t)\psi_n(\boldsymbol{x},t)\,. \tag{6.76}$$

Wenn wir diese Gleichung von links mit der Eigenfunktion $\psi_k^*(\boldsymbol{x},t)$ multiplizieren und über den ganzen Raum integrieren, so erhalten wir wegen der Orthonormiertheit der Funktionen $\psi_n(\boldsymbol{x},t)$ das folgende Gleichungssystem

$$i\hbar \sum_{n=0}^{\infty} \dot{c}_n(t)(\psi_k,\psi_n) = i\hbar\,\dot{c}_k(t) = \sum_{n=0}^{\infty} c_n(t)(\psi_k,\hat{W}(t)\,\psi_n)\,. \tag{6.77}$$

Schließlich führen wir die im allgemeinen zeitabhängigen Matrixelemente der quantenmechanischen Übergänge $n \to k$ ein

$$W_{k,n}(t) = (u_k,\hat{W}(t)\,u_n) = \int u_k^*(\boldsymbol{x})\hat{W}(t)u_n(\boldsymbol{x})\mathrm{d}^3x \tag{6.78}$$

und erhalten so für die Wahrscheinlichkeitsamplituden $c_k(t)$ das unendliche System gewöhnlicher Differentialgleichungen erster Ordnung

$$i\hbar\,\dot{c}_k(t) = \sum_{n=0}^{\infty} c_n(t)W_{k,n}(t)\mathrm{e}^{-\frac{\mathrm{i}}{\hbar}(E_n - E_k)t}\,, \quad k = 0,1,2,\ldots\infty \tag{6.79}$$

mit den als bekannt vorausgesetzten, zeitabhängigen Koeffizienten $W_{k,n}(t)\,\mathrm{e}^{-\mathrm{i}\omega_{n,k}t}$, wo $\omega_{n,k} = \frac{1}{\hbar}(E_n - E_k)$ die Übergangsfrequenzen darstellen.

Da wir annehmen, dass der Störoperator $\hat{W}(t)$ klein gegenüber dem Hamilton-Operator $\hat{H}_0$ des ungestörten Systems ist, können wir das System von Differentialgleichung (6.79) mit der Methode der sukzessiven Approximation lösen, indem wir auf der rechten Seite als nullte Näherung für die $c_n(t)$ die Anfangswerte für $t = 0$ setzen

$$t = 0:\ c_n(0) = c_n^0(t) = \delta_{n,i} = \begin{array}{l} 1,\ \text{für } n = i \\ 0,\ \text{sonst}\,. \end{array} \tag{6.80}$$

Diese Ausgangslösung ist sinnvoll, denn wenn $\hat{W}(t)$ klein ist, dann werden auch die Übergangswahrscheinlichkeiten (6.74) $P_{n,i}(t)$ nur vom Wert 0 aus anwachsen. Im Fall dieser ersten Näherung reduziert sich das System von Differentialgleichungen zu einer einzigen Gleichung

$$i\hbar\,\dot{c}_k(t) = W_{k,i}(t)\mathrm{e}^{-\frac{\mathrm{i}}{\hbar}(E_i - E_k)t} \tag{6.81}$$

und wir erhalten nach erfolgter Integration

$$c_k^{(1)}(t) = -\frac{\mathrm{i}}{\hbar} \int_0^t W_{k,i}(t')\mathrm{e}^{-\mathrm{i}\omega_{i,k}t'}\mathrm{d}t'\,. \tag{6.82}$$

Wenn wir dieses Resultat allgemein als Ausdruck für die $c_n(t)$ auf der rechten Seite des Gleichungs-Systems (6.79) einsetzen, können wir durch Ausführung der Integration die zweite Näherung $c_k^{(2)}(t)$ für die Wahrscheinlichkeitsamplitude finden. Dies wollen wir jedoch hier nicht näher ausführen.

Der in erster Näherung erhaltene Ausdruck (6.82) für die Übergangsamplitude $c_k(t) \simeq c_k^{(1)}(t)$ lässt gewisse allgemeine Schlussfolgerungen zu:

(1) Wenn sich der Störoperator $\hat{W}(t)$ nur langsam mit der Zeit ändert, sodass die Exponentialfunktion in (6.82) viele Oszillationen ausführt, während $\hat{W}(t)$ im wesentlichen konstant bleibt, wird die Übergangswahrcheinlichkeit $P_{k,i}(t)$ sehr klein sein, wie wir sogleich näher untersuchen werden.

(2) Wenn sich der Störoperator $\hat{W}(t)$ periodisch mit der Zeit ändert und diese Änderung die Frequenz ω hat, wie dies etwa durch eine elektromagnetische Welle hervorgerufen wird, dann wird $c_k(t)$ nicht mit der Zeit anwachsen, außer es ist die Bedingung erfüllt, dass $\hbar\omega = E_i - E_k = \hbar\omega_{i,k}$ ist. Wir erkennen somit, dass mit Hilfe unserer Theorie für die Anregung von Atomen oder Molekülen unmittelbar die Bohrsche Frequenzbedingung (1.14) hergeleitet werden kann. Ferner folgt aus diesen Überlegungen, dass im Grenzfall wo $\hat{W}$ unabhängig von der Zeit ist, nur solche Übergänge möglich sind, bei denen der Anfangszustand und der Endzustand die gleiche Energie haben, also $E = E_i = E_k$ ist. Dies ist etwa der Fall bei elastischen Streuprozessen.

Im folgenden wollen wir den Formalismus der zeitabhängigen Störungstheorie anhand einiger interessanter Fälle erläutern.

6.6.3 Anregung eines Atoms durch ein α-Teilchen

Wir betrachten dieses Problem, weil es ein einfaches und anschauliches Beispiel für die Berechnung von Übergangswahrscheinlichkeiten darstellt. Es ist jedoch von geringerer praktischer Bedeutung. Doch können wir anhand dieses Beispiels einige Aussagen von allgemeinerem Interesse machen. Wir werden zeigen, wie sich die Wahrscheinlichkeit der Anregung eines Atoms durch ein α-Teilchen insbesondere dann berechnen lässt, wenn dieses Teilchen in großer Entfernung am Atom vorbeifliegt. Historisch war dies ein erster theoretischer Versuch, die Abbremskraft von Materie für α-Teilchen zu berechnen. Wir nehmen an, das α-Teilchen bewegt sich mit konstanter Geschwindigkeit v in positiver x-Richtung mit einem minimalen Abstand P am Atom vorbei, wie wir in Abb. 6.2 angedeutet haben. Dabei sei das Atom im Koordinatenursprung O gelegen. Ferner machen wir die Annahme, das α-Teilchen befinde sich zur Zeit $t = 0$ im minimalen Abstand P vom Atom und seine Bewegung erfolge in der (x, y)-Ebene. Dann sind die asymptotischen Koordinaten des α-Teilchens durch folgende Ausdrücke bestimmt $X = vt$, $Y = P$ und $Z = 0$. Die Koordinaten des Elektrons im Atom bezeichnen wir mit $\boldsymbol{x}$. Dann lautet der Störoperator für das Elektron im Atom zu einer beliebigen Zeit t

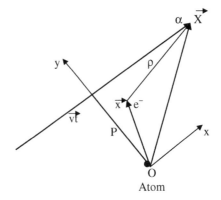

Abb. 6.2. Stoßanregung durch α-Teilchen

$$\hat{W}(t) = -\frac{2e^2}{\rho} \, ,$$
$$\rho = [(X - x)^2 + (Y - y)^2 + (Z - z)^2]^{\frac{1}{2}}$$
$$= [(vt - x)^2 + (P - y)^2 + z^2]^{\frac{1}{2}} \, , \tag{6.83}$$

wo $2e$ die Ladung des α-Teilchens ist. Da wir annehmen, dass das α-Teilchen in großer Entfernung vom Atom vorbeifliegt, also $\rho \gg r = |\boldsymbol{x}|$ sein wird, wo r den Abstand des Elektrons vom Atomkern darstellt, können wir die Störungsenergie $\hat{W}(t)$ nach Potenzen von $\frac{x}{R}, \frac{y}{R}$ und $\frac{z}{R}$ entwickeln, wo $R(t) = |\boldsymbol{X}| = [P^2 + v^2t^2]^{\frac{1}{2}}$ ist. Auf diese Weise erhalten wir in erster Näherung der Reihenentwicklung

$$\hat{W}(t) = -\frac{2e^2}{R(t)} \left[1 + \frac{xvt + yP}{R^2(t)} + \dots \right] . \tag{6.84}$$

Da das Coulomb Potential unendliche Reichweite besitzt, fällt der Beginn der Wechselwirkung nach $t \to -\infty$ und das Ende der Wechselwirkung nach $t \to +\infty$. Wir nehmen nun an, dass der Anfangszustand des Elektrons im Atom für $t \to -\infty$ der Grundzustand $\psi_i = \psi_0 = u_0(\boldsymbol{x}) \exp(-\frac{\mathrm{i}}{\hbar} E_0 t)$ sei und dass für $t \to +\infty$ das Elektron in einen angeregten Zustand $\psi_k = u_k(\boldsymbol{x}) \exp(-\frac{\mathrm{i}}{\hbar} E_k t)$ gelangt ist. Daher ist in erster Näherung der zeitabhängigen Störungstheorie die Amplitude c_k der Übergangswahrscheinlichkeit für den Zeitraum der Wechselwirkung $(-\infty, +\infty)$ gegeben durch

$$c_k = -\frac{\mathrm{i}}{\hbar} \int_{-\infty}^{+\infty} \psi_k^* W \psi_0 \mathrm{d}^3 x = -\frac{\mathrm{i}}{\hbar} \int_{-\infty}^{+\infty} W_{k,0}(t) \mathrm{e}^{-\mathrm{i}\omega_{0,k} t} \mathrm{d}t \, , \tag{6.85}$$

wo das Übergangsmatrixelement $W_{k,0}(t)$ durch folgenden Ausdruck bestimmt ist

$$W_{k,0}(t) = -2e^2 \int u_k^* \left[\frac{1}{R(t)} + \frac{xvt + yP}{R^3(t)} \right] u_0 d^3x$$

$$= -2e^2 \left[\frac{1}{R(t)}(u_k, u_0) + \frac{vt}{R^3(t)}(u_k, xu_0) + \frac{P}{R^3(t)}(u_k, yu_0) \right] , \quad (6.86)$$

weil wir zu berücksichtigen haben, dass v, P und R nicht von den Koordinaten x des Elektrons in $u_0(x)$ und $u_k(x)$ abhängen. Wegen der Orthonormiertheit der atomaren Zustandsfunktionen, $(u_k, u_0) = \delta_{k,0}$, verschwindet in (6.86) der erste Term und die anderen beiden Terme enthalten die atomaren Matrixelemente $x_{k,0}$ und $y_{k,0}$ der Koordinaten x und y, für welche wir später, in Abschn. 7.3, ganz bestimmte Auswahlregeln kennen lernen werden. Also erhalten wir schließlich mit (6.85,6.86) für die gesuchte Übergangswahrscheinlichkeit für die Anregung des atomaren Elektrons beim Vorbeiflug des α-Teilchens

$$P_{k,0} = |c_k|^2 = \frac{4e^4}{\hbar^2} \left| \int_{-\infty}^{+\infty} \frac{x_{k,0}vt + y_{k,0}P}{[(vt)^2 + P^2]^{\frac{3}{2}}} e^{-i\omega_{0,k}t} dt \right|^2 . \quad (6.87)$$

Das hier auftretende Integral ist konvergent, da der Nenner des Integrals rasch mit zunehmendem Abstand R des α-Teilchens vom Atom zunimmt. Daher wird die Wechselwirkung nur in der Umgebung des kürzesten Abstandes P merklich spürbar sein. Folglich können wir annehmen, dass die effektive Wechselwirkungsdauer τ durch einen Bereich des doppelten (e, α)-Abstandes bestimmt sein wird, also $v\tau \cong P$, oder $\tau = \frac{P}{v}$. Man nennt τ die effektive Dauer des atomaren Stoßprozesses. Dabei haben wir zwei Fälle zu unterscheiden:

(1) Der Stoßprozess heißt adiabatisch, wenn die effektive Stoßzeit τ viel größer ist als die Periode $T_{k,0} = \frac{2\pi}{\omega_{k,0}}$, die für den Quantenübergang charakteristisch ist, wenn also folgende Ungleichung gilt $\tau \gg T_{k,0}$ oder $\omega_{k,0}\frac{P}{v} \gg 1$. Sobald diese Bedingung erfüllt ist, vollführt der Integrand von (6.87) während der effektiven Stoßdauer τ sehr viele Oszillationen und der Wert des Integrals wird dann $\cong 0$ sein. Folglich führen adiabatische Stöße zu keiner atomaren Anregung.

(2) Wenn hingegen die umgekehrte Ungleichung gilt $\omega_{k,0}\frac{P}{v} \lesssim 1$, dann ist während der effektiven Stoßzeit τ, $e^{-i\omega_{0,k}t} \cong 1$ und das Integral in (6.87) lässt sich leicht berechnen. Wenn wir dort die neue Veränderliche $\frac{vt}{P} = \tan\theta$ einführen, so erhalten wir

$$\int_{-\infty}^{+\infty} \frac{x_{k,0}vt + y_{k,0}P}{[(vt)^2 + P^2]^{\frac{3}{2}}} dt = \frac{2y_{k,0}}{vP} \int_0^\infty d\left(\frac{vt}{P}\right) \left[\left(\frac{vt}{P}\right)^2 + 1 \right]^{\frac{3}{2}}$$

$$= \frac{2y_{k,0}}{vP} \int_0^{\frac{\pi}{2}} d(\sin\theta) = \frac{2y_{k,0}}{vP} , \quad (6.88)$$

wobei der Term mit $x_{k,0}$ weggefallen ist, da er einen schiefsymmetrischen Beitrag zur Integration über t liefert und daher Null ergibt. Wenn also die Bedingung $\tau \lesssim T_{k,0}$ erfüllt ist, dann wird die Wahrscheinlichkeit des atomaren Übergangs $0 \to k$ unter Einwirkung des im Abstand P vorbeifliegenden α-Teilchens durch den Ausdruck gegeben sein

$$P_{k,0} = \left(\frac{4e^2}{\hbar P v}\right)^2 |y_{k,0}|^2 \,, \quad P \gtrsim a_B \,, \tag{6.89}$$

wo a_B (1.16) wieder ein Maß für den Radius des Atoms darstellt. Dieser Radius ist dadurch gekennzeichnet, dass für $r > a_B$, $|u_k|^2$ und $|u_0|^2 \ll 1$ sind. Ersichtlich ist $P_{k,0}$ umso größer je kleiner Pv ist, dessen kleinster Wert, der mit $P \gtrsim a_B$ und $\omega_{k,0}\frac{P}{v} \lesssim 1$ verträglich ist, gleich $a_B^2\omega_{n,0}$ sein wird, sodass wir für die maximale Übergangswahrscheinlichkeit erhalten

$$P_{k,0}^{\max} = \left(\frac{4e^2}{\hbar a_B^2}\right)^2 \frac{|y_{k,0}|^2}{\omega_{k,0}^2} \,. \tag{6.90}$$

Bei hohen Anregungen des Atoms ist $\omega_{k,0} \cong \omega_0 = \frac{|E_0|}{\hbar}$, wo ω_0 die klassische Umlauffrequenz des Elektrons auf der niedrigsten Bohrschen Bahn darstellt (in Übereinstimmung mit dem Bohrschen Korrespondenzprinzip). Daraus ergibt sich, dass die kleinste Geschwindigkeit der α-Teilchen $v \cong a_B\omega_{k,0} \cong a_B\omega_0 = v_1$ sein kann. Diese ist dann gleich der Geschwindigkeit des Elektrons auf der ersten Bohrschen Bahn. Folglich ist die Wahrscheinlichkeit der Stoßanregung $P_{k,0}$ am größten, wenn die Stoßdauer (also die Dauer der Wechselwirkung) $\tau \cong T_{k,0}$, also gleich der Periode des atomaren Übergangs entspricht.

Ganz allgemein lässt sich zeigen, dass eine adiabatische Wechselwirkung oder Störung eines Systems mit einem diskreten Energiespektrum keinen quantenmechanischen Übergang induziert, wohl aber zu Änderungen der Energien E_n und Zustandsfunktionen ψ_n führt, wie dies bei der Diskussion der zeitunabhängigen Störungstheorie besprochen wurde. Hingegen führt eine plötzliche Wechselwirkung oder Störung, etwa zur Zeit $t = 0$ zu einem quantenmechanischen Übergang, dessen Wahrscheinlichkeit näherungsweise durch folgenden Ausdruck gegeben ist

$$P_{k,0} \cong \frac{|W_{k,0}(t=0)|^2}{(\hbar w_{k,0})^2} \,. \tag{6.91}$$

6.6.4 Übergänge in ein Kontinuum von Zuständen

Im vorangehenden Abschnitt wurde der induzierte quantenmechanische Übergang zwischen zwei diskreten Energiezuständen betrachtet. Unter dem Einfluss einer Störung, zum Beispiel dem Feld eines vorbeifliegenden α-Teilchens oder einer einfallenden elektromagnetischen Welle, kann aber ein Atom oder Molekül auch ionisiert werden. Dann erfolgen die Übergänge in Zustände mit nicht quantisierten Energien, d.h. in das Kontinuum der Energien freier Teilchen, die sich, gemäß unseren einleitenden Bemerkungen in Kapitel 1, durch de Broglie Wellen, respektive Pakete solcher Wellen beschreiben lassen, deren Frequenzen $\omega = \frac{E}{\hbar}$ und Wellenzahlvektoren $\boldsymbol{k} = \frac{\boldsymbol{p}}{\hbar}$ keinen Einschränkungen unterworfen sind. Zur Berechnung der entsprechenden Übergangswahrscheinlichkeiten verwenden wir einen mathematischen Trick, den wir bereits kurz in Abschn. 3.3 diskutiert haben. Dieser besteht in der Einführung einer fiktiven Quantisierung der kontinuierlichen Energiezustände. Dazu schließen wir das ganze System in einen, relativ zur Dimension des Systems, großen Raumwürfel der Kantenlänge L ein und legen den de Broglie Wellen periodische Randbedingungen an gegenüberliegenden Würfelflächen auf. (Siehe Abb. 6.3). Damit lassen sich die Zustände eines freien Teilchens diskretisieren. Somit können dann alle für diskrete Zustände diskutierten Methoden angewandt werden. Nach Ausführung aller Rechnungen lässt man dann die Kantenlängen der „Box" $L \to \infty$ streben, wobei es wichtig ist, dass im Endresultat die Länge L nicht mehr aufscheinen darf.

Wir nehmen also an, im Endzustand wird das gestörte System durch die Wellenfunktion eines freien Teilchens beschrieben, was in vielen Fällen eine brauchbare Näherung darstellt. Dann setzen wir wie in Abschn. 3.3.4

$$\psi_{\boldsymbol{k}}(\boldsymbol{x},t) = u_{\boldsymbol{k}}(\boldsymbol{x})\mathrm{e}^{-\frac{\mathrm{i}}{\hbar}Et} = A_{\boldsymbol{k}}\mathrm{e}^{-\mathrm{i}(\omega t - \boldsymbol{k}\cdot\boldsymbol{x})} \,. \tag{6.92}$$

Nun führen wir einen großen Raumwürfel der Kantenlänge L ein und verlangen dass $\psi_{\boldsymbol{k}}$ periodischen Randbedingungen genügt, d.h.

$$u_{\boldsymbol{k}}(0,y,z) = u_{\boldsymbol{k}}(L,y,z) \,, \quad \text{folglich} \,, \quad \mathrm{e}^{\mathrm{i}k_x L} = 1 \,, \quad \text{etc.} \tag{6.93}$$

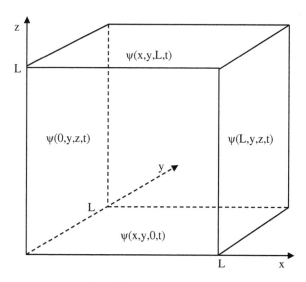

Abb. 6.3. Boxquantisierung

Daraus folgen dann die Diskretisierungsbedingungen

$$k_x L = 2\pi n_x \,, \quad k_y L = 2\pi n_y \,, \quad k_z L = 2\pi n_z \,, \tag{6.94}$$

wobei n_x, n_y, n_z ganze Zahlen 0, ± 1, ± 2, ... sind. Folglich sind nur mehr diskrete $\boldsymbol{k}$-Werte zulässig, die wir auch in der Form schreiben können

$$\boldsymbol{k} = \frac{2\pi}{L}\boldsymbol{n} \,, \quad \boldsymbol{n} \equiv (n_x, n_y, n_z) \,. \tag{6.95}$$

Diese liefern mit wachsendem $\boldsymbol{n}$ beliebig vielfach entartete diskrete Energiewerte E_k von der Form

$$E_k = \hbar\omega_k = \frac{\hbar \boldsymbol{k}^2}{2m} = \frac{2\pi^2\hbar^2}{L^2 m}(n_x^2 + n_y^2 + n_z^2) \,. \tag{6.96}$$

Wenn wir dann $L \to \infty$ gehen lassen, können wir beliebig nahe an eine kontinuierliche Folge von Energiewerten E_k herankommen. Man sagt daher gelegentlich, diese E_k-Werte bilden ein Quasi-Kontinuum.

Die so definierte diskrete Folge von Zustandsfunktionen freier Teilchen lässt sich nun leicht im Volumen $V = L^3$ auf Eins normieren, denn

$$\int_V \psi_{\boldsymbol{k}}^* \psi_{\boldsymbol{k}} \mathrm{d}^3 x = |A_k|^2 V \equiv 1 \,, \quad \text{daher } A_k = \frac{1}{L^{\frac{3}{2}}} = \frac{1}{\sqrt{V}} \,, \tag{6.97}$$

wenn wir, wie bisher, den beliebigen Phasenfaktor gleich Null setzen. Damit erhalten wir ein vollständiges, orthonormales System von Zustandsfunktionen freier Teilchen

$$\psi_{\boldsymbol{k}}(\boldsymbol{x}, t) = u_{\boldsymbol{k}}(\boldsymbol{x})\mathrm{e}^{-\frac{\mathrm{i}}{\hbar}E_{\boldsymbol{k}}t} \,, \quad u_{\boldsymbol{k}}(\boldsymbol{x}) = \frac{1}{\sqrt{V}}\mathrm{e}^{\mathrm{i}\boldsymbol{k}\cdot\boldsymbol{x}} \,, \tag{6.98}$$

welche mit den bekannten Funktionen der Fourier-Analysis identisch sind (Vergleiche Anhang A.2.4). Somit erhalten wir für das Matrixelement des Übergangs in das Quasi-Kontinuum, gemäß Gleichung (6.78)

$$W_{k,i}(t) = \frac{1}{\sqrt{V}} \int \mathrm{e}^{-\mathrm{i}\boldsymbol{k}\cdot\boldsymbol{x}}\hat{W}(t)u_i(\boldsymbol{x})\mathrm{d}^3 x \tag{6.99}$$

und daher für die Übergangswahrscheinlichkeit beim Übergang in einen Zustand der Energie $E_{\boldsymbol{k}}$ des Kontinuums

$$P_{\boldsymbol{k},i} = |c_{\boldsymbol{k}}(t)|^2 \,. \tag{6.100}$$

Doch da $\boldsymbol{k} = \frac{2\pi}{L}\boldsymbol{n}$ eine kontinuierliche, respektive quasi-kontinuierliche Folge von Parameter Werten darstellt, ist auch $P_{\boldsymbol{k},i}$ keine diskrete Folge von Wahrscheinlichkeiten, sondern eine kontinuierliche Wahrscheinlichkeitsverteilungsfunktion, die physikalisch nur dann einen Sinn ergibt, wenn wir sie mit dem entsprechenden Volumselement im $\boldsymbol{k}$-Raum multiplizieren (ganz ähnlich wie bei der Definition der Aufenthaltswahrscheinlichkeiten (2.11) am Beginn des Buches in den Abschn. 1.4.4 und 2.2.1).

Wir nehmen daher an, beim betrachteten Übergang ins Kontinuum werden Endzustände erfasst, deren k-Werte zwischen k_x und $k_x + dk_x$, k_y und $k_y + dk_y$ und k_z und $k_z + dk_z$ zu liegen kommen. Dann ist die Zahl der möglichen freien Zustände eines Elektrons, die in dieses Volumselement im k-Raum gehören durch folgende Beziehung gegeben (Vergleiche hierzu Abb. 6.4)

$$d^3 n = dn_x dn_y dn_z = \frac{L^3}{(2\pi)^3} dk_x dk_y dk_z = \frac{V}{(2\pi)^3} d^3 k \,. \qquad (6.101)$$

Daher ist beim Übergang ins Kontinuum von Energiezuständen die physikalisch messbare Wahrscheinlichkeit

$$dP_{k,i}(t) = P_{\boldsymbol{k},i} d^3 n = |c_{\boldsymbol{k}}(t)|^2 \frac{V}{(2\pi)^3} d^3 k \,, \qquad (6.102)$$

wobei mit Hilfe des obigen Matrixelements (6.99) die Wahrscheinlichkeitsamplitude (6.78) in erster Ordnung der Störungstheorie, zum Beispiel für die Ionisation eines Atoms oder Moleküls gegeben ist durch

$$c_{\boldsymbol{k}}(t) = -\frac{i}{\hbar\sqrt{V}} \int_0^t \left[\int e^{-i\boldsymbol{k}\cdot\boldsymbol{x}} \hat{W}(t') u_i(\boldsymbol{x}) d^3 x \right] e^{-i\omega_{i,k} t'} dt' \,, \qquad (6.103)$$

woraus wir durch Vergleich mit (6.102) entnehmen, dass die Übergangswahrscheinlichkeit $dP_{k,i}(t)$ vom Normierungsvolumen V nicht abhängt, sodass unser Endresultat auch für Übergänge ins Kontinuum mit $V \to \infty$ weiterhin

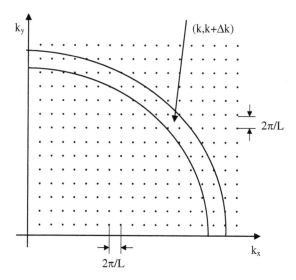

Abb. 6.4. Berechnung der Zustandsdichte

seine Gültigkeit hat. Um unsere bisherigen Resultate weiter auswerten zu können, ist es notwendig, gewisse Annahmen über die Zeitabhängigkeit der Störung zu machen. Dies soll im folgenden geschehen.

6.6.5 Übergänge durch eine zeitlich periodische Störung

Dieser Fall der Zeitabhängigkeit von $\hat{W}(t)$ ist von besonderem Interesse wegen der Anwendung auf die Wechselwirkung von Lichtwellen mit einem Atom, Molekül, oder irgend einem anderen quantenmechanischen System. Wir nehmen an, der Störoperator $\hat{W}(t)$ der zum Hamilton-Operator $\hat{H}_0$ des ungestörten Systems hinzukommt, habe die Gestalt

$$\hat{W}(t) = \hat{A}(\boldsymbol{x}, -i\hbar\nabla) \cos[\omega t + \hat{\delta}(\boldsymbol{x}, -i\hbar\nabla)] . \qquad (6.104)$$

Der Amplitudenoperator $\hat{A}$ und der Phasenoperator $\hat{\delta}$ sollen also nicht explizit von der Zeit t abhängen. Wir setzen ferner voraus, das Störfeld sei monochromatisch und habe die Frequenz ω. Dies ist bei vielen Anwendungen eine zulässige Annahme. So ist etwa die Kohärenzlänge l eines Lichtimpulses in den meisten Fällen viel größer als die Wellenlänge λ der Strahlung. Auch ist vom Standpunkt der klassischen Wellentheorie unser Ansatz einleuchtend. Da wir stets schreiben können

$$\cos(\omega t + \delta) = \frac{1}{2} \left[e^{-i(\omega t + \delta)} + e^{i(\omega t + \delta)} \right] \qquad (6.105)$$

lässt sich unser Störoperator (6.104) stets auch als Summe zweier zueinander hermitesch konjugierter Operatoren schreiben

$$\hat{W}(t) = \hat{F} e^{-i\omega t} + \hat{F}^+ e^{i\omega t} , \quad \hat{F}(\boldsymbol{x}, -i\hbar\nabla) = \frac{\hat{A}}{2} e^{-i\hat{\delta}} . \qquad (6.106)$$

Diese Darstellung (6.106) erweist sich bei den Anwendungen als besonders zweckmässig. Unsere allgemeinen Formeln (6.74,6.82) liefern dann für die Wahrscheinlichkeiten $P_{k,i}(t)$, dass bei genügend schwacher Störung zur Zeit t ein Übergang in den Zustand k mit der Energie E_k stattgefunden hat, wenn für $t = 0$ der Anfangszustand des ungestörten Systems i mit der Energie E_i war, die drei Ausdrücke

$$P_{k,i}(t) = |c_k(t)|^2 , \quad \text{wo}$$

$$c_k(t) = -\frac{i}{\hbar} \left[F_{k,i} \int_0^t e^{-i(\omega + \omega_{i,k})t'} \, dt' + F_{k,i}^* \int_0^t e^{i(\omega - \omega_{i,k})t'} \, dt' \right]$$

$$\text{mit } F_{k,i} = \int u_k^*(\boldsymbol{x}) \hat{F}(\boldsymbol{x}, -i\hbar\nabla) u_i(\boldsymbol{x}) d^3 x . \qquad (6.107)$$

Dabei hängt das Übergangsmatrixelement $F_{k,i}$ nicht explizit von der Zeit ab. Wie wir bereits diskutiert haben, werden im Ausdruck für $c_k(t)$ die beiden

Integrale über die Zeit nicht mit t anwachsen, wenn nicht eine der beiden folgenden Bedingungen erfüllt ist

$$\omega = -\omega_{i,k}, \text{ oder}, \ \omega = +\omega_{i,k}, \tag{6.108}$$

da ja $\omega_{i,k} > 0$ oder < 0 sein kann. Denn wenn keine der beiden Bedingungen erfüllt ist, und wir zum Beispiel $\omega + \omega_{i,k} = \Omega$ nennen, wird beim plötzlichen Einschalten der periodischen Störung $\hat{W}(t)$ nur während des Zeitraumes $\tau \cong \frac{1}{|\Omega|}$ ein Übergang stattfinden können, wie wir bereits am Anfang dieses Kapitels besprochen haben. Doch sobald $t > \frac{1}{|\Omega|}$ ist, werden wegen der raschen Oszillationen beide Integrale im Ausdruck für $c_k(t)$ keinen Beitrag mehr zu $P_{k,i}(t)$ liefern.

Daher werden im folgenden nur solche Frequenzen ω des Störoperators $\hat{W}(t)$ in Betracht kommen, für die eine der beiden Bedingungen in (6.108) erfüllt sind. Wir wollen nun insbesondere annehmen, dass ω in der Umgebung von $-\omega_{i,k}$ gelegen ist, sodass wir von nun an im Ausdruck für die Wahrscheinlichkeitsamplitude $c_k(t)$ (6.107) den zweiten Integralterm mit $F_{k,i}^*$ außer Acht lassen können. Dann erhalten wir nach Ausführung der Integration über t'

$$c_k(t) = \frac{1}{\hbar} F_{k,i} \frac{e^{-i(\omega+\omega_{i,k})t} - 1}{(\omega + \omega_{i,k})} \tag{6.109}$$

und daher für die Übergangswahrscheinlichkeit

$$P_{k,i}(t) = \frac{1}{\hbar^2} |F_{k,i}|^2 \frac{2[1 - \cos(\omega + \omega_{i,k})t]}{(\omega + \omega_{i,k})^2}. \tag{6.110}$$

Wenn ω sehr nahe an $-\omega_{i,k}$ herankommt, können wir die Reihenentwicklung verwenden $\cos(\omega + \omega_{i,k})t = 1 - \frac{1}{2}(\omega + \omega_{i,k})^2 t^2 + \dots$ und erkennen, dass in diesem Fall für $\omega = -\omega_{i,k}$ die Übergangswahrscheinlichkeit $P_{k,i}(t) \sim t^2$ sein wird. Diese t^2-Abhängigkeit ist aber in Widerspruch mit der Erfahrung, wonach $P_{k,i}(t)$ linear mit der Zeit anwächst. Zur Aufklärung dieses offenbaren Widerspruchs haben wir folgendes zu beachten. Da die Wechselwirkung des atomaren Systems mit der zeitlich periodischen Störung $W(t)$, in (6.104), während einer endlichen Zeit t stattfindet, wird damit wegen der Heisenbergschen Unschärferelation automatisch eine Unschärfe in der Frequenz ω verknüpft sein. Also stellt (6.110) eine Frequenzverteilung dar, die für $\omega = -\omega_{i,k}$ ein ausgeprägtes Maximum hat, dessen Umgebung jedoch zur gesamten Übergangswahrscheinlichkeit beitragen wird, wie aus Abb. 6.5 zu ersehen ist, wo $x = \frac{y}{2}$ als Parameter dient. Daher müssen wir (6.110) über ein Frequenzband $\Delta\omega$ in der Umgebung von $\omega = -\omega_{i,k}$ integrieren. Nennen wir $\omega + \omega_{i,k} = \Omega$ und $\Omega t = y$, so können wir die erforderliche Integration folgendermaßen ausführen

$$\int_{-\frac{\Delta\omega}{2}}^{+\frac{\Delta\omega}{2}} d\Omega \frac{2(1 - \cos\Omega t)}{\Omega^2} = t \int_{-\infty}^{+\infty} dy \frac{2(1 - \cos y)}{y^2} = 2\pi t. \tag{6.111}$$

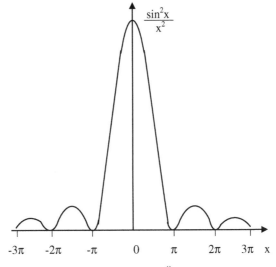

Abb. 6.5. Beiträge zur Übergangsrate

Dabei haben wir bei der Integration über y die Grenzen $\pm\frac{\Delta\omega t}{2} \to \pm\infty$ gehen lassen, was für große Wechselwirkungszeiten sicher erlaubt ist. In diesem Fall ist dann das resultierende Integral über y in Integraltafeln zu finden und hat den Wert 2π. Nach dieser Integration müssen wir aber beachten, dass wir dabei auch ein schmales Band von Endzuständen mit den Energiewerten zwischen E_k und $\mathrm{d}E_k$ erfasst haben können, deren Dichte wir $\rho(\omega_k)$ nennen wollen. Dies ist etwa dann der Fall, wenn der Endzustand eine endliche Lebensdauer hat und daher eine spektrale Breite ΔE_k besitzt, wie in Abschn. 2.4.5 diskutiert wurde. Daher ist dann mit Hilfe von (6.111) anstelle (6.110) die Übergangswahrscheinlichkeit im diskreten Spektrum durch folgenden Ausdruck gegeben

$$P_{k,i}(t) = \frac{2\pi t}{\hbar^2}|F_{k,i}|^2\rho(\omega_k)\,. \qquad (6.112)$$

Dieser Ausdruck hat nun die erwartete lineare Zeitabhängigkeit. $\frac{P_{k,i}(t)}{t} = w_{k,i}$ nennt man dann die Übergangsrate oder die Übergangswahrscheinlichkeit pro Zeiteinheit. Die Gleichung (6.112) heißt gelegentlich Enrico Fermi's „Goldene Regel". Als nächstes betrachten wir den Übergang des Systems unter der Einwirkung der periodischen Störung in das Kontinuum der Energie Zustände (6.98) $\psi_k(x,t)$. Dies betrifft zum Beispiel die Ionisierung eines Atoms unter Einwirkung eines Strahlungsimpulses und ähnliches. Zur Behandlung dieses Problems können wir die bereits diskutierten Eigenfunktionen im „Quasi-Kontinuum" heranziehen und erhalten mit Hilfe der normierten Zustände (6.98) freier Teilchen

$$|F_{k,i}|^2 = \frac{1}{V} \left| \int e^{-i\boldsymbol{k}\cdot\boldsymbol{x}} \hat{F}(\boldsymbol{x}, -i\hbar\nabla) u_i(\boldsymbol{x}) d^3 x \right|^2 \tag{6.113}$$

und die Zahl der Zustände in die sich das losgelöste Teilchen mit Impulsen $\boldsymbol{p} = \hbar\boldsymbol{k}$ im Wertebereich dp in ein Raumwinkelelement $d\Omega = \sin\theta d\theta d\phi$ bewegen kann ist dann gegeben durch (Siehe Abb. 6.4)

$$d^3 n = \frac{L^3}{(2\pi)^3} d^3 k = \frac{V}{(2\pi)^3} k^2 dk d\Omega . \tag{6.114}$$

Da für ein freies Teilchen gilt $E_k = \frac{\boldsymbol{p}^2}{2m} = \frac{\hbar^2 \boldsymbol{k}^2}{2m}$ finden wir

$$k^2 dk = \frac{p^2 dp}{\hbar^3} = \frac{2mE_k}{\hbar^3} \frac{dp}{dE_k} dE_k = \frac{m\sqrt{2mE_k}}{\hbar^3} dE_k \tag{6.115}$$

und daher folgt

$$d^3 n = \frac{Vm d\Omega}{(2\pi\hbar)^3} \sqrt{2mE_k} dE_k = \rho(E_k) dE_k , \tag{6.116}$$

wo $\rho(E_k)$ die Dichte der Endzustände der Energie genannt wird. (Vgl. (3.17))

Zur Berechnung der Wahrscheinlichkeit, dass innerhalb einer Wechselwirkungszeit t die periodische Störung $\hat{W}(t)$ ein Teilchen aus dem gebundenen Zustand $\psi_i(\boldsymbol{x}, t)$ des atomaren Systems in das Kontinuum der Zustände $\psi_{\boldsymbol{k}}(\boldsymbol{x}, t)$ innerhalb eines Raumwinkels $d\Omega$ ausgestoßen hat ist dann durch folgenden Ausdruck bestimmt

$$P_{k,i}(t) = \int P_{k',i}(t) \rho(E_{k'}) dE_{k'} , \tag{6.117}$$

wobei $P_{k',i}(t)$ durch (6.110,6.113) gegeben ist und wir bereits angenommen haben, dass das Maximum der Wahrscheinlichkeitsverteilung bei $k' = k$, d.h. wieder bei $\omega = -\omega_{ik}$ liegt und wir auch hier über ein schmales Frequenzband $\Delta\omega$, bzw. Energieband ΔE in der Umgebung der Energieerhaltung $E_k = E_i + \hbar\omega$ integrieren müssen. Dies liefert

$$P_{k,i}(t) = \frac{1}{\hbar^2} |F_{k,i}|^2 \rho(E_k) \int_{E_k - \frac{\Delta E}{2}}^{E_k + \frac{\Delta E}{2}} dE_{k'} \frac{2[1 - \cos(\omega + \omega_{i,k'})t]}{(\omega + \omega_{i,k'})^2} . \tag{6.118}$$

Ein analoger Ausdruck kann für den entsprechenden Emissionsprozess hergeleitet werden, wo dann das Matrixelement $F_{k,i}^*$ zu verwenden ist. Das Integral in (6.118) kann in ähnlicher Weise wie vorhin in (6.111) berechnet werden und wir finden schließlich

$$P_{k,i}(t) = \frac{2\pi}{\hbar^2} t |F_{k,i}|^2 \rho(E_k), \quad \rho(E_k) = \frac{Vm d\Omega}{(2\pi\hbar)^3} \sqrt{2mE_k} . \tag{6.119}$$

Wir sehen, dass auch dieser Ausdruck nur linear mit der Wechselwirkungszeit t anwächst. Erst wenn $t \to \infty$ geht, wird die Energieunschärfe des quantenmechanischen Übergangs $\Delta E \to 0$ streben. Setzen wir in (6.119) den Ausdruck

(6.113) für $|F_{k,i}|^2$ ein, so folgt schließlich für die Übergangswahrscheinlichkeit pro Zeiteinheit, die sogenannte Übergangsrate, der Elektronenemission in die Raumwinkeleinheit unter Einwirkung der periodischen Störung $\hat{W}(t)$

$$\frac{\mathrm{d}w_{k,i}}{\mathrm{d}\Omega} = \frac{1}{t}\frac{\mathrm{d}P_{k,i}(t)}{\mathrm{d}\Omega} = \frac{mp_k}{4\pi^2\hbar^4}\left| \int \mathrm{e}^{-\mathrm{i}\boldsymbol{k}\cdot\boldsymbol{x}}\hat{F}(\boldsymbol{x},-\mathrm{i}\hbar\nabla)u_i(\boldsymbol{x})\mathrm{d}^3x \right|^2 . \quad (6.120)$$

6.6.6 Übergänge infolge einer zeitunabhängigen Störung

Die Übergänge durch eine zeitunabhängige Störung $\hat{W}$ stellen einen speziellen Fall des im vorangehenden Abschnitt behandelten Problems dar. Wir müssen nur im Störoperator (6.104) die Frequenz $\omega \to 0$ streben lassen. Die für die Übergangswahrscheinlichkeit $P_{k,i}(t)$ hergeleitete Formel (6.110) bleibt weiterhin gültig, nur hängt jetzt der Störoperator $\hat{W}$ nicht mehr explizit von der Zeit t ab. Also gilt jetzt

$$P_{k,i}(t) = \frac{1}{\hbar^2}|W_{k,i}|^2 \frac{2(1-\cos\omega_{i,k}t)}{\omega_{i,k}^2} , \quad (6.121)$$

wobei jetzt das Matrixelement gegeben ist durch

$$W_{k,i} = \int u_k^*(\boldsymbol{x})\hat{W}(\boldsymbol{x},-\mathrm{i}\hbar\nabla)u_i(\boldsymbol{x})\mathrm{d}^3x . \quad (6.122)$$

Hier hat nun $P_{k,i}(t)$ für große Wechselwirkungszeit t ein ausgeprägtes Maximum, wenn $\omega_{i,k} = \frac{E_i-E_k}{\hbar} \cong 0$ ist, wonach bei diesem Übergang die Energie des Systems unverändert bleibt. Dies ist charakteristisch für die Wirkung einer zeitunabhängigen Störung. Der durch W induzierte Prozess ist elastisch.

Wenn wir erneut einen Übergang in das Kontinuum betrachten, dann haben wir (6.121) mit der Dichte der Endzustände $\rho(E_{k'})dE_{k'}$ zu multiplizieren und das Resultat im Bereich $(-\frac{\Delta E}{2},+\frac{\Delta E}{2})$ in der Umgebung der Energie des Endzustandes E_k über $E_{k'}$ zu integrieren, da auch hier für eine endliche Wechselwirkungszeit t eine Energieunschärfe ΔE zu erwarten ist. Daher finden wir im vorliegenden Fall für die Übergangsrate des Prozesses

$$\frac{\mathrm{d}w_{k,i}}{\mathrm{d}\Omega} = \frac{1}{t}\frac{\mathrm{d}P_{k,i}(t)}{\mathrm{d}\Omega} = \frac{Vmp_k}{4\pi^2\hbar^4}|W_{k,i}|^2 , \quad (6.123)$$

wobei die Energieerhaltung $E_k = E_i$ gilt und in (6.122) der Zustand $u_k(\boldsymbol{x})$ im Kontinuum liegt.

Als Anwendung behandeln wir folgendes Beispiel, das uns auf die Bornsche Näherung der Streutheorie führen wird. Wir betrachten einen Strahl freier Elektronen, oder α-Teilchen, etc., die durch den Hamilton Operator $H_0 = -\frac{\hbar^2}{2m}\Delta$ beschrieben werden. Diese treten in den Bereich eines Kraftzentrums, wo die potentielle Energie der Teilchen in Form einer Störung $\hat{W} = \hat{V}(r)$ beschrieben wird. Das Kraftzentrum kann zum Beispiel ein Atom,

Ion, etc. sein, in dessen Umgebung das Potential $\hat{V}(|\boldsymbol{x}|) = \hat{V}(r)$ herrscht. Wir normieren die Zustandsfunktion der einfallenden Teilchen $\psi_i(\boldsymbol{x}, t)$ im Volumen V, wie wir oben in (6.98) ausgeführt haben, sodaß

$$\psi_i(\boldsymbol{x}, t) = u_i(\boldsymbol{x})\mathrm{e}^{-\frac{\mathrm{i}}{\hbar}E_i\,t} = \frac{1}{\sqrt{V}}\mathrm{e}^{\frac{\mathrm{i}}{\hbar}(\boldsymbol{p}_i\cdot\boldsymbol{x}-E_i\,t)} \tag{6.124}$$

ist. Der Anfangsimpuls $\boldsymbol{p}_i$ der Teilchen bestimmt die Einfallsrichtung der Teilchen in Bezug auf das Kraftzentrum bei $\boldsymbol{x} = 0$. Im folgenden wird es von Interesse sein, bei der gegebenen Normierung der Zustandsfunktion $\psi_i(\boldsymbol{x}, t)$ die entsprechende Teilchenstromdichte zu berechnen. Wir finden mit Hilfe der Gleichung (2.21)

$$\hat{\boldsymbol{j}}_i(\boldsymbol{x}, t) = \frac{\mathrm{i}\hbar}{2m}\left(\psi_i\nabla\psi_i^* - \psi_i^*\nabla\psi_i\right) = \frac{\boldsymbol{p}_i}{Vm} = \frac{\boldsymbol{v}_i}{V} \tag{6.125}$$

und können die Einfallsrichtung der Teilchen als positive z-Richtung wählen, sodass $\hat{\boldsymbol{j}}_i = \frac{v_i}{V}\hat{e}_z$ ist. Die auslaufenden, am Potential gestreuten Teilchen, beschreiben wir analog durch eine Zustandsfunktion von der Form (Siehe Abb. 9.3.)

$$\psi_f(\boldsymbol{x}, t) = u_f(\boldsymbol{x})\mathrm{e}^{-\frac{\mathrm{i}}{\hbar}E_f\,t} = \frac{1}{\sqrt{V}}\mathrm{e}^{\frac{\mathrm{i}}{\hbar}(\boldsymbol{p}_f\cdot\boldsymbol{x}-E_f\,t)} \tag{6.126}$$

und wegen der Zeitunabhängigkeit des Potentials $\hat{V}(r)$ gilt die Energieerhaltung $E_f = E_i$, jedoch wegen der endlichen Wechselwirkungszeit des Streuvorganges ist die Übergangswahrscheinlichkeit wieder über ein schmales Energieband ΔE zu integrieren. Daher können wir unsere Ausdrücke (6.122,6.123) zur Berechnung der Streurate des Prozesses verwenden. Nach Einsetzen der Eingangs- und Ausgangsfunktionen (6.124,6.126) erhalten wir

$$\frac{\mathrm{d}w_{f,i}}{\mathrm{d}\Omega} = \frac{1}{t}\frac{\mathrm{d}P_{f,i}(t)}{\mathrm{d}\Omega} = \frac{m^2 v_f}{4\pi^2\hbar^4 V}\left|\int \mathrm{e}^{-\frac{\mathrm{i}}{\hbar}(\boldsymbol{p}_f-\boldsymbol{p}_i)\cdot\boldsymbol{x}}V(r)\mathrm{d}^3 x\right|^2. \tag{6.127}$$

Dabei ist $\boldsymbol{p}_i - \boldsymbol{p}_f = \boldsymbol{Q}$ der bei der Streuung der Teilchen am Potential auf die Teilchen übertragene Impuls. Da wir angenommen haben, dass das Streupotential kugelsymmetrisch ist, können wir das Integral über den Konfigurationsraum teilweise ausführen, indem wir räumliche Polarkoordinaten r', θ' und ϕ' einführen. Dazu setzen wir $\boldsymbol{Q} = \hbar\boldsymbol{K}$, wo $\boldsymbol{K} = \boldsymbol{k}_i - \boldsymbol{k}_f$ ist, und wählen die Achse des polaren Koordinatensystems in Richtung $\boldsymbol{K}$. Dann können wir das Integral in (6.127) folgendermaßen auf Polarkoordinaten transformieren und die Integrationen über θ' und ϕ' ausführen, indem wir beachten, dass $\mathrm{d}^3 x = r^2\mathrm{d}r\sin\theta'\mathrm{d}\theta'\mathrm{d}\phi'$ und $\boldsymbol{K}\cdot\boldsymbol{x} = Kr\cos\theta'$ gesetzt werden kann. Dies ergibt mit $\cos\theta' = \xi$

$$\int e^{-\frac{i}{\hbar}(\boldsymbol{p}_f - \boldsymbol{p}_i)\cdot\boldsymbol{x}} V(r) d^3x = \int_0^\infty V(r) r^2 dr \int_0^\pi e^{iKr\cos\theta'} \sin\theta' d\theta' \int_0^{2\pi} d\phi'$$

$$= 2\pi \int_0^\infty V(r) r^2 dr \int_{-1}^{+1} e^{iKr\xi} d\xi$$

$$= \frac{4\pi}{K} \int_0^\infty r V(r) \sin(Kr) dr . \tag{6.128}$$

Wenn wir dieses Resultat für das Integral in (6.127) einsetzen und diese Streurate durch den Betrag der Stromdichte der einfallenden Teilchen (6.125) dividieren, so erhalten wir, da wegen der Energieerhaltung $v_f = v_i$ ist,

$$\frac{dw_{f,i}}{v_i \, d\Omega} = \frac{4m^2}{K^2\hbar^4} \left| \int_0^\infty r V(r) \sin(Kr) dr \right|^2 . \tag{6.129}$$

Da aber $K = \sqrt{\boldsymbol{K}^2} = \sqrt{(\boldsymbol{k}_i - \boldsymbol{k}_f)^2} = k\sqrt{2(1 - \cos\theta)} = 2k\sin\frac{\theta}{2}$ ist, wo θ der Winkel zwischen der Einfallsrichtung $\hat{e}_z$ der Teilchen und der Richtung $\boldsymbol{n}$ der gestreuten Teilchen bedeutet, deshalb Streuwinkel genannt, können wir (6.129) auf die Form bringen

$$\frac{d\sigma_B(\theta)}{d\Omega} = \frac{m^2}{\hbar^4 k^2 \sin^2(\frac{\theta}{2})} \left| \int_0^\infty \sin\left[2kr\sin\left(\frac{\theta}{2}\right)\right] V(r) r dr \right|^2$$

$$= |f_B(\theta)|^2 . \tag{6.130}$$

Dies ist der differentielle Streuquerschnitt in der Bornschen Näherung, den wir später nochmals auf anderem Wege herleiten werden. $f_B(\theta)$ nennt man die Bornsche Streuamplitude. $\frac{d\sigma}{d\Omega}$ liefert die Zahl der aus dem einfallenden Teilchenstrom pro Sekunde in ein Raumwinkelelement $d\Omega$ am Potential $V(r)$ elastisch gestreuten Teilchen. Der Bornsche Streuquerschnitt ist von recht allgemeiner Gültigkeit. Der Streuquerschnitt hat die Dimension $[L^2]$. Die Analyse eines solchen Streuprozesses führte Max Born 1926 zur statistischen Interpretation der Quantenmechanik.

6.7 Spinpräzession und magnetische Resonanz

Ein atomares Elektron mit dem Spin $s = \frac{1}{2}$ sei in ein homogenes Magnetfeld $\boldsymbol{B}$ eingebettet, welches in z-Richtung orientiert ist. Der Zustand des Elektrons soll durch die Zustandsfunktion

$$\psi(\boldsymbol{x}, t)\chi_\pm \tag{6.131}$$

beschrieben sein. Wir nehmen an, die räumliche Zustandsfunktion $\psi(\boldsymbol{x}, t)$ sei nicht an das Magnetfeld $\boldsymbol{B}$ gekoppelt. Dies ist etwa der Fall, wenn sich das Elektron in einem s-Zustand befindet. In diesem Fall genügt es, nur die

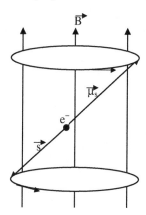

Abb. 6.6. Spinpräzession im Magnetfeld

Wechselwirkung des B-Feldes mit dem Spin des Elektrons zu betrachten. Dies haben wir in Abb. 6.6 angedeutet. Diese Wechselwirkung ist durch den folgenden effektiven Hamiltonoperator bestimmt (Siehe (6.51))

$$\hat{H} = -\hat{\boldsymbol{\mu}}_s \cdot \boldsymbol{B} = \mu_{\mathrm{B}} B \, \hat{\sigma}_z \,, \quad \mu_{\mathrm{B}} B = \hbar \omega_{\mathrm{L}} \,, \tag{6.132}$$

wo μ_{B} das Bohrsche Magenton und ω_{L} die Larmorfrequenz sind. Da $\hat{\sigma}_z \chi_{\pm} = \pm \chi_{\pm}$ gilt, hat der Hamiltonoperator (6.132) die folgenden Eigenwerte und Eigenfunktionen

$$\hat{H}\chi_{\pm} = \mu_{\mathrm{B}} B \, \hat{\sigma}_z \chi_{\pm} = \pm \hbar \omega_{\mathrm{L}} \chi_{\pm} \,, \quad E_{\pm} = \pm \hbar \omega_{\mathrm{L}} \,. \tag{6.133}$$

Ein allgemeiner Zustand unseres „Zweiniveau-Systems" lässt sich daher folgendermaßen ausdrücken (Siehe (5.45))

$$\psi(t) = c_+ \chi_+ \mathrm{e}^{-\mathrm{i}\omega_{\mathrm{L}} t} + c_- \chi_- \mathrm{e}^{\mathrm{i}\omega_{\mathrm{L}} t} = \begin{pmatrix} c_+ \mathrm{e}^{-\mathrm{i}\omega_{\mathrm{L}} t} \\ c_- \mathrm{e}^{\mathrm{i}\omega_{\mathrm{L}} t} \end{pmatrix} \,. \tag{6.134}$$

Um die Präzession des Spins im homogenen Magnetfeld etwas näher zu analysieren, wählen wir als Anfangsbedingung, dass für $t = 0$ die Spinprojektion in der (x, z)-Ebene zu liegen kommt. Dies beschreiben wir mit Hilfe der Resultate (5.48, 5.56) der Analyse der Spinprojektion in eine beliebige Raumrichtung. Dann finden wir mit dem Einheitsvektor $\boldsymbol{n} = (\sin\theta, 0, \cos\theta)$ und der Anfangsbedingung $(\hat{\boldsymbol{s}} \cdot \boldsymbol{n})\psi(0) = \hat{s}_n \psi(0) = \frac{\hbar}{2}\psi(0)$, dass für $t = 0$

$$\psi(0) = \cos\frac{\theta}{2}\chi_+ + \sin\frac{\theta}{2}\chi_- \tag{6.135}$$

ist und daher $c_+ = \cos\frac{\theta}{2}$ und $c_- = \sin\frac{\theta}{2}$ sind. Mit diesem Resultat lautet dann die allgemeine Lösung

$$\psi(t) = \cos\frac{\theta}{2}\chi_+ \mathrm{e}^{-\mathrm{i}\omega_{\mathrm{L}} t} + \sin\frac{\theta}{2}\chi_- \mathrm{e}^{\mathrm{i}\omega_{\mathrm{L}} t} = \begin{pmatrix} \cos\frac{\theta}{2}\mathrm{e}^{-\mathrm{i}\omega_{\mathrm{L}} t} \\ \sin\frac{\theta}{2}\mathrm{e}^{\mathrm{i}\omega_{\mathrm{L}} t} \end{pmatrix} \,. \tag{6.136}$$

Jetzt berechnen wir mit dieser Lösung den Erwartungswert des Spin-magne-
tischen Momentes

$$\langle \hat{\boldsymbol{\mu}}_s \rangle = -\mu_\mathrm{B} \langle \hat{\boldsymbol{\sigma}} \rangle = -\mu_\mathrm{B} (\psi^\dagger, \hat{\boldsymbol{\sigma}} \, \psi) \, . \tag{6.137}$$

Die explizite Ausrechnung ergibt

$$\begin{aligned}
\langle \hat{\boldsymbol{\sigma}} \rangle = (\psi^\dagger, \hat{\boldsymbol{\sigma}} \psi) &= \left(\cos\frac{\theta}{2} \chi_+^\dagger \mathrm{e}^{\mathrm{i}\omega_\mathrm{L}t} + \sin\frac{\theta}{2} \chi_-^\dagger \mathrm{e}^{-\mathrm{i}\omega_\mathrm{L}t} \right) \\
&\times (\boldsymbol{e}_x \hat{\sigma}_x + \boldsymbol{e}_y \hat{\sigma}_y + \boldsymbol{e}_z \hat{\sigma}_z) \left(\cos\frac{\theta}{2} \chi_+ \mathrm{e}^{-\mathrm{i}\omega_\mathrm{L}t} + \sin\frac{\theta}{2} \chi_- \mathrm{e}^{\mathrm{i}\omega_\mathrm{L}t} \right) \\
&= \sin\frac{\theta}{2} \cos\frac{\theta}{2} \left[\boldsymbol{e}_x \left(\mathrm{e}^{-\mathrm{i}2\omega_\mathrm{L}t} + \mathrm{e}^{\mathrm{i}2\omega_\mathrm{L}t} \right) + \mathrm{i}\boldsymbol{e}_y \left(\mathrm{e}^{-\mathrm{i}2\omega_\mathrm{L}t} - \mathrm{e}^{\mathrm{i}2\omega_\mathrm{L}t} \right) \right] \\
&\quad + \boldsymbol{e}_z \left(\cos^2\frac{\theta}{2} - \sin^2\frac{\theta}{2} \right) \\
&= \sin\theta \left(\boldsymbol{e}_x \cos 2\omega_\mathrm{L}t + \boldsymbol{e}_y \sin 2\omega_\mathrm{L}t \right) + \boldsymbol{e}_z \cos\theta \, . \tag{6.138}
\end{aligned}$$

Daher erhalten wir schließlich

$$\langle \hat{\boldsymbol{\mu}}_s \rangle = -\mu_\mathrm{B} (\sin\theta \cos 2\omega_\mathrm{L}t, \sin\theta \sin 2\omega_\mathrm{L}t, \cos\theta) \, . \tag{6.139}$$

Danach bleibt der Mittelwert der z-Komponente des Spinmomentes konstant
und klassisch ausgedrückt präzediert der Spin $\hat{\boldsymbol{s}}$ und in entgegengesetzter
Richtung das magnetische Moment $\hat{\boldsymbol{\mu}}_s$ im homogenen $\boldsymbol{B}$-Feld mit der doppelten Larmorfrequenz als Folge des anomalen gyromagnetischen Verhältnisses
$g_s = -\frac{e}{mc}$.

Als nächstes betrachten wir eine Anordnung von Magnetfeldern, die
von großem praktischen Interesse ist. Wir führen neben dem konstanten
und homogenen Magnetfeld B, das in z-Richtung orientiert ist, ein zweites,
schwächeres Magnetfeld B' ein, das in der (x, y)-Ebene mit der Frequenz ω
rotiert und daher die Komponenten $B_x' = B' \cos\omega t$ und $B_y' = B' \sin\omega t$ hat,
sodass positives ω (negatives ω) einer Rotation des Feldes im Uhrzeigersinn
(entgegen dem Uhrzeigersinn) entspricht, wenn man in positiver Richtung
blickt. Dieses erweiterte Problem wird dann durch den folgenden Hamilton-
operator beschrieben

$$\hat{H} = \mu_\mathrm{B} [B \, \hat{\sigma}_z + B' \cos(\omega t) \hat{\sigma}_x + B' \sin(\omega t) \hat{\sigma}_y] \, . \tag{6.140}$$

Es ist zweckmäßig, gemäß der allgemeinen Definition (5.6) der Hebungs- und
Senkungsoperatoren, die Operatoren $\hat{\sigma}^+ = \hat{\sigma}_x + \mathrm{i}\hat{\sigma}_y$ und $\hat{\sigma}^- = \hat{\sigma}_x - \mathrm{i}\hat{\sigma}_y$
einzuführen und gleichzeitig die Zerlegungen $\cos\omega t = \frac{1}{2}(\mathrm{e}^{\mathrm{i}\omega t} + \mathrm{e}^{-\mathrm{i}\omega t})$ und
$\sin\omega t = \frac{1}{2\mathrm{i}}(\mathrm{e}^{\mathrm{i}\omega t} - \mathrm{e}^{-\mathrm{i}\omega t})$ zu machen. Dann lässt sich der Hamiltonoperator
(6.140) auf folgende Form bringen

$$\hat{H} = \hbar\omega_\mathrm{L} \hat{\sigma}_z + \frac{\hbar\omega_\mathrm{L}'}{2} \left(\hat{\sigma}^+ \mathrm{e}^{-\mathrm{i}\omega t} + \hat{\sigma}^- \mathrm{e}^{\mathrm{i}\omega t} \right) = \hat{H}_0 + \hat{W} \, , \tag{6.141}$$

wo ω_L und ω_L' die Larmorfrequenzen der beiden Magnetfelder sind. Da wir die Eigenfunktionen $\chi_\pm$ und Eigenwerte $\pm\hbar\omega_L$ des ungestörten Problems (6.133) kennen und annehmen, dass $B' \ll B$ ist, können wir für die Lösung der Schrödinger Gleichung des gestörten Problems

$$i\hbar\frac{\partial\psi(t)}{\partial t} = \hat{H}\psi(t) \tag{6.142}$$

den Lösungsansatz machen

$$\psi(t) = c_+(t)\chi_+ + c_-(t)\chi_- \tag{6.143}$$

und wir wollen annehmen, dass zur Zeit $t = 0$ sich das Elektron im Zustand χ_- befand, sodass die Anfangsbedingungen lauten $c_+(0) = 0$, $c_-(0) = 1$. Wenn wir den Ansatz (6.143) in die Schrödinger Gleichung (6.142) einsetzen und den expliziten Ausdruck (6.141) für $\hat{H}$ verwenden, so erhalten wir wegen der Eigenschaften von $\hat{\sigma}_z$, $\hat{\sigma}^+$ und $\hat{\sigma}^-$ die folgende Gleichung

$$i\left[\dot{c}_+(t)\chi_+ + \dot{c}_-(t)\chi_-\right] = \frac{\omega_L}{2}\left[c_+(t)\chi_+ - c_-(t)\chi_-\right]$$
$$+ \frac{\omega_L'}{2}\left[c_-(t)\chi_+e^{-i\omega t} + c_+(t)\chi_-e^{i\omega t}\right]. \tag{6.144}$$

Diese Beziehung projizieren wir einmal von links auf χ_+ und dann auf χ_- und erhalten wegen der Orthonormiertheit der $\chi_\pm$ die folgenden beiden Differentialgleichungen erster Ordnung für die Koeffizienten $c_\pm(t)$

$$i\dot{c}_+(t) = \frac{\omega_L}{2}c_+(t) + \frac{\omega_L'}{2}c_-(t)e^{-i\omega t}$$
$$i\dot{c}_-(t) = -\frac{\omega_L}{2}c_-(t) + \frac{\omega_L'}{2}c_+(t)e^{i\omega t}. \tag{6.145}$$

Wir multiplizieren die erste dieser beiden Gleichungen mit $e^{i\omega t}$ und differenzieren die resultierende Gleichung nach t. Dies ergibt die Gleichung

$$i(\ddot{c}_+ + i\omega\dot{c}_+)e^{i\omega t} = \frac{\omega_L}{2}(\dot{c}_+ + i\omega c_+)e^{i\omega t} + \frac{\omega_L'}{2}\dot{c}_-. \tag{6.146}$$

Aus dieser Gleichung können wir mit Hilfe der vorangehenden beiden Gleichungen (6.145) den Koeffizienten $c_-(t)$ eliminieren und erhalten schließlich für den Koeffizienten $c_+(t)$ die Differentialgleichung

$$\ddot{c}_+ + i\omega\dot{c}_+ + \frac{1}{4}(\omega_L^2 + \omega_L'^2 - 2\omega_L\omega)c_+ = 0. \tag{6.147}$$

Diese lässt sich leicht mit Hilfe des Eulerschen Ansatzes $c_+(t) = Ae^{i\gamma_1 t} + Be^{i\gamma_2 t}$ lösen. Wir finden nach Einsetzen in (6.147) die folgende quadratische Gleichung für den Parameter γ

$$\gamma^2 + \gamma\omega - \frac{1}{4}(\omega_L^2 + \omega_L'^2 - 2\omega_L\omega) = 0 \qquad (6.148)$$

mit den beiden Lösungen $\gamma_{1,2} = -\frac{\omega}{2} \pm \frac{1}{2}\left[(\omega - \omega_L)^2 + \omega_L'^2\right]^{\frac{1}{2}}$. Daher lautet die allgemeine Lösung der Gleichung (6.147)

$$c_+(t) = e^{-i\frac{\omega}{2}t}\left[Ae^{\frac{i}{2}\left[(\omega-\omega_L)^2+\omega_L'^2\right]^{\frac{1}{2}}t} + Be^{-\frac{i}{2}\left[(\omega-\omega_L)^2+\omega_L'^2\right]^{\frac{1}{2}}t}\right], \qquad (6.149)$$

jedoch war unsere Anfangsbedingung, dass zur Zeit $t = 0 : c_-(0) = 1$ und $c_+(0) = 0$ sein sollen. Folglich muss in (6.149) $B = -A$ sein und wir erhalten

$$c_+(t) = 2iAe^{-i\frac{\omega}{2}t}\sin\left\{\frac{1}{2}\left[(\omega - \omega_L)^2 + \omega_L'^2\right]^{\frac{1}{2}}t\right\}. \qquad (6.150)$$

Schließlich finden wir die Normierungskonstante $2iA$, indem wir aus der letzten Gleichung $\dot{c}_+(t)$ berechnen und für $t = 0$ in die erste Gleichung von (6.145) einsetzen und beachten, dass dort $c_+(0) = 0$ und $c_-(0) = 1$ sind. Dies ergibt

$$2iA = \frac{\omega_L'}{\left[(\omega - \omega_L)^2 + \omega_L'^2\right]^{\frac{1}{2}}} \qquad (6.151)$$

und daher ist die normierte Wahrscheinlichkeit, dass das Elektron innerhalb der Zeit t in den Spinzustand χ_+ durch Einwirkung des oszillierenden Magnetfeldes umgeklappt ist, gleich

$$|c_+(t)|^2 = \frac{\omega_L'^2\sin^2\left\{\frac{1}{2}\left[(\omega - \omega_L)^2 + \omega_L'^2\right]^{\frac{1}{2}}t\right\}}{\left[(\omega - \omega_L)^2 + \omega_L'^2\right]}. \qquad (6.152)$$

Wir erkennen, dass für $\omega_L' \ll \omega_L$ (d.h. $B' \ll B$) die Übergänge von χ_- nach χ_+ nur für einen schmalen Frequenzbereich ω in der Umgebung der Resonanz bei $\omega = \omega_L$ stattfinden können. Nahe der Resonanz ist der Effekt am größten, d.h. wenn die Frequenz des rotierenden Magnetfeldes gleich ist der Larmorfrequenz. In diesem Fall findet der Umklappvorgang innerhalb der Zeit

$$t \cong \frac{2\pi}{\omega_L'} \qquad (6.153)$$

statt. Wir sehen, dass die Wahrscheinlichkeitsverteilung (6.152) ganz ähnliche Gestalt hat wie jene in Abb. 6.5. Der starke Resonanzcharakter dieser Wahrscheinlichkeitsverteilung wurde in Experimenten von I. I. Rabi und Mitarbeitern 1936 dazu verwendet, präzise Messungen der magnetischen Momente von Atomen, Molekülen und Atomkernen durchzuführen. Schließlich sei noch erwähnt, dass Gleichung (6.153) ein Ausdruck der Heisenbergschen Unschärferelation ist. Rabi's NMR-Verfahren wurde inzwischen von außerordentlicher Bedeutung für die medizinische Diagnostik.

Übungsaufgaben

6.1. Das Potential $V = \frac{\kappa}{2}x^2$ des linearen harmonischen Oszillators wird durch eine Störung der Form $V' = \lambda x$ abgeändert. Zeige, dass in niedrigster Ordnung der Störungstheorie, die Energiekorrekturen gleich 0 sind und berechne daher die entsprechenden Korrekturen 2. Ordnung. Vergleiche die Resultate dieser Rechnung mit den Ergebnissen der Aufgabe 3.4.

6.2. Die Energieeigenwerte eines harmonischen Oszillators werden durch ein Störpotential $\hat{W} = \lambda x^4$ abgeändert, wobei $\lambda \ll \frac{\kappa}{2}$ ist. Berechne in niedrigster Ordnung der Störungstheorie die Energiekorrekturen der Eigenwerte. Die Rechnung verläuft am einfachsten, indem man die Koordinate x durch die Vernichtungs und Erzeugungsoperatoren a und a^+ des harmonischen Oszillators ausdrückt und die Energiekorrektur $w_1 = \hat{W}_{n,n}$ auf algebraischem Wege auffindet. Man erhält $w_1 = \frac{\lambda}{2\kappa}(\hbar\omega)^2[n^2 + (n+1)^2]$.

6.3. Der lineare harmonische Oszillator wird durch ein Zusatzpotential der Form $\hat{W} = -\lambda e^{-\alpha x^2}$ gestört. Berechne in erster Ordnung der Störungstheorie die Energiekorrekturen des Grundzustandes und des ersten angeregten Zustandes. Die erforderlichen Integrationen können alle auf die Berechnung des Gaußsche Fehlerintegrals zurückgeführt werden. Letzteres hat den Wert $\sqrt{\pi}$.

6.4. Berechne in niedrigster Ordnung der Störungstheorie die Energieaufspaltung der Übergänge zwischen den niedrigsten Eigenwerten des räumlichen isotropen Oszillators für ein Störpotential der Form $\hat{W} = -\lambda z = -\lambda r \cos\theta$. Die Rechnung verläuft ähnlich wie weiter unten in Aufgabe 6.5. Die Eigenfunktionen und Eigenwerte des ungestörten Problems wurden bereits in Aufgabe 3.12 behandelt.

6.5. Die Eigenfunktionen des Wasserstoff Atoms sind n^2-fach entartet. Durch Anlegen eines konstanten elektrischen Feldes wird die Kugelsymmetrie des Problems aufgehoben. Dies gibt Anlass zum Stark Effekt. Das statische Elektrische Feld $\boldsymbol{E}$ sei in z-Richtung orientiert. Berechne mit Hilfe des Störoperators $\hat{W} = -e\boldsymbol{x} \cdot \boldsymbol{E} = -ezE = -eEr\cos\theta$ in niedrigster Ordnung der Störungsenergie die Energiekorrekturen des Grundzustandes und des ersten angeregten Zustandes des Wasserstoff Atoms. Die Energiekorrektur des Grundzustandes ist gleich Null. Für die Energiekorrektur des ersten angeregten Zustandes erhält man die Sekulargleichung

$$\begin{vmatrix} -w_1 & -3eEa_B & 0 & 0 \\ -3eEa_B & -w_1 & 0 & 0 \\ 0 & 0 & -w_1 & 0 \\ 0 & 0 & 0 & -w_1 \end{vmatrix} = 0\,, \qquad (6.154)$$

deren Entwicklung die Gleichung vierten Grades $w_1^2(w_1^2 - 9e^2E^2a_B^2) = 0$ liefert, deren Lösungen $w_1 = 3eEa_B$, 0, $-3eEa_B$ sind. Der angeregte Zustand spaltet also in drei Niveaus auf, wobei das Niveau mit $w_1 = 0$ zweifach entartet ist.

6.6. Berechne die „Starkaufspaltung" für die niedrigsten Energie Zustände der rotierenden Hantel von Aufgabe 3.12 unter Einwirkung des Störoperators $\hat{W} = -\lambda R \cos\theta$.

6.7. In der (x, y)-Ebene bewege sich ein klassisches Elektron mit der Masse m und der Ladung $-e$ unter der Einwirkung einer periodischen Kraft $\boldsymbol{K} = -\kappa\boldsymbol{x}$. Es wird in der z-Richtung ein homogenes magnetisches Feld $\boldsymbol{B}$ eingeschaltet, welches auf das Elektron in der (x, y)-Ebene eine zusätzliche Kraft $-\frac{e}{c}(\boldsymbol{v} \times \boldsymbol{B})$ ausübt. Zeige, dass mit dieser einfachen Anordnung eine klassische Erklärung für den normalen Zeeman Effekt gefunden werden kann (H. A. Lorentz 1898). Man betrachtet dazu die Bewegungsgleichung $m\boldsymbol{x}_{tt} = -\kappa\boldsymbol{x} + \frac{e}{c}(\boldsymbol{x}_t \times \boldsymbol{B})$ des klassischen Strahlungsoszillators im Magnetfeld $\boldsymbol{B} = B_0\boldsymbol{e}_z$ und zerlegt diese Bewegung in Komponenten in Bezug auf $\boldsymbol{e}_x \pm \mathrm{i}\boldsymbol{e}_y$ und $\boldsymbol{e}_z$. Die Lösung der resultierenden Gleichungen liefert dann die Frequenzen $\omega = \omega_0 = \sqrt{\frac{\kappa}{m}}$ und $\omega = \omega_0 \pm \omega_L$, wo $\omega_L = \frac{eB_0}{2mc}$ die Larmor Frequenz darstellt.

6.8. Berechne mit Hilfe des Variationsverfahrens einen genäherten Wert für die Energie des Grundzustandes des isotropen harmonischen Oszillators. Verwende als Versuchsfunktion $u(r) = Ae^{-\alpha r^2}$ und betrachte α als Variationsparameter. Mit Hilfe der radialen Schrödinger Gleichung (3.119) erhalten wir für den Grundzustand mit $l = 0$ das folgende zu variierende Integral

$$\langle E \rangle = A^2 \int_0^\infty r^2 \mathrm{d}r \left[-\frac{\hbar^2}{2m} e^{-\alpha r^2} \frac{1}{r^2} \frac{\mathrm{d}}{\mathrm{d}r} \left(r^2 \frac{\mathrm{d}}{\mathrm{d}r} e^{-\alpha r^2} \right) + \frac{\kappa}{2} r^2 e^{-2\alpha r^2} \right] . \quad (6.155)$$

Beachte, dass die Versuchsfunktion noch zu normieren ist. Zeige, dass im vorliegenden Fall $\langle E \rangle = E_0 = \frac{3}{2}\hbar\omega$ sein wird, da die gewählte Versuchsfunktion mit der Eigenfunktion $u_0(r)$ der exakten Lösung des Problems in Aufgabe 3.10 übereinstimmt.

6.9. Führe die Rechnungen von Aufgabe 6.8 mit der Versuchsfunktion $u(r) = Ae^{-\alpha r}$ durch und vergleiche die Genauigkeit dieser Rechnungen mit dem exakten Wert der Energie des Grundzustandes $E_0 = \frac{3}{2}\hbar\omega$, der in Aufgabe 3.10 von Kapitel 3 gefunden wurde. Im vorliegenden Fall erhält man $\langle E \rangle = \sqrt{3}\hbar\omega \cong 1.732\,\hbar\omega$ anstatt $1.5\,\hbar\omega$. Welche Abhängigkeit der Genauigkeit des Eigenwertes E_0 von der Güte der Näherung für $u(r)$ kann aus diesen beiden Rechnungen geschlossen werden?

6.10. Verwende das Variationsverfahren, um einen genäherten Wert für den Eigenwert des Grundzustandes des linearen harmonischen Oszillators zu erhalten, und zwar mit Hilfe folgender Versuchsfunktionen a) $u(x) = A(-x^2 + a)$ für $-\sqrt{a} \leq x \leq +\sqrt{a}$ und b) $u(x) = A(-|x| + a)$ für $-a \leq x \leq +a$ mit A als Normierungskonstanten. Vergleiche die Qualität der Resultate hinsichtlich ihrer Genauigkeit. Im Fall a) ist $\langle E \rangle \cong 1.44\frac{\hbar\omega}{2}$ und im Fall b) ist $\langle E \rangle \cong 1.55\frac{\hbar\omega}{2}$.

6.11. Berechne mit dem Variationsverfahren die Energie des Grundzustandes des Heliumatoms. Der Hamilton-Operator des Heliumatoms ist leicht anzugeben

$$\hat{H} = -\frac{\hbar^2}{2m}(\Delta_1 + \Delta_2) - 2e^2 \left(\frac{1}{r_1} + \frac{1}{r_2} \right) + \frac{e^2}{r_{12}} = \hat{H}_1 + \hat{H}_2 + \hat{W} \, . \quad (6.156)$$

Ohne Wechselwirkung der beiden Elektronen, ist die Zustandsfunktion leicht als das Produkt der Grundzustände zweier H-Atome anzugeben. Dabei sei nun die Kernladung Z unser Variationsparameter. Der Erwartungswert von $\hat{H}_1 + \hat{H}_2$ ist dann leicht angebbar. Nur $\langle \hat{W} \rangle$ ist explizit zu berechnen. Dieses Integral ist in (8.78) angegeben. Damit erhält man den zu variierenden Ausdruck für $\langle \hat{H}(Z) \rangle$ mit dem Resultat $Z = \frac{27}{16} = 1.69$ und somit für die Energie des Grundzustandes $E = -2.85 \frac{e^2}{a_B}$. Das Experiment liefert den Vorfaktor -2.904.

6.12. Zwei Energie Niveaus, E_1 und E_2 mit den zugehörigen Eigenfunktionen $u_1(\boldsymbol{x})$ und $u_2(\boldsymbol{x})$, eines atomaren Systems seien eng beieinander gelegen, sodass $|E_1 - E_2| \ll |W_{1,2}|$ ist, wo $\hat{W}$ den zeitunabhängigen Störoperator darstellt. In diesem Fall sind die von uns gemachten Voraussetzungen der Störungstheorie nicht erfüllt. Hier ist es zweckmäßig, in der Basis $u_1(\boldsymbol{x})$ und $u_2(\boldsymbol{x})$ des ungestörten „Zwei-Niveau Systems" das gestörte Problem mit dem Hamilton-Operator $\hat{H}_0 + \hat{W}$ zunächst exakt zu lösen und erst dann das Gesamtsystem zu betrachten. Führe diese Rechnung durch und vergleiche das Resultat mit den üblichen Ergebnissen der Störungstheorie zweiter Ordnung. Diskutiere die „Abstoßung" der gestörten Energieniveaus. Betrachte insbesondere den Fall der engen Kopplung der beiden Niveaus durch die Störung $\hat{W}$. Zur Lösung betrachtet man das Zwei-Niveau System $\hat{H}_0 u_i^0 = E_i^0 u_i^0$, $i = 1, 2$ und $\hat{H} = \hat{H}_0 + \hat{W}$. Mit dem Ansatz $u = a_1 u_1^0 + a_2 u_2^0$ geht man in die Schrödinger Gleichung $(\hat{H} - E)u = 0$ ein und findet ihre Matrixgestalt in der obigen Basis. Aus der Sekulargleichung folgen dann als Lösungen die beiden Energieeigenwerte des Zwei-Niveau Systems

$$E_{1,2} = \frac{1}{2}(H_{11} + H_{22}) \pm \frac{1}{2}[(H_{11} - H_{22})^2 + 4|H_{1,2}|^2]^{\frac{1}{2}} \, . \quad (6.157)$$

Man diskutiere nun eingehende die beiden Fälle 1) $|H_{1,2}| = |W_{1,2}| \ll |H_{11} - H_{22}|$ und 2) $|H_{1,2}| \gg |H_{11} - H_{22}|$ und zeige, dass im ersten Fall Übereinstimmung mit der Störungstheorie 2. Ordnung herrscht, doch im zweiten Fall der engen Kopplung der beiden Niveaus, sich das Zwei-Niveau Problem exakt lösen lässt, wobei man die beiden Zustände $u_{1,2} = \pm \frac{1}{\sqrt{2}}(u_1^0 \pm u_2^0)$ und die obigen Energien (6.157) erhält und $\tan \beta = \frac{2W_{12}}{H_{11} - H_{22}}$, $\beta \cong \frac{\pi}{2}$ sein wird.

6.13. Berechne in niedrigster Ordnung der Störungstheorie die Energieverschiebung des Grundzustandes des Wasserstoff Atoms unter der Einwirkung des Gravitationspotentials $V_g = G \frac{m M_P}{r}$ zwischen der Masse des Elektrons und jener des Protons. Dabei ist die Gravitationskonstante $G = 6.672 \times 10^{-11}$ N m^2 kg^{-2}. Man erhält $\langle u_0 | V_g | u_0 \rangle = 8.8 \times 10^{-40} |E_1|$, wo E_1 die Energie des Grundzustandes des H-Atoms ist. Was ist daraus zu schließen?

6.14. Verwende die in Aufgabe 3.6 abgeleitete Näherung für den Durchlässigkeitskoeffizienten

$$D \cong |C|^2 \mathrm{e}^{-\frac{2}{\hbar} \int_{x_1}^{x_2} \sqrt{2m(V(x)-E)}\mathrm{d}x} , \qquad (6.158)$$

um damit die Ionisation des Wasserstoff Atoms durch ein angelegtes statisches elektrisches Feld $\boldsymbol{E}$ abzuschätzen. Die Überlagerung des Coulomb Potentials $V(r) = -\frac{Ze^2}{r}$ und des Potentials des $\boldsymbol{E}$-Feldes $V(\boldsymbol{x}) = -e\boldsymbol{E}\cdot\boldsymbol{x}$ soll als eindimensionales Problem behandelt werden. In diesem Fall ist $V(x) - E = I_{io} - e\mathcal{E}x$, wo I_{io} die Ionisationsenergie des H-Atoms darstellt, und die Integration erfolgt über das Intervall $(0, \frac{I_{io}}{e\mathcal{E}})$. Das Resultat lautet

$$D = |C|^2 \mathrm{e}^{-\frac{4}{3} \frac{\sqrt{2mI_{io}^3}}{\hbar e\mathcal{E}}} . \qquad (6.159)$$

6.15. Betrachte in Bornscher Näherung die inelastische Streuung von Elektronen an einem Wasserstoff Atom. Dabei soll das atomare Elektron vom $1s$-Zustand in den $2s$-Zustand angeregt werden. Hier ist das Wechselwirkungspotential anstelle $V(r)$ durch $V(|\boldsymbol{x} - \boldsymbol{x}\,'|) = \frac{e^2}{|\boldsymbol{x}-\boldsymbol{x}\,'|}$ gegeben, wo $\boldsymbol{x}$ der Ortsvektor des gestreuten Elektrons und $\boldsymbol{x}\,'$ jener des atomaren Elektrons seien. Der Anfangs- und der Endzustand des Matrixelements sind nun Produkte der Zustandsfunktionen des freien und des gebundenen Elektrons. Die Berechnung des Streuquerschnittes erfolgt ganz analog der Behandlung des elastischen Prozesses in Abschn. 6.6 Unter Verweis auf Abschn. 8.2 überlege man sich, wie dieser Streuprozess in Wirklichkeit zu behandeln wäre. Das zu berechnende Matrixelement lautet

$$c_{k,i}(t) = -\frac{\mathrm{i}}{\hbar} \frac{1}{V} \int_0^t \mathrm{e}^{\frac{\mathrm{i}}{\hbar}(E\,'-E+E_{2s}-E_{1s})\,t}\mathrm{d}t$$

$$\times \int \mathrm{d}^3x\,' \int \mathrm{d}^3x\, \mathrm{e}^{-\frac{\mathrm{i}}{\hbar}(\boldsymbol{p}\,'-\boldsymbol{p})\cdot\boldsymbol{x}\,'} \frac{e^2}{|\boldsymbol{x}\,'-\boldsymbol{x}|} u_{2s}(\boldsymbol{x})u_{1s}(\boldsymbol{x}) \quad (6.160)$$

und kann leicht ausgewertet werden, wenn man das Wechselwirkungspotential $\frac{e^2}{|\boldsymbol{x}\,'-\boldsymbol{x}|}$ Fourier-transformiert.

6.16. Ein intensiver Laserstrahl kann genähert durch eine ebene, monochromatische und linear polarisierte elektromagnetische Welle beschrieben werden. Das Vektorpotential dieser Welle sei dann $\boldsymbol{A}(\boldsymbol{x},t) = A_0\boldsymbol{\varepsilon}\cos(\omega t - \boldsymbol{k}\cdot\boldsymbol{x})$ mit der Eigenschaft $\nabla\cdot\boldsymbol{A} = 0$, was die Transversalität der Welle ausdrückt. Man löse die Schrödinger Gleichung für ein Elektron, das in dieser Welle eingebettet ist mit der Anfangsbedingung, dass für $t \to -\infty$ der Laser Strahl abgeschaltet war, sodass dort das Elektron durch die Zustandsfunktion $\psi_0(\boldsymbol{x},t) = \frac{1}{\sqrt{V}} \exp[\frac{\mathrm{i}}{\hbar}(\boldsymbol{p}\cdot\boldsymbol{x} - Et)]$ eines freien Teilchens beschrieben werden kann. Die exakte Lösung der Schrödinger Gleichung im Strahlungsfeld kann man mit dem Ansatz $\psi(\boldsymbol{x},t) = \psi_0(\boldsymbol{x},t)f(\omega t)$ finden, wenn man die räumliche Abhängigkeit $\boldsymbol{k}\cdot\boldsymbol{x}$ in der Umgebung eines Atoms vernachlässigt, da für die Wellenlängen der Laser Strahlung $\frac{a_B}{\lambda} \ll 1$ ist. Die so erhaltene laser-modifizierte Zustandsfunktion eines freien Teilchens nennt man eine Gordon-Volkov Wellenfunktion, benannt nach ihren Entdeckern. Man geht aus von der Schrödinger Gleichung (3.1), setzt für ein freies Teilchen $V(\boldsymbol{x}) = 0$ und macht dann in der Gleichung die Substitution $\frac{\hbar}{i}\nabla \to \frac{\hbar}{i}\nabla - \frac{e}{c}\boldsymbol{A}(\boldsymbol{x},t)$ und erhält so die Schrödinger Gleichung für ein Elektron im Strahlungsfeld (Vgl. (A.137)). Dann löst man die Gleichung in der oben angegebenen Weise. Das Resultat lautet

$$\psi(\boldsymbol{x},t) = \frac{1}{\sqrt{V}} e^{\frac{i}{\hbar}(\boldsymbol{p}\cdot\boldsymbol{x}-Et)} f(\omega t)$$

$$f(\omega t) = \exp\left[\frac{i}{\hbar}\left(\frac{\mu c}{\omega}\boldsymbol{p}\cdot\boldsymbol{\varepsilon}\sin\omega t - \frac{U_p}{2\omega}\sin\omega t - U_p t\right)\right] \qquad (6.161)$$

$$\mu = \frac{eA_0}{mc^2} \,,\; U_p = \frac{mc^2\mu^2}{4} \,.$$

6.17. Verwende die zeitabhängige Störungstheorie, um in erster Ordnung die Streuung eines in einem Laserstrahl eingebetteten Elektrons an einem Atom, beschrieben durch ein Potential $V(r)$, zu berechnen. Das zeitabhängige Matrixelement zwischen einem Anfangszustand $\psi_i(\boldsymbol{x},t)$ und einem Endzustand $\psi_k(\boldsymbol{x},t)$, eines im Laserfeld eingebetteten Elektrons, lässt sich mit Hilfe der Erzeugenden Funktion der Bessel-Funktionen von Anhang A.3.5 in seine zeitabhängigen Fourier Komponenten zerlegen und man erhält so die einzelnen differentiellen Streuquerschnitte der Laser-induzierten Bremsstrahlungs-Prozesse mit der Emission oder Absorption von N Laser Quanten $\hbar\omega$ durch das Elektron während des Streuvorganges. Die Rechnung verläuft ähnlich wie in (6.127) und den nachfolgenden Gleichungen, doch ist das einfallende und das gestreute Elektron jetzt durch eine Lösung von Aufgabe 6.16 zu ersetzen. (F. V. Bunkin und M. V. Fedorov 1966). Der betrachtete Prozess bildet in der Fusionsforschung einen der wichtigsten Aufheizmechanismen von Plasmen durch intensive Laserstrahlung. Das Resultat der Rechnung lautet

$$\frac{d\sigma_N}{d\Omega} = \frac{p_k}{p_i}\frac{d\sigma_B}{d\Omega} J_N^2\left[\frac{\mu c}{\hbar\omega}(\boldsymbol{Q}\cdot\boldsymbol{\varepsilon})\right] \,, \qquad (6.162)$$

$$E_k = E_i + N\hbar\omega \,,\; \boldsymbol{Q} = \boldsymbol{p}_i - \boldsymbol{p}_k \,. \qquad (6.163)$$

Den Prozess mit $N > 0$ nennt man induzierte Bremsstrahlung, bei der N Laserquanten $\hbar\omega$ bei der Streuung absorbiert werden und der Prozess mit $N < 0$ heißt inverse Bremsstrahlung, bei der N Quanten während der Streuung am Atom oder Ion an das Laserfeld abgegeben werden. $\boldsymbol{Q}$ ist der bei der Streuung an das Atom abgegebene Impuls.

6.18. Bei der Herleitung von Fermi's Goldener Regel (6.112) wurde in (6.80) als Anfangsbedingung zur Berechnung von $c_k(t)$ die Wahl getroffen $c_n(t) = c_n(0) = \delta_{n,i}$. Zeige, dass mit der abgeänderten Anfangsbedingung $c_n(t) = \delta_{n,i}e^{-\frac{\gamma}{2}t}$, $\gamma > 0$ in Fermi's Regel auch die Linienbreite γ eines angeregten Atomniveaus enthalten sein wird.

6.19. Berechne mit Hilfe der zeitabhängigen Störungstheorie das Matrixelement und die Übergangsrate für einen Prozess 2. Ordnung. Dazu setzt man das Resultat $c_k^{(1)}(t)$ der Störungstheorie 1. Ordnung (6.82) auf der rechten Seite des Systems von Differentialgleichungen (6.79) mit einem neuen, variablen Index, $k \to n$, ein und führt die Integrationen durch.

7 Wechselwirkung von Strahlung und Materie

7.1 Einleitung

Die im vorangehenden Abschn. 6.6 dargelegte Methode der zeitabhängigen Störungstheorie war von besonderer Bedeutung für die Begründung der Quantentheorie der Strahlung durch Paul A. M. Dirac (1927). Die quantenmechanische Behandlung der Wechselwirkung des elektromagnetischen Feldes mit einem atomaren System, d.h. insbesondere die Emission und Absorption von Strahlung, geht aus von der Zerlegung des elektromagnetischen Feldes in seine Eigenschwingungen in einem großen Hohlraum vom Volumen $V = L^3$. Von den Amplituden dieser Zerlegung haben wir bereits in Abschn. 3.4 gezeigt, dass diese das Verhalten von harmonischen Oszillatoren haben. Letztere können dann nach den Methoden der Quantenmechanik behandelt werden, wofür wir bereits einen einfachen, eindimensionalen Fall diskutiert haben. Nach erfolgter Quantisierung dieses unendlichen Systems linearer harmonischer Oszillatoren in der bereits im Abschn. 3.4.5 dargelegten Weise, können wir dann die Wechselwirkung eines Atoms mit dem Strahlungsfeld als Emission und Absorption von Quanten $\hbar\omega_{\boldsymbol{k}}$ aus diesem System von Oszillatoren beschreiben, unter Verwendung der im vorhergehenden Abschn. 6.6 bereits besprochenen Methoden zur Berechnung der quantenmechanischen Übergangswahrscheinlichkeiten. Das skizzierte Verfahren der Quantisierung der klassischen elektromagnetischen Feldgleichung kann auch mit Erfolg auf andere Feldgleichungen, zum Beispiel jene des Schallfeldes, angewandt werden und wird zweite Quantelung genannt. Diese führt in das Gebiet der Quantenfeldtheorie, die für die moderne Theoretische Physik von grundlegender Bedeutung ist.

Im folgenden wollen wir uns zunächst mit der semiklassischen Behandlung der Emissions- und Absorptionsprozesse bei der Wechselwirkung von Materie mit dem Strahlungsfeld beschäftigen, die auf eine Arbeit Albert Einsteins von (1917) zurückgeht und erst in jüngerer Zeit für die Lasertheorie von Bedeutung wurde.

7.2 Einstein's Theorie der Emission und Absorption (1917)

Zur quantenmechanischen Beschreibung des Überganges zwischen zwei beliebigen Quantenzuständen n und m eines atomaren Systems führte Einstein
drei Wahrscheinlichkeitskoeffizienten $A_{n,m}$, $B_{n,m}$ und $B_{m,n}$ ein. Dabei wird
der Zustand n als Zustand höchster Energie angenommen und der Koeffizient
$A_{n,m}$ folgendermaßen definiert:

$A_{n,m}dt$ ist die Wahrscheinlichkeit, dass das Atom, welches anfangs sich
im Zustand n befand, im Zeitintervall dt einen spontanen Übergang zum
Zustand m machen wird. Von dieser Wahrscheinlichkeit wird angenommen,
dass sie von der Vorgeschichte des Atoms, bzw. vom Prozess, durch den das
Atom in den Zustand n kam, unabhängig ist.

Die Koeffizienten $B_{n,m}$ und $B_{m,n}$ sind folgendermaßen definiert:

Angenommen, das Atom befinde sich in einem Strahlungsfeld, das unpo-
larisiert ist und von allen Seiten gleichmäßig auf das Atom einfällt, sodass die
Strahlungsenergiedichte im Frequenzbereich ω und $\omega + d\omega$ durch den Ausdruck $I(\omega)d\omega$ gegeben ist. Ferner sei $\omega_{n,m}$ die Frequenz, die dem Übergang
zwischen den Zuständen n und m entspricht. Wenn sich dann das Atom im
Zustand m (dem niedrigeren Zustand) befindet, so ist im Zeitintervall dt die
Wahrscheinlichkeit, dass das Atom einen Übergang zum Zustand n durch
Absorption eines Strahlungsquants machen wird, durch $B_{m,n}I(\omega_{n,m})dt$ gegeben. Ebenso wird, wenn sich das Atom im oberen Zustand n befindet,
die Wahrscheinlichkeit, dass in Gegenwart des Strahlungsfeldes ein Übergang
zum Grundzustand m stattfindet durch den Ausdruck $[A_{n,m} + B_{n,m}I(_{n,m})]dt$
gegeben sein, also durch die Summe der spontanen und induzierten Übergangswahrscheinlichkeiten.

Einstein konnte nun folgende Beziehungen herleiten

$$B_{n,m} = B_{m,n} \ , \quad A_{n,m} = \frac{\hbar\omega_{n,m}^3}{\pi^2 c^3} B_{n,m} \ . \tag{7.1}$$

Der Beweis verläuft folgendermaßen. Wir nehmen an, eine große Anzahl von
Atomen befindet sich im thermodynamischen Gleichgewicht in einem Hohlraum, in welchem die Temperatur T herrscht und sich dort das Strahlungsfeld
eines schwarzen Körpers ausgebildet hat, welches dieser Gleichgewichtstem-
peratur entspricht. Dann müssen ebensoviele Atome Übergänge hinauf wie
hinunter machen und es muss daher gelten

$$N_n[A_{n,m} + B_{n,m}I(\omega_{n,m})]dt = N_m B_{m,n}I(\omega_{n,m})dt \ , \tag{7.2}$$

wo N_n und N_m die Zahlen der Atome sind, die sich in den Zuständen n und
m befinden. Nun gilt für diese Zahlen im thermodynamischen Gleichgewicht
aufgrund des Boltzmannschen Wahrscheinlichkeitsverteilungsgesetzes, dass
gemäß (10.62)

$$\frac{N_n}{N_m} = e^{-\frac{E_n - E_m}{k_B T}} \tag{7.3}$$

ist, wo k_B die Boltzmann Konstante bezeichnet. Doch da nach der Bohrschen Frequenzbedingung $E_n - E_m = \hbar\omega_{n,m}$ ist, können wir die Beziehung (7.3) in die vorangehende Gleichung (7.2) einsetzen und nach der Energiedichte $I(\omega_{n,m})$ des Strahlungsfeldes des schwarzen Körpers für den Übergang $n \leftrightarrow m$ auflösen, um zu erhalten

$$I(\omega_{n,m}) = \frac{A_{n,m}}{B_{m,n} e^{\frac{\hbar\omega_{n,m}}{k_B T}} - B_{n,m}} . \tag{7.4}$$

Wenn wir diese Beziehung mit der bekannten Planckschen Formel (1.2) für die Intensität der schwarzen Strahlung vergleichen

$$u(\omega, T) \equiv I(\omega, T) = \frac{\hbar\omega^3}{\pi^2 c^3} \frac{1}{e^{\frac{\hbar\omega}{k_B T}} - 1} , \tag{7.5}$$

so folgt, dass die Koeffizienten $A_{n,m}$ und $B_{n,m}$ den Beziehungen (7.1) genügen müssen. Von diesen Beziehungen forderte Einstein, dass sie von viel allgemeinerer Gültigkeit sein müssen, wie die Erfahrung bestätigt hat und wie durch die Rechnungen der Quantenelektrodynmik erhärtet wurde.

Beim Versuch eine Quantentheorie der Strahlungsemission und Absorption aufzubauen, ergibt sich das folgende Problem. Die Theorie der Absorption und induzierten Emission ist relativ einfach. Wir können eine Lichtwelle als ein äußeres, zeitlich periodisches Feld behandeln und die Wahrscheinlichkeit, dass ein Atom unter der Einwirkung dieses Feldes einen Übergang zwischen den Zuständen ψ_n und ψ_m machen wird mit den im vorangehenden Abschn. 6.5 bereits behandelten Methoden der zeitabhängigen Störungstheorie berechnen. Dort haben wir auch gesehen, dass sich die Bohrsche Frequenzbedingung aus dieser Theorie von selbst ergibt und wir werden daher mit dieser Methode sogleich auch den Einsteinschen B-Koeffizienten berechnen, also die Übergangswahrscheinlichkeit pro Zeiteinheit und pro Einheitsfluss der einfallenden Strahlung, integriert über alle Raumrichtungen und summiert über die beiden möglichen Polarisationsrichtungen der Strahlung. Der entsprechende A-Koeffizient kann dann aus der obigen Einsteinschen Beziehung (7.1) hergeleitet werden, doch sagt diese phänomenologische Theorie nichts aus, wie die spontane Emission zustande kommt. Wir können im Rahmen dieser Theorie nicht einsehen, wie bei Abwesenheit eines äußeren Feldes überhaupt ein quantenmechanischer Übergang unter Strahlungsemission eintreten soll. Dazu ist nur die bereits angedeutete Quantentheorie der Strahlung (Q.E.D) befähigt, bei der das Atom und das Strahlungsfeld als ein einziges quantenmechanisches System aufgefasst wird. Im folgenden berechnen wir die Einsteinschen Koeffizienten $B_{n,m}$ und $B_{m,n}$ aus der Wechselwirkung des atomaren Systems mit einem klassischen Strahlungsfeld, während $A_{n,m}$ aus den Einsteinschen Beziehungen abgeleitet werden muss.

7.3 Berechnung der A und B Koeffizienten

7.3.1 Elementare Theorie der Absorption

Wie wir erläutert haben, soll die Wirkung einer Lichtwelle auf ein Atom als
eine äußere elektromagnetische Störung behandelt werden. Dies wird uns die
Einsteinschen Koeffizienten der induzierten Absorption und Emission liefern.
Der Einfachheit wegen soll der Lichtstrahl durch eine ebene, monochromatische und linear polarisierte Welle beschrieben werden, die sich in z-Richtung
fortpflanzt und die Gestalt hat

$$B_y = E_x = b \sin \omega \left(t - \frac{z}{c} \right) \, , \quad B_x = E_y = 0 \, . \tag{7.6}$$

Es ist zweckmäßig, diese transversale Welle durch das entsprechende Vektor-
potential $\boldsymbol{A}(\boldsymbol{x}, t)$ zu beschreiben, wobei in der sogenannten Strahlungseichung
$\nabla \boldsymbol{A}(\boldsymbol{x}, t) = 0$ gilt und das skalare Potential des Feldes $\phi = 0$ ist. Dann er-
geben sich die obigen Feldkomponenten aus $\boldsymbol{E} = -\frac{1}{c} \frac{\partial \boldsymbol{A}}{\partial t}$ und $\boldsymbol{B} = \boldsymbol{e}_z \times \boldsymbol{E}$,
wenn wir setzen (Siehe Anhang A.6.2)

$$A_x = a \cos \omega \left(t - \frac{z}{c} \right) \, , \quad A_y = A_z = 0 \, , \quad a = \frac{bc}{\omega} \, . \tag{7.7}$$

Dann ist im zeitlichen Mittel die Dichte der Strahlungsenergie in dieser Welle

$$I(\omega) = \frac{1}{8\pi} (\boldsymbol{E}^2 + \boldsymbol{B}^2) = \frac{a^2 \omega^2}{8\pi c^2} \, . \tag{7.8}$$

In der klassischen Elektrodynamik wird gezeigt, dass die Lorentzsche Bewegungsgleichung eines Elektrons

$$m \dot{\boldsymbol{v}} = e \boldsymbol{E} + \frac{e}{c} (\boldsymbol{v} \times \boldsymbol{B}) - \nabla V(\boldsymbol{x}) \tag{7.9}$$

aus den Hamiltonschen Bewegungsgleichungen

$$\dot{p}_i = -\frac{\partial H}{\partial x_i} \, , \quad \dot{x}_i = \frac{\partial H}{\partial p_i} \tag{7.10}$$

abgeleitet werden kann, wenn wir für die Hamilton-Funktion H den Ausdruck
wählen (Siehe Anhang A.6.2)

$$H = \frac{1}{2m} \left(\boldsymbol{p} - \frac{e}{c} \boldsymbol{A} \right)^2 + V(\boldsymbol{x}) \, , \tag{7.11}$$

wo wir bereits angenommen haben, dass wegen der Strahlungseichung $\phi = 0$
ist und das Potential des Atoms durch $V(\boldsymbol{x})$ beschrieben wird. Wir übernehmen (7.11) als Hamilton Operator in die quantenmechanische Beschreibung
eines Atoms in Wechselwirkung mit einem äußeren elektromagnetischen Feld,

wobei wir dieses Feld als Störung betrachten. Wir setzen also mit $\boldsymbol{p} \rightarrow -i\hbar\nabla$

$$\hat{H} = \hat{H}_0 + \hat{W}(t), \quad \hat{H}_0 = -\frac{\hbar^2}{2m}\Delta + \hat{V}(\boldsymbol{x}), \quad \hat{W}(t) = \frac{ie\hbar}{mc}\hat{\boldsymbol{A}} \cdot \nabla. \tag{7.12}$$

Dabei haben wir zu beachten, dass in der Quantenmechanik die Operatoren $\hat{\boldsymbol{p}}$ und $\hat{\boldsymbol{A}}$ nicht kommutieren, sondern den Vertauschungsrelationen $[\hat{p}_i, \hat{A}_i] = -i\hbar\frac{\partial \hat{A}_i}{\partial x_i}$, $i = x, y, z$ genügen. Jedoch ist wegen $\nabla\hat{\boldsymbol{A}} = 0$ in unserem Fall die Vertauschung erlaubt. Ferner haben wir den quadratischen Term $\hat{\boldsymbol{A}}^2$ weggelassen, da wir nur Strahlungsprozesse *1. Ordnung* betrachten wollen. Unter Verwendung der speziellen Form (7.7) für das Vektorpotential lautet dann der Störoperator

$$\hat{W}(t) = \frac{i\hbar ea}{mc}\left[\cos\left(\omega t - \frac{z}{c}\right)\right]\frac{\partial}{\partial x} = \frac{i\hbar ea}{2mc}\left[e^{-i\omega(t-\frac{z}{c})}\frac{\partial}{\partial x} + c.c.\right], \tag{7.13}$$

wobei der konjugiert komplexe Anteil (*c.c.* genannt) den zum ersten Term hermitesch konjugierten Störoperator liefert. Damit sehen wir, dass der im vorangehenden Abschn. 6.5 definierte Feldoperator $\hat{F}$ (6.106) hier durch den Ausdruck gegeben ist

$$\hat{F} = \frac{i\hbar ea}{2mc}e^{i\omega\frac{z}{c}}\frac{\partial}{\partial x}. \tag{7.14}$$

Ebenso können wir aus dem vorhergehenden Kapitel, den dort abgeleiteten Ausdruck (6.112) für die Übergangswahrscheinlichkeit pro Zeiteinheit

$$w_{k,i} = \frac{P_{k,i}(t)}{t} = \frac{2\pi}{\hbar^2}|F_{k,i}|^2\rho(\omega_k) \tag{7.15}$$

übernehmen. Hier erhalten wir dann nach Einsetzen des Operators (7.14) und mit $I(\omega_{k,i}) = \frac{a^2\omega_{k,i}^2}{8\pi c^2}$ als dem Wert der Strahlungsdichte im Resonanzbereich der Absorption und ebendort auch mit den Wert von $F_{k,i}(\omega) = F(\omega_{k,i})$ den folgenden Ausdruck

$$w_{k,i} = I(\omega_{k,i})\left|\frac{2\pi e}{m\omega}\int u_k^*(\boldsymbol{x})e^{i\omega_{k,i}\frac{z}{c}}\frac{\partial}{\partial x}u_i(\boldsymbol{x})d^3x\right|^2. \tag{7.16}$$

Dabei haben wir daran zu erinnern, dass die z-Richtung als Fortpflanzungsrichtung und die x-Richtung als die Polarisationsrichtung der elektromagnetischen Störwelle gewählt wurde.

Mit Hilfe dieses Resultates können wir den Einsteinschen Koeffizienten $B_{k,i}$ der induzierten Absorption, respektive den Koeffizienten $B_{i,k}$ der induzierten Emission berechnen, indem wir gemäß ihrer Definition den Ausdruck (7.16) durch $I(\omega_{k,i})$ dividieren und über alle Einfallsrichtungen und Polarisationsrichtungen der Strahlung mitteln. Dabei bestimmt das Integral

$$\int u_k^*(\boldsymbol{x})e^{i\omega_{k,i}\frac{z}{c}}\frac{\partial}{\partial x}u_i(\boldsymbol{x})d^3x \tag{7.17}$$

die Intensität der induzierten Emission und Absorption. Dieses Integral kann vereinfacht werden, wenn wir beachten, dass bei der Lichtabsorption im diskreten Spektrum eines Atoms die Wellenlänge der Strahlung $\lambda = \frac{c}{\nu} \gg 2a \cong 2a_B$ dem Durchmesser des Atoms ist. Dann können wir in (7.17) den Exponentialfaktor in eine Potenzreihe entwickeln

$$e^{i\omega_{k,i}\frac{z}{c}} = 1 + i\omega_{k,i}\frac{z}{c} + \dots \qquad (7.18)$$

und in niedrigster Ordnung, der sogenannten Dipolnäherung, nur den ersten Term, die Eins, beibehalten. Da wir bereits im Kapitel 3.4 gezeigt haben, daß

$$\int u_k^* \frac{\partial}{\partial x} u_i \mathrm{d}^3 x = -\frac{m}{\hbar^2}(E_k - E_i)\int u_k^* x u_i \mathrm{d}^3 x \qquad (7.19)$$

ist, erhalten wir in dieser Näherung für die Absoptionswahrscheinlichkeit pro Zeiteinheit

$$w_{k,i} = \frac{4\pi^2 e^2}{\hbar^2} I(\omega_{k,i})|x_{k,i}|^2 \,, \quad x_{k,i} = \int u_k^* x u_i \mathrm{d}^3 x \qquad (7.20)$$

und dabei ist $d_{k,i} = ex_{k,i}$ das Dipolmoment des quantenmechanischen Übergangs. Da bei der Fortpflanzung der elektromagnetischen Welle in positiver z-Richtung, die y-Richtung die zweite, linear unabhängige Polarisationsrichtung darstellt, führt die Mittelung über beide Polarisationen den Faktor $|x_{k,i}|^2$ in den Mittelwert $\frac{1}{2}\left(|x_{k,i}|^2 + |y_{k,i}|^2\right)$ über. Bei beliebiger Einfallsrichtung der Strahlung, wie es die Einsteinsche Theorie vorsieht, erkennen wir an der Gestalt (7.12) des Wechselwirkungsoperators $\hat{W}(t)$, dass in Dipolnäherung $|x_{k,i}|^2$ durch $|\boldsymbol{\varepsilon} \cdot \boldsymbol{x}_{k,i}|^2$ zu ersetzen ist, wo $\boldsymbol{\varepsilon}$ den Einheitsvektor der linearen Polarisation darstellt. Daher liefert die Mittelung über alle Einfallsrichtungen

$$\frac{1}{4\pi}\int |\boldsymbol{\varepsilon} \cdot \boldsymbol{x}_{k,i}|^2 \mathrm{d}\Omega = |\boldsymbol{x}_{k,i}|^2 \frac{1}{4\pi}\int \sin^2\theta \mathrm{d}\Omega = \frac{2}{3}|\boldsymbol{x}_{k,i}|^2 \,, \qquad (7.21)$$

sodass wir für den Einsteinschen B-Koeffizienten der induzierten Absorption erhalten

$$B_{k,i} = \frac{\langle w_{k,i}\rangle}{I(\omega_{k,i})} = \frac{4\pi^2 e^2}{3\hbar^2}|\boldsymbol{x}_{k,i}|^2 = B_{i,k} \,, \qquad (7.22)$$

wo die eckigen Klammern andeuten, dass die Wahrscheinlichkeit $w_{k,i}$ über alle Polarisations- und Einfallsrichtungen der Strahlung gemittelt wurde. Durch Wiederholung der entsprechenden Rechnungen mit dem hermitesch konjugierten Term (7.13) im Störoperator $\hat{W}(t)$ kann man die Einsteinsche Beziehung $B_{k,i} = B_{i,k}$ auch direkt beweisen. Unser Ausdruck (7.22) für den Einsteinschen B-Koeffizienten, liefert dann mit der zweiten Einstein Beziehung für den $A_{i,k}$-Koeffizienten der spontanen Emission

$$A_{i,k} = \frac{\hbar\omega_{i,k}^3}{\pi^2 c^3}B_{i,k} = \frac{4e^2\omega_{i,k}^3}{3\hbar c^3}|\boldsymbol{x}_{i,k}|^2 \,. \qquad (7.23)$$

Multipliziert man diese Wahrscheinlichkeit pro Zeiteinheit mit der Energie der emittierten Quanten $\hbar\omega_{i,k}$, so erhalten wir die vom Atom nach allen Richtungen spontan emittierte Strahlungsleistung

$$L_{i,k} = \hbar\omega_{i,k}A_{i,k} = \frac{4e^2\omega_{i,k}^4}{3c^3}|\boldsymbol{x}_{i,k}|^2 . \tag{7.24}$$

Vergleichen wir diesen Ausdruck mit dem von einem klassischen Dipol mit dem periodisch oszillierenden Dipolmoment $\boldsymbol{d} = e\boldsymbol{x}(t)$ ausgesandten Strahlungsleistung

$$L_{\text{klass}} = \frac{2e^2\omega^4}{3c^3}\langle\boldsymbol{x}^2\rangle , \tag{7.25}$$

so finden wir Übereinstimmung bis auf einen Faktor 2. Dieser Zusammenhang wurde aufgrund seines Korrespondenzprinzips schon von Niels Bohr vermutet. Zur Abschätzung der Größenordnung der spontanen Emissionswahrscheinlichkeit $A_{i,k}$ machen wir folgende Näherung

$$A_{i,k} = \frac{4}{3}\frac{e^2}{\hbar c}\omega_{i,k}\left|\frac{\omega_{i,k}}{c}\boldsymbol{x}_{i,k}\right|^2 \cong \frac{4}{3}\alpha\omega\left(\frac{\omega a_{\text{B}}}{c}\right)^2 \cong \frac{\omega}{(137)^3} , \tag{7.26}$$

da wir bereits aus einer früheren Abschätzung wissen, dass $\frac{\omega a_{\text{B}}}{c} = \frac{v_1}{c} = \alpha = \frac{e^2}{\hbar c}$ ist, wo $\alpha = \frac{1}{137}$ die Sommerfeldsche Feinstrukturkonstante und v_1 die Geschwindigkeit des Elektrons auf der ersten Bohrschen Bahn vom Radius a_{B} sind. Dabei haben wir die Übergangsfrequenz $\omega_{i,k}$ durch die klassische Umlauffrequenz ω des Elektrons auf dieser Bahn genähert, unter Berufung auf Bohr's Korrespondenzprinzip (Siehe (1.19)). Aus unserer Abschätzung folgt, dass für Strahlung im optischen Bereich mit $\omega \cong 10^{15}$ sec^{-1}, die spontane Übergangswahrscheinlichkeit pro Zeiteinheit die Größenordnung $A \cong 10^9$ sec^{-1} hat. Man nennt $A = \gamma = \frac{1}{\tau}$ auch die spontane Übergangs- oder Zerfallsrate des angeregten atomaren Zustandes und τ die Lebensdauer dieses Zustandes. Daher ist die Lebensdauer eines angeregten atomaren Zustandes im optischen Bereich $\tau \cong 10^{-9}$ sec und folglich hat der angeregte Zustand eine Energieunschärfe $\Delta E \cong \frac{\hbar}{\tau} = 10^9 \times 1{,}05 \times 10^{-27}$ erg bzw. $\Delta E \cong 6 \times 10^{-16}$ eV. (Vgl. Abschn. 2.4.5).

Aus Gründen des engen Zusammenhanges mit der Dispersionstheorie, ist es zweckmäßig die Einsteinschen A und B Koeffizienten durch die dimensionslosen mittleren Oszillationsstärken $\bar{f}_{k,i}$ auszudrücken. Diese sind definiert durch

$$B_{k,i} = B_{i,k} = \frac{2\pi^2e^2}{m\hbar\omega_{k,i}}\bar{f}_{k,i} , \quad A_{k,i} = \frac{2e^2\omega_{k,i}^2}{mc^3}\bar{f}_{k,i} . \tag{7.27}$$

Die Oszillationsstärken $\bar{f}_{k,i}$ bestimmen also unter anderem die Intensitäten der Dipol-Absorptionslinien, welche den Übergängen $i \longleftrightarrow k$ entsprechen. Als nächstes werden wir zeigen, dass bei Dipolübergängen für die $\bar{f}_{k,i}$ die folgende Summenregel erfüllt ist

$$\sum_{k=i}^{\infty} \bar{f}_{k,i} = 1 \,. \tag{7.28}$$

Hier sei im folgenden $i = 0$ als der Grundzustand angenommen. Zum Beweis von (7.28) verwenden wir als Ausgangspunkt die bereits in (7.20) genannte Formel

$$\int u_k^* \nabla u_0 d^3 x = -\frac{m}{\hbar} \omega_{k,0} \boldsymbol{x}_{k,0} \tag{7.29}$$

und multiplizieren beide Seiten von links mit $\boldsymbol{x}_{k,0}^*$. Dann erhalten wir bei Summation über k

$$\begin{aligned}
\sum_{k=0}^{\infty} \bar{f}_{k,0} &= -\frac{2}{3} \int u_0^*(\boldsymbol{x}')\boldsymbol{x}' \left[\sum_{k=0}^{\infty} u_k(\boldsymbol{x}')u_k^*(\boldsymbol{x})\right] \nabla u_0(\boldsymbol{x}) d^3 x \, d^3 x' \\
&= -\frac{2}{3} \int u_0^*(\boldsymbol{x}')\boldsymbol{x}' \delta(\boldsymbol{x}' - \boldsymbol{x}) \nabla u_0(\boldsymbol{x}) d^3 x \, d^3 x' \\
&= -\frac{2}{3} \int u_0^* \boldsymbol{x} \nabla u_0 d^3 x = \frac{1}{3i\hbar} \left[(u_0, \boldsymbol{x} \cdot \boldsymbol{p} u_0) + (u_0, \boldsymbol{x} \cdot \boldsymbol{p} u_0)^*\right] \\
&= \frac{1}{3i\hbar}(u_0, [\boldsymbol{x} \cdot \boldsymbol{p} + \boldsymbol{p} \cdot \boldsymbol{x}]u_0) = 1 \,. \tag{7.30}
\end{aligned}$$

Dabei haben wir verwendet, dass die $\bar{f}_{k,0}$ reell sind, die $u_k(\boldsymbol{x})$ ein vollständiges Orthonormalsystem bilden und $\hat{\boldsymbol{p}} \cdot \hat{\boldsymbol{x}} = 3i\hbar - \hat{\boldsymbol{x}} \cdot \hat{\boldsymbol{p}}$ gilt. Das abgeleitete Resultat bezieht sich dabei auf ein Atom mit einem Leuchtelektron.

Der Begriff der Oszillationsstärke hat seinen Ursprung in der klassischen und quantentheoretischen Behandlung der Polarisation eines Mediums, wo gezeigt wird, dass die Polarisierbarkeit α eines Atoms, d.h. das elektrische Dipolmoment pro Einheit der Feldstärke durch folgenden Ausdruck gegeben ist

$$\alpha = 2e^2 \sum_{k=0}^{\infty} \frac{|x_{k,0}|^2}{E_k - E_0} = \frac{e^2}{m} \sum_{k=0}^{\infty} \frac{f_{k,0}}{\omega_{k,0}^2} \,. \tag{7.31}$$

Bei der Betrachtung eines klassischen Elektrons, das an ein Kraftzentrum mit der rücktreibenden Kraft $-\kappa \boldsymbol{x}$ gebunden ist, sodass es mit der Frequenz $\omega = \sqrt{\frac{\kappa}{m}}$ schwingt, erhalten wir für die Polarisierbarkeit $\alpha = \frac{e^2}{m\omega^2}$, denn aus der Definition der elektrischen Polarisierbarkeit, $\boldsymbol{d} = \alpha \boldsymbol{E}$, und der Gleichgewichtsbedingung $\kappa \boldsymbol{x} = e\boldsymbol{E}$ ergibt sich nach Multiplikation mit der Ladung e die genannte Beziehung. Reale Atome verhalten sich daher wie ein System von Oszillatoren mit den Frequenzen $\omega_{k,0}$ und Kopplungsstärken $f_{k,0}$, die in einem engen Zusammenhang mit den entsprechenden Intensitäten der Spektrallinien stehen.

7.3.2 Spontane Emission nach Dirac (1927)

In diesem Abschnitt werden wir kurz die Berechnung der spontanen Emissionswahrscheinlichkeit nach dem Verfahren von Dirac skizzieren. Dabei werden wir einige Zwischenrechnungen auslassen und auf die analogen Resultate der Untersuchungen des eindimensionalen Falles verweisen. Da das freie Strahlungsfeld stets durch ein Vektorpotential $\hat{A}(x,t)$ allein beschrieben werden kann, genügt es, die Zerlegung in ein System harmonischer Oszillatoren für dieses durchzuführen. Dazu verwenden wir das vollständige, orthonormierte System der Fourier Funktionen (6.98), das wir bereits diskutiert und verwendet haben. Da $\hat{A}(x,t)$ eine reelle Größe ist, betrachten wir aus Gründen der Zweckmäßigkeit die folgende Darstellung dieser Funktion in einem Raumwürfel der Kantenlänge L und dem Volumen $V = L^3$ unter Verwendung periodischer Randbedingungen (Siehe Abschn. 3.4.5)

$$\hat{A}(x,t) = \sqrt{\frac{4\pi c^2}{V}} \sum_{k,j} \varepsilon_{k,j} \left[\bar{a}_{k,j}(t) e^{ik\cdot x} + \bar{a}^*_{k,j}(t) e^{-ik\cdot x} \right], \tag{7.32}$$

wo die Summe über k bedeutet, dass über alle positiven und negativen ganzen Zahlen n_x, n_y und n_z, welche die Werte $k = \frac{2\pi}{L} n$ bestimmen, zu summieren ist. Ferner ist für jeden k-Wert über die zwei zueinander orthogonalen Polarisationseinheitsvektoren $\varepsilon_{k,1}$ und $\varepsilon_{k,2}$ zu summieren, da das freie Strahlungsfeld eine Überlagerung transversaler Wellen darstellt. Da das Vektorpotential eine Lösung der d'Alembertschen Wellengleichung sein muss, finden wir durch einsetzen in diese

$$\left(\frac{1}{c^2} \frac{\partial^2}{\partial t^2} - \Delta \right) \hat{A}(x,t)$$

$$= \sqrt{\frac{4\pi c^2}{V}} \sum_{k,j} \varepsilon_{k,j} \left(\frac{1}{c^2} \frac{\partial^2}{\partial t^2} - \Delta \right) \left[\bar{a}_{k,j} e^{ik\cdot x} + \bar{a}^*_{k,j} e^{-ik\cdot x} \right]$$

$$= \sqrt{\frac{4\pi}{c^2 V}} \sum_{k,j} \varepsilon_{k,j} \left[(\ddot{\bar{a}}_{k,j} + \omega_k^2 \bar{a}_{k,j}) e^{ik\cdot x} + (\ddot{\bar{a}}^*_{k,j} + \omega_k^2 \bar{a}^*_{k,j}) e^{-ik\cdot x} \right] = 0 \tag{7.33}$$

und da die Fourier Funktionen alle zueinander orthogonal sind, finden wir durch Multiplikation dieser Gleichung mit $e^{\pm ik'\cdot x}$ und Integration über x, dass die folgenden Oszillatorgleichungen gelten müssen

$$\ddot{\bar{a}}_{k,j} + \omega_k^2 \bar{a}_{k,j} = 0\,, \quad \ddot{\bar{a}}^*_{k,j} + \omega_k^2 \bar{a}^*_{k,j} = 0\,. \tag{7.34}$$

Für dieses unendliche System von Oszillatoren können wir nun wie im eindimensionalen Fall die Hamilton Funktion des freien Strahlungsfeldes berechnen. Wenn keine Wechselwirkungen stattfinden, ist die Strahlungsenergie im Raumwürfel konstant und daher die Hamilton Funktion gleich

$$H = W = \frac{1}{8\pi} \int_V d^3x [E^2(x,t) + B^2(x,t)]\,. \tag{7.35}$$

Wenn wir mit Hilfe von (7.32) die Felder $E(x,t)$ und $B(x,t)$ berechnen und in (7.35) einsetzen und bei der Integration die Orthogonalitäts-Relationen der Fourier-Funktionen (6.98) beachten, finden wir

$$H = 2 \sum_\lambda \omega_\lambda^2 \bar{a}_\lambda \bar{a}_\lambda^* = \frac{1}{2} \sum_\lambda (p_\lambda^2 + \omega_\lambda^2 q_\lambda^2) \,. \tag{7.36}$$

Dabei wurde zur Vereinfachung der Schreibweise für $\boldsymbol{k}, j$ ein gemeinsamer Index λ eingeführt und die komplexen Amplituden $\bar{a}_\lambda$ und $\bar{a}_\lambda^*$ durch die reellen Größen

$$q_\lambda = \bar{a}_\lambda + \bar{a}_\lambda^* \,, \quad p_\lambda = -\mathrm{i}\omega_\lambda(\bar{a}_\lambda - \bar{a}_\lambda^*) \tag{7.37}$$

ausgedrückt. Nun quantisieren wir, wie im eindimensionalen Fall, die Strahlungsoszillatoren, indem wir den kanonischen Veränderlichen p_λ und q_λ die Heisenbergschen Vertauschungsrelationen auferlegen

$$[\hat{p}_\lambda, \hat{q}_\mu] = -\mathrm{i}\hbar\delta_{\lambda,\mu} \tag{7.38}$$

und die Vernichtungs- und Erzeugungsoperatoren a_λ und a_λ^+ einführen

$$\hat{q}_\lambda = \sqrt{\frac{\hbar}{2\omega_\lambda}}(a_\lambda^+ + a_\lambda) \,, \quad p_\lambda = i\sqrt{\frac{\hbar\omega_\lambda}{2}}(a_\lambda^+ - a_\lambda) \,. \tag{7.39}$$

Dann lautet der Hamilton Operator des quantisierten freien Strahlungsfeldes

$$\hat{H} = \sum_\lambda \hat{H}_\lambda \,, \quad \hat{H}_\lambda = \hbar\omega_\lambda\left(\hat{N}_\lambda + \frac{1}{2}\right) \,, \quad \hat{N}_\lambda = a_\lambda^+ a_\lambda \,, \tag{7.40}$$

wo $\hat{N}_\lambda$ der Besetzungszahl Operator ist. Wie im eindimensionalen Fall, lautet dann eine allgemeine Lösung der Schrödinger Gleichung des freien Strahlungsfeldes

$$\psi_{n_1,n_2,\ldots n_\lambda,\ldots} = u_{n_1,n_2,\ldots n_\lambda,\ldots} \mathrm{e}^{-\mathrm{i}(n_1\omega_1 + n_2\omega_2 + \ldots n_\lambda\omega_\lambda + \ldots)t} \,, \tag{7.41}$$

wo die Zahlen n_λ die Anzahl der Quanten $\hbar\omega_\lambda$ angeben, die sich in der Schwingungsmode λ des Strahlungsfeldes befinden. Die unendliche Anzahl der Nullpunktsenergien $\frac{\hbar\omega_\lambda}{2}$ aller Schwingungsmoden haben wir außer acht gelassen, da sie bei allen Quantenübergängen letztlich wegfallen und keinen Beitrag liefern. Die Zustandsfunktionen (7.41) des freien Strahlungsfeldes bilden ein vollständiges, orthonormales Funktionensystem. Die Orthogonalität lässt sich formal so ausdrücken

$$(\psi_{n_1',n_2',\ldots n_\lambda',\ldots}, \psi_{n_1,n_2,\ldots n_\lambda,\ldots}) = \delta_{n_1',n_1}\delta_{n_2',n_2}\ldots\delta_{n_\lambda',n_\lambda}\ldots \tag{7.42}$$

und für die Vernichtungs- und Erzeugungsoperatoren a_λ und a_λ^+ sind nur die folgenden Matrixelemente von Null verschieden

$$\begin{aligned} (\psi_{n_1,n_2,\ldots n_\lambda-1,\ldots}, a_\lambda\psi_{n_1,n_2,\ldots n_\lambda,\ldots}) &= \sqrt{n_\lambda}\mathrm{e}^{-\mathrm{i}\omega_\lambda t} \\ (\psi_{n_1,n_2,\ldots n_\lambda+1,\ldots}, a_\lambda^+\psi_{n_1,n_2,\ldots n_\lambda,\ldots}) &= \sqrt{n_\lambda + 1}\mathrm{e}^{+\mathrm{i}\omega_\lambda t} \,, \end{aligned} \tag{7.43}$$

was für die folgende Rechnung von Nutzen sein wird. Mit Hilfe der Beziehungen (7.37) und (7.39) können wir die ursprünglichen klassischen Feldamplituden $\bar{a}_\lambda$ und $\bar{a}_\lambda^*$ durch die Vernichtungs- und Erzeugungsoperatoren a_λ und a_λ^+ ausdrücken und erhalten

$$\bar{a}_\lambda \Rightarrow \sqrt{\frac{\hbar}{2\omega_\lambda}} a_\lambda \,, \ \bar{a}_\lambda^* \Rightarrow \sqrt{\frac{\hbar}{2\omega_\lambda}} a_\lambda^+ \,. \qquad (7.44)$$

Wenn wir diese Substitution in (7.32) durchführen und gleichzeitig $t = 0$ setzen, erhalten wir schließlich das quantisierte Vektorpotential in der Schrödingerdarstellung

$$\hat{\boldsymbol{A}}(\boldsymbol{x}) = \sqrt{\frac{2\pi c^2 \hbar}{V}} \sum_\lambda \frac{\boldsymbol{\varepsilon}_\lambda}{\sqrt{\omega_\lambda}} \left[a_\lambda \mathrm{e}^{\mathrm{i}\boldsymbol{k}_\lambda \cdot \boldsymbol{x}} + a_\lambda^+ \mathrm{e}^{-\mathrm{i}\boldsymbol{k}_\lambda \cdot \boldsymbol{x}} \right] \qquad (7.45)$$

und wenn wir nur die Dipolnäherung betrachten wollen, finden wir

$$\hat{\boldsymbol{A}} = \sqrt{\frac{2\pi c^2 \hbar}{V}} \sum_\lambda \frac{\boldsymbol{\varepsilon}_\lambda}{\sqrt{\omega_\lambda}} \left[a_\lambda + a_\lambda^+ \right] \,. \qquad (7.46)$$

Den letzten Ausdruck können wir nun in den Wechselwirkungsoperator (7.12) einsetzen und finden

$$\hat{W} = \frac{\mathrm{i}e\hbar}{mc} \hat{\boldsymbol{A}} \cdot \nabla = \frac{\mathrm{i}e\hbar}{m} \sqrt{\frac{2\pi\hbar}{V}} \sum_\lambda \frac{1}{\sqrt{\omega_\lambda}} \left[a_\lambda + a_\lambda^+ \right] \boldsymbol{\varepsilon}_\lambda \cdot \nabla \,. \qquad (7.47)$$

Nun berechnen wir in erster Ordnung der zeitabhängigen Störungstheorie die Wahrscheinlichkeit der spontanen Emission eines Atoms, das aus einem angeregten Zustand $\psi_k(\boldsymbol{x}, t) = u_k(\boldsymbol{x})\mathrm{e}^{-\frac{\mathrm{i}}{\hbar}E_k t}$ durch Wechselwirkung mit dem quantisierten Strahlungsfeld zur Emission eines Quants $\hbar\omega_\mu$ angeregt wird und in den Grundzustand $\psi_i(\boldsymbol{x}, t) = u_i(\boldsymbol{x})\mathrm{e}^{-\frac{\mathrm{i}}{\hbar}E_i t}$ gelangt. Wie wir bereits wissen, wird diese Wahrscheinlichkeit nur dann mit der Zeit anwachsen, wenn $E_k - E_i \cong \hbar\omega_\mu$ erfüllt ist. Unser Ausgangspunkt ist die Gleichung (6.82), die im gegenwärtigen Fall lautet

$$c_{i,k}(t) = -\frac{\mathrm{i}}{\hbar} \int_0^t W_{i,k}(t')\mathrm{e}^{-\mathrm{i}\omega_{k,i}t'}\, \mathrm{d}t' \,. \qquad (7.48)$$

Wir berechnen zunächst das zeitabhängige Matrixelement $W_{i,k}(t')$, welches zur spontanen Emission Anlass gibt. Der atomare Ausgangszustand ist ψ_k und im quantisierten Strahlungsfeld sollen sich (außer den Nullpunktsenergien) keine Quanten irgend einer Mode λ befinden, also ist dort der Anfangszustand $\psi_{0_\mu, 0_\lambda, \dots}$. Der atomare Endzustand wird ψ_i sein, wenn gleichzeitig das Strahlungsfeld angeregt wird, ein Quant $\hbar\omega_\mu$ zu emittieren, sodass der Endzustand des Feldes $\psi_{1_\mu, 0_\lambda, \dots}$ sein wird. Daher wird, unter Verwendung des Wechselwirkungsoperators (7.47), das gesuchte Matrixelement durch folgenden Ausdruck gegeben sein, wobei die Matrixelemente (7.43) zu beachten waren

$$
\begin{aligned}
W_{i,k}(t') &= \frac{ie\hbar}{m}\sqrt{\frac{2\pi\hbar}{V}}\sum_\lambda \frac{1}{\sqrt{\omega_\lambda}}(\psi_{1_\mu,0_\lambda,\dots}(t'), [a_\lambda + a_\lambda^+]\,\psi_{0_\mu,0_\lambda,\dots}(t')) \\
&\quad \times \int u_i^*(\boldsymbol{x})\,\boldsymbol{\varepsilon}_\lambda \cdot \nabla u_k(\boldsymbol{x})\mathrm{d}^3x \\
&= \frac{ie\hbar}{m}\sqrt{\frac{2\pi\hbar}{\omega_\mu V}}\sqrt{1_\mu}\mathrm{e}^{i\omega_\mu t'}(u_i, \boldsymbol{\varepsilon}_\mu \cdot \nabla u_k)\,.
\end{aligned}
\tag{7.49}
$$

Dies setzen wir in (7.48) ein und erhalten nach Ausführung der Integration über die Zeit

$$
c_{i,k}(t) = -\mathrm{i}\frac{e}{m}\sqrt{\frac{2\pi\hbar}{\omega_\mu V}}(u_i, \boldsymbol{\varepsilon}_\mu \cdot \nabla u_k)\frac{\mathrm{e}^{\mathrm{i}(\omega_\mu - \omega_k + \omega_i)t} - 1}{\omega_\mu - \omega_k + \omega_i}\,.
\tag{7.50}
$$

Damit können wir dann in der bereits in (6.111) beschriebenen Weise die Übergangswahrscheinlichkeit pro Zeiteinheit berechnen, indem wir gleichzeitig, wie in (6.118), über die Dichte $\mathrm{d}^3n = \left(\frac{L}{2\pi}\right)^3\mathrm{d}^3k_\mu = \frac{V}{(2\pi)^3}\omega_\mu^2\mathrm{d}\omega_\mu\mathrm{d}\Omega$ der Endzustände des spontan in eine beliebige Richtung emittierten Photons $\hbar\omega_\mu$ integrieren. Auf diese Weise finden wir

$$
\begin{aligned}
\int P_{i,k}\,\mathrm{d}^3n &= \int |c_{i,k}(t)|^2 \frac{V}{(2\pi c)^3}\omega_\mu^2\mathrm{d}\omega_\mu\mathrm{d}\Omega \\
&= t\left(\frac{e}{m}\right)^2\frac{2\hbar\omega_\mu}{c^3}|(u_i, \boldsymbol{\varepsilon}_\mu \cdot \nabla u_k)|^2\,.
\end{aligned}
\tag{7.51}
$$

Das Dipol-Matrixelement lässt sich gemäß (7.19) vereinfachen, wonach

$$
(u_i, \boldsymbol{\varepsilon}_\mu \cdot \nabla u_k) = -\frac{m}{\hbar}\omega_\mu(u_i, \boldsymbol{\varepsilon}_\mu \cdot \hat{\boldsymbol{x}}u_k) = -\frac{m}{\hbar}\omega_\mu\boldsymbol{\varepsilon}_\mu \cdot \boldsymbol{x}_{i,k}
\tag{7.52}
$$

ist und wir finden daher für die Rate der spontanen Emission

$$
w_{i,k} = \frac{\int P_{i,k}\,\mathrm{d}^3n}{t} = \frac{2e^2\omega_\mu^3}{\hbar c^3}|\boldsymbol{\varepsilon}_\mu \cdot \boldsymbol{x}_{i,k}|^2\,.
\tag{7.53}
$$

Schließlich mitteln wir noch über alle Polarisationsrichtungen $\boldsymbol{\varepsilon}_\mu$ der emittierten Strahlung. Dies liefert, wie bereits in (7.21) ausgeführt,

$$
\frac{1}{4\pi}\int |\boldsymbol{\varepsilon}_\mu \cdot \boldsymbol{x}_{i,k}|^2\mathrm{d}\Omega = \frac{2}{3}|\boldsymbol{x}_{i,k}|^2
\tag{7.54}
$$

und daher erhalten wir für die gemittelte spontane Emissionsrate

$$
\bar{w}_{i,k} = \frac{4e^2\omega_\mu^3}{3\hbar c^3}|\boldsymbol{x}_{i,k}|^2
\tag{7.55}
$$

in Übereinstimmung mit dem Einsteinschen Resultat (7.23). Unsere hier dargelegte, elementare nichtrelativistische Quantentheorie der Strahlung lässt sich auch mit Erfolg auf eine Reihe anderer einfacher Strahlungsprozesse anwenden. Alle komplexeren Fragen der Feldquantisierung haben wir hier natürlich außer Acht gelassen.

7.4 Dipol-Auswahlregeln

In den vorangehenden Abschnitten haben wir gesehen, dass die Wahrscheinlichkeiten der atomaren Emission und Absorption, folglich die Intensitäten der Spektrallinien, in Dipolnäherung maßgeblich durch die Matrixelemente $x_{k,i}$ bestimmt sind. Wir wollen daher feststellen, unter welchen Bedingungen diese $x_{k,i} \neq 0$ sind, also atomare Strahlungen überhaupt stattfinden können. Dies führt uns auf die Ableitung der Auswahlregeln atomarer Dipolstrahlung.

Wir betrachten die Übergänge in einem Atom mit einem Leuchtelektron, deren Zustände näherungsweise durch wasserstoffähnliche Eigenfunktionen (Siehe die Abschn. 3.5 und 3.6)

$$u_{n,l,m,m_s} = R_{n,l}(r)Y_l^m(\theta,\phi)\chi_{m_s} \qquad (7.56)$$

beschrieben werden können. Da in nicht-relativistischer Näherung der Störoperator der elektromagnetischen Wechselwirkung in Dipolnäherung aufgrund der Formel (7.19) in folgender Form ausgedrückt werden kann (Siehe auch Anhang A.6.3)

$$\hat{W}(t) = -\hat{\boldsymbol{d}} \cdot \hat{\boldsymbol{E}}(t), \quad \hat{\boldsymbol{d}} = e\hat{\boldsymbol{x}} \qquad (7.57)$$

und diese Wechselwirkung nicht vom Spin des Elektrons abhängt, wird in dieser Näherung ein Übergang nur dann möglich sein, wenn $\Delta m_s = 0$ ist, also der Spinzustand des Atoms sich nicht ändert. Daher können wir im folgenden den Spin des Elektrons unberücksichtigt lassen. Ebenso wollen wir die radialen Eigenschaften der Zustandsfunktionen nicht näher untersuchen.

Die Bahndrehimpuls Eigenschaften der atomaren Zustände i und k, zwischen denen Übergänge untersucht werden sollen, seien gemäß Abschn. 3.5.3 durch die beiden Kugelflächenfunktionen

$$P_l^m(\cos\theta)e^{im\phi}, \text{ und } P_{l'}^{m'}(\cos\theta)e^{im'\phi} \qquad (7.58)$$

gegeben. Dann wird der winkelabhängige Anteil der Matrixelemente von $x = r\sin\theta\,\cos\phi$, $y = r\sin\theta\sin\phi$ und $z = r\cos\theta$ durch folgende Integrale bestimmt sein

$$\int_0^{2\pi}\int_0^{\pi} d\theta\sin\theta\left[P_{l'}^{m'}(\cos\theta)e^{im'\phi}\left\{\begin{array}{c}\sin\theta e^{\pm i\phi}\\\cos\theta\end{array}\right\}P_l^m(\cos\theta)e^{im\phi}\right]. \qquad (7.59)$$

Dabei ist es zweckmäßig, anstelle der Matrixelemente von x und y jene von $x \pm iy$ zu untersuchen. Dann können wir wegen der Orthogonalität der Funktionen $e^{im\phi}$ sofort schließen, dass die Integrale (7.59) nur dann $\neq 0$ sein werden, wenn für die magnetische Quantenzahl die Auswahlregel gilt

$$m - m' = \Delta m = \pm 1 \text{ oder } 0. \tag{7.60}$$

Der erste Fall ist zum Beispiel von Interesse, wenn das Störfeld $\hat{E}$ in der (x, y)-Ebene zirkular polarisiert ist, sodass die beiden Polarisationseinheitsvektoren $\varepsilon_\pm = \frac{1}{\sqrt{2}}(\varepsilon_x \pm i\,\varepsilon_y)$ auf die Wechselwirkung $\hat{W}(t) = -eE_0\,\hat{x} \cdot \varepsilon_\pm\, e^{-i\omega t} = -\frac{eE_0}{\sqrt{2}}(x \pm iy)\, e^{-i\omega t}$ führen. Der andere Fall tritt ein, wenn das Störfeld $\hat{E}$ in der z-Richtung linear polarisiert ist und daher $\hat{W}(t) = -eE_0\hat{x} \cdot \varepsilon_z\, e^{-i\omega t} = -eE_0\, z\, e^{-i\omega t}$ sein wird.

Ferner sind in (7.59) die Integrale über θ nur dann $\neq 0$, wenn für die Bahndrehimpuls Quantenzahlen l die folgende Auswahlregel erfüllt ist

$$l - l' = \Delta l = \pm 1. \tag{7.61}$$

Diese Auswahlregel kann leicht mit Hilfe der folgenden beiden Rekursionsformeln der zugeordneten Legendre Polynome (Siehe Anhang A.3.3)

$$xP_l^m(x) = \frac{l + m}{2l + 1}P_{l-1}^m(x) + \frac{l - m + 1}{2l + 1}P_{l+1}^m(x)$$

$$(1 - x^2)^{\frac{1}{2}}P_l^m(x) = \frac{1}{2l + 1}\left[P_{l+1}^{m+1}(x) - P_{l-1}^{m+1}(x)\right], \tag{7.62}$$

bewiesen werden, wenn außerdem die Orthonormalität der $P_l^m(x)$ gemäß (3.135) beachtet wird, wonach

$$\int_{-1}^{+1} P_l^m(x)P_{l'}^m(x)\,dx = \frac{2}{2l + 1}\frac{(l + |m|)!}{(l - |m|)!}\delta_{l,l'} = \mathcal{I}_{l,l'}^{m,m} \tag{7.63}$$

gilt. Dann finden wir, da $\cos\theta = x$, $\sin\theta = \sqrt{1 - x^2}$ und $\sin\theta d\theta = -dx$ gesetzt werden kann, dass in (7.59) die Integration über $(0, \pi)$ in eine Integration über $(-1, +1)$ übergeführt werden kann. Damit folgt dann für $\Delta m = 0$

$$\int_{-1}^{+1} P_{l'}^m(x)\, xP_l^m(x)\,dx = \frac{l + m}{2l + 1}\mathcal{I}_{l',l+1}^{m,m} + \frac{l - m + 1}{2l + 1}\mathcal{I}_{l',l+1}^{m,m} \tag{7.64}$$

und für $\Delta m = \pm 1$

$$\int_{-1}^{+1} P_{l'}^{m\mp 1}(x)\sqrt{1 - x^2}\, P_l^m(x)\,dx = \frac{1}{2l + 1}\left[\mathcal{I}_{l',l+1}^{m\mp 1,\, m\mp 1} - \mathcal{I}_{l',l-1}^{m\mp 1,\, m\mp 1}\right], \tag{7.65}$$

sodass in beiden Fällen das Integral nur dann $= 0$ ist, wenn $l' = l \pm 1$ ist, q.e.d.

Daher ändert sich bei der Emission und Absorption eines Lichtquants $\hbar\omega_{k,i}$ durch ein atomares System in der Form von Dipolstrahlung, was im optischen Bereich fast ausschließlich der Fall ist, der Drehimpuls des Systems um $\pm\hbar$, da der Spinzustand des Elektrons in dieser Näherung unverändert bleibt. Mit dieser Drehimpulsänderung ist aufgrund der Paritätseigenschaften (3.140) der Kugelflächenfunktionen $Y_l^m(\theta,\phi)$ eine Paritätsänderung des atomaren Zustandes von $(-1)^l$ in $(-1)^{l\pm1}$ verbunden. Diese Paritätsänderung wird die Laporte Regel genannt. Da aber der Operator $\hat{x}$ bei der Spiegelung am Ursprung des Koordinatensystems in $-\hat{x}$ übergeht, hat $\hat{x}$ die Parität -1. Folglich ist die durch das Matrixelement $\hat{x}_{k,i}$ bestimmte Parität des Dipolüberganges gerade. Daraus folgt der Satz von der Erhaltung der Parität bei elektromagnetischen Dipolübergängen.

Wenn wir annehmen, dass in Analogie zur klassischen Elektrodynamik wegen der Isotropie des Raumes für das abgeschlossene System von Atom und Strahlungsfeld der Satz von der Erhaltung des Drehimpulses gilt, dann folgt, dass den Lichtquanten oder Photonen der Eigendrehimpuls oder Spin $s = \hbar$ zuzuordnen ist. Dem entspricht dann die Parität -1 bei elektromagnetischen Dipolübergängen. Durch die Auswahlregeln $\Delta l = \pm1$, $\Delta m = \pm1$ für rechts und links zirkular polarisiertes Licht wird auch nahegelegt, dass im rechtszirkularen Fall eine Spinorientierung der Photonen in Fortpflanzungsrichtung zuzuordnen ist und im linkszirkularen Fall in entgegengesetzter Richtung. Die dritte mögliche Spinorientierung senkrecht zur Fortpflanzungsrichtung ist bei Photonen nicht realisiert.

Wenn die Spin-Bahn Wechselwirkung nicht vernachlässigt werden kann, was etwa bei schweren Atomen der Fall ist, müssen Auswahlregeln für den Gesamtdrehimpuls $\hat{\boldsymbol{J}}$ angegeben werden. Da bei einem Dipolübergang das emittierte Photon den Drehimpuls $\hbar$ mitnimmt, erhalten wir aufgrund den Regeln der Drehimpulsaddition in Abschn. 3.5.2, daß

$$\Delta j = 0 \text{ oder } \pm 1 \tag{7.66}$$

sein kann. Im vorliegenden Fall sind dann Übergänge mit $\Delta j = 0$ nicht verboten, da der Gesamtdrehimpuls nicht direkt mit der Parität des Zustandes zusammenhängt. Doch der Übergang vom Zustand mit $j_i = 0$ zum Zustand mit $j_k = 0$ ist verboten, da hier die Erhaltung des Gesamtdrehimpulses (plus Spin des Photons) nicht gewährleistet ist.

Bisher haben wir nur Dipolübergänge ins Auge gefasst. Wenn aber aufgrund der Auswahlregeln ein Dipolübergang zwischen den Zuständen i und k nicht möglich ist, kann dennoch eine Übergangswahrscheinlichkeit höherer Ordnung in der Entwicklung (7.18) existieren. Wir betrachten daher das folgende Matrixelement nächst höherer Ordnung

$$I_{k,i} = \mathrm{i}\frac{\omega_{k,i}}{c} \int u_k^*(\boldsymbol{x})\, z\, \frac{\partial}{\partial x} u_i(\boldsymbol{x})\, \mathrm{d}^3x\,, \tag{7.67}$$

von dem wir jetzt zeigen, dass es allgemein der Kombination von magnetischer Dipol- und elektrischer Quadrupol-Strahlung zugeordnet werden kann. Dazu betrachten wir die Identität

$$z\frac{\partial}{\partial x} = \frac{1}{2}\left(z\frac{\partial}{\partial x} - x\frac{\partial}{\partial z}\right) + \frac{1}{2}\left(z\frac{\partial}{\partial x} + x\frac{\partial}{\partial z}\right). \tag{7.68}$$

In diesem Ausdruck ist der erste Term mit dem Operator $\frac{i}{2\hbar}\hat{L}_y = -\mathrm{i}\frac{mc}{e\hbar}\hat{\mu}_y$ äquivalent und dieser führt daher auf das Übergangsmatrixelement der magnetischen Dipolstrahlung $(\hat{\mu}_y)_{k,i}$. Dieses Matrixelement ist aber gleich Null, wenn der Zustand $u_i(\hat{x})$ ein s-Zustand ist, für welchen $l = m = 0$ ist, sodass $\hat{L}_y u_i = 0$ ergibt. Das Integral über den zweiten Term in (7.68) lässt sich ähnlich wie beim elektrischen Dipolmoment in folgender Weise umschreiben

$$\frac{1}{2}\int u_k^*(\boldsymbol{x})\left(z\frac{\partial}{\partial x} + x\frac{\partial}{\partial z}\right)u_i(\boldsymbol{x})\,\mathrm{d}^3x$$

$$= -\frac{m}{\hbar^2}(E_k - E_i)\int u_k^*(\boldsymbol{x})\,x\,z\,u_i(\boldsymbol{x})\,\mathrm{d}^3x \tag{7.69}$$

und liefert daher das Übergangsmatrixelement des elektrischen Quadrupolmoments $(q_{x,z})_{k,i}$. Dieses Moment ist in Analogie zur klassischen Elektrodynamik durch $q_{xz} = \int xz\rho(\boldsymbol{x})\mathrm{d}^3x$ definiert. Wenn wir im Integral (7.67) unter dem Integralzeichen $z \cong a = \frac{a_B}{Z}$ setzen, finden wir, dass $I_{k,i}$ um den Faktor $\frac{\omega_{k,i}\,a_B}{cZ} \cong \frac{\alpha}{Z}$ kleiner ist als das entsprechende Matrixelement der elektrischen Dipolstrahlung. Daher sind die Übergangswahrscheinlichkeiten der magnetischen Dipol- und der elektrischen Quadrupol-Strahlung um den Faktor $\left(\frac{\alpha}{Z}\right)^2$ kleiner als die elektrischen Dipolübergänge.

Übungsaufgaben

7.1. Ein Röntgen Quant $\hbar\omega_x$ trifft auf ein Atom im Grundzustand, der näherungsweise durch $\psi_i(\boldsymbol{x},t) = \psi_{1,0,0}(\boldsymbol{x},t) = \frac{1}{\sqrt{\pi a_B^3}}e^{-\frac{r}{a_B}}e^{\frac{i}{\hbar}I_{io}t}$ des Wasserstoff Atoms beschrieben wird. Das Atom wird unter Emission eines Elektrons der Energie E ionisiert. Wegen der Energieerhaltung muß $E = \hbar\omega_x - I_{io}$ sein, wo I_{io} die Ionisationsenergie des Atoms ist. Berechne in erster Ordnung der zeitabhängigen Störungstheorie unter Verwendung der Methode des quantisierten Strahlungsfeldes die Ionisationswahrscheinlichkeit des Photoeffektes. Wenn das Röntgen Quant ausreichend hohe Energie besitzt, kann das ionisierte Elektron durch eine ebene Welle $\psi_k(\boldsymbol{x},t) = \frac{1}{\sqrt{V}}\exp[\frac{i}{\hbar}(\boldsymbol{p}\cdot\boldsymbol{x} - Et)]$ beschrieben werden. Das zu berechnende Matrixelement lautet daher

$$c_{k,i}(t) = -\frac{\mathrm{i}}{\hbar}\int_0^t \mathrm{d}t' e^{\frac{i}{\hbar}(E - \hbar\omega_X + I_{io})t}\left[\frac{ie\hbar}{m}\sqrt{\frac{2\pi\hbar}{V\omega_X}}\langle 0_X|a_X|1_X\rangle\right]$$

$$\times\frac{1}{\sqrt{V\pi a_B^3}}\int \mathrm{d}^3x\, e^{-\frac{i}{\hbar}(\boldsymbol{p} - \hbar\boldsymbol{k}_X)\cdot\boldsymbol{x}}\boldsymbol{\varepsilon}_X\cdot\nabla e^{-\frac{r}{A_B}}, \tag{7.70}$$

woraus sich die Ionisationsrate

$$\frac{\mathrm{d}w_{k,i}}{\mathrm{d}\Omega} = \frac{32r_0}{a_B^5 \omega_X} \hbar^5 pc^2 \frac{(\boldsymbol{p} \cdot \boldsymbol{\varepsilon}_X)^2}{[\boldsymbol{q}^2 + (\frac{\hbar}{a_B})^2]^4} \ , \quad \boldsymbol{q} = \boldsymbol{p} - \hbar\boldsymbol{k}_X \qquad (7.71)$$

berechnen läßt.

7.2. Berechne nach der gleichen Methode die Wahrscheinlichkeit für den Um-kehrprozess der Elektron-Ion Rekombination und diskutiere, in wie weit zwischen beiden Prozessen eine „Reziprozität" besteht.

7.3. Berechne explizit die Übergangswahrscheinlichkeit pro Zeiteinheit der spontanen Emission des Wasserstoff Atoms aus dem 2p-Zustand in den 1s-Zustand mit Hilfe der Methode des quantisierten Strahlungsfeldes und ermittle daraus die Lebensdauer τ des H-Atoms im ersten angeregten Zustand. Vergleiche den erhaltenen Zahlenwert für τ mit jenem, der aus der Heisenbergschen Unschärferelation $\Delta E \tau \cong \hbar$ folgt. Für die Übergangsrate der spontanen Emission erhält man

$$\frac{\mathrm{d}w_{k,i}^{(m)}}{\mathrm{d}\Omega} = \frac{e^2 k^3}{2\pi\hbar} \sum_{j=1,2} |\boldsymbol{\varepsilon}_j \cdot \langle u_{1,0,0}| \, \boldsymbol{x} \, |u_{2,1,m}\rangle|^2 \ . \qquad (7.72)$$

Dieser Ausdruck ist noch über die beiden Polarisationen ε_j zu mitteln, ebenso über die drei Übergänge mit $m = -1, 0, +1$ und über alle Raumrichtungen zu integrieren.

7.4. Ein intensiver Laserstrahl fällt auf ein Atom und ionisiert dieses. Berechne näherungsweise die Ionisationswahrscheinlichkeiten aufgrund von Multiphoton Absorptionen aus dem Laserstrahl. Dazu geht man von folgendem Matrixelement aus. Das anfangs im Grundzustand $\psi_i(\boldsymbol{x},t) = \psi_{1,0,0}(\boldsymbol{x},t)$ des Wasserstoffatoms befindliche Elektron streut „virtuell" am atomaren Potential $V(r) = -\frac{Ze^2}{r}$ und verläßt dann das Atom in Form einer lasermodifizierten Wellenfunktion $\psi_k(\boldsymbol{x},t)$ eines freien Teilchens (Gordon-Volkov Lösung (6.161)). Durch Fourierzerlegung in Bezug auf die Zeit erhält man dann die Matrixelemente der individuellen Multiphoton Ionisationsprozesse. Man diskutiere das Ionisationsspektrum und bestimme die minimale Anzahl von Photonen, die das Elektron zu absorbieren hat, um die Ionisationsschwelle zu überwinden. (L. V. Keldysh 1965). Das zu berechnende Matrixelement lautet

$$c_{k,i}(t) = \frac{\mathrm{i}}{\hbar} \frac{\sqrt{Z^5}e^2}{\sqrt{V}\pi a_B^3} \sum_N \int_0^t \mathrm{d}t e^{\frac{\mathrm{i}}{\hbar}(E+U_p+I_{io}-N\,\hbar\omega)t}$$

$$\times \int \mathrm{d}^3 x e^{-\frac{\mathrm{i}}{\hbar}\boldsymbol{p}\cdot\boldsymbol{x}} \frac{1}{r} e^{-\frac{Zr}{a_B}} B_N \left[\frac{\mu c}{\hbar\omega}\boldsymbol{p}\cdot\boldsymbol{\varepsilon}; \frac{U_p}{2\hbar\omega}\right] \ , \qquad (7.73)$$

wobei die verallgemeinerten Besselfunktionen $B_N(x;y)$ durch folgende Summe definiert sind

$$B_N(x;y) = \sum_{\lambda=-\infty}^{+\infty} J_{N-2\lambda}(x) J_\lambda(y) \qquad (7.74)$$

und man erhält aus (7.73) den Multiphoton Ionisationsquerschnitt

$$\frac{d\sigma_N}{d\Omega} = r_0^2 \frac{32Zpc}{\mu^2\hbar\omega[1+(\frac{pa_B}{Z\hbar})^2]^2} B_N \left[\frac{\mu c}{\hbar\omega}\boldsymbol{p}\cdot\boldsymbol{\varepsilon}; \frac{U_p}{2\hbar\omega}\right], \qquad (7.75)$$

wobei die Energien der mit Hilfe des Laserfeldes durch Multiphotonabsorption ionisierten Elektronen durch $E_N = N\hbar\omega - I_{io} - U_p$ gegeben sind. Man untersuche, welche minimale Anzahl von Photonen aus dem Laserfeld absorbiert werden müssen, damit Ionisation stattfinden kann. Dieser Multiphoton Ionisationsprozeß wurde erstmals 1979 von P. Agostini und Mitarbeitern experimentell nachgewiesen.

7.5. Versuche mit Hilfe der in den vorangehenden Übungsbeispielen bereits diskutierten Methoden auch die Ionisation und die Rekombination eines Atoms in Gegenwart eines intensiven Laserfeldes zu analysieren. Der Fall der Rekombination in einem intensiven Laserfeld wird als eine der möglichen Reaktionen betrachtet, die es gestatten, Röntgenfrequenzen ω_X zu erzeugen, die im sogenannten „Wasserfenster" liegen. Durch Strahlung in diesem Frequenzbereich werden lebende biologische Präparate nicht zerstört, was für die Biowissenschaften von großer Bedeutung ist.

7.6. Berechne den Koeffizienten $A_{k,i}$ der spontanen Emission für den Übergang eines in einem isotropen Oszillator gebundenen Elektrons vom ersten angeregten Zustand in den Grundzustand unter Beachtung der Dipolauswahlregeln. Die Rechnung verläuft ganz ähnlich wie in Aufgabe 7.3. Die entsprechenden Energieeigenwerte und Eigenfunktionen wurden bereits in der Übung 3.9 behandelt.

7.7. Berechne die emittierte Dipolstrahlung eines Elektrons, das in einer Box mit unendlich hohen Wänden gebunden ist. Die entsprechenden Zustandsfunktionen wurden in Abschn. 3.3.2 abgeleitet. Untersuche auch die Polarisationseigenschaften der emittierten Strahlung.

8 Systeme mehrerer Teilchen

8.1 Vorbemerkungen

In den vorangehenden Kapiteln haben wir fast ausschließlich die Bewegungsgesetze eines einzelnen Teilchens in einem äußeren Feld untersucht. Dies stellte jedoch starke Einschränkungen der Probleme dar, die wir untersuchen konnten. So ist zum Beispiel selbst das einfache System des Wasserstoff Atoms in Wirklichkeit ein Zwei-Teilchen System. Dasselbe gilt um so mehr für Systeme, wie die Atome mit vielen Elektronen, die Moleküle, die Atomkerne, etc. sowie auch für die Festkörper und ähnliches. Daher haben wir im folgenden die notwendige Verallgemeinerung des Formalismus der Quantentheorie für ein Viel-Teilchensystem vorzunehmen.

8.2 Die Schrödinger Gleichung eines Teilchensystems

Bei der Formulierung der grundlegenden Theoreme und Postulate der Quantenmechanik, zu Beginn dieses Buches, haben wir bereits darauf hingewiesen, dass auch für ein beliebiges Viel-Teilchen Problem, die Zustandsfunktion dieses Systems der Schrödinger Gleichung in der folgenden Form genügen soll

$$i\hbar\frac{\partial\psi}{\partial t} = \hat{H}\,\psi\,, \;\; \psi = \psi(\boldsymbol{x}_1, \boldsymbol{x}_2, \ldots, \boldsymbol{x}_N, t)\,, \tag{8.1}$$

wobei der Hamilton-Operator $\hat{H}$ aus der korrespondierenden klassischen Hamilton Funktion $H(\boldsymbol{x}_1, \boldsymbol{x}_2, \ldots \boldsymbol{x}_N\,; \boldsymbol{p}_1, \boldsymbol{p}_2, \ldots \boldsymbol{p}_N\,; t)$ durch die Substitutionen

$$\boldsymbol{p}_i \to -i\hbar\nabla_i\,, \;\; \boldsymbol{x}_i \to \boldsymbol{x}_i\,, \;\; i = 1, \ldots, N \tag{8.2}$$

gewonnen wird, wenn N die Zahl der wechselwirkenden oder nicht wechselwirkenden Teilchen des Systems darstellt. Dabei wird vorausgesetzt, dass das betrachtete quantenmechanische Problem ein klassisches Analogon besitzt, oder zumindest durch Analogieüberlegungen der entsprechende quantenmechanische Operator gefunden werden kann, wie zum Beispiel bei der Einführung des Elektronenspins ausgeführt wurde. Ferner ist es notwendig anzunehmen, dass sich auch in der nichtrelativistischen Quantenmechanik die

Wechselwirkungen unendlich rasch ausbreiten, also wie in der klassischen Mechanik Retardierungseffekte vernachlässigt werden können. Damit ergibt sich die Möglichkeit, die Wechselwirkungen von Teilchen durch ihre gegenseitigen potentiellen Energien zu beschreiben. So besteht bei vielen Anwendungen der Hamilton-Operator aus dem Operator der kinetischen Energie der Teilchen mit den Massen m_j, aus ihrer potentiellen Energie in einem gemeinsamen äußeren Feld und aus der potentiellen Energie ihrer gegenseitigen Wechselwirkungen. In diesem Fall lautet die Schrödinger Gleichung

$$\mathrm{i}\hbar\frac{\partial\psi}{\partial t} = \sum_{j=1}^{N}\hat{H}_j\psi + \hat{W}(\boldsymbol{x}_1,\boldsymbol{x}_2,\ldots\boldsymbol{x}_N)\psi$$

$$\hat{H}_j = -\frac{\hbar^2}{2m_j}\Delta_j + \hat{V}(\boldsymbol{x}_j)\,, \tag{8.3}$$

wobei in den meisten Fällen der Wechselwirkungsoperator $\hat{W}$ nur von den Koordinaten $\boldsymbol{x}_j$, nicht aber von den Impulsen $\boldsymbol{p}_j$ der Teilchen und von der Zeit t abhängen wird, wie es der Annahme einer unendlichen Ausbreitungsgeschwindigkeit der Wechselwirkungen entspricht. Die Zustandsfunktion ψ ist nun im allgemeinen eine Funktion in einem $3N$-dimensionalen Konfigurationsraum, der nichts mehr mit dem gewöhnlichen dreidimensionalen Raum des Beobachters zu tun hat. Ferner ist ψ im allgemeinen eine Funktion der Zeit t.

Da wir angenommen haben, dass die Wechselwirkungen nicht von der Zeit t abhängen, ist die Annahme naheliegend, dass es stationäre Zustände geben wird und wir einen Lösungsansatz in der Form

$$\psi(\boldsymbol{x}_1,\ldots\boldsymbol{x}_N\,;t) = u(\boldsymbol{x}_1,\ldots\boldsymbol{x}_N)\mathrm{e}^{-\frac{\mathrm{i}}{\hbar}Et} \tag{8.4}$$

machen können, der uns auf die entsprechende zeitunabhängige Schrödinger-Gleichung der stationären Zustände führt

$$\sum_{j=1}^{N}\hat{H}_j\,u + \hat{W}(\boldsymbol{x}_1,\boldsymbol{x}_2,\ldots,\boldsymbol{x}_N)\,u = E\,u \tag{8.5}$$

und deren Eigenlösungen $u_n(\boldsymbol{x}_1,\ldots,\boldsymbol{x}_N)$ und Eigenwerte E_n (wo n einen ganzen Satz von Eigenwertparametern andeutet) sich im Prinzip durch Lösung des entsprechenden Eigenwertproblems mit den erforderlichen Randbedingungen auffinden lassen. Dabei sind wiederum die Eigenwerte E_n als die quantenmechanisch zulässigen Energiewerte des Systems anzusehen. In Verallgemeinerung der Randbedingungen für das Einteilchen Problem, müssen wir nun fordern, dass ψ und seine Ableitungen $\nabla_{\boldsymbol{x}_i}\psi$ in allen Raumpunkten eindeutig und stetig sein müssen und dass die gesamte Aufenthaltswahrscheinlichkeit des Systems für alle Zeiten auf Eins normiert werden kann

$$\int \psi^*\psi\,\mathrm{d}^3x_1\ldots\mathrm{d}^3x_N = 1\,. \tag{8.6}$$

Ebenso können wir dann zeigen, dass die Eigenfunktionen des Systems, $\psi_n = u_n \mathrm{e}^{-\frac{i}{\hbar}E_n t}$, ein vollständiges Orthonormalsystem bilden und daher

$$\int \psi_n^* \psi_m \mathrm{d}^3 x_1 \ldots \mathrm{d}^3 x_N = \delta_{n,m} \tag{8.7}$$

ist. Beim Mehrkörperproblem wird es auch völlig offenbar, dass sich ψ nicht mehr als Welle im gewöhnlichen dreidimensionalen Raum interpretieren lässt, sondern ein $3N$-dimensionales Wellenphänomen im abstrakten Konfigurationsraum darstellt. Dieses Wellenphänomen dient, wie beim Einteilchen Problem, nur mehr zur Berechnung der Aufenthaltswahrscheinlichkeiten, der Erwartungswerte und der Übergangswahrscheinlichkeiten, in ganz der gleichen Weise, wie wir den Formalismus für ein einzelnes Teilchen in Kapitel 2 dargelegt haben.

8.2.1 Systeme unabhängiger Teilchen

Wir betrachten noch den einfachen, und für die Anwendungen interessanten Fall eines Teilchensystems, bei dem die gegenseitige Wechselwirkungen der Teilchen $\hat{W}(\boldsymbol{x}_1, \ldots, \boldsymbol{x}_N) = 0$ sind oder als ausreichend klein betrachtet werden können, sodass sie in nullter Näherung vernachlässigbar sind. Dies ist zum Beispiel der Fall, wenn im Vergleich zu $\hat{W}(\boldsymbol{x}_1, \ldots, \boldsymbol{x}_N)$ eine starke Wechselwirkung $\hat{V}(\boldsymbol{x}_j)$ mit einem gemeinsamen Zentralfeld vorherrscht, wie dies bei Atomen mit vielen Elektronen der Fall ist. Diese Näherung nennt man dort die Zentralfeld Approximation. Dann lautet das zu lösende Problem

$$\sum_{j=1}^{N} \left[-\frac{\hbar^2}{2m_j}\Delta_j + \hat{V}(\boldsymbol{x}_j) \right] u(\boldsymbol{x}_1, \ldots, \boldsymbol{x}_N) = E\, u(\boldsymbol{x}_1, \ldots, \boldsymbol{x}_N). \tag{8.8}$$

Da nun der Hamilton-Operator

$$\hat{H}_j = -\frac{\hbar^2}{2m_j}\Delta_j + \hat{V}(\boldsymbol{x}_j) \tag{8.9}$$

nur mehr die Koordinaten und Impulse eines einzelnen Teilchens enthält, ist verständlich, dass diese Hamilton-Operatoren miteinander kommutieren, also $[\hat{H}_i, \hat{H}_j] = 0$ ist. Daher ist es ganz naheliegend, dass ähnlich wie bei der Lösung der Schrödinger Gleichung in einem Zentralpotential $\hat{V}(r)$ mit den drei kommutierenden Observablen $\hat{H}$, $\hat{\boldsymbol{L}}^2$ und $\hat{L}_z$, oder bei der Addition von Drehimpulsen, für die Eigenfunktionen des vorliegenden Problems der folgende Separationsansatz gemacht werden kann

$$u(\boldsymbol{x}_1, \ldots, \boldsymbol{x}_N) = u_1(\boldsymbol{x}_1)\, u_2(\boldsymbol{x}_2) \ldots u_N(\boldsymbol{x}_N). \tag{8.10}$$

Dies führt nach dem Einsetzen in die Gleichung (8.8) und nach Division durch den Ansatz (8.10) auf die folgende Beziehung

$$\sum_{j=1}^{N} \frac{1}{u_j(\boldsymbol{x}_j)} \left[-\frac{\hbar^2}{2m_j}\Delta_j + V(\boldsymbol{x}_j) \right] u_j(\boldsymbol{x}_j) = E \,, \tag{8.11}$$

bei der jeder Term der Summe über j nur von den Koordinaten $\boldsymbol{x}_j$ eines einzelnen Teilchens abhängt. Daher können wir für den Energieparameter E den Ansatz machen

$$E = \sum_{j=1}^{N} E_j \tag{8.12}$$

und erhalten so N voneinander unabhängige Schrödinger Gleichungen für ein einzelnes Teilchen

$$\left[-\frac{\hbar^2}{2m_j}\Delta_j + \hat{V}(\boldsymbol{x}_j) \right] u_j(\boldsymbol{x}_j) = E_j \, u_j(\boldsymbol{x}_j)\,, \quad j = 1,\dots,N\,. \tag{8.13}$$

Sind die vollständigen Systeme von Eigenlösungen $u_{n_j}(\boldsymbol{x}_j)$ und Eigenwerte E_{n_j} dieser Gleichungen bekannt, zum Beispiel die Eigenfunktionen des H-Atoms, dann können wir Produktfunktionen von der Form

$$u_{n_1,\dots n_N}(\boldsymbol{x}_1,\dots,\boldsymbol{x}_N) = u_{n_1}(\boldsymbol{x}_1)\dots u_{n_N}(\boldsymbol{x}_N) \tag{8.14}$$

als Ausgangsbasis für eine Störungstheorie heranziehen, um die Lösungen des exakten Problems, wenn die gegenseitige Kopplung der Teilchen $W(\boldsymbol{x}_1,\dots,\boldsymbol{x}_N) \neq 0$ ist, durch sukzessive Näherung zu berechnen, zum Beispiel die Energieeigenwerte und Eigenfunktionen eines Mehr-Elektronen-Atoms unter Berücksichtigung der gegenseitigen Coulombschen Wechselwirkung der Elektronen. Solche Rechnungen sind in den meisten Fällen recht aufwendig. Auf zwei einfache Probleme dieser Art werden wir später zurückkommen. Im allgemeinen ist auch der Spin der Teilchen des Systems zu berücksichtigen, sodass der Produktansatz aus Funktionen der Form $u_{n_j}(\boldsymbol{x}_j)\chi_j(s_j)$ aufzubauen sein wird, insbesondere dann, wenn die Wechselwirkung $\hat{W}$ auch Spin-Spin und Spin-Bahn Kopplungen enthält, wie sie bei Mehr-Elektronen Atomen stets angetroffen werden. Dieselben Überlegungen bleiben gültig, wenn keine gemeinsame Zentralkraft vorliegt, sodass alle $\hat{V}(\boldsymbol{x}_j) = 0$ sind und die Zahl N der Teilchen sehr groß wird. Bei gleichartigen Teilchen gelangen wir auf diese Weise in das Gebiet der Quantenstatistik von Photonen, Elektronen, etc. (Vergleiche Kapitel 10).

Unsere Resultate für Systeme entkoppelter Teilchen haben eine einfache physikalische Interpretation. Da angenommen wurde, dass die Wechselwirkungsenergien der Teilchen untereinander, $\hat{W} = 0$ ist, ist verständlich, dass die Energie des Gesamtsystems gleich der Summe der Energien der einzelnen Teilchen sein wird, da in diesem Fall die Bewegungen der Teilchen voneinander unabhängig sind. Damit erhalten wir auch für die Wahrscheinlichkeit, wonach im Gesamtsystem jedes der Teilchen an einem bestimmten Ort anzutreffen ist, dass diese durch das Produkt der Einzel-Wahrscheinlichkeiten bestimmt sein wird, also

$$\mathrm{d}P(\boldsymbol{x}_1,\ldots,\boldsymbol{x}_N) = |\psi_1(\boldsymbol{x}_1)|^2 |\psi_2(\boldsymbol{x}_2)|^2 \ldots |\psi_N(\boldsymbol{x}_N)|^2 \mathrm{d}^3 x_1 \mathrm{d}^3 x_2 \ldots \mathrm{d}^3 x_N \,.$$
$$(8.15)$$

Dieses Resultat ist in Übereinstimmung mit dem Theorem der Multiplikation von Wahrscheinlichkeiten von unabhängigen Ereignissen. Bevor wir auf die Besonderheiten näher eingehen, die bei quantenmechanischen Systemen gleichartiger Teilchen auftreten, betrachten wir noch eingehend das Zwei-Teilchenproblem.

8.2.2 Das Zwei-Teilchen Problem

Wir betrachten ein System zweier Teilchen mit den Massen m_1 und m_2. Wir nehmen an, auf sie wirkt nur die potentielle Energie ihrer gegenseitigen Wechselwirkung und diese sei nur von ihrem Abstand abhängig. Es sei also kein weiteres äußeres Feld vorhanden. Dann lautet die Schrödinger-Gleichung der stationären Zustände

$$\left[-\frac{\hbar^2}{2m_1}\Delta_1 - \frac{\hbar^2}{2m_2}\Delta_2 + \hat{W}(|\boldsymbol{x}_1 - \boldsymbol{x}_2|) \right] u(\boldsymbol{x}_1, \boldsymbol{x}_2) = E\,u(\boldsymbol{x}_1, \boldsymbol{x}_2)\,. \quad (8.16)$$

Wir transformieren diese Gleichung auf neue Koordinaten $\boldsymbol{X}$ und $\boldsymbol{x}$, welche folgendermaßen definiert sind

$$\boldsymbol{X} = \frac{m_1\boldsymbol{x}_1 + m_2\boldsymbol{x}_2}{m_1 + m_2}\,, \quad \boldsymbol{x} = \boldsymbol{x}_1 - \boldsymbol{x}_2\,, \quad |\boldsymbol{x}| = r \quad (8.17)$$

und daher mit den Schwerpunkts- und Relativkoordinaten der klassischen Mechanik übereinstimmen. Führen wir die Gesamtmasse $M = m_1 + m_2$ und die reduzierte Masse $\mu = \frac{m_1 m_2}{m_1 + m_2}$ ein, so liefert die Transformation der Koordinaten, zum Beispiel in der x-Richtung

$$\frac{\partial}{\partial x_1} = \frac{m_1}{m_1 + m_2}\frac{\partial}{\partial X} + \frac{\partial}{\partial x}\,, \quad \frac{\partial}{\partial x_2} = \frac{m_1}{m_1 + m_2}\frac{\partial}{\partial X} - \frac{\partial}{\partial x}$$

$$\frac{\partial^2}{\partial x_1^2} = \left(\frac{m_1}{m_1 + m_2}\right)^2 \frac{\partial^2}{\partial X^2} + \frac{2m_1}{m_1 + m_2}\frac{\partial^2}{\partial X \partial x} + \frac{\partial^2}{\partial x^2}$$

$$\frac{\partial^2}{\partial x_2^2} = \left(\frac{m_1}{m_1 + m_2}\right)^2 \frac{\partial^2}{\partial X^2} - \frac{2m_1}{m_1 + m_2}\frac{\partial^2}{\partial X \partial x} + \frac{\partial^2}{\partial x^2} \quad (8.18)$$

und daher ist

$$\frac{1}{m_1}\frac{\partial^2}{\partial x_1^2} + \frac{1}{m_2}\frac{\partial^2}{\partial x_2^2} = \frac{1}{M}\frac{\partial^2}{\partial X^2} + \frac{1}{\mu}\frac{\partial^2}{\partial x^2}\,, \quad (8.19)$$

sodass die transformierte Schrödinger Gleichung die Gestalt annimmt

$$\left[-\frac{\hbar^2}{2M}\Delta_X - \frac{\hbar^2}{2\mu}\Delta_x + \hat{W}(r) \right] u(\boldsymbol{X}, \boldsymbol{x}) = E\,u(\boldsymbol{X}, \boldsymbol{x})\,. \quad (8.20a)$$

Damit hat der Hamilton-Operator die Gestalt $\hat{H} = \hat{H}_X + \hat{H}_x$ und es gilt daher $[\hat{H}_X, \hat{H}_x] = 0$. Also können wir den Separationsansatz machen

$$u(\boldsymbol{X}, \boldsymbol{x}) = U(\boldsymbol{X})u(\boldsymbol{x})\,, \quad E = E_X + E_x \qquad (8.21)$$

und dies liefert die beiden voneinander unabhängigen Schrödinger Gleichung

$$-\frac{\hbar^2}{2M}\Delta_X U(\boldsymbol{X}) = E_X U(\boldsymbol{X})\,, \quad \left[-\frac{\hbar^2}{2\mu}\Delta_x + \hat{W}(r)\right] u(\boldsymbol{x}) = E_x\, u(\boldsymbol{x})\,. \quad (8.22)$$

Die erste Gleichung beschreibt die Bewegung eines freien Teilchens mit der Masse M. Wie wir bereits wissen, hat diese Gleichung Lösungen von der Form

$$U(\boldsymbol{X}) = A e^{\frac{i}{\hbar}\boldsymbol{P}\cdot\boldsymbol{X}}\,, \qquad (8.23)$$

wo $\boldsymbol{P}$ der Impuls der freien Schwerpunktsbewegung des Systems mit der kinetischen Energie $E_X = \frac{\boldsymbol{P}^2}{2M}$ ist, die einen beliebigen konstanten Wert annehmen kann. Die Eigenfunktionen $u_n(\boldsymbol{x})$ und Eigenwerte $E_x^{(n)}$ der zweiten Gleichung in (8.22) beschreiben dann die Relativbewegung der beiden Teilchen unter ihrer gegenseitigen Wechselwirkung $\hat{W}(r)$. Die Zustandsfunktionen des Gesamtsystems sind dann in folgender Weise gegeben

$$u(\boldsymbol{x}_1, \boldsymbol{x}_2) = A e^{\frac{i}{\hbar}\boldsymbol{P}\cdot\boldsymbol{X}} u(\boldsymbol{x})\,. \qquad (8.24)$$

Während sich also der Schwerpunkt des Systems als freies Teilchen durch den Raum bewegt, erfolgt die Relativbewegung der beiden Teilchen unabhängig davon um den gemeinsamen Schwerpunkt. Die Gesamtenergie des Systems ist dann die Summe der Energie der Relativbewegung und der Energie der Schwerpunktsbewegung. Wir sehen, dass in der Quantentheorie wie in der klassischen Mechanik das Problem der Bewegung zweier Teilchen, deren Wechselwirkung nur von $r = |\boldsymbol{x}_1 - \boldsymbol{x}_2|$ abhängt, auf das Problem der Bewegung eines einzelnen Teilchens der reduzierten Masse μ in einem äußeren Feld $\hat{W}(r)$ zurückgeführt werden kann.

Bei der Behandlung des Wasserstoff Atoms in Kapitel 3.6 haben wir zunächst vorausgesetzt, dass der Kern des Atoms im Zentrum des Koordinatensystem ruht, also seine Masse im Vergleich zur Elektronenmasse unendlich groß ist. Wir können nun mit unserem vorangehenden Resultat diese Näherung fallen lassen, indem wir den Einfluss der Kernbewegung um den gemeinsamen Schwerpunkt von Kern und Elektron berücksichtigen. Dazu ist es nur nötig in den abgeleiteten Energie Eigenwerten der gebundenen Zustände des Wasserstoffatoms

$$E_n^{(\infty)} = -\frac{mZ^2 e^4}{2\hbar^2}\frac{1}{n^2} \qquad (8.25)$$

die Elektronenmasse m durch die reduzierte Masse $\mu = \frac{mM}{m+M}$ zu ersetzen, wo M jetzt die Kernmasse darstellt. Dies liefert die korrigierten Energieniveaus

$$E_n = E_n^{(\infty)}\frac{1}{1 + \frac{m}{M}}\,, \qquad (8.26)$$

wobei in Übereinstimmung mit dem Experiment, für das Wasserstoff Atom die Korrektur den Wert $[1 + \frac{m}{M}]^{-1} = 0{,}9994556\ldots$ hat.

Ein anderes Problem, das genähert als ein Zweikörperproblem betrachtet werden kann, ist das zwei-atomige Molekül, wenn wir die Bewegungen und die Quantenzustände der Elektronen im Molekül außer acht lassen. Diese Vereinfachung ist nach einem Theorem von Max Born und Robert Oppenheimer (1927) eine recht gute Näherung. In diesem Fall kann dann die Bewegung der Elektronen im Molekül so behandelt werden, als hätten die Atome einen festen Abstand zueinander und rotierten auch nicht um eine Achse durch ihren gemeinsamen Schwerpunkt. Andererseits lässt sich dann die Bewegung der beiden Atome so betrachten, als wären sie zwei strukturlose Teilchen. Dass diese Trennung der beiden Bewegungsformen erlaubt ist, hängt eng mit dem Massenverhältnis zwischen den Massen m der Elektronen im Molekül und den Massen M der beiden Atome ab, denn dieses Massenverhältnis bestimmt die Größenordnungen der Frequenzen ω der Elektronen im Atom und der Frequenzen Ω und ω_0 des Rotations- und Schwingungsspektrums der beiden Atome des Moleküls. Die translatorischen und relativen Bewegungen der beiden strukturlosen Atome können wir dann genähert durch die beiden Schrödinger Gleichungen (8.22) beschreiben. Die translatorische Bewegung haben wir bereits oben diskutiert, während für die Relativbewegung betrachten wir die potentielle Bindungsenergie $\hat{W}(r)$ der beiden Atome in der Umgebung der stabilen Gleichgewichtslage bei r_0 der beiden Atome zueinander. Dort können wir $\hat{W}(r)$ in eine Taylorsche Reihe entwickeln

$$\hat{W}(r) = \hat{W}(r_0) + \frac{\mathrm{d}\,\hat{W}}{\mathrm{d}r}\bigg|_{r_0}(r - r_0) + \frac{\mathrm{d}^2\hat{W}}{\mathrm{d}r^2}\bigg|_{r_0}(r - r_0)^2 + \ldots, \qquad (8.27)$$

wobei am Ort des Gleichgewichts $\hat{W}'(r = r_0) = 0$ ist und wir können $\hat{W}(r_0)$ zur Renormierung der Energieskala verwenden. Damit erhält die Schrödinger-Gleichung der Relativbewegung der beiden Atome des Moleküls (8.22), in der Umgebung der Gleichgewichtslage der beiden Atome zueinander, nach Einführung von Kugelkoordinaten $\rho = r - r_0\,,\theta\,,\phi$ die Gestalt

$$-\frac{\hbar^2}{2\mu(r_0+\rho)^2}\left[\frac{\partial}{\partial\rho}\left((r_0+\rho)^2\frac{\partial}{\partial\rho}\right) + \frac{1}{\sin\theta}\frac{\partial}{\partial\theta}\left(\sin\theta\frac{\partial}{\partial\theta}\right) + \frac{1}{\sin^2\theta}\frac{\partial^2}{\partial\phi^2}\right]u(\rho,\theta,\phi)$$
$$+\frac{\kappa}{2}\rho^2 u(\rho,\theta,\phi) = E'u(\rho,\theta,\phi)\,,$$

$$(8.28)$$

wo $E' = E - W(r_0)$ ist und wir $\frac{\mathrm{d}^2 W}{\mathrm{d}r^2}\big|_{r_0} = \frac{\kappa}{2}$ gesetzt haben und wir beachteten, dass $\partial_r = \partial_\rho$ ist. Da wir annehmen, dass $\rho \ll r_0$ ist, können wir in (8.28) $(r_0 + \rho)^2 \cong r_0^2$ setzen. Dann geht (8.28) in die Näherung über

$$\left[-\frac{\hbar^2}{2\mu}\frac{\partial^2}{\partial\rho^2} + \frac{\kappa}{2}\rho^2 - \frac{\hbar^2}{2\Theta}\left\{\frac{1}{\sin\theta}\frac{\partial}{\partial\theta}\left(\sin\theta\frac{\partial}{\partial\theta}\right) + \frac{1}{\sin^2\theta}\frac{\partial^2}{\partial\phi^2}\right\}\right]u(\rho,\theta,\phi)$$
$$= E'u(\rho,\theta,\phi)\,, \qquad (8.29)$$

die wir mit den Ansätzen $u(\rho,\theta,\phi) = R(\rho)Y(\theta,\phi)$ und $E' = E_{\mathrm{osz}} + E_{\mathrm{rot}}$ leicht separieren können. Dies ergibt die beiden Gleichungen

$$\left[-\frac{\hbar^2}{2\mu} \frac{\partial^2}{\partial \rho^2} + \frac{\kappa}{2} \rho^2 \right] R(\rho) = E_{\mathrm{osz}} R(\rho)$$

$$-\frac{\hbar^2}{2\Theta} \left\{ \frac{1}{\sin\theta} \frac{\partial}{\partial \theta} \left(\sin\theta \frac{\partial}{\partial \theta} \right) + \frac{1}{\sin^2\theta} \frac{\partial^2}{\partial \phi^2} \right\} Y(\theta, \phi) = E_{\mathrm{rot}} Y(\theta, \phi). \quad (8.30)$$

Die erste dieser Gleichungen beschreibt die harmonische Oszillation der beiden Atome zueinander längs ihrer Verbindungslinie um den Gleichgewichtsabstand bei r_0. Dabei ist das Problem äquivalent der Oszillation eines Teilchens mit der reduzierten Masse μ und der Kraftkonstanten κ. Die zweite Gleichung beschreibt die Rotation des Moleküls, wobei die beiden Atome den festen Abstand r_0 voneinander haben. Diese Bewegung ist dargestellt als Rotationsbewegung eines Massenpunktes der Masse μ, der in festem Abstand r_0 um den Schwerpunkt rotiert und das Trägheitsmoment $\Theta = \mu r_0^2$ hat. Die Lösungen der beiden Gleichungen sind uns bereits gut bekannt. Die Lösungen der ersten Gleichung sind die Hermite Funktionen (3.75) mit den Eigenwerten $E_{\mathrm{osz}}^{(n)} = \hbar\omega_0(n + \frac{1}{2})$ mit $\omega_0 = \sqrt{\frac{\kappa}{\mu}}$ und die Lösungen der zweiten Gleichung sind die Kugelflächenfunktionen (3.137) mit den Eigenwerten $E_{\mathrm{rot}}^{(l)} = \frac{\hbar^2}{2\Theta} l(l + 1)$. Daher lauten in der betrachteten Näherung die Eigenlösungen und Eigenwerte der Oszillations- und Rotationsbewegung des zwei-atomige Moleküls

$$u_{l,m,n}(\rho, \theta, \phi) = N_{l,m,n} Y_l^m(\theta, \phi) H_n(\alpha\rho) e^{-\frac{1}{2}\alpha^2\rho^2} , \quad \alpha^2 = \frac{\mu\omega_0}{\hbar}$$

$$E'_{l,m,n} = E_{\mathrm{rot}}^{(l)} + E_{\mathrm{osz}}^{(n)} = \frac{\hbar^2}{2\Theta} l(l + 1) + \hbar\omega_0 \left(n + \frac{1}{2} \right) . \quad (8.31)$$

Aus den Schwingungsspektren zwei-atomiger Moleküle kann die Eigenfrequenz ω_0 bestimmt werden und daraus erhalten wir Aufschluss über die Bindungskräfte der Moleküle. So liefert zum Beispiel bei HCl die Molekülspektroskopie $\hbar\omega_0 = 0{,}358$ eV und die reduzierte Masse $\mu = 0{,}944 \times m_P$, wo m_P die Protonenmasse ist. Daraus ergibt sich für die harmonische Kraftkonstante $\kappa = \mu\omega_0^2 = 0{,}490$ kpcm^{-1} und dies repräsentiert eine beträchtlichen Kraftkonstante für eine makroskopische Feder. Ähnlich kann aus der Beobachtung des Rotationsspektrums des HCl Moleküls das Trägheitsmoment Θ bestimmt werden und man findet damit den mittleren Kernabstand der Atome zu $r_0 = 1{.}29$ Å.

Wenn man bei der Behandlung des Deuterons annimmt, dass sich die Wechselwirkung von Proton und Neutron durch ein Kernpotential von der Form $\hat{W}(|\boldsymbol{x}_1 - \boldsymbol{x}_2|)$ beschreiben lässt, dann können auch die Bewegungen dieses Zwei-Körper Problems in Schwerpunkts- und Relativbewegung aufgespalten werden.

8.3 Systeme identischer Teilchen

In der Quantentheorie müssen Elektronen, Photonen, Protonen und alle anderen Elementarteilchen als untereinander absolut gleiche Objekte angesehen werden, deren Gleichheit so weit geht, dass sie im Prinzip nicht unterscheidbar sind. Auch die klassische statistische Mechanik hat es mit einer großen Zahl gleichartiger Teilchen zu tun, doch dort wird angenommen, dass im Prinzip jedes Teilchen zu jeder Zeit exakt lokalisierbar ist und daher auf seiner klassischen Bahn verfolgt werden kann, also die Möglichkeit besteht, durch numerierte Etiketten jedes einzelne Teilchen individuell zu fixieren. Diese Etikettierung der Elementarteilchen ist in der Quantenmechanik prinzipiell unmöglich, da die raumzeitliche Verfolgung eines Elektrons auf seiner Bahn im Widerspruch zur Heisenbergschen Unschärferelation steht, da Ort und Impuls eines Teilchens nicht gleichzeitig scharf messbar sind. Wenn daher zum Beispiel zwei Teilchen aneinander gestreut werden, so werden sich ihre Wellenpakete im Gebiet der Wechselwirkung überlappen, d.h. miteinander interferieren, und man kann bei den auslaufenden Wellenpaketen der gestreuten Teilchen nicht sagen, welches Wellenpaket zu welchem Elektron gehört. Diese Nichtunterscheidbarkeit gleichartiger Teilchen führt auf prinzipiell neue Eigenschaften quantenmechanischer Mehrteilchensysteme.

8.3.1 Die Austauschsymmetrie

Wenn alle Teilchen eines Systems im obigen Sinne identisch sind, d.h. gleiche Masse, gleiche Ladung, gleichen Spin etc. haben, dann wird sich der Hamilton-Operator eines N-Teilchensystems

$$\hat{H}(\boldsymbol{x}_1, \boldsymbol{x}_2, \dots \boldsymbol{x}_N ; \boldsymbol{p}_1, \boldsymbol{p}_2, \dots \boldsymbol{p}_N ; s_1, s_2, \dots s_N ; t) \equiv H(1, 2, \dots N; t) \quad (8.32)$$

nicht ändern, wenn irgend ein Paar von Teilchen miteinander vertauscht wird. Wir benennen die Operation, welche die Vertauschung der Teilchen k und l vollzieht, $\hat{P}_{k,l}$. Dann wird die Bedingung, dass die Teilchen des Systems untereinander identisch sind, mathematisch durch die Bedingung ausgedrückt, dass der Hamilton-Operator $\hat{H}$ mit dem Austauschoperator $\hat{P}_{k,l}$ eines beliebigen Teilchenpaares des Systems kommutieren soll, also

$$\hat{P}_{k,l}\hat{H} = \hat{H}\,\hat{P}_{k,l} \quad (8.33)$$

gilt. Da wir sogleich sehen werden, dass der Operator $\hat{P}_{k,l}$ reelle Eigenwerte besitzt, ist dieser Operator hermitesch und die Gleichung (8.33) besagt, dass gemäß der Heisenbergschen Bewegungsgleichung (4.52) $\hat{P}_{k,l}$ eine Konstante der Bewegung darstellt und daher seine Eigenwerte Integrale der Bewegung sind. Ebenso haben dann natürlich $\hat{P}_{k,l}$ und $\hat{H}$ dasselbe System von Eigenzuständen.

Um die Eigenfunktionen und Eigenwerte des Operators $\hat{P}_{k,l}$ für den Austausch zweier Teilchen zu bestimmen, betrachten wir ein System, das nur aus zwei Teilchen besteht. Dann müssen die Eigenfunktionen des Operators $\hat{P}_{1,2}$ der Gleichung genügen

$$\hat{P}_{1,2}\psi(1,2) = \lambda\psi(1,2)\,, \tag{8.34}$$

wobei auch hier die allgemeine Abkürzung verwendet wurde $\psi(\boldsymbol{x}_1, s_1, \ldots, \boldsymbol{x}_N, s_N; t) = \psi(1, \ldots, N)$. Wie wir gleich zeigen werden, ist λ ein reeller Eigenwert. Wenn wir den Operator $\hat{P}_{1,2}$ nochmals auf die Gleichung (8.34) anwenden, so erhalten wir

$$\hat{P}_{1,2}^2\psi(1,2) = \lambda^2\psi(1,2)\,. \tag{8.35}$$

Doch folgt andererseits aus der Definition des Austauschoperators

$$\hat{P}_{1,2}\psi(1,2) = \psi(2,1) \tag{8.36}$$

und daher

$$\hat{P}_{1,2}^2\psi(1,2) = \psi(1,2)\,. \tag{8.37}$$

Die beiden Resultate (8.35, 8.37) zusammen liefern dann die Gleichung

$$\lambda^2 = 1\,, \quad \lambda = \pm 1\,, \tag{8.38}$$

denn wäre λ komplex, d.h. $\lambda = a\mathrm{e}^{\mathrm{i}\alpha}$, so würde aus $\lambda^2 = 1$ folgen, dass $a^2 = 1$ und $\mathrm{e}^{2\mathrm{i}\alpha} = 1$ sind, d.h. $\alpha = 0, \pm\pi, \ldots$ ist. Also wäre λ reell, wie behauptet. Folglich hat der Austauschoperator $P_{1,2}$ nur die beiden Eigenwerte $\lambda = \pm 1$. Eine Eigenfunktion $\psi_S(1,2)$, die zum Eigenwert $\lambda = 1$ gehört, heißt eine symmetrische Funktion und ist durch die Gleichung bestimmt

$$\hat{P}_{1,2}\psi_S(1,2) = \psi_S(1,2)\,. \tag{8.39}$$

Eine Eigenfunktion $\psi_A(1,2)$, die zum Eigenwert $\lambda = -1$ gehört, heißt eine antisymmetrische Funktion und sie ist durch folgende Gleichung definiert

$$\hat{P}_{1,2}\psi_A(1,2) = -\psi_A(1,2)\,. \tag{8.40}$$

Die experimentellen Ergebnisse haben gezeigt, dass ein System bestehend aus zwei Elektronen, oder Protonen, oder Neutronen nur durch antisymmetrische Wellenfunktionen in allen Zuständen zu beschreiben ist. Hingegen wird ein System bestehend aus 2α-Teilchen stets durch eine symmetrische Zustandsfunktion beschrieben. Die Eigenschaft der Austauschsymmetrie eines Teilchenpaares ist eine Konstante der Bewegung und sie wird durch die Art der Teilchen, welche das System aufbauen bestimmt.

Diese Resultate lassen sich sofort auf den allgemeinen Fall eines Systems anwenden, welches aus einer beliebigen Anzahl identischer Teilchen besteht. Wegen der Identität, also der Nichtunterscheidbarkeit dieser Teilchen, muss die Zustandsfunktion des Systems die gleiche Symmetrieeigenschaft besitzen, d.h. sie muss totale Symmetrie oder Antisymmetrie in Bezug auf die

Vertauschung eines beliebigen Teilchenpaares aufweisen. Andere Lösungen der Schrödinger Gleichung mit komplizierteren Symmetrieeigenschaften sind erfahrungsgemäß in der Natur ausgeschlossen. Auch können die Symmetrieeigenschaften der Zustandsfunktion eines Systems durch eine äußere Störung nicht geändert werden, da als Folge der Identität der Teilchen die äußere Störung stets symmetrisch oder antisymmetrisch bezüglich des Austausches beliebiger Teilchenpaare sein muss. Die Eigenschaft der Austauschsymmetrie ist eine innere Eigenschaft der Teilchen ähnlich wie der Spin.

Folglich werden in der Quantenmechanik Zustände von Systemen identischer Teilchen, je nach Teilchenart, entweder durch symmetrische oder durch antisymmetrische Zustandsfunktionen beschrieben. Antisymmetrische Zustandsfunktionen beschreiben Systeme, die aus Elektronen, Protonen, Neutronen und anderen Teilchen (einfach oder zusammengesetzt) mit halbzahligem Spin bestehen, d.h. $s = \frac{1}{2}\hbar, \frac{3}{2}\hbar, \frac{5}{2}\hbar, \ldots$. Dagegen werden Systeme aus Teilchen (gleichfalls einfach oder zusammengesetzt), die ganzzahligen Spin haben, d.h. $s = 0, \hbar, 2\hbar, \ldots$, durch symmetrische Zustandsfunktionen bestimmt. Diese Regeln ergeben sich durch Verallgemeinerung der experimentellen Erfahrung und bilden die mathematische Formulierung des grundlegenden Postulats von der Nichtunterscheidbarkeit identischer Teilchen. Teilchen aus denen Systeme aufgebaut sind, die durch symmetrische Funktionen beschrieben werden, heißen Bosonen. Teilchensysteme mit antisymmetrischen Zustandsfunktionen werden Fermionen genannt. Scheinbar sind alle Teilchen der Natur entweder Fermionen oder Bosonen.

Im Zusammenhang mit dem Prinzip von der Nichtunterscheidbarkeit identischer Teilchen ist es notwendig, eine Vereinfachung des Superpositionsprinzips vorzunehmen. Nicht jede Linearkombination von beliebigen Lösungen der Schrödinger-Gleichung eines Systems identischer Teilchen kann einen möglichen Zustand dieses Systems darstellen. Die möglichen Zustände des Systems sind durch jene Linearkombinationen von Funktionen bestimmt, welche die Symmetrieeigenschaften des Systems nicht ändern, wenn Teilchenpaare ausgetauscht werden. Zum Beispiel für ein System bestehend aus Elektronen können nur antisymmetrische Wellenfunktionen in den Linearkombinationen auftreten. Wenn man etwa bei der Anwendung des bereits besprochenen Variationsverfahrens einen Lösungsansatz für die Versuchsfunktion eines Mehr-Elektronen-Atoms macht, so ist dieser Ansatz entsprechend zu antisymmetrisieren.

8.3.2 Symmetrische und antisymmetrische Zustandsfunktionen

Die Schrödinger-Gleichung eines Systems identischer Teilchen

$$i\hbar\frac{\partial\psi}{\partial t} = \hat{H}\,\psi\,, \quad \psi(1, 2, \ldots, N; t)\,, \quad \hat{H}(1, 2, \ldots, N; t) \tag{8.41}$$

wird Lösungen ganz allgemeiner Art zulassen, sowohl solche mit, als auch solche ohne ganz bestimmte Symmetrien. Aus all diesen Lösungen ist es notwendig, für Fermionensysteme nur die antisymmetrischen Lösungen auszuwählen und für die Bosonensysteme nur die symmetrischen Lösungen. Nun wollen wir zeigen, wie die Lösungen mit den angegebenen Symmetrieeigenschaften zu finden sind.

Wir beginnen zunächst wieder mit der Diskussion eines Zwei-Teilchensystems. Es sei die Funktion $\psi(1,2)$ eine Lösung der Schrödinger Gleichung. Dann wird, wegen der Identität der Teilchen 1 und 2, die Funktion $\psi(2,1)$, die durch Austausch der Teilchen 1 und 2 aus $\psi(1,2)$ hervorgeht, auch eine Lösung derselben Schrödinger Gleichung sein. Aus diesen beiden Lösungen können nun leicht Funktionen der gewünschten Symmetrie aufgebaut werden. Bis auf einen Normierungsfaktor werden die antisymmetrische Funtion ψ_A und die symmetrische Funktion ψ_S die folgende Gestalt haben

$$\psi_\mathrm{A} = A[\psi(1,2) - \psi(2,1)]\,, \quad \psi_S = B[\psi(1,2) + \psi(2,1)]\,. \qquad (8.42)$$

Diese Vorgangsweise der Symmetrisierung und Antisymmetrisierung von Zustandsfunktionen können wir für Systeme verallgemeinern, die aus N identischen Teilchen bestehen. In solchen Systemen gibt es $N!$ (Faktorielle) verschiedene Permutationen der identischen Teilchen. Jede einzelne Funktion, welche durch irgend eine dieser Permutationen hervorgeht, lässt sich aus der ursprünglichen Funktion $\psi(1,2,\ldots,N)$ erhalten, indem man in dieser Funktion sukzessive Teilchenpaare vertauscht. Angenommen $P_\nu \psi(1,2,\ldots,N)$ bezeichne jene Funktion, die aus $\psi(1,2,\ldots,N)$ erhalten wird, indem man ν aufeinanderfolgende Vertauschungen von Teilchenpaaren durchgeführt hat. Dann erhält man, von einem Normierungsfaktor abgesehen, die symmetrischen und antisymmetrischen Funktionen mit Hilfe der folgenden Regeln

$$\psi_\mathrm{A} = A \sum_\nu (-1)^\nu P_\nu \psi(1,2,\ldots,N;t)\,; \quad \psi_S = B \sum_\nu P_\nu \psi(1,2,\ldots,N;t)\,, \qquad (8.43)$$

wobei die Summe über alle $N!$ Funktionen zu erstrecken ist, die allen verschiedenen möglichen Permutationen der N Teilchen des Systems entsprechen.

Wie bereits erwähnt, ist die exakte Lösung des Vielteilchenproblems in der Quantenmechanik mit großen mathematischen Schwierigkeiten verbunden. Doch gelegentlich können die grundlegenden Eigenschaften eines quantenmechanischen Systems mit den Verfahren der sukzessiven Approximation untersucht werden, bei denen die nullte Näherung in der Annahme unabhängiger Teilchen besteht und in höherer Näherung die Wechselwirkungen mit Hilfe der Störungstheorie berücksichtigt werden. Folglich wird in nullter Näherung der Hamilton-Operator eines Teilchensystems, wie bereits früher angedeutet, aus der Summe der Hamiltonoperatoren der Einzelteilchen aufgebaut sein

$$\hat{H}_0 = \sum_{j=1}^{N} \hat{H}(j)\,. \qquad (8.44)$$

Dann wissen wir, dass eine Eigenfunktion von $\hat{H}_0$ durch Produkte der Eigenfunktionen der Operatoren $\hat{H}(j)$ der Einzelteilchen dargestellt werden kann und dass die Eigenwerte von $\hat{H}_0$ dann die Summe der Eigenwerte von $\hat{H}(j)$ sind. Angenommen, die $\hat{H}(j)$ hängen nicht explizit von der Zeit t ab. Dann genügt es, wie früher nur die zeitunabhängige Schrödinger-Gleichung zu betrachten

$$\left[\hat{H}(j) - E_{n_j}\right] u_{n_j}(j) = 0, \quad j = 1, \ldots, N, \qquad (8.45)$$

wo n_j kollektiv alle Quantenzahlen kennzeichnet, die den Quantenzustand des Teilchens j charakterisiert. Dann werden die Eigenfunktionen des Operators $\hat{H}_0$ zu bestimmten Eigenwerten $E = \sum_j E_{n_j}$ Linearkombinationen der Produkfunktionen $u_{n_1}(1) \ldots u_{n_N}(N)$ sein, von denen es wegen der Identität der Teilchen zu vorgegebener Kombination der Quantenzahlen $n_1, \ldots, n_N$ im allgemeinen $N!$ geben wird, die durch Teilchenaustausch entstehen und zur sogenannten Austauschentartung des Energieeigenwertes E führen.

Für ein System von Bosonen muss die Zustandsfunktion die Form eines symmetrisierten Produktes haben, also

$$u_s = B \sum_\nu P_\nu u_{n_1}(1)\, u_{n_2}(2) \ldots u_{n_N}(N), \quad B = \left[\frac{m_{n_1}! \ldots m_{n_N}!}{N!}\right]^{\frac{1}{2}}. \qquad (8.46)$$

Dabei ist zur Berechnung der Normierungskonstante B angenommen worden, dass einige der Zustände $n_1, n_2, \ldots, n_N$ mehrfach vorkommen, was durch die ganzen Zahlen m_{n_j} gezählt wird. In einem System von Bosonen besteht also keine Einschränkung, denselben Zustand mehrfach zu besetzen. Natürlich muss $\sum_j m_{n_j} = N$, der Gesamtzahl der Teilchen sein. Sind alle Zustände n_j nur einmal besetzt, dann ist $B = (N!)^{-\frac{1}{2}}$. Die Tatsache, dass beliebig viele Bosonen den gleichen Quantenzustand einnehmen können, ist für die Bosestatistik von grundlegender Bedeutung.

Wenn wir hingegen ein System von Fermionen betrachten, muss die Zustandsfunktion in der gleichen Näherung der unabhängigen Teilchen die Form haben

$$u_{\mathrm{A}} = A \sum_\nu (-1)^\nu P_\nu u_{n_1}(1) u_{n_2}(2) \ldots u_{n_N}(N), \quad A = \frac{1}{\sqrt{N!}}. \qquad (8.47)$$

Wir werden sogleich sehen, dass hier die Form der Normierungskonstante ihre Ursache darin hat, dass keine zwei Fermionen denselben Quantenzustand besetzen können. Dazu drückt man die total antisymmetrische Zustandsfunktion in der Form einer Determinante, der sogenannten Slater-Determinante, aus

$$u_{\mathrm{A}} = \frac{1}{\sqrt{N!}} \begin{vmatrix} u_{n_1}(1) & u_{n_1}(2) & \ldots & u_{n_1}(N) \\ u_{n_2}(1) & u_{n_2}(2) & \ldots & u_{n_2}(N) \\ \ldots & \ldots & \ldots & \ldots \\ u_{n_N}(1) & u_{n_N}(2) & \ldots & u_{n_N}(N) \end{vmatrix}. \qquad (8.48)$$

Die Vorzeichenänderung von u_{A} beim Austausch eines beliebigen Teilchenpaares folgt direkt aus den Eigenschaften einer Determinante, wonach diese ihr Vorzeichen ändert, wenn zwei Spalten der Determinante miteinander vertauscht werden. Aus der Darstellung (8.48) folgen auch sofort die Aussagen des Pauli-Prinzips (1925). Dieses Prinzip besagt, dass sich ein System identischer Fermionen nicht in einem Zustand befinden kann, welcher durch eine Wellenfunktion der Form (8.48) beschrieben wird, sobald diese zwei oder mehrere identische Teilchenzustände enthält, denn falls sich zwei oder mehrere identische Zustände unter den Einteilchen-Zuständen $u_{n_1}, u_{n_2}, \ldots, u_{n_N}$ befinden, wird die Determinante gleich Null sein. Folglich können bei einem System identischer Fermionen sich zwei oder mehrere Teilchen nicht im gleichen Zustand befinden. Diese Tatsache ist für die Fermistatistik von grundlegender Bedeutung.

Die vorangehende Formulierung des Pauli Prinzips ist natürlich nur auf Systeme schwach wechselwirkender Teilchen anwendbar, bei welchen, wenn auch nur näherungsweise, von den Zuständen einzelner Teilchen gesprochen werden kann. Im allgemeinen Fall können wir sagen, dass ein Teilchensystem dem Pauli Prinzip genügt, wenn dieses System durch eine Wellenfunktion beschrieben wird, die bezüglich des Austausches irgend eines Teilchenpaares des Systems antisymmetrisch ist. Ebenso ist es notwendig zu beachten, dass selbst wenn u_A den Zustand des Systems beschreibt, bei dem sich die einzelnen Teilchen in Ein-Teilchenzuständen befinden, es dennoch unmöglich ist zu sagen, genau welches Teilchen sich in welchem dieser Zustände befindet.

In der bereits früher betrachteten nichtrelativistischen Näherung und bei der Vernachlässigung magnetischer Wechselwirkungen enthält der Hamilton-Operator eines Systems identischer Teilchen nicht den Spinoperator der Teilchen und hat daher die Gestalt

$$\hat{H} = \frac{1}{2m} \sum_{j=1}^{N} \hat{p}_j^2 + \sum_{j=1}^{N} \hat{V}(\boldsymbol{x}_j) + \hat{W}(\boldsymbol{x}_1, \ldots, \boldsymbol{x}_N), \quad \hat{p}_j = -\mathrm{i}\hbar\nabla_j. \quad (8.49)$$

Folglich lässt sich die Zustandsfunktion des Systems in der Form eines Produktes zweier Funktionen beschreiben, von denen die eine nur von den räumlichen Koordinaten und die andere nur von den Spin-Koordinaten abhängt, also

$$u(\boldsymbol{x}_1, s_1; \boldsymbol{x}_2, s_2; \ldots, \boldsymbol{x}_N, s_N) = v(\boldsymbol{x}_1, \ldots, \boldsymbol{x}_N)\chi(s_1, \ldots, s_N), \quad (8.50)$$

von denen für Bosonen-Systeme entsprechend symmetrische Kombinationen und analog für Fermionen-Systeme antisymmetrische Kombinationen zu wählen sind. Die Zustandsfunktionen dieser Art können, ganz ähnlich wie beim Einteilchen-Problem im Kapitel 5, in der Form von Produkten von Koordinaten- und Spin-Funktionen auch als nullte Näherung bei der Untersuchung von Systemen Verwendung finden, deren Hamiltonoperator auch die Spin-Bahn Wechselwirkung berücksichtigt.

Die Forderung, dass die Zustandsfunktionen von Systemen identischer Teilchen bestimmte Symmetrieeigenschaften besitzen müssen, wenn Teilchenpaare ausgetauscht werden, bezieht sich dann auf die gesamte Zustandsfunktion $u(\boldsymbol{x}_1, s_1; \ldots, \boldsymbol{x}_N, s_N)$, da der Austausch der Teilchen sich sowohl auf den Austausch der Raum- als auch den der Spin-Koordinaten bezieht. Wenn $u(1, 2, \ldots, N)$ in nullter Näherung in der Form $v(1, 2, \ldots, N)\chi(1, 2, \ldots, N)$ dargestellt wird, oder irgend einer Linearkombination solcher Funktionen, dann lassen sich die an $u(1, 2, \ldots, N)$ gestellten Symmetrieforderungen durch verschiedene Paare von Produkten $v(1, 2, \ldots, N)$ und $\chi(1, 2, \ldots, N)$ erfüllen, von denen jede für sich verschiedene Symmetrieeigenschaften besitzt. Um dieses Verfahren näher zu erläutern, betrachten wir im nächsten Abschnitt als konkretes Beispiel ein Zwei-Elektron Atom oder Molekül.

8.4 Das Zwei-Elektronen Problem

Wir wählen als Ausgangspunkt die Ein-Elektron Näherung, wonach jedes der beiden Elektronen sich unabhängig vom anderen im Kraftfeld des Atomkerns bewegt und daher durch die Ein-Elektron Zustände $u_k(\boldsymbol{x})\chi_\pm$ beschrieben wird, wobei die $u_k(\boldsymbol{x})$ Lösungen der Schrödinger-Gleichung

$$\hat{H} u_k(\boldsymbol{x}) = E_k u_k(\boldsymbol{x})\,, \quad \hat{H} = -\frac{\hbar^2}{2m}\Delta + \hat{V}(\boldsymbol{x}) \tag{8.51}$$

sind. Im folgenden sei angenommen, dass wir diese Lösungen kennen, wobei wir den Spin des Elektrons zunächst außer acht lassen. Beim Heliumatom oder beim Wasserstoff Molekül tritt zum äußeren Kraftfeld $V(\boldsymbol{x})$ noch die gegenseitige Wechselwirkungsenergie der beiden Elektronen hinzu, sodass der Hamilton-Operator lautet

$$\hat{H} = -\frac{\hbar^2}{2m}\Delta_1 - \frac{\hbar^2}{2m}\Delta_2 + \hat{V}(\boldsymbol{x}_1) + \hat{V}(\boldsymbol{x}_2) + \hat{W}(\boldsymbol{x}_1, \boldsymbol{x}_2)\,. \tag{8.52}$$

Wir drücken diesen Operator in der folgenden Form aus

$$\hat{H} = \hat{H}_0 + \hat{W}\,, \quad \hat{H}_0 = \hat{H}_1 + \hat{H}_2\,, \tag{8.53}$$

wo $\hat{H}_1$ und $\hat{H}_2$ die Hamilton-Operatoren der einzelnen Elektronen ohne deren gegenseitige Wechselwirkung sind und deren Eigenwerte E_k und Eigenfunktionen u_k als bekannt betrachtet werden. Wir wollen im folgenden die Eigenwerte und Eigenfunktionen des Hamilton-Operators $\hat{H}$ des gekoppelten Elektronensystems mit Hilfe der zeitunabhängigen Störungstheorie, die in Abschn. 6.1 behandelt wurde, berechnen. Dabei soll die Wechselwirkung der beiden Elektronen die Rolle der Störung haben.

8.4.1 Das Heliumatom

Wie bereits diskutiert wurde, sind die Lösungen der Schrödinger-Gleichung

$$\hat{H}_0 u = E^0 u \tag{8.54}$$

als bekannt vorauszusetzen, da diese Lösungen die Form

$$u_{k,l}^0(\boldsymbol{x}_1, \boldsymbol{x}_2) = u_k(\boldsymbol{x}_1)u_l(\boldsymbol{x}_2) \tag{8.55}$$

mit den Eigenwerten $E_{k,l}^0 = E_k + E_l$ haben werden. Diese Eigenwerte besitzen die Eigenschaft der Austauschentartung, da zum selben Eigenwert auch die Zustandsfunktion

$$u_{l,k}^0(\boldsymbol{x}_1, \boldsymbol{x}_2) = u_l(\boldsymbol{x}_1)u_k(\boldsymbol{x}_2) \tag{8.56}$$

gehört, wie wir bereits allgemein ausführten. Eine Ausnahme bildet nur der Fall $l = k$, da dann die beiden obigen Eigenfunktionen (8.55,8.56) miteinander identisch sind. Zum Eigenwert $E_{k,k}^0 = 2E_k$ gehört also nur eine Eigenfunktion

$$u_{k,k}^0(\boldsymbol{x}_1, \boldsymbol{x}_2) = u_k(\boldsymbol{x}_1)u_k(\boldsymbol{x}_2) \,. \tag{8.57}$$

Wir befassen uns nun mit der Berechnung der Energiekorrektur, die aus der Wechselwirkung der beiden Elektronen resultiert. Wir behandeln zunächst den Fall $l = k$. Dann können wir die Energiekorrektur w nach der bereits in Abschn. 6.1 besprochenen Methode der Störungstheorie für nicht-entartete Zustände berechnen und finden

$$w = \int u_{k,k}^{0*}\hat{W}\, u_{k,k}^0 \mathrm{d}^3 x_1 \mathrm{d}^3 x_2$$
$$= \int u_k^*(x_1)u_k^*(x_2)\hat{W}(\boldsymbol{x}_1, \boldsymbol{x}_2)u_k(x_1)u_k(x_2)\mathrm{d}^3 x_1 \mathrm{d}^3 x_2 \,. \tag{8.58}$$

Als nächstes betrachten wir den Fall $l \neq k$. Dann gehören zum gleichen Eigenwert $E_{k,l}^0$ die beiden Eigenfunktionen $u_{k,l}^0$ und $u_{l,k}^0$. Daher liefert die Störungstheorie für entartete Zustände von Abschn. 6.2.2 in niedrigster Ordnung die Sekulargleichung zweiten Grades zur Bestimmung der Energiekorrekturen w

$$\begin{vmatrix} J_1 - w & K_1 \\ K_2 & J_2 - w \end{vmatrix} = 0\,, \tag{8.59}$$

wobei die Matrixelemente die explizite Form haben

$$J_1 = \int u_{k,l}^{0*}\hat{W}\, u_{k,l}^0 \mathrm{d}^3 x_1 \mathrm{d}^3 x_2$$
$$= \int u_k^*(\boldsymbol{x}_1)u_l^*(\boldsymbol{x}_2)\hat{W}(\boldsymbol{x}_1, \boldsymbol{x}_2)u_k(\boldsymbol{x}_1)u_l(\boldsymbol{x}_2)\mathrm{d}^3 x_1 \mathrm{d}^3 x_2$$

$$K_1 = \int u_{k,l}^{0*} \hat{W} \, u_{l,k}^0 \mathrm{d}^3 x_1 \mathrm{d}^3 x_2$$

$$= \int u_k^*(\boldsymbol{x}_1) u_l^*(\boldsymbol{x}_2) \hat{W}(\boldsymbol{x}_1, \boldsymbol{x}_2) u_l(\boldsymbol{x}_1) u_k(\boldsymbol{x}_2) \mathrm{d}^3 x_1 \mathrm{d}^3 x_2$$

$$K_2 = \int u_{l,k}^{0*} \hat{W} \, u_{k,l}^0 \mathrm{d}^3 x_1 \mathrm{d}^3 x_2$$

$$= \int u_l^*(\boldsymbol{x}_1) u_k^*(\boldsymbol{x}_2) \hat{W}(\boldsymbol{x}_1, \boldsymbol{x}_2) u_k(\boldsymbol{x}_1) u_l(\boldsymbol{x}_2) \mathrm{d}^3 x_1 \mathrm{d}^3 x_2$$

$$J_2 = \int u_{l,k}^{0*} \hat{W} \, u_{l,k}^0 \mathrm{d}^3 x_1 \mathrm{d}^3 x_2$$

$$= \int u_l^*(\boldsymbol{x}_1) u_k^*(\boldsymbol{x}_2) \hat{W}(\boldsymbol{x}_1, \boldsymbol{x}_2) u_l(\boldsymbol{x}_1) u_k(\boldsymbol{x}_2) \mathrm{d}^3 x_1 \mathrm{d}^3 x_2 \,. \tag{8.60}$$

Der Energieoperator der Wechselwirkung zweier identischer, demnach nicht unterscheidbarer Teilchen, in unserem Fall zweier Elektronen, bleibt bei der Vertauschung der Teilchen unverändert. Daher gilt

$$\hat{W}(\boldsymbol{x}_1, \boldsymbol{x}_2) = \hat{W}(\boldsymbol{x}_2, \boldsymbol{x}_1) \,. \tag{8.61}$$

Diese Eigenschaft des Wechselwirkungsoperators führt im folgenden zu sehr wichtigen Konsequenzen. Wenn wir in den beiden Formeln für J_1 und K_1 in (8.60) die Substitution ausführen $\boldsymbol{x}_1 \rightleftarrows \boldsymbol{x}_2$ und die Symmetrieeigenschaft von (8.61) in Bezug auf die Vertauschung der beiden Teilchen beachten, erkennen wir sofort, dass $J_1 = J_2 = J$ und $K_1 = K_2 = K$ ist. Damit erhält die Sekulargleichung (8.59) die vereinfachte Gestalt

$$\begin{vmatrix} J - w & K \\ K & J - w \end{vmatrix} = 0 \,. \tag{8.62}$$

Aus Gründen die später offenbar werden, nennt man J die gewöhnliche, klassische Energie der Wechselwirkung und K die Austauschenergie der beiden Elektronen. Nach Ausrechnung der Determinante (8.62) erhalten wir für die Bestimmung der Energiekorrektur w eine Gleichung zweiten Grades

$$w^2 - 2\,Jw + J^2 - K^2 = 0 \,, \tag{8.63}$$

welche die beiden Wurzeln hat

$$w = J \pm K \,. \tag{8.64}$$

Daher finden wir für die Energieeigenwerte des Hamilton-Operators $\hat{H} = \hat{H}_0 + \hat{W}$ für den betrachteten Zwei-Elektronen Zustand in niedrigster Ordnung der Störungstheorie

$$E = E_{k,l}^0 + J \pm K \,. \tag{8.65}$$

Wir sehen, dass infolge der Wechselwirkung der beiden Elektronen die Austauschentartung des Energieeigenwertes in der ungestörten Ein-Teilchen

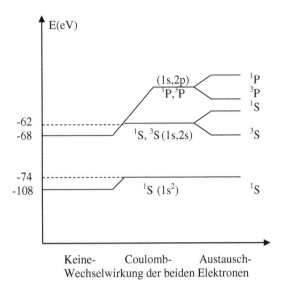

Abb. 8.1. Ortho- und Para-Helium

Näherung, $E_{k,l}^0 = E_k + E_l$, aufgehoben wird. Es tritt eine Störungsenergie $J \pm K$ hinzu. Infolge der gegenseitigen Wechselwirkung der beiden Teilchen verschiebt sich gemäß (8.65) das ungestörte Energie Niveau um den Betrag J aufgrund der klassischen Wechselwirkung und spaltet infolge der quantenmechanischen Austauschwechselwirkung in zwei Niveaus im Abstand $2K$ auf. (Siehe Abb. 8.1.)

Als nächstes bestimmen wir mit Hilfe der Störungstheorie die zu den berechneten Lösungen (8.64) der Determinantengleichung (8.62) gehörenden Eigenfunktionen des gestörten Problems in nullter Näherung. Diese haben die Gestalt

$$u_0(\boldsymbol{x}_1, \boldsymbol{x}_2) = c_1 u_k^0(\boldsymbol{x}_1) u_l^0(\boldsymbol{x}_2) + c_2 u_l^0(\boldsymbol{x}_1) u_k^0(\boldsymbol{x}_2) \tag{8.66}$$

und ihre Koeffizienten c_1 und c_2 sind Lösungen des folgenden linearen Gleichungssystems

$$\begin{aligned} (J-w)c_1 + Kc_2 &= 0 \\ Kc_1 + (J-w)c_2 &= 0\,. \end{aligned} \tag{8.67}$$

Wir betrachten zuerst die Wurzel $w = J+K$ der Säkulargleichung (8.63) und finden damit anhand des linearen Gleichungssystems $c_1 = c_2$. Den expliziten Wert von c_1 erhalten wir dann mit Hilfe der Normierungsbedingung für die Zustandsfunktion $u_0(\boldsymbol{x}_1, \boldsymbol{x}_2)$, denn es soll $(u_0, u_0) = 1$ sein. Wegen der vorausgesetzten Normierung der ungestörten Funktionen $u_{k,l}^0$ und $u_{l,k}^0$ finden wir sofort $c_1 = c_2 = \frac{1}{\sqrt{2}}$. Damit lautet die normierte Eigenfunktion des gestörten Problems in nullter Näherung

$$u_S^0(\boldsymbol{x}_1, \boldsymbol{x}_2) = \frac{1}{\sqrt{2}} \left[u_k^0(\boldsymbol{x}_1) u_l^0(\boldsymbol{x}_2) + u_l^0(\boldsymbol{x}_1) u_k^0(\boldsymbol{x}_2) \right] \qquad (8.68)$$

und diese ist eine symmetrische Funktion der Koordinaten der beiden Teilchen, denn es gilt

$$u_S^0(\boldsymbol{x}_1, \boldsymbol{x}_2) = u_S^0(\boldsymbol{x}_2, \boldsymbol{x}_1) . \qquad (8.69)$$

Für den Fall der zweiten Wurzel $w = J - K$ von (8.63) liefert uns das Gleichungssystem (8.67) die Lösung $c_1 = -c_2$ und daher finden wir für die entsprechende normierte zweite Eigenfunktion

$$u_A^0(\boldsymbol{x}_1, \boldsymbol{x}_2) = \frac{1}{\sqrt{2}} \left[u_k^0(\boldsymbol{x}_1) u_l^0(\boldsymbol{x}_2) - u_l^0(\boldsymbol{x}_1) u_k^0(\boldsymbol{x}_2) \right] , \qquad (8.70)$$

welche ersichtlich eine antisymmetrische Zustandsfunktion der Koordinaten ist

$$u_A^0(\boldsymbol{x}_1, \boldsymbol{x}_2) = -u_A^0(\boldsymbol{x}_2, \boldsymbol{x}_1) . \qquad (8.71)$$

Wir wenden nun die gewonnenen allgemeinen Resultate auf das Heliumatom und auf die Helium-ähnlichen Ionen an, in denen sich um den Atomkern mit der Ladung Ze zwei Elektronen bewegen. Der am Anfang genannte Ein-Elektron Hamilton-Operator (8.51) ist dann

$$\hat{H} = -\frac{\hbar^2}{2m} \Delta - \frac{Ze^2}{r} \qquad (8.72)$$

und ist identisch mit dem Hamilton-Operator der bereits im Kapitel 3.5 behandelten Wasserstoff-ähnlichen Ionen. Dort haben wir auch die entsprechenden Eigenwerte (3.180) und Eigenfunktionen (3.188) berechnet.

Wir betrachten zunächst den Grundzustand des Heliumatoms. Bei diesem sind die beiden Elektronen in einem $1s$ Zustand (d.h. $n = 1$, $l = 0$) und wir erhalten für den Energieeigenwert des Hamilton-Operators H_0, d.h. ohne Wechselwirkung der beiden Elektronen

$$E_{1,1}^0 = 2E_1 = -\frac{mZ^2e^4}{\hbar^2} = -\frac{Z^2e^2}{a_B} , \qquad (8.73)$$

entsprechend der doppelten Ionisationsenergie des H-Atoms. Die zu diesem Eigenwert gehörende ungestörte Zustandsfunktion in der Ein-Teilchen Näherung ist dann gemäß (3.188)

$$u^0(\boldsymbol{x}_1, \boldsymbol{x}_2) = u_{1,0,0}(\boldsymbol{x}_1) u_{1,0,0}(\boldsymbol{x}_2) = \frac{Z^3}{\pi a_B^3} e^{-\frac{Z}{a_B}(r_1 + r_2)} . \qquad (8.74)$$

Wir berechnen nun die aus der gegenseitigen Wechselwirkung der beiden Elektronen resultierende Energiekorrektur w, für welche wir bereits in der Ein-Teilchen Näherung in der niedrigsten Ordnung der nicht-entarteten Störungstheorie den allgemeinen Ausdruck (8.64) angegeben haben. Der Störoperator $\hat{W}(\boldsymbol{x}_1, \boldsymbol{x}_2)$ ist jetzt die Coulombsche Wechselwirkungsenergie der beiden

Elektronen $\hat{W}(\boldsymbol{x}_1, \boldsymbol{x}_2) = \frac{e^2}{r_{12}}$, wo wir zur Abkürzung $r_{12} = |\boldsymbol{x}_1 - \boldsymbol{x}_2|$ nannten. Mit diesem Operator der Wechselwirkung und mit der Zustandsfunktion (8.74) finden wir für die Energiekorrektur des Grundzustandes

$$w = \int u_{1,2}^{0*} \frac{e^2}{r_{12}} u_{1,2}^0 \mathrm{d}^3 x_1 \mathrm{d}^3 x_2 = \frac{Z^6 e^2}{\pi^2 a_{\mathrm{B}}^6} \int \frac{\mathrm{e}^{-2\frac{Z}{a_{\mathrm{B}}}(r_1+r_2)}}{r_{12}} \mathrm{d}^3 x_1 \mathrm{d}^3 x_2 . \quad (8.75)$$

Es wird jedoch in der Potentialtheorie der Elektrostatik für jede beliebige kugelsymmetrische Ladungsverteilung $\rho(r)$ der folgende Satz bewiesen

$$\int \frac{\rho(r_2)}{r_{12}} \mathrm{d}^3 x_2 = \frac{4\pi}{r_1} \int_0^{r_1} \rho(r_2) r_2^2 \mathrm{d}r_2 + 4\pi \int_{r_1}^{\infty} \rho(r_2) r_2 \mathrm{d}r_2 , \quad (8.76)$$

wie man mit Hilfe der erzeugenden Funktion der Kugelfunktionen $P_l(\cos\theta)$ für $r_1 > r_2$ und $r_2 > r_1$ nachweisen kann, denn es gilt (Siehe (A.67))

$$\frac{1}{r_{12}} = \frac{1}{|\boldsymbol{x}_1 - \boldsymbol{x}_2|} = \frac{1}{\sqrt{r_1^2 + r_2^2 - 2r_1 r_2 \cos\theta}}$$
$$= \left\{ \begin{array}{l} \frac{1}{r_1} \sum_{l=0}^{\infty} (\frac{r_2}{r_1})^l P_l(\cos\theta) P_0(\cos\theta) \\ \frac{1}{r_2} \sum_{l=0}^{\infty} (\frac{r_1}{r_2})^l P_l(\cos\theta) P_0(\cos\theta) \end{array} \right\} \quad (8.77)$$

und daher finden wir, nach Einführung von Kugelkoordinaten (mit $\boldsymbol{x}_1$ als Polarachse), sofort das oben genannte Resultat (8.76), wenn man auch noch beachtet, dass $(P_l, P_{l'}) = \frac{2}{2l+1} \delta_{l,l'}$ die Orthogonalitätsrelation der Legendre Polynome darstellt und insbesondere $P_0(\cos\theta) = 1$ ist. Daher erhalten wir mit Hilfe der Identität (8.76) zunächst

$$\int \frac{\mathrm{e}^{-2\frac{Z}{a_{\mathrm{B}}}r_2}}{r_{12}} \mathrm{d}^3 x_2 = \frac{\pi a_{\mathrm{B}}^2}{Z^2} \left\{ \frac{a_{\mathrm{B}}}{Zr_1} - \left(1 + \frac{a_{\mathrm{B}}}{Zr_1}\right) \mathrm{e}^{-2\frac{Z}{a_{\mathrm{B}}}r_1} \right\} , \quad (8.78)$$

sodass auch das zweite Integral in (8.76) leicht berechnet werden kann. Dies liefert zusammen mit dem ersten Integral für die Energiekorrektur (8.75)

$$w = \frac{Z^6 e^2}{\pi^2 a_{\mathrm{B}}^6} \frac{\pi a_{\mathrm{B}}^2}{Z^2} 4\pi \int_0^{\infty} \left\{ \frac{a_{\mathrm{B}}}{Zr_1} - \left(1 + \frac{a_{\mathrm{B}}}{Zr_1}\right) \mathrm{e}^{-2\frac{Z}{a_{\mathrm{B}}}r_1} \right\} \mathrm{e}^{-2\frac{Z}{a_{\mathrm{B}}}r_1} r_1^2 \mathrm{d}r_1$$
$$= \frac{5}{8} \frac{Ze^2}{a_{\mathrm{B}}} . \quad (8.79)$$

Somit ergibt die Störungstheorie in erster Näherung für die Energie des He-Atoms und der He-ähnlichen Ionen im Grundzustand

$$E_{11} = E_{11}^0 + w = -\left(Z^2 - \frac{5}{8}Z\right) \frac{e^2}{a_{\mathrm{B}}} = -74.88 \text{ eV} . \quad (8.80)$$

Wir sehen, dass infolge der Wechselwirkung der beiden Elektronen, ihre Bindung im Atom im Vergleich zur Ein-Elektron Näherung vermindert wird.

Dies ist auch klassisch plausibel, da sich die beiden Elektronen wegen ihrer negativen Ladung gegenseitig abstossen. (Siehe Abb. 8.1.)

Die Ionisationsenergie ist definiert als jene Arbeit, die nötig ist, um ein Elektron vom Atom abzutrennen. Nach der Ionisation bleibt ein H-ähnliches Ion übrig mit nur mehr einem Elektron, dessen Energie im Grundzustand $E_1 = -\frac{Z^2 e^2}{2a_B}$ ist. Daher erhalten wir für die Ionisationsenergie von Helium

$$I = E_1 - E_{11} = \left(\frac{Z^2}{2} - \frac{5Z}{8} \right) \frac{e^2}{a_B} . \tag{8.81}$$

Die in den letzten beiden Energieformeln auftretende universelle Konstante $\frac{e^2}{a_B}$ wird häufig als atomare Energieeinheit gewählt. Sie hat den Wert $\frac{e^2}{a_B} = 27{,}23$ eV und dies ist gleich die zweifache Ionisationsenergie des Wasserstoffatoms.

Als nächstes untersuchen wir den ersten angeregten Zustand des He-Atoms und der He-ähnlichen Ionen, in welchem ein Elektron sich im Grundzustand befindet und das andere sich im ersten angeregten s-Zustand (mit $l = 0$), nämlich dem $2s$-Zustand, befindet. Genau genommen gibt es neben diesem $2s$-Zustand noch einen $3(2p)$-Zustand gleicher Energie (Vgl. Abb. 8.1), jedoch kann man zeigen, dass bei der Untersuchung der Aufhebung der Austauschentartung, sich die s- und die p-Zustände nicht miteinander vermischen und wir daher die obige Sekulargleichung (8.62) unserer Rechnung zugrundelegen können.

Der zum Hamilton-Operator $\hat{H}_0$ (ohne Wechselwirkung) gehörende Energie Eigenwert des ersten angeregten Zustandes des Helium Problems ist jetzt gleich (Siehe Abb. 8.1)

$$E_{12}^0 = E_1 + E_2 = -\frac{Z^2 e^2}{2a_B} \left(\frac{1}{1^2} + \frac{1}{2^2} \right) = -\frac{5Z^2 e^2}{8a_B} = -68 \text{ eV} . \tag{8.82}$$

Die aus der Wechselwirkung der beiden Elektronen resultierende Energiekorrektur w setzt sich nun aus den beiden Termen J un K in (8.62) zusammen. Dabei hat bei der elektrostatischen Wechselwirkung der beiden Elektronen die Energiekorrektur J gemäß (8.60) eine einfache klassische Bedeutung, nämlich die Energie der Wechselwirkung zweier Ladungsverteilungen $\rho(1) = e|u(1)|^2$ und $\rho(2) = e|u(2)|^2$. Hingegen besitzt die Korrektur der Austauschenergie K kein klassisches Analogon, da hier ein Austausch wie ein quantenmechanischer Übergang stattfindet, respektive kann der Austausch als ein solcher Übergang interpretiert werden. Wenn wir in den Integralen für J und K die Zustände u_k und u_l durch die $1s$ und $2s$ Eigenfunktionen des H-Atoms bzw. des H-ähnlichen Ions einsetzen, erhalten wir

$$J = \int u_{100}^*(\boldsymbol{x}_1) u_{200}^*(\boldsymbol{x}_2) \frac{e^2}{r_{12}} u_{100}(\boldsymbol{x}_1) u_{200}(\boldsymbol{x}_2) \mathrm{d}^3 x_1 \mathrm{d}^3 x_2$$

$$K = \int u_{100}^*(\boldsymbol{x}_1) u_{200}^*(\boldsymbol{x}_2) \frac{e^2}{r_{12}} u_{200}(\boldsymbol{x}_1) u_{100}(\boldsymbol{x}_2) \mathrm{d}^3 x_1 \mathrm{d}^3 x_2 . \tag{8.83}$$

Bei der Diskussion des Wasserstoffatoms in Kapitel 3.6 haben wir die explizite Form der Eigenfunktionen angegeben. Von dort übernehmen wir die beiden hier benötigten Zustandsfunktionen

$$u_{100}(\boldsymbol{x}) = \left(\frac{Z^3}{\pi a_{\mathrm{B}}^3}\right)^{\frac{1}{2}} \mathrm{e}^{-\frac{Z}{a_{\mathrm{B}}}r}\,, \quad u_{200}(\boldsymbol{x}) = \left(\frac{Z^3}{8\pi a_{\mathrm{B}}^3}\right)^{\frac{1}{2}} \left(1 - \frac{Zr}{2a_{\mathrm{B}}}\right) \mathrm{e}^{-\frac{Z}{2a_{\mathrm{B}}}r}$$

(8.84)

und mit diesen können wir die Integrale J und K, wieder unter Zuhilfenahme der Integralidentität der Potentialtheorie (8.76), ähnlich wie für den Grundzustand leicht berechnen. Wir finden auf diese Weise

$$J = \frac{17}{81}\frac{Ze^2}{a_{\mathrm{B}}} = 5.44\,\mathrm{eV}\,, \quad K = \frac{16}{729}\frac{Ze^2}{a_{\mathrm{B}}} = 1.19\,\mathrm{eV}\,.$$

(8.85)

Die ersten angeregten Energieniveaus des Heliumatoms und der He-ähnlichen Ionen sind dann

$$E_{12} = E_{12}^0 + J \pm K = \left(-\frac{5}{8}Z^2 + \frac{17}{81}Z \pm \frac{16}{729}Z\right)\frac{e^2}{a_{\mathrm{B}}}\,,$$

(8.86)

wo $E_{12}^0 + J = -62\,\mathrm{eV}$ in Abb. 8.1 eingetragen wurde. Das obere Vorzeichen in dieser Gleichung bezieht sich auf die symmetrische Zustandsfunktion u_S^0 von (8.68) und das untere Vorzeichen auf die antisymmetrische Funktion u_A^0 von (8.70). Die Differenz zwischen den Energien E_{12} des ersten angeregten Zustandes und E_{11} des Grundzustandes liefert die Anregungsenergie. Für ein neutrales Heliumatom erhalten wir so folgende Werte

Symm. Zust.	Asymm. Zust.	
$0{,}7135\frac{e^2}{a_{\mathrm{B}}}$	$0{,}6257\frac{e^2}{a_{\mathrm{B}}}$	$\Delta E = E_{12} - E_{11}$
$0{,}7571\frac{e^2}{a_{\mathrm{B}}}$	$0{,}7279\frac{e^2}{a_{\mathrm{B}}}$	Empir. Werte .

(8.87)

Eine bessere Übereinstimmung zwischen Theorie und Experiment ist bei unserer ersten Näherung in der Störungsrechnung nicht zu erwarten, da die gegenseitige Wechselwirkungsenergie $\frac{e^2}{r_{12}}$ zwischen den beiden Elektronen gar nicht um „vieles kleiner" ist als die ungestörten Energien $-\frac{2e^2}{r_1}$ und $-\frac{2e^2}{r_2}$ der beiden Elektronen mit dem Feld des Atomkerns.

Bisher haben wir uns nur mit den Energien und den räumlichen Wahrscheinlichkeitsverteilungen befasst. Nun müssen wir auch die Spinzustände der beiden Elektronen berücksichtigen. Wie wir schon von der Addition zweier Spins in Abschn. 5.3.1 her wissen, können die Spinzustände der beiden Elektronen auf vier verschiedene Art und Weise kombiniert werden, um daraus die folgenden symmetrischen und antisymmetrischen Spinfunktionen aufzubauen, und zwar gemäß (5.70)

$$\chi_{1,1}(s_1, s_2) = \chi_+(s_1)\chi_+(s_2) \qquad\qquad \text{symmetrisch}$$
$$\chi_{1,0}(s_1, s_2) = \tfrac{1}{\sqrt{2}}[\chi_+(s_1)\chi_-(s_2) + \chi_-(s_1)\chi_+(s_2)] \quad \text{symmetrisch}$$
$$\chi_{1,-1}(s_1, s_2) = \chi_-(s_1)\chi_-(s_2) \qquad\qquad \text{symmetrisch} \tag{8.88}$$
$$\chi_{0,0}(s_1, s_2) = \tfrac{1}{\sqrt{2}}[\chi_+(s_1)\chi_-(s_2) - \chi_-(s_1)\chi_+(s_2)] \ \text{antisymmetrisch}\,.$$

Wir haben auch bereits gezeigt, dass diese Kombinationen Eigenfuktionen des Gesamtspins $S = s_1 + s_2$ der beiden Elektronen sind, nämlich

$$S^2\chi_{S,M_S} = \hbar^2 S(S+1)\chi_{S,M_S}\,, \quad S_z\chi_{S,M_S} = \hbar M_S\chi_{S,M_S}$$
$$S = 0, 1\,, \quad M_S = -S, 0, +S \tag{8.89}$$

und wir haben ebenso gesehen, dass die symmetrischen Spinfunktionen zum Wert $S = 1$ des resultierenden Gesamtspins gehören und sich voneinander durch die verschiedenen Werte M_S der magnetischen Spin-Quantenzahl des resultierenden Gesamtspins unterscheiden. Die antisymmetrische Spinfunktion hingegen gehört zum Wert $S = M_S = 0$ des Gesamtspins und seiner Projektion in die z-Richtung.

Gemäß unseren früheren Überlegungen zum Zeeman Effekt in Abschn. 6.4, besitzen in einem äußeren Magnetfeld die zu den verschiedenen Werten von M_S gehörenden Zustände verschiedene Energien. Daher spalten die den symmetrischen Zuständen mit $S = 1$ zugehörigen Energieniveaus, die ohne Feld entartet sind, im Magnetfeld in drei Niveaus auf (der sogenannte Triplett-Term), während der dem Wert $S = 0$ zugehörige antisymmetrische Zustand im Magnetfeld keine Energieaufspaltung zeigt (der sogenannte Singulett-Term).

Die Analyse des Zeeman Effektes liefert das wichtige Ergebnis, dass der Grundzustand des Heliums stets ein Singulett Zustand ist. Die dem Triplett Zustand zugeordnete Spinkombination tritt im Grundzustand nie auf. Unter den angeregten Termen sind jene, bei denen der nur von den räumlichen Koordinaten x_1 und x_2 abhängige Anteil $u_S^0(x_1, x_2)$ der Eigenfunktionen in x_1 und x_2 symmetrisch ist, immer singulett Terme und jene, die in den Koordinaten x_1 und x_2 antisymmetrisch sind, d.h. $u_A^0(x_1, x_2)$, stellen immer Triplett Terme dar. Die Zustände des Heliumatoms zerfallen also in zwei Gruppen. Die eine Gruppe wird durch symmetrische räumliche und antisymmetrische Spin-Funktionen charakterisiert, während die ander Gruppe das Umgekehrte zeigt, dort sind die räumlichen Eigenfunktionen antisymmetrisch und die Spinfunktionen symmetrisch. Zwischen den Zuständen der beiden Gruppen sind die Übergangswahrscheinlichkeiten sehr klein. Daher scheint es, als ob es in der Natur zwei verschiedene Arten von Helium gäbe. Die eine mit den Singulett Termen nennt man Parahelium und die andere mit den Triplett Termen Orthohelium. In Abb. 8.1 sind diese Terme durch ^1S und ^3S gekennzeichnet. (Siehe dazu (8.99).)

Für beide Zustandsarten des Heliums ist charakteristisch, dass bei einer Vertauschung von sowohl der Orts- als auch der Spinkoordinaten der beiden Elektronen die Zustandsfunktion total antisymmetrisch ist, also

$$u(\boldsymbol{x}_1, s_1; \boldsymbol{x}_2, s_2) = -u(\boldsymbol{x}_2, s_2; \boldsymbol{x}_1, s_1)\,. \tag{8.90}$$

Dabei wechseln beim Parahelium bei der Vertauschung der beiden Elektronen die Spinfunktionen ihr Vorzeichen und beim Orthohelium erfolgt dieser Vorzeichenwechsel bei den Ortsfunktionen, d.h.

$$u(\boldsymbol{x}_1, s_1; \boldsymbol{x}_2, s_2) = \left\{ \begin{array}{ll} u_S^0(\boldsymbol{x}_1, \boldsymbol{x}_2)\chi_{00}(s_1, s_2) & \text{Parahelium (Singulett)} \\[2ex] u_A^0(\boldsymbol{x}_1, \boldsymbol{x}_2) \left\{ \begin{array}{l} \chi_{1,1}(s_1, s_2) \\ \chi_{1,0}(s_1, s_2) \\ \chi_{1,-1}(s_1, s_2) \end{array} \right\} & \text{Orthohelium (Triplett)} \end{array} \right\}. \tag{8.91}$$

Damit haben wir anhand der bekannten empirischen Resultate für das Spektrum des Heliumatoms, die bei der Diskussion des Pauli Prinzips angegebenen allgemeinen Formeln für die Zustandsfunktionen explizit nachgeprüft. In der nichtrelativistischen Näherung eines Mehrteilchenproblems von Fermionen und bei Vernachlässigung magnetischer Wechselwirkungen sind also nur gewisse Kombinationen von Orts- und Spinfunktionen zugelassen, nämlich jene, die bei der Vertauschung von Teilchenpaaren total antisymmetrisch sind. Das Termschema der niedrigsten Zustände des Heliumatoms ist in Abb. 8.1 skizziert, in der man die Aufspaltung der Terme infolge der Coulombschen Wechselwirkung der beiden Elektronen, dargestellt durch das Integral J in (8.83), sowie der Austauschwechselwirkung, bestimmt durch das Integral K, erkennen kann.

8.4.2 Die homopolare Molekülbindung

Die Effekte der Austauschsymmetrien sind auch verantwortlich für die Existenz der homopolaren Bindung von Molekülen. Wir skizzieren dies anhand der Bindung des Wasserstoffmoleküls. Dieses Problem wurde erstmals von Walter Heitler und Fritz London (1927) untersucht. Bei der von ihnen durchgeführten Näherungsrechnung wird die Zustandsfunktion der zwei Elektronen im Molekül aus den Eigenfunktionen des Grundzustandes eines Wasserstoffatoms (a) und eines Wasserstoffatoms (b) zusammengesetzt, so als wären die beiden Atome nicht miteinander in Wechselwirkung. Sind $\boldsymbol{R}_a$ und $\boldsymbol{R}_b$ die Ortsvektoren der beiden Atomkerne, so nennen wir $\boldsymbol{r}_a = \boldsymbol{x} - \boldsymbol{R}_a$ und $\boldsymbol{r}_b = \boldsymbol{x} - \boldsymbol{R}_b$ die Ortsvektoren des Elektrons im Atom (a) bzw. des Elektrons im Atom (b). Dann lauten im H_2 Molekül die Eigenfunktionen der Atome (a) und (b) im Grundzustand

$$u_a(\boldsymbol{x}) = Ce^{-\frac{r_a}{a_B}}\,, \quad u_b(\boldsymbol{x}) = Ce^{-\frac{r_b}{a_B}}\,, \tag{8.92}$$

wo C eine Normierungskonstante ist. Zur Berechnung des Erwartungswertes der Gesamtenergie

$$\langle \hat{H} \rangle = \int \psi^* \hat{H} \psi \mathrm{d}^3 x_1 \mathrm{d}^3 x_2 \tag{8.93}$$

des Systems in niedrigster Ordnung der Näherung für die Zustandsfunktion ψ des Moleküls im Grundzustand, müssen die entsprechenden total antisymmetrischen Zustandsfunktionen des Zwei-Elektronen Problems herangezogen werden. Diese haben analog zu unserer Diskussion des Heliumatoms die Gestalt

$$\psi_A = A \left[u_a(\boldsymbol{x}_1) u_b(\boldsymbol{x}_2) + u_a(\boldsymbol{x}_2) u_b(\boldsymbol{x}_1) \right] \chi_A(s_1, s_2)$$
$$\psi_S = B \left[u_a(\boldsymbol{x}_1) u_b(\boldsymbol{x}_2) - u_a(\boldsymbol{x}_2) u_b(\boldsymbol{x}_1) \right] \chi_S(s_1, s_2), \tag{8.94}$$

wo im ersten Fall die symmetrische räumliche Funktion der beiden Elektronen mit der antisymmetrischen Spinfunktion des Elektronenpaares multipliziert ist und im zweiten Fall die antisymmetrische Raumfunktion mit einer der drei symmetrischen Spinfunktionen kombiniert ist. A und B sind jeweils Normierungskonstanten der beiden Zustandsfunktionen ψ. Wenn nun die Energie $E = \langle \hat{H} \rangle$ des Moleküls im Grundzustand mit Hilfe der beiden Zustandsfunktionen ψ_A und ψ_S berechnet wird, so findet man

$$E_A = A^2(Q + J) \text{ bzw. } E_S = B^2(Q - J) \tag{8.95}$$

wo

$$Q = \int u_a^*(\boldsymbol{x}_1) u_b^*(\boldsymbol{x}_2) \hat{H} u_a(\boldsymbol{x}_1) u_b(\boldsymbol{x}_2) \mathrm{d}^3 x_1 \mathrm{d}^3 x_2$$

$$J = \int u_a^*(\boldsymbol{x}_1) u_b^*(\boldsymbol{x}_2) \hat{H} u_a(\boldsymbol{x}_2) u_b(\boldsymbol{x}_1) \mathrm{d}^3 x_1 \mathrm{d}^3 x_2 \tag{8.96}$$

sind. Dabei wird aus ersichtlichen Gründen, wie im Fall des Heliumatoms, J das Austauschintegral genannt. Für das Wasserstoffmolekül ist $J < 0$ und ändert sich mit dem Abstand R_{ab} der beiden Atomkerne rascher als das Integral Q der „klassischen" Wechselwirkung. Daher führt J zu einer Anziehung der beiden Wasserstoffatome und zur Bildung eines stabilen Moleküls im Singulett Spinzustand ψ_A nicht aber im Triplett Zustand ψ_S. (Siehe Abb. 8.2). Trotz der gemachten Vereinfachungen sind eine große Anzahl von Integralen auszuwerten, denn der räumliche Hamilton-Operator des Systems ist durch folgenden Ausdruck gegeben

$$\hat{H} = -\frac{\hbar^2}{2m}(\Delta_1 + \Delta_2) - e^2 \left(\frac{1}{r_{a1}} + \frac{1}{r_{b1}} + \frac{1}{r_{a2}} + \frac{1}{r_{b2}} - \frac{1}{r_{12}} \right) + \frac{e^2}{R_{ab}}. \tag{8.97}$$

Dabei bezeichnet r_{a1} den Abstand zwischen dem Atomkern (a) und dem Elektron mit der Koordinate r_1. Ferner ist r_{12} der Abstand zwischen den beiden Elektronen und R_{ab} bezeichnet den Abstand der beiden Atomkerne, der in der betrachteten Näherung konstant gehalten wird. Der letzte Term in (8.97) sorgt dafür, dass E die gesamte Energie des Moleküls darstellt, inklusive der Abstossungsenergie der beiden Atomkerne.

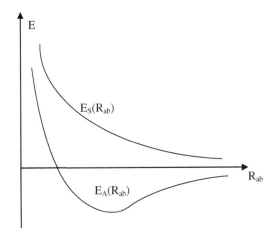

Abb. 8.2. Die homopolare Bindung des H_2

8.5 Die spektroskopische Notation

Wir haben schon mehrfach die spektroskopische Notation der Bahndrehimpulszustände $l = 0\,(s)\,,1\,(p)\,,2\,(d)\,,3\,(f)\,,\dots$ der Ein-Elektron Atome verwendet. Eine ähnliche Klassifikation findet auch bei Atomen Verwendung, die zwei oder mehrere Elektronen besitzen, doch wollen wir zunächst nur das Heliumatom betrachten. In der Ein-Elektron Näherung können beide Elektronen als voneinander unabhängig angesehen werden und wenn ihre Bahndrehimpuls Quantenzahlen l_1 und l_2 ($\leq l_1$) sind, dann setzen sich diese gemäß unserer Diskussion der Drehimpulsaddition in Abschn. 5.3 zur Quantenzahl L zusammen und diese kann eine der folgenden Werte annehmen

$$l_1 + l_2\,,\,l_1 + l_2 - 1\,,\,\dots,\,l_1 - l_2\,. \tag{8.98}$$

Wenn dann L die Werte 0, 1, 2, 3, ... hat, so sagt man das Atom befindet sich im S, P, D, F, ... Zustand. Daneben bezeichnet man die Singulett und die Triplett Zustände des Atoms entsprechend mit den Hochzahlen 1 und 3, die links oben vor dem Großbuchstaben stehen, zum Beispiel

$$^1S\,,\,^3S\,,\,^1P\,,\,^3P\,,\,\dots\,. \tag{8.99}$$

Mit (8.99) ist die Beschreibung des Heliumatoms noch nicht vollständig. Betrachten wir zum Beispiel den ^3P-Zustand, d.h. den Zustand mit den Quantenzahlen $L = 1$ und $S = 1$. Wenn wir diese Drehimpulse zusammensetzen, um nach den allgemeinen Regeln die Gesamtdrehimpulsquantenzahl J zu erhalten, welche die möglichen Werte $J = 2\,,\,1\,,\,0$ hat, dann bezeichnen wir diese Zustände entsprechend mit

$$^3P_2\,,\,^3P_1\,,\,^3P_0\,. \tag{8.100}$$

Damit ist das Schema der Bezeichnung klar erläutert, wie sich die Drehimpulszustände beliebiger Atome beschreiben lassen. Zunächst erfolgt die Zusammensetzung der Bahndrehimpulse und dies liefert die S, P, D, ... Terme. Danach erfolgt die Zusammensetzung der Spin Komponenten und diese liefern links oben die Hochzahlen. Schließlich erfolgen die Additionen der Spin- und Bahndrehimpulse und diese ergeben die rechten unteren Indizes. Diese Bezeichnungsweise bezieht sich dabei auf die Russell-Saunders Kopplung der Drehimpulse, die vornehmlich bei schwereren Atomen anwendbar ist. Davon wurde eingehender im Abschn. 5.3.2 über Drehimpuls-Addition gesprochen.

In Tabelle 8.1 ist das Aufbauschema der ersten 10 Plätze im periodischen System der Elemente dargestellt. Die Tabelle zeigt die Anzahl der Elektronen an, die durch die Quantenzahlen n und l charakterisiert sind.

Tabelle 8.1. Aufbauschema des periodischen Systems der Elemente

Element	$n = 1$ $l = 0$	$n = 2$ $l = 0$	$n = 2$ $l = 1$	Grundzustand
H	1			$^2S_{\frac{1}{2}}^{g}$
He	2			$^1S_0^{g}$
Li	2	1		$^2S_{\frac{1}{2}}^{g}$
Be	2	2		$^1S_0^{g}$
B	2	2	1	$^2P_{\frac{1}{2}}^{u}$
C	2	2	2	$^3P_0^{g}$
N	2	2	2	$^4S_{\frac{3}{2}}^{u}$
O	2	2	2	$^3P_2^{g}$
F	2	2	2	$^2P_{\frac{3}{2}}^{u}$
Ne	2	2	2	$^1S_0^{g}$

Übungsaufgaben

8.1. Im Potential eines linearen harmonischen Oszillators sind zwei miteinander nicht wechselwirkende Teilchen untergebracht. Wie lauten ihre allgemeinen Zustandsfunktionen und deren zugehörige Energieeigenwerte, wenn (a) die Teilchen verschiedene Masse haben, (b) die Teilchen Bosonen vom Spin $s = 0$ sind und (c) die Teilchen Fermionen sind und den Spin $s = \frac{1}{2}$ haben. Beachte, dass auch die Spinfunktionen zu berücksichtigen sind.

8.2. Im eindimensionalen Potentialkasten mit unendlich hohen Wänden, dessen Eigenwerte und Eigenfunktionen durch (3.11) gegeben sind, seien (a) $2N$ miteinander nicht wechselwirkende Bosonen vom Spin 0 untergebracht, oder

(b) $2N$ nicht wechselwirkende Fermionen vom Spin $\frac{1}{2}$ eingesperrt. Wie groß ist im Fall (a) und im Fall (b) die Gesamtenergie des niedrigsten Zustandes des Systems. Beachte das Pauli-Prinzip. Die räumlichen Eigenfunktionen und Eigenwerte wurden bereits in Kapitel 3, (3.11) behandelt.

8.3. In einem Oszillator Potential sind 2 identische Teilchen vom Spin $\frac{1}{2}$ untergebracht. Wie groß ist die Energieaufspaltung der Zustände des Systems, wenn die beiden Teilchen durch das Störpotential $W = \lambda(x_1 - x_2)^2$, $\lambda \ll \frac{\kappa}{2}$, mit einander in Wechselwirkung stehen und der Spin der beiden Teilchen berücksichtigt wird. Die entsprechende Durchführung der Störungsrechnungen verläuft ganz ähnlich, wie dies bei der Behandlung des Heliumatoms vorgeführt wurde. Insbesondere sollen die entsprechenden Ortho- und Parazustände dieses System gekoppelter Oszillatoren und die Energieaufspaltungen untersucht werden.

8.4. Im Potential $V = \frac{\kappa}{2}r^2$ eines isotropen Oszillators sind zwei Elektronen untergebracht. In der Übung 3.10 wurden bereits die Eigenfunktionen und Eigenwerte für ein einzelnes Teilchen bestimmt. Berechne zunächst bei Vernachlässigung der Coulombschen Wechselwirkung der beiden Elektronen die Zustandsfunktion des Grundzustandes der beiden Elektronen mit Berücksichtigung des Spins und ebenso die Zustandsfunktionen des ersten angeregten Zustandes. Nun berücksichtige in niedrigster Ordnung der Störungstheorie die Coulombsche Wechselwirkung der beiden Elektronen und berechne die Energieaufspaltungen. Der Rechenvorgang ist ähnlich der Behandlung des Heliumatoms.

9 Streuprozesse

9.1 Historisches

Die grundlegenden Arbeiten Lord Rutherford's (seit 1906) über die Streuung von α-Teilchen an dünnen Materieschichten haben unsere heutige Vorstellung von der Atomstruktur begründet. Seither stellen Streuexperimente eine der wichtigsten Methoden zur Erforschung der fundamentalen Wechselwirkungen in der Natur dar. Im vorliegenden Kapitel betrachten wir die Quantenmechanik der Steuprozesse. Wir beginnen mit einer kurzen Analyse des klassischen Streuvorganges.

9.2 Die klassische Streutheorie

Bei einem Streuexperiment werden Anfangsrichtung und Endrichtung der Bewegung von Teilchen beobachtet, die sich unter der Einwirkung einer Kraft, meist einer Zentralkraft, bewegen. In der Atom- und Kernphysik trifft ein Teilchenstrahl auf ein Kraftzentrum und infolge der Wechselwirkung werden Teilchen an diesem gestreut. Jedes Teilchen des Strahls wird unter einem Winkel abgelenkt, der sowohl von der Anfangsenergie und dem Anfangsimpuls des Teilchens als auch von der Natur des Streuzentrums abhängt. Im folgenden wollen wir uns auf Probleme beschränken, bei denen die Energie der Teilchen erhalten bleibt, d.h. auf elastische Streuprozesse oder sogenannte Potentialstreuung.

9.2.1 Der Streuquerschnitt

Wie wir bereits wissen, ist das Potential einer Zentralkraft von der Form $V(x) = V(r)$. Daher wird es wie früher vorteilhaft sein, Kugelkoordinaten einzuführen und das Kraftzentrum als Ursprung des Koordinatensystems zu verwenden. Ebenso machen wir die Einfallsrichtung der Streuteilchen zur Polarachse, entsprechend $\theta = 0$, und legen diese in die z-Richtung. Die Streurichtung ist dann charakterisiert durch die Polarwinkel θ und ϕ. Die einfallenden Teilchen sind bestimmt durch ihre Energie E und durch ihre Stromdichte (oder Flussdichte), beziehungsweise ihre Intensität j, d.h. die Zahl der Teilchen, die pro Zeiteinheit eine senkrechte Flächeneinheit passieren. Die Zahl

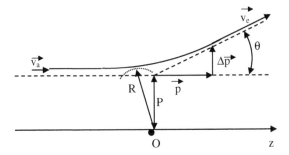

Abb. 9.1. Der klassische Streuprozess

der Teilchen, die pro Zeiteinheit in das Raumwinkelelement $d\Omega = \sin\theta d\theta d\phi$ in die Umgebung der Richtung (θ, ϕ) gestreut werden, ist sowohl der Intensität j als auch dem Raumwinkelelement $d\Omega$ proportional, also ist $dN \sim jd\Omega$. Die Proportionalitätskonstante ist eine Funktion von θ und ϕ und heißt der differentielle Wirkungs- oder Streuquerschnitt, also

$$dN = \frac{d\sigma(\theta, \phi)}{d\Omega} jd\Omega \text{ oder } \frac{d\sigma(\theta, \phi)}{d\Omega} = \frac{1}{j}\frac{dN}{d\Omega}. \tag{9.1}$$

Bei streuenden Objekten mit Zentralkraft legt die Rotationssymmetrie um die z-Achse nahe, dass der Streuquerschnitt unabhängig vom Azimuth ϕ sein wird. Die Streuung ist daher symmetrisch in Bezug auf die Einfallsrichtung der streuenden Teilchen, also die z-Achse. Es ist zweckmäßig, die Gesamtzahl der pro Zeiteinheit gestreuten Teilchen zu berechnen. Dazu integrieren wir die Gleichung (9.1) über den gesamten Raumwinkel (nämlich die Oberfläche der Einheitskugel)

$$N = j \int_K \frac{d\sigma(\theta, \phi)}{d\Omega} d\Omega = j \int_K d\sigma = j\sigma_t. \tag{9.2}$$

Dies liefert den totalen Wirkungs- oder Streuquerschnitt, welcher ein Maß für die effektive Streufläche ist, die vom einfallenden Strahl gesehen wird.

Wir beschränken uns im folgenden auf die Streuung durch eine Zentralkraft. Zur Berechnung des Wirkungsquerschnittes, $\frac{d\sigma}{d\Omega}$, müssen wir zunächst den Streuwinkel für jedes einzelne Teilchen im Strahl kennen. (Siehe dazu Abb. 9.1.) Dazu betrachten wir die Bahn eines Teilchens, das am Streuzentrum vorbeifliegt. Bei gegebener Energie E hängt der Streuwinkel von dem Streuparameter P ab, den wir schon in Abschn. 6.6.3 eingeführt hatten. Dieser Parameter ist definiert als der senkrechte Abstand vom Kraftzentrum in Bezug auf die Richtung der Geschwindigkeit $\boldsymbol{v}_a$ der einfallenden Teilchen. Die benötigte Gleichung $P = P(\theta)$, welche eine Beziehung zwischen dem Stoßparameter P und dem Streuwinkel θ herstellt, muss aus der Teilchenbahn berechnet werden, bevor irgendwelche Voraussagen über die Wirkungsquerschnitte gemacht werden können. Bei den meisten Streuprozessen nimmt der

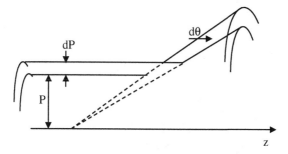

Abb. 9.2. Zur Berechnung von $P(\theta)$

Streuwinkel θ sehr rasch mit zunehmendem Streuparameter P ab. Wie wir in Abb. 9.2 leicht erkennen können, ist die Zahl der Teilchen, die in einen Raumwinkel zwischen θ und $\theta + d\theta$ gestreut werden, gleich jenen im einfallenden Strahl, welche in einem Ring um die z-Achse vom Radius P und der Dicke dP einfallen, d.h.

$$dN = jdf = j2\pi PdP = j2\pi P\frac{dP}{d\Omega}d\Omega\,. \tag{9.3}$$

Daraus folgt mit Hilfe der Definition des Wirkungsquerschnittes (9.1)

$$\frac{d\sigma(\theta)}{d\Omega} = 2\pi P\frac{dP}{d\Omega}\,. \tag{9.4}$$

Mit Hilfe der Beziehung $d\Omega = 2\pi \sin\theta d\theta$ und der Tatsache, dass mit wachsendem Stoßparameter P der Streuwinkel θ abnimmt, also $\frac{dP}{d\theta} < 0$ ist, ergibt sich folgende Vereinfachung von (9.4)

$$\frac{d\sigma(\theta)}{d\Omega} = -\frac{P(\theta)}{\sin\theta}\frac{dP(\theta)}{d\theta}\,, \tag{9.5}$$

wobei wir das negative Vorzeichen eingeführt haben, damit die Wirkungsquerschnitte positive Werte besitzen. Sobald $P(\theta)$ bekannt ist, lässt sich der Wirkungsquerschnitt sofort berechnen.

9.2.2 Lord Rutherford's Streuformel (1911)

Als Beispiel betrachten wir die abstoßende Coulomb Kraft bei der Rutherford Streuung. Wir nehmen an, dass das stoßende Teilchen und der streuende Atomkern (das Target) die Ladungen $Z'e$ bzw. Ze haben. Dann lautet das abstoßende Potential

$$V(r) = \frac{ZZ'e^2}{r}\,, \tag{9.6}$$

wobei im Experiment von Rutherford die streuenden Teilchen α-Teilchen mit $Z' = 2$ waren und als Target eine Goldfolie mit $Z = 79$ diente. Bei diesem

Streuprozess ist die Geschossbahn stets eine Hyperbel und das Kraftzentrum ist einer der Atomkerne, der in einem äußeren Fokus der Hyperbel zu liegen kommt, wobei wir den Atomkern als unendlich schwer annehmen. Rutherford konnte zwischen P und θ für das Coulomb Potential (9.6) folgende exakte Beziehung herleiten

$$P(\theta) = \frac{ZZ'e^2}{2E} \cot \frac{\theta}{2}, \tag{9.7}$$

wo E die kinetische Energie der einfallenden α-Teichen ist. Für kleine Streuwinkel θ kann man, wie wir bereits im Kapitel 6.6.3 ausführten, annehmen, dass die effektive Stoßzeit $\tau \cong \frac{2P}{v}$ ist und dass während dieser Zeit die konstante Kraft $K = \frac{ZZ'e^2}{P^2}$ wirkt. Dann ergibt sich für die Impulsänderung $\Delta mv \cong K\Delta t = K\tau = \frac{2ZZ'e^2}{Pv}$ und mit $\Delta mv \cong mv\theta$ erhalten wir die Näherungsgleichung $P(\theta) = \frac{ZZ'e^2}{E\theta}$ in recht guter Übereinstimmung mit der exakten Formel (9.7) für kleine Winkel θ. Aus den beiden Beziehungen (9.5,9.7) finden wir dann schließlich die klassische Rutherfordsche Streuformel

$$\frac{\mathrm{d}\sigma(\theta)}{\mathrm{d}\Omega} = \left[\frac{ZZ'e^2}{4E} \right]^2 \sin^{-4} \frac{\theta}{2}. \tag{9.8}$$

Wenn wir diese Gleichung über alle Raumrichtungen integrieren, finden wir, dass der totale Rutherfordsche Wirkungsquerschnitt divergent ist. Denn mit Hilfe der Substitution $\cos \frac{\theta}{2} = x$ ergibt sich

$$\sigma_t = \left[\frac{ZZ'e^2}{4E} \right]^2 \int \sin^{-4} \left(\frac{\theta}{2} \right) \mathrm{d}\Omega = \left[\frac{ZZ'e^2}{4E} \right]^2 8\pi \int_0^1 \frac{x\,\mathrm{d}x}{(1-x^2)^2}$$

$$= \left[\frac{ZZ'e^2}{4E} \right]^2 4\pi \frac{1}{1-x^2} \Big|_0^1 \to \infty. \tag{9.9}$$

Diese Divergenz stammt von der unteren Integrationsgrenze bei $\theta = 0$ (bzw. bei $x = 1$) und entspricht dem Stoßparameter $P \to \infty$. Diese Divergenz hängt damit zusammen, dass das Potential $\frac{1}{r}$ eine unendliche Reichweite besitzt und daher auch jene Teilchen gestreut werden können, deren Stoßparameter $P \to \infty$ strebt. Somit können Streuungen für alle Werte von P einen Beitrag liefern und daher strebt $\sigma_t \to \infty$.

Rutherford fand eine experimentelle Bestätigung seiner Formel bis zu einem maximalen Streuwinkel $\theta_{\max} \cong 1$ rad. Dies entspricht einem minimalen Stoßparameter $P_{\min} \cong \frac{ZZ'e^2}{E}$, den wir näherungsweise gleich dem Kernradius R setzen können. Mit der Geschwindigkeit $v_\alpha \cong 0.1c$, konnte Rutherford den Kernradius zu $R \cong 10^{-12}$ cm berechnen und erhielt gleichzeitig einen Wert für den differentiellen Streuquerschnitt $\frac{\mathrm{d}\sigma}{\mathrm{d}\Omega} \cong 10^{-24}$ cm$^2 = 1$ „barn" (Bezeichnung nach Enrico Fermi, da dieser Wert für einen „Streuquerschnitt" im nuklearen Bereich der Größe einer „Scheune" (barn) gleicht).

9.3 Quantentheorie der Streuprozesse

Zur quantenmechanischen Behandlung der Streuprozesse sind zwei Methoden üblich. Bei der ersten Methode werden stationäre Streuvorgänge betrachtet und die Wirkungsquerschnitte aus den kontinuierlichen Eigenzuständen der Schrödinger Gleichung für ein bestimmtes Streupotential erhalten. Während bei der Untersuchung gebundener Teilchenzustände, etwa jener des Wasserstoffatoms in Abschn. 3.6, wir es mit Energieeigenwerten $E < 0$ zu tun hatten und wir für diese eine Eigenwertbedingung aufsuchen mußten, sind bei den Streuzuständen die Teilchenenergien $E > 0$ und kontinuierlich, wie in der klassischen Physik, denn wenn für $r \to \infty$ das Streupotential $V \to 0$ stebt, dann müssen asymptotisch die Streuzustände freie Teilchenzustände sein und diese haben kontinuierliche Energien $E > 0$. Diese Zustände sind daher auch nicht quadratisch integrabel und das Aufsuchen einer Eigenwertbedingung ist hier irrelevant. Bei Streuprozessen ist die wesentliche quantenmechanische Information über einen Streuvorgang in den entsprechenden Zustandsfunktionen zu finden.

Bei der zweiten Methode, der dynamischen Theorie der Streuprozesse, wird die raumzeitliche Evolution eines Impulseigenzustandes (d.h. Anfangszustand des einfallenden Teilchens) unter dem Einfluss der Wechselwirkung als einer Störung untersucht. Diese Methode steht in engem Zusammenhang mit der bereits in Abschn. 6.6 besprochenen Diracschen zeitabhängigen Störungstheorie und den dort eingeführten Übergangswahrscheinlichkeiten. Obgleich beide Verfahren auf dieselben Wirkungsquerschnitte führen, ist die zweite Methode weitaus allgemeiner, da sie über die elementare Quantenmechanik der Potentialstreuung hinausreicht und gestattet, auch inelastische Streuprozesse zu behandeln.

9.3.1 Die stationäre Quantentheorie der Streuung

In der vorangegangenen klassischen Theorie der Streuung konnten wir eine Beziehung zwischen der ungebundenen Bahn eines Teilchens und dem entsprechenden Streuquerschnitt aufstellen. Eine analoge Beziehung besteht zwischen den kontinuierlichen Energieeigenzuständen eines Potentials und den entsprechenden quantenmechanischen Wirkungsquerschnitten. Wir werden uns daher mit den sogenannten Streuzuständen der Schrödinger Gleichung beschäftigen, also für $E > 0$ mit der Lösung der Gleichung (2.50)

$$\left[-\frac{\hbar^2}{2m}\Delta + V(\boldsymbol{x}) \right] u(\boldsymbol{x}) = E u(\boldsymbol{x}), \qquad (9.10)$$

wobei wir annehmen, dass $V(\boldsymbol{x}) \to 0$ strebt, wenn $r = |\boldsymbol{x}| \to \infty$ geht. Wie wir oben ausgeführt haben, stellen die Streu-Eigenfunktionen ungebundene Zustände dar und wir können daher nicht verlangen, dass sie im Unendlichen $\to 0$ gehen. Wir können jedoch den Streuzuständen gewisse asymptotische Bedingungen auferlegen, die dem experimentellen Sachverhalt entsprechen.

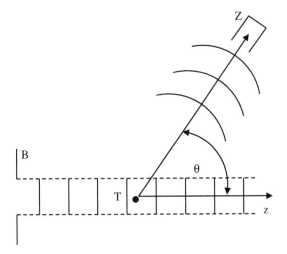

Abb. 9.3. Der quantenmechanische Streuprozess

Bei einem typischen Streuexperiment, wie in Abb. 9.3 skizziert, befindet sich das Gebiet des Beobachters relativ zu den atomaren oder Kern-Dimensionen (d.h. 10^{-8} bis 10^{-12} cm) in großer Entfernung vom Target. In diesem asymptotischen Gebiet können wir erwarten, dass ein in z-Richtung einfallender Teilchenstrom nahezu gleicher Energie $E = \frac{\hbar^2 k^2}{2m}$ durch eine ebene Welle e^{ikz} (deren Amplitude wir willkürlich gleich 1 gesetzt haben) beschrieben werden kann und der Strom der gestreuten Teilchen durch eine auslaufende Kugelwelle, deren Amplitude von θ und ϕ abhängen wird, also $f(\theta, \phi) \frac{\exp(ikr)}{r}$, welcher wegen des elastischen stationären Streuvorganges, Teilchen gleicher Energie E zuzuordnen sein werden. Wir unterwerfen daher die stationäre Lösung der Schrödinger-Gleichung (9.10) der folgenden asymptotischen Bedingung

$$u(\boldsymbol{x}) \underset{r \to \infty}{\sim} \mathrm{e}^{ikz} + f(\theta, \phi) \frac{\mathrm{e}^{ikr}}{r} \ , \quad k = \frac{\sqrt{2mE}}{\hbar} \ . \tag{9.11}$$

Wir können zeigen, dass eine Lösung dieser asymptotischen Form existiert, vorausgesetzt das Potential hat eine geringere Reichweite als das Coulomb Potential. Es muss also gelten $rV(\boldsymbol{x}) \to 0$ für $r \to \infty$. Wir werden dies später explizit nachweisen, da das Coulombsche Potential mit seiner großen Reichweite keine asymptotische Form der Lösung zulässt, welche die obige Gestalt (9.11) hat. Dennoch gibt es Lösungen, welche der obigen Form nahe genug kommen, um den Coulombschen Wirkungsquerschnitt berechnen zu können.

Während es viele Lösungen der Schrödinger-Gleichung (9.10) gibt, die zu festem $E > 0$ gehören, wollen wir uns zunächst nur mit solchen Lösungen beschäftigen, welche die asymptotische Form (9.11) haben. In der Praxis kann dieses Problem recht kompliziert sein. Doch sobald wir diesen Streuzustand $u(\boldsymbol{x})$ gefunden haben und seine asymptotische Form hergeleitet wurde, können wir von dieser die Amplitude $f(\theta, \phi)$ der auslaufenden Kugelwelle ablesen und wir werden gleich sehen, dass $f(\theta, \phi)$ in enger Beziehung zum differentiellen Wirkungs- oder Streuquerschnitt steht. Um diesen Zusammenhang herzustellen, berechnen wir zunächst den Strom der einfallenden Teilchen, die in (9.11) durch die in z-Richtung einlaufende ebene Welle beschrieben werden. Unter Verwendung der quantenmechanischen Formel für die Teilchenstromdichte (2.21) finden wir

$$j_{\text{einf}} = -\mathrm{i}\frac{\hbar}{2m}\left[\left(\mathrm{e}^{\mathrm{i}kz}\right)^{*}\frac{\mathrm{d}}{\mathrm{d}z}\mathrm{e}^{\mathrm{i}kz} - \mathrm{e}^{\mathrm{i}kz}\frac{\mathrm{d}}{\mathrm{d}z}(\mathrm{e}^{\mathrm{i}kz})^{*}\right] = \frac{\hbar k}{m} = v_a\,, \qquad (9.12)$$

entsprechend einem Teilchenstrom von v_a Teilchen pro Flächen- und Zeiteinheit, wo v_a die Anfangsgeschwindigkeit der Teilchen ist. Dabei ist zu beachten, dass generell die Zustandsfunktion $u(\boldsymbol{x})$ die Dimension $V^{-\frac{1}{2}}$ hat, damit die mit $u(\boldsymbol{x})$ berechnete Wahrscheinlichkeit dimensionslos ist. Analog können wir die Stromdichte der radial auslaufenden (d.h. gestreuten) Teilchen mit Hilfe von $f(\theta, \phi)\frac{\exp(\mathrm{i}kr)}{r}$ berechnen, wobei wir das Interferenzgebiet zwischen der einlaufenden und der gestreuten Welle nahe $\theta \cong 0$ außer Betracht lassen, da dort ohnehin die Beobachtung in den meisten Fällen unmöglich ist. Da in Kugelkoordinaten der Gradientoperator die Gestalt hat $\nabla = e_r\frac{\partial}{\partial r} + \frac{1}{r}(e_\theta\frac{\partial}{\partial\theta} + \frac{1}{\sin\theta}e_\phi\frac{\partial}{\partial\phi})$, wird in großer Entfernung r vom Streuzentrum, wo die Beobachtung stattfindet, nur die radiale Komponente des auslaufenden Teilchestromes für $r \to \infty$ von Interesse sein. Daher erhalten wir für $r \to \infty$ mit $\boldsymbol{j}_{\text{aus}} = j_{\text{aus}}e_r$

$$\begin{aligned} j_{\text{aus}} &= -\mathrm{i}\frac{\hbar}{2m}|f(\theta, \phi)|^2\left[\left(\frac{\mathrm{e}^{\mathrm{i}kr}}{r}\right)^{*}\frac{\partial}{\partial r}\frac{\mathrm{e}^{\mathrm{i}kr}}{r} - \frac{\mathrm{e}^{\mathrm{i}kr}}{r}\frac{\partial}{\partial r}\left(\frac{\mathrm{e}^{\mathrm{i}kr}}{r}\right)^{*}\right] \\ &= \frac{\hbar k}{m}\frac{|f(\theta, \phi)|^2}{r^2} = j_{\text{einf}}\frac{|f(\theta, \phi)|^2}{r^2}\,, \end{aligned} \qquad (9.13)$$

wo wir das vorangegangene Resultat (9.12) für j_{einf} verwendet haben. Da die Zahl der Teilchen $\mathrm{d}N$, die durch ein Oberflächenelement $\mathrm{d}\boldsymbol{f}_K = \boldsymbol{e}_r R^2\mathrm{d}\Omega$ einer Kugel vom Radius R um das Streuzentrum hindurchgehen, gleich sind

$$\mathrm{d}N = \boldsymbol{j}_{\text{aus}} \cdot \mathrm{d}\boldsymbol{f}_K = j_{\text{einf}}|\,f(\theta, \phi)|^2\mathrm{d}\Omega\,, \qquad (9.14)$$

folgt aufgrund der Definition des Wirkungsquerschnittes (9.1)

$$\frac{\mathrm{d}\sigma(\theta, \phi)}{\mathrm{d}\Omega} = \frac{1}{j_{\text{einf}}}\frac{\mathrm{d}N}{\mathrm{d}\Omega} = |f(\theta, \phi)|^2\,. \qquad (9.15)$$

Diese Beziehung ist exakt. Der modulierende Faktor $f(\theta, \phi)$ der auslaufenden Streuwelle heißt die Streuamplitude. Unsere Wahl der asymptotischen Form der Streuwelle ist dadurch gerechtfertigt, dass bei einer Wahl dieser Welle in der Form $\frac{\exp(-\mathrm{i}kr)}{r}$ wir einen Teilchenstrom $j_{\text{aus}} < 0$ erhalten würden und dieser entspräche radial einfallenden Teilchen.

Die Beschreibung eines Streuvorganges durch eine monoenergetische und stationäre Lösung der Schrödinger-Gleichung, welche asymptotisch die Form unendlich ausgedehnter Wellenzüge $e^{\mathrm{i}kz}$ und $\frac{\exp(\mathrm{i}kr)}{r}$ annimmt, entspricht an sich nicht dem physikalischen Verhalten, da solche Wellen keine Entkopplung der Teilchen vom Wechselwirkungspotential zulassen. Dennoch führt die exakte Behandlung des Streuvorganges mit Hilfe von Wellenpaketen für die einfallenden und die gestreuten Teilchen auf dasselbe Resultat. Ferner setzt die Beschränkung auf ein einziges Streuzentrum bei der Behandlung des Streuprozesses voraus, dass sich die Wirkung der Streupotentiale der Atome und Moleküle nicht überlappen, und die Targets entweder sehr dünn oder von geringer Dichte sind, sodass keine Mehrfachstreuung auftreten kann und sich daher der gesamte, makroskopische Wirkungsquerschnitt additiv aus den Wirkungsquerschnitten der einzelnen Streuer zusammensetzt. Ebenso ist zu beachten, dass bei der Streuung an einem Festkörpertarget Beugungseffekte (also kollektive Effekte) auftreten können, sobald die de Brogliesche Wellenlänge λ der Streuteilchen von der Größenordnung des Abstandes a der Gitteratome ist.

Viele atomare und Kern-Wechselwirkungen lassen sich näherungsweise durch Wechselwirkungen zweier Teilchen beschreiben, deren gegenseitige Kraftwirkung nur von den relativen Koordinaten der beiden stoßenden Teilchen abhängen. Damit lässt sich ein enger Zusammenhang zwischen der Streuung von Teilchen an einem Potential und einem Zwei-Teilchen Streuprozess herstellen. Dazu können wir unsere Resultate über die Behandlung eines Zwei-Körperproblems in Abschn. 8.2.2 heranziehen.

9.3.2 Schwerpunkts- und Laborkoordinaten

In den Abschn. 3.6 und 8.2.2 haben wir das Problems zweier Teilchen mit den Massen m_1 und m_2 und den Koordinaten $\boldsymbol{x}_1$ und $\boldsymbol{x}_2$, deren Wechselwirkung durch die Funktion $\hat{W}(\boldsymbol{x}_1 - \boldsymbol{x}_2)$ beschrieben wird, diskutiert. Dort erkannten wir, dass durch die Einführung von Schwerpunkts- und Relativkoordinaten (8.17)

$$M\boldsymbol{X} = m_1\boldsymbol{x}_1 + m_2\boldsymbol{x}_2\,, \quad \boldsymbol{x} = \boldsymbol{x}_1 - \boldsymbol{x}_2\,, \quad M = m_1 + m_2 \tag{9.16}$$

das Problem auf die freie Teilchenbewegung des Schwerpunkts der Masse M und die Bewegung eines Teilchens der reduzierten Masse

$$\mu = \frac{m_1 m_2}{m_1 + m_2} \tag{9.17}$$

in einem äußeren Potential $\hat{W}(\boldsymbol{x})$ zurückgeführt werden kann. Damit erhielten wir die Lösung der Schrödinger-Gleichung in der Form (8.24)

$$u(\boldsymbol{x}_1, \boldsymbol{x}_2) = A e^{\frac{i}{\hbar} \boldsymbol{P} \cdot \boldsymbol{X}} u(\boldsymbol{x}), \qquad (9.18)$$

wo $\boldsymbol{P}$ der Impuls der konstanten Schwerpunktsbewegung und $u(\boldsymbol{x})$ die Zustandsfunktion der Relativbewegung darstellt. In einem Koordinatensystem, in welchem der Schwerpunkt ruht, dem sogenannten Schwerpunkts- oder Impulsmittelpunkts-System, ist $\boldsymbol{P} = 0$ und wenn wir den Schwerpunkt zum Koordinatenursprung machen ist $\boldsymbol{X}_S = 0$. Dann sind $\boldsymbol{x}_{1S}$ und $\boldsymbol{x}_{2S}$ die Koordinaten der beiden Teilchen in diesem System allein durch $\boldsymbol{x}$ ausdrückbar und die Zustandsfunktion des Zweikörper-Streuprozesses, $u(\boldsymbol{x}_{1S}, \boldsymbol{x}_{2S}) = A u(\boldsymbol{x})$, ist identisch mit jener der Potentialstreuung eines Teilchens mit der Masse μ. Daher gelten die im vorangehenden Abschn. 9.3.1 hergeleiteten allgemeinen Beziehungen auch für die elastische Streuung zwischen zwei Teilchen im Schwerpunktssystem. In diesem System gilt für die Impulse der einfallenden und gestreuten Teilchen (insbesondere im Fall nichtrelativistischer Bewegung)

$$\boldsymbol{P}_S = M \boldsymbol{X}_S = 0 = m_1 \dot{\boldsymbol{x}}_{1S} + m_2 \dot{\boldsymbol{x}}_{2S}$$
$$= \boldsymbol{p}_{1S} + \boldsymbol{p}_{2S}, \quad \boldsymbol{p}_{1S} = \boldsymbol{p}. \qquad (9.19)$$

Dies bedeutet, dass die Impulse der beiden einfallenden und der gestreuten Teilchen einander entgegengesetzt orientiert und von gleichem Betrag sind. Die Einfallsrichtung machen wir zur z-Richtung und damit ist die Streurichtung durch die Polarwinkel θ_S und ϕ_S gekennzeichnet, die wir den Streuwinkeln θ und ϕ der Potentialstreuung gleichsetzen, wie Abb. 9.4 zeigt.

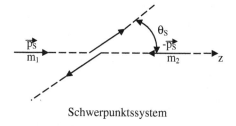

Schwerpunktssystem

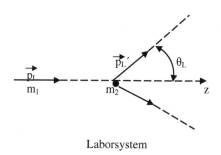

Laborsystem

Abb. 9.4. Schwerpunkts- und Laborsystem

Ein reales Experiment wird allerdings im Labor ausgeführt, wo im allgemeinen das gestreute Teilchen den Anfangsimpuls $\boldsymbol{p}_L$ hat und nach der Streuung den Impuls $\boldsymbol{p}'_L$ haben wird, wobei in den meisten Fällen von dem streuenden Target-Teilchen (etwa das Teilchen mit der Masse m_2) angenommen werden kann, dass es sich anfangs in Ruhe befindet. Dieses Koordinatensystem wird das Laborsystem genannt, in welchem das gestreute Teilchen unter den Winkeln θ_L und ϕ_L in Bezug auf die Einfallsrichtung (der gestreuten Teilchen) beobachtet wird. Dabei wird jedoch meistens der Rückstoß des streuenden Target-Teilchens unbeobachtet bleiben. (Siehe Abb. 9.4). Um die experimentell gefundenen Streuquerschnitte mit den Resultaten der Theorie vergleichen zu können, ist es daher notwendig, die im Laborsystem beobachteten Werte auf solche Werte umzurechnen, die sich auf das Schwerpunktssystem beziehen. Da die Beobachtung eines Streuprozesses mit makroskopischen Apparaturen erfolgt, ist die Umrechnung ein rein klassisches Problem und kann daher mit den Methoden der klassischen Mechanik erfolgen.

Da wir das Target-Teilchen als ruhend annehmen wollen, ist der gesamte Impuls der beiden Teilchen im Laborsystem $\boldsymbol{P}_L = \boldsymbol{p}_{1L} = \boldsymbol{p}_L$. Daher erhalten wir die Schwerpunkts-Geschwindigkeit $\boldsymbol{V}_L$ im Laborsystem mit Hilfe der Beziehung

$$\boldsymbol{P}_L = M\boldsymbol{V}_L = \boldsymbol{p}_L \,, \quad \boldsymbol{V}_L = \frac{\boldsymbol{p}_L}{m_1 + m_2} \tag{9.20}$$

und das Schwerpunktssystem bewegt sich in Richtung des einfallenden Teilchenstrahls mit dieser Geschwindigkeit $\boldsymbol{V}_L$ relativ zum Laborsystem. Daher lautet die Beziehung zwischen den Impulsen der einfallenden Teilchen in den beiden Koordinatensystemen

$$\boldsymbol{p}_S = \boldsymbol{p}_L - m_1\boldsymbol{V}_L = \boldsymbol{p}_L\left(1 - \frac{m_1}{m_1 + m_2}\right) = \frac{m_2\boldsymbol{p}_L}{m_1 + m_2} \tag{9.21}$$

und da im Schwerpunktssystem $\boldsymbol{P}_S = 0$ ist, muss dort $-\boldsymbol{p}_S$ der entsprechende Impuls des Target-Teilchens sein. Aus Gründen der Energieerhaltung beim elastischen Stoß ist p_S auch der Betrag des Impulses der beiden Teilchen nach dem Stoß im Schwerpunktssystem. Nennen wir $\boldsymbol{p}'_L$ den Impuls des gestreuten Teilchens im Laborsystem und nennen wir $\boldsymbol{p}'_S$ den entsprechenden Impuls im Schwerpunktssystem, so muss für die zur z-Richtung transversale Komponente der beiden Impulse gelten

$$(\boldsymbol{p}'_L)_\perp = (\boldsymbol{p}'_S)_\perp \,, \ \text{ oder } p'_L \sin\theta_L = p_S \sin\theta_S \,, \ p'_S = p_S \tag{9.22}$$

und für die longitudinale Komponente in den beiden Koordinatensystemen folgt aus dem Transformationsgesetz (9.21)

$$\boldsymbol{p}'_L \cdot \boldsymbol{e}_z = \boldsymbol{p}'_S \cdot \boldsymbol{e}_z + m_1 V_L \,, \ \text{ oder } p'_L \cos\theta_L = p_S\left(\cos\theta_S + \frac{m_1}{m_2}\right) \,, \tag{9.23}$$

wobei wir mit Hilfe von (9.20) erhalten

$$m_1 V_L = \frac{m_1 p_L}{m_1 + m_2} = \frac{m_1}{m_2} \frac{m_2 p_L}{m_1 + m_2} = \frac{m_1}{m_2} p_S . \tag{9.24}$$

Durch Division der beiden Gleichungen (9.23, 9.22) für die longitudinalen und transversalen Komponenten der Impulse in den beiden Koordinatensystemen, ergibt sich für θ_L und θ_S die Beziehung

$$\tan \theta_L = \frac{\sin \theta_S}{\cos \theta_S + \frac{m_1}{m_2}} . \tag{9.25}$$

Hingegen führt in azimuthaler Richtung der Übergang vom einen zum anderen Koordinatensystem auf keine Änderung und es gilt daher

$$\phi_L = \phi_S . \tag{9.26}$$

Nun sei angenommen, θ_L und ϕ_L bestimmen ein gewisses Raumwinkelelement $d\Omega(\theta_L, \phi_L)$ im Laborsystem und es beschreibe $d\Omega(\theta_S, \phi_S)$ dasselbe physikalische Raumwinkelelement im Schwerpunktssystem. Wenn dann während einer bestimmten Zeit die Streuung eines Teilchens in das Raumwinkelelement $d\Omega(\theta_L, \phi_L)$ im Laborsystem beobachtet wird, würde man das gleiche Teilchen in dem Element $d\Omega(\theta_S, \phi_S)$ im Schwerpunktssystem antreffen. Da die Stromdichte j_{einf} der einfallenden Teilchen relativ zum Target sich nicht ändert, wenn sich das ganze System in gleicher Richtung mit konstanter Geschwindigkeit bewegt, muss wegen (9.1) gelten

$$\frac{dN}{j_{einf}} = \frac{d\sigma(\theta_S, \phi_S)}{d\Omega(\theta_S, \phi_S)} d\Omega(\theta_S, \phi_S) = \frac{d\sigma(\theta_L, \phi_L)}{d\Omega(\theta_L, \phi_L)} d\Omega(\theta_L, \phi_L) \tag{9.27}$$

oder

$$\frac{d\sigma(\theta_L, \phi_L)}{d\Omega(\theta_L, \phi_L)} = \frac{d\sigma(\theta_S, \phi_S)}{d\Omega(\theta_S, \phi_S)} \frac{\sin \theta_S d\theta_S}{\sin \theta_L d\theta_L} \frac{d\phi_S}{d\phi_L} . \tag{9.28}$$

Doch da $\frac{d\phi_S}{d\phi_L} = 1$ ist und

$$\frac{d\theta_L}{\cos^2 \theta_L} = \frac{1 + \frac{m_1}{m_2} \cos \theta_S}{\left(\cos \theta_S + \frac{m_1}{m_2}\right)^2} d\theta_S , \quad \frac{1}{\cos^2 \theta_L} = 1 + \tan^2 \theta_L$$

gilt, finden wir nach elementarer Rechnung, dass folgende Beziehung zwischen den Streuquerschnitten in den beiden Koordinatensystemen gilt

$$\left(\frac{d\sigma}{d\Omega}\right)_L = \left(\frac{d\sigma}{d\Omega}\right)_S \frac{\left[1 + 2\frac{m_1}{m_2} \cos \theta_S + \left(\frac{m_1}{m_2}\right)^2\right]^{\frac{3}{2}}}{1 + \frac{m_1}{m_2} \cos \theta_S} . \tag{9.29}$$

Da die Gesamtzahl der Streuereignisse in beiden Koordinatensystemen dieselbe sein wird, ist

$$(\sigma_t)_L = (\sigma_t)_S \tag{9.30}$$

und es sind also nur die differentiellen Wirkungsquerschnitte voneinander verschieden.

Während die kinetische Energie des Gesamtsystems im Laborsystem gleich ist

$$T_L = \frac{p_L^2}{2m_1} \qquad (9.31)$$

gilt hingegen im Schwerpunktssystem

$$T_S = \frac{p_S^2}{2m_1} + \frac{p_S^2}{2m_2} = \frac{p_S^2}{2\mu} \qquad (9.32)$$

und wegen $p_L = \frac{m_1+m_2}{m_2} p_S = \frac{m_1}{\mu} p_S$ folgt schließlich

$$T_S = \frac{1}{1 + \frac{m_1}{m_2}} T_L . \qquad (9.33)$$

Aus diesen Gleichungen ist zu erkennen, dass das Laborsystem und das Schwerpunktssystem einander äquivalent sein werden, sobald die Masse $m_2 \to \infty$ geht und daher ist der vom Target erlittene Rückstoß nur dann vernachlässigbar, wenn $\frac{m_1}{m_2} \ll 1$ ist. Der Unterschied zwischen dem Laborsystem und dem Schwerpunktssystem ist daher besonders wichtig, wenn die einfallenden Teilchen und die Target-Teilchen die gleiche Masse haben, wie zum Beispiel bei der Elektron-Elektron Streuung oder bei der Proton-Neutron Streuung, denn dann ist $T_S = \frac{1}{2} T_L$.

9.3.3 Die Coulomb-Streuung (N.F. Mott 1928)

Als erste Anwendung der vorangegangenen allgemeinen Überlegungen behandeln wir die Streuung von geladenen Teilchen an einem reinen Coulombschen Potential. Dieses quantenmechanische Rutherfordsche Problem ist genau so exakt lösbar, wie das entsprechende klassische Analogon, das wir bereits behandelt haben, und die Resultate der beiden Rechnungen sind miteinander identisch. Dies ist auch daran zu erkennen, dass die Plancksche Konstante $\hbar$ im Endresultat nicht vorkommt und dieses Problem stellt daher einen quantenmechanischen Sonderfall dar. Diese Tatsache steht wahrscheinlich in engem Zusammenhang mit der unendlichen Reichweite des Coulombschen Potentials. Wie bereits ausgeführt, verhindert dieses Potential auch, dass die gesuchte Streulösung der Schrödinger Gleichung die bereits früher angegebene asymptotische Form (9.11) haben kann, da das Coulomb Potential nicht die Bedingung $rV(r) \to 0$ für $r \to \infty$ erfüllt. Zur Aufsuchung der exakten Lösung der Schrödinger Gleichung, welche asymptotisch der Bedingung (9.11) möglichst nahe kommt, ist es auch zweckmäßig das Problem anstatt in Kugelkoordinaten r, θ, ϕ in parabolischen Koordinaten ξ, η, ϕ zu lösen. Zwischen diesen beiden Koordinatensystemen besteht der folgende Zusammenhang

$$\xi = r(1 + \cos\theta) = r + z \;, \quad \phi = \arctan\frac{y}{x}\,. \tag{9.34}$$
$$\eta = r(1 - \cos\theta) = r - z \;,$$

Diese Koordinaten sind deshalb zweckmäßig, da wegen der Zentralsymmetrie des Potentials $\frac{1}{r}$ die Streuamplitude $f(\theta)$ ähnlich wie im klassischen Problem $P(\theta)$ nicht vom Azimuth ϕ abhängen darf, d.h. die Streuung rotationssymmetrisch um die Einfallsrichtung z der Streuteilchen erfolgen muss. Daher können wir für die Streulösung folgenden Ansatz für das asymptotische Verhalten machen

$$u(\boldsymbol{x}) \underset{\eta\to\infty}{\sim} \mathrm{e}^{\mathrm{i}kz}\left(1 + F(\theta)\frac{\mathrm{e}^{\mathrm{i}k\eta}}{\eta}\right)\,, \quad F(\theta) = f(\theta)(1 - \cos\theta)\,, \tag{9.35}$$

wobei der Limes $\eta \to \infty$ mit dem Limes $r \to \infty$ äquivalent ist, da ohnehin Beobachtungen der gestreuten Teilchen in Richtung $\theta \approx 0$ auszuschließen sind, wie bereits diskutiert wurde.

Die asymptotische Form der Streulösung (9.35) legt nahe, dass nach Abspalten des Faktors $\mathrm{e}^{\mathrm{i}kz}$ die gesuchte Lösung der Schrödinger Gleichung unseres Problems

$$\Delta u + \left(k^2 - \frac{2\gamma k}{r}\right)u = 0\,, \quad k^2 = \frac{2mE}{\hbar^2}\,, \quad \gamma = \frac{ZZ'e^2 m}{\hbar^2 k} \tag{9.36}$$

nur mehr von der Koordinate η abhängen wird. Dabei ist k die Wellenzahl der einfallenden Teilchen und γ eine dimensionslose Konstante für die Kopplungsstärke des Coulomb Feldes, nämlich proportional $\frac{ZZ'e^2}{v_a}$. Wenn wir in die Gleichung (9.36) mit dem folgenden Ansatz eingehen

$$u(\boldsymbol{x}) = \mathrm{e}^{\mathrm{i}kz}g(r - z) = \mathrm{e}^{\mathrm{i}kz}g(\eta)\,, \tag{9.37}$$

so erhalten wir wegen

$$\nabla u = \mathrm{e}^{\mathrm{i}kz}\left\{\mathrm{i}kg(\eta)\boldsymbol{e}_z + \frac{\mathrm{d}g}{\mathrm{d}\eta}(\boldsymbol{e}_r - \boldsymbol{e}_z)\right\} \tag{9.38}$$

und

$$\Delta u = \mathrm{e}^{\mathrm{i}kz}\left\{-k^2 g(\eta) + \left[\frac{2}{r} - 2\mathrm{i}k(1 - \cos\theta)\right]\frac{\mathrm{d}g}{\mathrm{d}\eta} + \frac{2\eta}{r}\frac{\mathrm{d}^2 g}{\mathrm{d}\eta^2}\right\} \tag{9.39}$$

nach Multiplikation mit $\frac{r}{2}\mathrm{e}^{-\mathrm{i}kz}$ schließlich für $g(\eta)$ die Differentialgleichung

$$\eta\frac{\mathrm{d}^2 g(\eta)}{\mathrm{d}\eta^2} + (1 - \mathrm{i}k\eta)\frac{\mathrm{d}g(\eta)}{\mathrm{d}\eta} - \gamma k g(\eta) = 0\,. \tag{9.40}$$

Bei der Berechnung der Energieeigenwerte des wasserstoffähnlichen Atoms in Abschn. 3.5.3 sind wir bereits einer ähnlichen Gleichung begegnet. Dort wurden wir auf die Laguerreschen Polynome geführt. Wir suchen auch hier eine bei $\eta = 0$ (d.h. bei $r = 0$) reguläre Lösung durch folgenden Potenzreihenansatz

$$g(\eta) = \sum_{p=0}^{\infty} a_p \frac{\eta^p}{p!}, \qquad (9.41)$$

wobei der Faktor $p!$ im Nenner nur aus Zweckmäßigkeit eingeführt wurde. Wenn wir diesen Lösungsansatzes in die Differentialgleichung (9.40) einsetzen und nach Gliedern mit gleichen Potenzen η^p ordnen, werden wir auf die Gleichung geführt

$$\sum_{p=0}^{\infty} \left[(p+1)a_{p+1} - k(\eta + \mathrm{i}p)a_p \right] \frac{\eta^p}{p!} = 0 \qquad (9.42)$$

und diese Gleichung kann nur für alle η erfüllt sein, wenn für die Koeffizienten a_p die folgende Rekursionsformel gilt

$$a_{p+1} = k \frac{\gamma + \mathrm{i}p}{p+1} a_p. \qquad (9.43)$$

Mit Hilfe dieser Formel können wir sukzessive alle Koeffizienten a_p berechnen und wir finden

$$a_p = a_0 \frac{k^p}{p!} \left[\gamma(\gamma + \mathrm{i})(\gamma + 2\mathrm{i}) \ldots \{\gamma + (p-1)\mathrm{i}\} \right]. \qquad (9.44)$$

Da wir bei einem Streuproblem, im Gegensatz zu einem Problem mit gebundenen Zuständen, die Lösung für $r \to \infty$ nicht der Bedingung $u(\boldsymbol{x}) \to 0$ unterwerfen können, muss auch die Reihe (9.41) nicht abbrechen und wir erhalten die Lösung

$$g(\eta) = a_0 \left[1 + \frac{\gamma}{1!} \frac{k\eta}{1!} + \frac{\gamma(\gamma + \mathrm{i})}{2!} \frac{(k\eta)^2}{2!} + \frac{\gamma(\gamma + \mathrm{i})(\gamma + 2\mathrm{i})}{3!} \frac{(kp)^3}{3!} + \ldots \right],$$
$$(9.45)$$

wo a_0 eine noch festzulegende Normierungskonstante ist. Durch Vergleich der Potenzreihe in der Klammer mit der sogenannten konfluenten hypergeometrischen Reihe (für beliebige, komplexwertige a, b, x)

$$F(a, b; x) = 1 + \frac{a}{b} \frac{x}{1!} + \frac{a(a+1)}{b(b+1)} \frac{x^2}{2!} + \frac{a(a+1)(a+2)}{b(b+1)(b+2)} \frac{x^3}{3!} + \ldots \qquad (9.46)$$

finden wir, dass sich die Lösung $g(\eta)$ als speziellen Fall dieser Reihe darstellen lässt, nämlich

$$g(\eta) = F(-\mathrm{i}\gamma, 1; \mathrm{i}k\eta). \qquad (9.47)$$

Daher lautet der mit dem Lösungsansatz (9.37) gefundene Streuzustand

$$u(\boldsymbol{x}) = a_0 \mathrm{e}^{\mathrm{i}kz} F[-\mathrm{i}\gamma, 1; \mathrm{i}k(r - z)]. \qquad (9.48)$$

Von dieser exakten Lösung der Schrödinger Gleichung des Rutherfordschen Problems können wir nun zeigen, dass sie geeignete asymptotische Eigenschaften besitzt und aus ihr die Streuamplitude $f(\theta)$ abgeleitet werden kann. Mit Hilfe der Integraldarstellung im komplexen Gebiet wird in der Theorie der konfluenten hypergeometrischen Funktionen gezeigt, dass die Reihe (9.46) für $x \to \infty$ die folgende asymptotische Darstellung besitzt

$$F(a, b; x) \sim \frac{\Gamma(b)}{\Gamma(b-a)}(-x)^{-a} + \frac{\Gamma(b)}{\Gamma(a)}e^x x^{a-b}, \qquad (9.49)$$

wobei

$$\Gamma(z) = \int_0^\infty e^{-t} t^{z-1} dt, \ \text{mit} \ \Gamma(n+1) = n!, \ \Gamma(z+1) = z\Gamma(z) \qquad (9.50)$$

die Eulersche Gammafunktion darstellt, welche für beliebige komplexe z ($\mathrm{Re}\, z > 0$) definiert ist. In unserem speziellen Fall ist $a = -i\gamma$, $b = 1$ und $x = ik\eta$. Daher finden wir zunächst mit Hilfe der Eigenschaften der Gammafunktion $\Gamma(1) = 1$, $-i\gamma\Gamma(-i\gamma) = \Gamma(1 - i\gamma)$ und $\frac{\Gamma(1+i\gamma)}{\Gamma(1-i\gamma)} = e^{2i\beta_0}$, wobei $\beta_0 = \arg\Gamma(1 + i\gamma)$ und $(-i)^{i\gamma} = e^{\frac{\pi\gamma}{2}}$ sind. Dies führt schließlich auf die an das Streuproblem angepasste asymptotische Darstellung

$$F(-i\gamma, 1; ik\eta) \sim \frac{e^{\frac{\gamma\pi}{2}}}{\Gamma(1+i\gamma)} \left[(k\eta)^{i\gamma} - \gamma e^{i(k\eta+2\beta_0)}(k\eta)^{-(1+i\gamma)} \right] \qquad (9.51)$$

und damit erhält unser Streuzustand (9.48) die asymptotische Form

$$u(\boldsymbol{x}) \underset{\eta\to\infty}{\sim} e^{ikz}\left\{ e^{i\gamma \ln k\eta} - \frac{\gamma}{k\eta}e^{i(k\eta+2\beta_0-\gamma \ln k\eta)} \right\}$$
$$= e^{i[kz+\gamma \ln k(r-z)]} + f_C(\theta)\frac{e^{i[kr-\gamma \ln kr]}}{r}, \qquad (9.52)$$

wo

$$f_C(\theta) = -\frac{\gamma}{k}\frac{e^{-i[\gamma \ln(1-\cos\theta)-2\beta_0]}}{1 - \cos\theta} \qquad (9.53)$$

ist und die Normierungskonstante willkürlich $a_0 = \frac{\Gamma(1+i\gamma)}{e^{\frac{\gamma\pi}{2}}}$ gesetzt wurde. Somit haben wir gezeigt, dass die gesuchte Streulösung $u(\boldsymbol{x})$ des Mott Problems im wesentlichen die gewünschten asymptotischen Eigenschaften besitzt, doch dass infolge der unendlichen Reichweite des Coulombschen Potentials sowohl die einfallende ebene Welle als auch die gestreute Kugelwelle charakteristische logarithmische Phasenverzerrungen aufweisen. Später, in Abschn. 9.6 werden wir zeigen, dass diese Verzerrungen typisch für das Coulomb Potential sind und verschwinden, sobald das Potential eine kürzere Reichweite besitzt, sodass die Bedingung $rV(r) \to 0$ für $r \to \infty$ erfüllt werden kann.

Wenn wir mit Hilfe der Amplitude (9.53) den differentiellen Wirkungsquerschnitt (9.15) berechnen, so ergibt sich die Mottsche Streuformel

$$\frac{\mathrm{d}\sigma_C(\theta)}{\mathrm{d}\Omega} = |f_C(\theta)|^2 = \frac{\gamma^2}{4k^2 \sin^4 \frac{\theta}{2}} \, , \quad \gamma = \frac{ZZ'e^2 m}{\hbar^2 k} \tag{9.54}$$

und dies ist in Übereinstimmung mit dem klassischen Resultat (9.8). In der Praxis werden Streuverteilungen gemäß der Rutherfordschen Formel selten beobachtet, da das Coulombsche Potential durch zusätzliche Faktoren verändert wird. Bei Rutherford's Experiment der Streuung von α-Teilchen an Goldkernen, ergaben sich Abweichungen vom reinen Coulomb Potential bei $r \simeq 0$ (Wirkung der Kernkraft und Kernstruktur) und für $r \to \infty$ (Abschirmung des Kern-Coulombfeldes durch die Elektronenhülle der Goldatome).

Wir haben soeben gesehen, dass die Auffindung der Lösungen der Schrödinger Gleichung mit der richtigen asymptotischen Form nicht einfach ist. Für kompliziertere Streupotentiale wie jene der Kernkräfte sind andere Methoden und, wenn möglich, Näherungsmethoden nötig. Wir werden zwei Methoden betrachten, die gewöhnlich zur Berechnung der Wirkungsquerschnitte Verwendung finden. Die erste Methode, die Bornsche Reihe, ist anwendbar, wenn die Wechselwirkungs-Energie der einfallenden Teilchen mit dem Target viel kleiner ist als die kinetische Energie der Teilchen. Die Streuamplitude wird dann als Störreihe nach Potenzen von $V(\boldsymbol{x})$ ausgedrückt. Diese Methode ist das Analogon zur Rayleigh-Schrödingerschen Störungsrechnung für gebundene Zustände.

Die zweite Methode der Partialwellenanalyse, führt auf eine Reihe anderer Art, die verwandt ist mit der Multipolentwicklung in der klassischen Elektrodynamik. Diese Methode ist brauchbar, wenn das Potential von kurzer Reichweite ist. Andrerseits ist dabei die Stärke der Wechselwirkung keiner Einschränkung unterworfen. Die Anwendung der einen oder anderen Methode hängt meist von der Energie der einfallenden Teilchen und der Struktur und Art des Streupotentials ab, zum Beispiel seiner Stärke und Reichweite.

9.4 Die Bornsche Störungsreihe

Wir untersuchen allgemein die Lösungen der Schrödinger-Gleichung für die Streuung von Teilchen an einem Potential $V(\boldsymbol{x})$. Unser Ausgangspunkt ist die Gleichung (9.10), die wir nochmals anschreiben

$$\left[-\frac{\hbar^2}{2m}\Delta + V(\boldsymbol{x}) \right] u(\boldsymbol{x}) = E u(\boldsymbol{x}) \, . \tag{9.55}$$

Wir suchen jene Streulösungen, die der asymptotischen Bedingung (9.11) genügen, also

$$u(\boldsymbol{x}) \underset{r \to \infty}{\sim} \mathrm{e}^{\mathrm{i}kz} + f(\theta, \phi) \frac{\mathrm{e}^{\mathrm{i}kr}}{r} \, , \quad k = \frac{\sqrt{2mE}}{\hbar} \, . \tag{9.56}$$

9.4.1 Anwendungsbereich

Die Resultate unserer Untersuchung der Coulombstreuung im vorangehenden Abschnitt legen nahe, dass die asymptotische Form der Lösung (9.56) in der Tat nur dann möglich ist, wenn das Potential $V(\boldsymbol{x})$ im Unendlichen rascher als $\frac{1}{r}$ abklingt, d.h. wenn die Bedingung

$$\lim_{r \to \infty} rV(r) \to 0 \tag{9.57}$$

erfüllt ist. Zum Nachweis, dass diese Bedingung tatsächlich ausreicht, betrachten wir die bei der Lösung der Schrödinger-Gleichung für gebundene Zustände in Abschn. 3.6 abgeleitete radiale Gleichung (3.162)

$$\frac{\mathrm{d}^2 R(r)}{\mathrm{d}r^2} + \frac{2}{r} \frac{\mathrm{d}R(r)}{\mathrm{d}r} + \left[k^2 - \frac{l(l+1)}{r^2} + \frac{2m}{\hbar^2} V(r) \right] R(r) = 0 \,, \tag{9.58}$$

die wir jetzt zur Untersuchung des asymptotischen Verhaltens der Streulösungen heranziehen, wobei wir auf unsere Ausführungen in Abschn. 3.6.3 hinweisen. Wir betrachten eine asymptotische Lösung von der Form einer auslaufenden Kugelwelle

$$R(r) = C(r) \frac{\mathrm{e}^{\mathrm{i}kr}}{r} \,. \tag{9.59}$$

Beim Einsetzen dieses Ansatzes in die Gleichung (9.58) erhalten wir folgende Differentialgleichung für $C(r)$

$$C'' + 2\mathrm{i}kC' - \left[\frac{l(l+1)}{r^2} + \frac{2m}{\hbar^2} V(r) \right] C = 0 \,. \tag{9.60}$$

Da wir untersuchen wollen, wann $R(r)$ asymptotisch eine auslaufende Kugelwelle darstellt, wobei die Funktion $C(r)$ eine Konstante wird, können wir annehmen, dass für große r die Funktion $C(r)$ langsam veränderlich sein wird, sodass $|C''(r)| \ll |\mathrm{i}kC'(r)|$ ist und daher asymptotisch $C(r)$ aus der folgenden Differentialgleichung berechnet werden kann

$$\frac{C'}{C} = \frac{1}{2\mathrm{i}k} \left[\frac{l(l+1)}{r^2} + \frac{2m}{\hbar^2} V(r) \right] \,. \tag{9.61}$$

Wenn wir diese Gleichung asymptotisch im Bereich $r > r_0$ (r_0 beliebig groß) integrieren, so erhalten wir

$$\ln \left(\frac{C}{C_0} \right) = \frac{1}{2\mathrm{i}k} \int_{r_0}^{r} \left[\frac{l(l+1)}{r^2} + \frac{2m}{\hbar^2} V(r) \right] \mathrm{d}r \,. \tag{9.62}$$

Zur Berechnung des Integrals nehmen wir an, $V(r)$ habe das folgende asymptotische Verhalten $V(r) \sim \frac{V_0}{r^s}$, wo $s > 0$ aber sonst beliebig sei. Dann finden wir bei Ausführung der Integration in (9.62), dass

$$\ln\left(\frac{C}{C_0}\right) = \frac{1}{2\mathrm{i}k}\left[l(l+1)\left(\frac{1}{r_0}-\frac{1}{r}\right) + \frac{2m}{\hbar^2}\frac{V_0}{s-1}\left(\frac{1}{r_0^{s-1}}-\frac{1}{r^{s-1}}\right)\right] \quad (9.63)$$

ist und daher die folgende Beziehung

$$\lim_{r\to\infty}\ln\left(\frac{C}{C_0}\right) = \text{const.} \quad (9.64)$$

nur dann gelten wird, wenn $s > 1$ ist und damit $rV(r) \to 0$ strebt. Wenn hingegen $s = 1$ ist, liefert die Integration in (9.62) über $V(r)$ asymptotisch

$$\ln\left(\frac{C}{C_0}\right) = \text{const.} - \mathrm{i}\frac{mV_0}{\hbar^2 k}\ln\left(\frac{r}{r_0}\right) \quad (9.65)$$

und nachdem wir entlogarithmiert haben, erhalten wir daher die asymptotische Lösung $C(r) \sim \mathrm{e}^{-\mathrm{i}\gamma\ln kr}$. Folglich ist in diesem Fall die asymptotische Form der auslaufenden Welle (9.59)

$$R(r) = C(r)\frac{\mathrm{e}^{\mathrm{i}kr}}{r} \sim \frac{\mathrm{e}^{\mathrm{i}(kr-\gamma\ln kr)}}{r} \quad (9.66)$$

und dies ist die charakteristische logarithmische Verzerrung der asymptotischen Form der Coulombschen Wellenfunktion (9.52), die wir bereits vorhin abgeleitet haben. Also sind für unsere folgenden Überlegungen alle Potentiale zugelassen, die sich asymptotisch wie $\frac{V_0}{r^s}$ mit $s > 1$ verhalten, oder noch rascher für $r \to \infty$ abklingen, wie zum Beispiel das in der Atom- und Kernphysik häufig verwendete Yukawa Potential $V(r) = \frac{\exp(-\mu r)}{r}$.

9.4.2 Die Integralgleichung der Streutheorie

Da für $E > 0$ die Schrödinger Gleichung eine große Zahl von entarteten Lösungen besitzen kann, ist es notwendig, aus dieser Mannigfaltigkeit jene auszusortieren, welche die gewünschte asymptotische Form hat. Dies geschieht am elegantesten, durch Umwandlung der Schrödinger Gleichung in eine ihr äquivalente Integralgleichung, deren Lösungen durch die asymptotische Bedingung (9.56) eindeutig festgelegt sind.

Wir setzen für die folgenden Überlegungen

$$\frac{2m}{\hbar^2}V(\boldsymbol{x})u(\boldsymbol{x}) = q(\boldsymbol{x}) \quad (9.67)$$

und die Schrödinger Gleichung (9.55) lautet dann

$$(\Delta + k^2)u(\boldsymbol{x}) = q(\boldsymbol{x})\,. \quad (9.68)$$

Obgleich die Ausgangsgleichung eine homogene partielle Differentialgleichung ist, bei der alle Terme $u(\boldsymbol{x})$ enthalten, wollen wir dennoch jetzt die letzte Gleichung als eine inhomogene Gleichung auffassen, deren Quelle oder

Inhomogenität durch $q(\boldsymbol{x})$ dargestellt wird. Aus der Theorie der partiellen Differentialgleichungen übernehmen wir das Resultat, dass die allgemeine Lösung der Gleichung (9.68) aus der allgemeinen Lösung der homogenen Gleichung $(\Delta + k^2)u_0(\boldsymbol{x}) = 0$ plus einer beliebigen partikulären Lösung $u_s(\boldsymbol{x})$ der vollständigen Gleichung (9.68) besteht. Also hat die allgemeine Lösung die Gestalt $u(\boldsymbol{x}) = u_0(\boldsymbol{x}) + u_s(\boldsymbol{x})$.

Da $u_0(\boldsymbol{x})$ die Lösung in jenem Raumgebiet liefern soll, wo $q(\boldsymbol{x}) = 0$ ist, oder gleichbedeutend mit $V(\boldsymbol{x}) = 0$, sollte diese Lösung mit der einfallenden Welle übereinstimmen, also setzen wir $u_0(\boldsymbol{x}) = \mathrm{e}^{\mathrm{i}\boldsymbol{k}\cdot\boldsymbol{x}}$. Als nächstes suchen wir eine partikuläre Lösung der inhomogenen Gleichung (9.68), welche asymptotisch der Bedingung genügt

$$u_s(\boldsymbol{x}) \underset{r\to\infty}{\sim} f(\theta,\phi)\frac{\mathrm{e}^{\mathrm{i}kr}}{r} \tag{9.69}$$

und damit eine auslaufende Kugelwelle darstellt. Wir erwarten also, dass die partikuläre Lösung die Streuwelle darstellen wird. Dann hat die gesuchte Lösung die Form

$$u(\boldsymbol{x}) = \mathrm{e}^{\mathrm{i}\boldsymbol{k}\cdot\boldsymbol{x}} + u_s(\boldsymbol{x}) \underset{r\to\infty}{\sim} \mathrm{e}^{\mathrm{i}\boldsymbol{k}\cdot\boldsymbol{x}} + f(\theta,\phi)\frac{\mathrm{e}^{\mathrm{i}kr}}{r}\,. \tag{9.70}$$

Damit ist das Streuproblem auf die Suche nach einer partikulären Lösung der inhomogenen Gleichung zurückgeführt, die asymptotisch eine auslaufenden Kugelwelle darstellt. Diese Bedingung ist sehr ähnlich der Sommerfeldschen Ausstrahlungs-Bedingung in der klassischen Beugungstheorie. Daher kann man zur Lösung dieses Problems ähnlich wie dort vorgehen. Im Anhang A.4 wird gezeigt, dass die inhomogene Gleichung für $u_s(\boldsymbol{x})$ gelöst werden kann, sobald die Greensche Funktion des Problems bekannt ist. Diese Funktion genügt der Differentialgleichung

$$(\Delta + k^2)G(\boldsymbol{x},\boldsymbol{x}') = \delta(\boldsymbol{x} - \boldsymbol{x}') \tag{9.71}$$

und die formale Lösung der inhomogenen Gleichung (9.68) läßt sich dann in folgender Form angeben

$$u_s(\boldsymbol{x}) = \int \mathrm{d}^3x'\, G(\boldsymbol{x},\boldsymbol{x}')q(\boldsymbol{x}')\,. \tag{9.72}$$

Unter den vielen möglichen Lösungen der Differentialgleichung (9.71) für $G(\boldsymbol{x},\boldsymbol{x}')$ suchen wir jene, welche der asymptotischen Bedingung (9.69) genügt, also folgendes gilt

$$u_s(\boldsymbol{x}) = \int \mathrm{d}^3x'\, G(\boldsymbol{x},\boldsymbol{x}')q(\boldsymbol{x}') \underset{r\to\infty}{\sim} f(\theta,\phi)\frac{\mathrm{e}^{\mathrm{i}kr}}{r}\,. \tag{9.73}$$

Aus der klassischen Optik ist bekannt und in Anhang A.4 wird gezeigt, dass dies durch die Greensche Funktion $G^+(\boldsymbol{x},\boldsymbol{x}')$ geleistet wird, nämlich

$$G^+(\boldsymbol{x}, \boldsymbol{x}') = -\frac{1}{4\pi} \frac{e^{ik|\boldsymbol{x}-\boldsymbol{x}'|}}{|\boldsymbol{x}-\boldsymbol{x}'|}, \tag{9.74}$$

solange $q(\boldsymbol{x})$ räumlich begrenzt ist. Denn dann ist für $|\boldsymbol{x}| \gg |\boldsymbol{x}'|$, $G^+ \sim \frac{1}{r}e^{ik(r-r'\cos\theta')}$ und $\int d^3x' q(\boldsymbol{x}') e^{-ikr'\cos\theta'}$ endlich, wenn für $r' \to \infty$, $r'V(r') \to 0$ geht. Wenn wir daher für $q(\boldsymbol{x}')$ wieder die ursprüngliche Bedeutung (9.67) einsetzen, erhalten wir so die fundamentale Integralgleichung der Streutheorie

$$u(\boldsymbol{x}) = e^{i\boldsymbol{k}\cdot\boldsymbol{x}} - \frac{2m}{4\pi\hbar^2} \int d^3x' \frac{e^{ik|\boldsymbol{x}-\boldsymbol{x}'|}}{|\boldsymbol{x}-\boldsymbol{x}'|} V(\boldsymbol{x}') u(\boldsymbol{x}'). \tag{9.75}$$

Diese Gleichung stellt nur eine formale Lösung der Schrödinger-Gleichung dar, ähnlich wie das Kirchhoff-Sommerfeldsche Beugungsintegral in der Optik. Unsere Gleichung heißt eine Integralgleichung (vom Fredholmschen Typ zweiter Art), da die unbekannte Funktion $u(\boldsymbol{x})$ auch rechts unter dem Integralzeichen vorkommt. Auf diese Weise konnten wir die Schrödinger Gleichung des Streuproblems in eine äquivalente Integralgleichung umwandeln. Der Vorteil dieser Transformation besteht darin, dass im Gegensatz zur Differentialgleichung, welche für einen bestimmten Energiewert $E > 0$ viele Lösungen haben kann, die Integralgleichung eindeutig nur eine Lösung besitzt, die der geforderten asymptotischen Bedingung (9.70) genügt. Leider ist hingegen die exakte Lösung der Integralgleichung meist viel komplizierter aufzufinden, als jene der Differentialgleichung.

Die einfachste Methode, die zur Lösung der Integralgleichung herangezogen werden kann, ist jene der Iteration. Sie führt auf eine Lösung in der Form einer Reihe nach Potenzen von $V(\boldsymbol{x})$, der sogenannten Bornschen Reihe. Diese Reihenentwicklung ist brauchbar, solange für die Wechselwirkungsenergie gilt $|V(\boldsymbol{x})| \ll E$, wo E die Streuenergie der einfallenden Teilchen ist, sodass man annehmen kann, dass die Reihe konvergiert. Die Lösung nullter Ordnung ist natürlich $u_0(\boldsymbol{x}) = e^{i\boldsymbol{k}\cdot\boldsymbol{x}}$ und stellt einen Zustand dar, bei dem keine Streuung am Potential $V(\boldsymbol{x})$ erfolgt. Wenn diese Lösung in das Integral auf der rechten Seite von (9.75) eingesetzt wird, erhalten wir eine Lösung erster Ordnung $u_1(\boldsymbol{x})$. (Dies ist ganz analog der Kirchhoff-Sommerfeldschen Näherung für das Beugungsintegral). Ähnlich erhalten wir eine Lösung n-ter Ordnung, wenn wir die Näherung $u_{n-1}(\boldsymbol{x})$ auf der rechten Seite unterm Integral einsetzen, also

$$u_n(\boldsymbol{x}) = e^{i\boldsymbol{k}\cdot\boldsymbol{x}} - \frac{2m}{4\pi\hbar^2} \int d^3x' \frac{e^{ik|\boldsymbol{x}-\boldsymbol{x}'|}}{|\boldsymbol{x}-\boldsymbol{x}'|} V(\boldsymbol{x}') u_{n-1}(\boldsymbol{x}'). \tag{9.76}$$

Also führt die Näherung n-ter Ordnung auf ein formales Polynom in $V(\boldsymbol{x})$, dessen höchste Potenz V^n ist. Jede dieser Näherungen muss asymptotisch die Form haben

$$u_n(\boldsymbol{x}) \underset{r\to\infty}{\sim} e^{i\boldsymbol{k}\cdot\boldsymbol{x}} + f^{(n)}(\theta, \phi)\frac{e^{ikr}}{r}, \tag{9.77}$$

wo

$$f^{(n)}(\theta, \phi) = \sum_{j=1}^{n} f_j(\theta, \phi) \tag{9.78}$$

ist. Jeder Term in der Bornschen Summe für $u_n(\boldsymbol{x})$ liefert einen Beitrag, der die Bornsche Amplitude j-ter Ordnung $f_j(\theta, \phi)$ genannt wird. Der differentielle Streuquerschnitt n-ter Ordnung ist daher gegeben durch

$$\frac{d\sigma_n}{d\Omega} = |f^{(n)}(\theta, \phi)|^2 \tag{9.79}$$

und wir erhalten den exakten Wirkungsquerschnitt für $n \to \infty$, vorausgesetzt die Reihe konvergiert, in der Form

$$\frac{d\sigma_{\text{ex}}}{d\Omega} = |f^{(\text{ex})}(\theta, \phi)|^2 = |\sum_{j=1}^{\infty} f_j(\theta, \phi)|^2 . \tag{9.80}$$

9.4.3 Die erste Bornsche Näherung

Wenn die Wirkung des Streupotentials genügend schwach ist, wird der Streuzustand $u(\boldsymbol{x})$ nur wenig von der einfallenden ebenen Welle $e^{i\boldsymbol{k}\cdot\boldsymbol{x}}$ abweichen, d.h. wir können das Streupotential als eine kleine Störung betrachten, welche die ebene Welle $e^{i\boldsymbol{k}\cdot\boldsymbol{x}}$ nur geringfügig verzerrt. Dann genügt es, nur den Term der ersten Iteration beizubehalten. Dies liefert die sehr wichtige erste Born-Approximation

$$u_1(\boldsymbol{x}) = e^{i\boldsymbol{k}\cdot\boldsymbol{x}} - \frac{m}{2\pi\hbar^2} \int d^3x' \frac{e^{ik|\boldsymbol{x}-\boldsymbol{x}'|}}{|\boldsymbol{x}-\boldsymbol{x}'|} V(\boldsymbol{x}') e^{i\boldsymbol{k}\cdot\boldsymbol{x}'} . \tag{9.81}$$

Diese Näherung gilt für kleine Störungen $V(\boldsymbol{x})$ überall im Koordinatenraum. Doch von Interesse ist ausschließlich die Streuamplitude erster Ordnung $f_1(\theta, \phi)$, die wir aus der asymptotischen Form des Integrals in (9.81) erhalten. Dazu verwenden wir für große Werte von $|\boldsymbol{x}|$ die folgende Reihenentwicklung $|\boldsymbol{x}-\boldsymbol{x}'| = [r^2 - 2\boldsymbol{x}\cdot\boldsymbol{x}' + r'^2]^{\frac{1}{2}} \cong r - \frac{1}{r}\boldsymbol{x}\cdot\boldsymbol{x}' + \ldots$, sodass wir für $|\boldsymbol{x}| \gg |\boldsymbol{x}'|$ folgende Näherung für die Greensche Funktion in (9.81) herleiten können

$$\frac{e^{ik|\boldsymbol{x}-\boldsymbol{x}'|}}{|\boldsymbol{x}-\boldsymbol{x}'|} \underset{r \gg r'}{\cong} \frac{e^{i(kr - \frac{k}{r}\boldsymbol{x}\cdot\boldsymbol{x}')}}{r} = \frac{e^{ikr}}{r} e^{-i\boldsymbol{k}'\cdot\boldsymbol{x}'} , \tag{9.82}$$

wobei man im Nenner höhere Potenzen von $\frac{1}{r}$ vernachlässigen darf, hingegen im exponentiellen Phasenfaktor die erste Korrektur wichtig ist. Da $\frac{\boldsymbol{x}}{r}$ ein Einheitsvektor in radialer Richtung (weg vom Streuzentrum orientiert) ist, stellt $\boldsymbol{k}' = k\frac{\boldsymbol{x}}{r}$ den Wellenvektor in radialer Streurichtung dar. Nach Einsetzen der Näherung (9.82) in (9.81) erhalten wir die asymptotische Form der ersten Bornschen Näherung

$$u_1(\boldsymbol{x}) \underset{r\to\infty}{\sim} \mathrm{e}^{\mathrm{i}\boldsymbol{k}\cdot\boldsymbol{x}} - \frac{m}{2\pi\hbar^2}\left[\int \mathrm{d}^3x'\mathrm{e}^{-\mathrm{i}\boldsymbol{k}'\cdot\boldsymbol{x}'}V(\boldsymbol{x}')\mathrm{e}^{\mathrm{i}\boldsymbol{k}\cdot\boldsymbol{x}'}\right]\frac{\mathrm{e}^{\mathrm{i}kr}}{r} \tag{9.83}$$

und wir können daraus die Bornsche Streuamplitude erster Ordnung ablesen

$$f_1(\theta,\phi) = -\frac{m}{2\pi\hbar^2}\int \mathrm{d}^3x'\mathrm{e}^{\mathrm{i}(\boldsymbol{k}-\boldsymbol{k}')\cdot\boldsymbol{x}'}V(\boldsymbol{x}'). \tag{9.84}$$

Dieses Resultat ist in Übereinstimmung mit dem Ergebnis in Kapitel 6.6.5 bei der Anwendung der zeitabhängigen Störungstheorie auf dasselbe Streuproblem, wo wir die Wahrscheinlichkeit des Überganges von einem freien Teilchenzustand $u_i(\boldsymbol{x})$ in einen anderen solchen Zustand $u_f(\boldsymbol{x})$ unter Einfluss der zeitunabhängigen Störung $W(\boldsymbol{x}) = V(\boldsymbol{x})$ berechnet haben. $f_1(\theta,\phi)$ ist daher die Amplitude (bzw. konstante Matrixelement) dieses Überganges. Wenn wir den vom Potential an das gestreute Teilchen übertragenen Impuls $\boldsymbol{Q} = \boldsymbol{p} - \boldsymbol{p}' = \hbar\boldsymbol{K}$ nennen, wo $\boldsymbol{K} = \boldsymbol{k} - \boldsymbol{k}'$ ist, dann ist bis auf einen Vorfaktor, die Streuamplitude erster Ordnung gleich der Fourier-Transformierten des Streupotentials (Siehe Anhang A.2.4), denn

$$f_1(\theta,\phi) = -\frac{m}{2\pi\hbar^2}V(\boldsymbol{K}), \quad V(\boldsymbol{K}) = \int \mathrm{d}^3x'\mathrm{e}^{\mathrm{i}\boldsymbol{K}\cdot\boldsymbol{x}'}V(\boldsymbol{x}'). \tag{9.85}$$

Daher lautet in erster Bornscher Näherung der differentielle Wirkungsquerschnitt (Streuquerschnitt)

$$\frac{\mathrm{d}\sigma_1}{\mathrm{d}\Omega} = |f_1(\theta,\phi)|^2 = \left(-\frac{m}{2\pi\hbar^2}\right)^2|V(\boldsymbol{K})|^2. \tag{9.86}$$

Wir erkennen sofort, dass in dieser Näherung der Streuquerschnitt unabhäng ist vom Vorzeichen des Streupotentials $V(\boldsymbol{x})$, d.h. wir erhalten dasselbe Resultat, egal ob das Streuzentrum anziehend oder abstoßend ist. Erst in höherer Bornscher Näherung wird dieser Unterschied erkennbar.

Die erste Bornsche Näherung des quantenmechanischen Streuproblems ist das exakte Analogon zur Fraunhofer-Näherung der Kirchhoffschen Beugungstheorie in der Optik. Dort wird gezeigt, dass die Beugungsamplitude $\psi_P(\alpha,\beta)$ des gebeugten Lichtes in eine Richtung (α,β) die Fourier-Transformierte der Transmissionsfunktion $T(\xi,\eta)$ des beleuchteten beugenden Objektes darstellt. Daher lässt sich das Streupotential $V(\boldsymbol{x})$ als eine dreidimensionale Transmissionsfunktion eines quantenmechanischen Objektes auffassen, an dem die Beugung einer Teilchenwelle untersucht wird. Die Folgerungen aus dieser Analogie lassen sich tatsächlich experimentell verifizieren. So zeigt etwa die Neutronenstreuung an Atomkernen eine charakteristische Folge von Beugungsmaxima und Minima in der Winkelverteilung von $\frac{\mathrm{d}\sigma}{\mathrm{d}\Omega}$. Damit erhalten aber auch unsere Beugungsexperimente in Abschn. 1.4.3 eine tiefere Begründung.

9.4.4 Gültigkeitsbereich der Bornschen Näherung

Die erste Bornsche Näherung führt auf eine gute Näherung der exakten Streu-querschnitte, sobald für alle relevanten Werte von r die Streuwelle schwach gegenüber der einfallenden Welle ist, d.h. wenn gemäß (9.70) die Bedingung erfüllt ist

$$\frac{|f_1(\theta, \phi)|}{r} = \left| \frac{m}{2\pi\hbar^2} \frac{V(\boldsymbol{K})}{r} \right| \ll 1. \tag{9.87}$$

Diese Bedingung nennt man das Bornsche Kriterium und dieses muss erfüllt sein, damit die Bornsche Reihe konvergiert. Im allgemeinen ist dieses Krite-rium dann erfüllt, wenn das Potential eine geringe Reichweite hat und die Energie der einfallenden Teilchen groß ist gegenüber der Stärke des Streupo-tentials. Wir werden zeigen, dass für genügend hohe Teilchenenergien (d.h. ~ 100 eV im atomaren Bereich und ~ 100 MeV im nuklearen Bereich) das Born Kriterium die Gestalt annimmt

$$\frac{mV_0^2 R^2}{2\hbar^2 E} = \left(\frac{V_0 R}{\hbar v} \right)^2 \ll 1, \tag{9.88}$$

wo R die effektive Reichweite und V_0 die Stärke des Potentials sind, während v die Geschwindigkeit der einfallenden Teilchen ist. Folglich ist die Born-Approximation brauchbar, wenn die Streuenergie groß ist und das Streu-potential schwach und von geringer Reichweite. Doch lässt sich die Genauig-keit, mit welcher das Kriterium erfüllt ist, im allgemeinen schwer bestimmen. Diese hängt wesentlich von der speziellen Art des Streupotentials ab. Häufig liefert die erste Bornsche Näherung auch noch dann sinnvolle Resultate, wenn das Born-Kriterium nicht mehr erfüllt ist.

Wie wir bereits diskutiert haben, schließen die Vektoren $\boldsymbol{k}$ und $\boldsymbol{k}'$ den Streuwinkel θ ein und da die Streuung elastisch ist, gilt $k = k'$. Daher ist $K^2 = |\boldsymbol{k} - \boldsymbol{k}'|^2 = 2k^2(1 - \cos\theta) = 4k^2 \sin^2\frac{\theta}{2}$, beziehungsweise $K = 2k\sin\frac{\theta}{2}$. Der Ausdruck $V(\boldsymbol{K})$ für die Fourier-Transformierte des Streupotentials kann für eine Zentralkraft, bei der $V(\boldsymbol{x}) = V(r)$ ist, durch Ausführung der Win-kelintegration in Kugelkoordinaten vereinfacht werden. Wir haben bereits in (6.128) gezeigt, dass diese Winkelintegration liefert

$$V(\boldsymbol{K}) = \int d^3x' e^{i\boldsymbol{K}\cdot\boldsymbol{x}'} V(r') = \frac{4\pi}{K} \int_0^\infty \sin(Kr')V(r')r' dr'. \tag{9.89}$$

Demnach ist bei einem Zentralpotential die Transformierte $V(\boldsymbol{K}) = V(K)$ und K ist nur eine Funktion des Streuwinkels θ. Folglich sind die Streuam-plitude $f_1(\theta)$ und $\frac{d\sigma_1}{d\Omega}$ unabhängig vom Azimuth ϕ, wie aufgrund der Rota-tionssymmetrie des Streuprozesses um die Einfallsrichtung der Teilchen zu erwarten ist. Daher werden wir auf den bereits in (6.130) angegeben Aus-druck für den Wirkungsquerschnitt

$$\frac{d\sigma_1(\theta)}{d\Omega} = |f_1(\theta)|^2 = \left(-\frac{m}{2\pi\hbar^2} \right)^2 \left| \frac{4\pi}{K} \int_0^\infty \sin(Kr')V(r')r' dr' \right|^2 \tag{9.90}$$

geführt. Für ein Streupotential endlicher Reichweite, wie etwa $V(r') = V_0$ im Intervall $0 \leq r' \leq R$ und $V(r') = 0$ für $r' > R$, wird $V(K)$ nur dann $\neq 0$ sein, wenn $\sin Kr'$ sich in $0 \leq r' \leq R$ langsam ändert. Daher können wir näherungsweise $V(K) \cong \frac{4\pi}{K} V_0 \int_0^R r' \mathrm{d}r' = \frac{2\pi}{K} V_0 R^2$ setzen. Dies führt mit der weiteren Näherung $K \cong k$ (wenn $\theta \cong 1$ ist) schließlich auf die in (9.88) angegebene einfache Form des Bornschen Kriteriums. Die Bedingung $\sin KR \cong KR \cong kR\theta \cong 1$ führt genau wie in der Optik auf die Größenordnung der Winkelöffnung des Streuphänomens, nämlich $\theta \cong \frac{1}{kR} \cong \frac{\lambda}{R}$. Für hohe Energien, für welche $kR \gg 1$ ist, folgt dann $\theta \ll 1$, in Übereinstimmung mit der Erfahrung.

Da das Coulombsche Potential nicht genügend rasch mit wachsendem r abfällt, sind die Integralgleichung (9.75) und die Bornsche Reihe (9.80) nicht unmittelbar auf die Rutherford-Streuung anwendbar. Dennoch ist von Interesse, die erste Bornsche Näherung auf die Streuung geladener Teilchen an einem abgeschirmten Coulomb Potential anzuwenden. Dazu nehmen wir an, die Wechselwirkung der Streuung sei durch folgendes Potential gegeben

$$V(r) = \frac{ZZ'e^2}{r} \mathrm{e}^{-\mu r} . \tag{9.91}$$

Dabei kann die Abschirmungskonstante μ mit Hilfe des sogenannten Thomas-Fermi Radius r_0 des Atoms angenähert werden, indem wir setzen $r_0 = \frac{a_B}{\sqrt[3]{Z}} \cong \mu^{-1}$, wo a_B wieder der Bohrsche Radius ist. Die Fourier-Transformierte (9.85) für diese Wechselwirkung lautet dann

$$V(K) = ZZ'e^2 \frac{4\pi}{K} \int_0^\infty \mathrm{e}^{-\mu r} \sin(Kr) \mathrm{d}r = \frac{4ZZ'e^2\pi}{K^2 + \mu^2} , \tag{9.92}$$

wobei mit der Zerlegung $\sin Kr = \frac{1}{2\mathrm{i}}(\mathrm{e}^{\mathrm{i}Kr} - \mathrm{e}^{-\mathrm{i}Kr})$ das Integral leicht zu berechnen war. Mit Hilfe (9.92) finden wir dann für den differentiellen Streuquerschnitt (9.86) in erster Bornscher Näherung

$$\frac{\mathrm{d}\sigma_1(\theta)}{\mathrm{d}\Omega} = \left(-\frac{m}{2\pi\hbar^2}\right)^2 |V(K)|^2 = \left(\frac{2mZZ'e^2}{\hbar^2}\right)^2 \frac{1}{(K^2 + \mu^2)^2} \tag{9.93}$$

und da bei großem Impulstransfer $K \gg \mu$ ist, erhalten wir in diesem Fall

$$\frac{\mathrm{d}\sigma_1(\theta)}{\mathrm{d}\Omega} = \left(\frac{2mZZ'e^2}{\hbar^2 K^2}\right)^2 = \left(\frac{ZZ'e^2}{4E}\right)^2 \sin^{-4}\frac{\theta}{2} \tag{9.94}$$

und dies ist genau der Rutherfordsche Wirkungsquerschnitt (9.54) für die Streuung an einem reinen Coulombpotential. Diese Übereinstimmung ist deswegen verständlich, da für großen Impulstransfer $\boldsymbol{Q} = \boldsymbol{p} - \boldsymbol{p}'$ und damit bei großem Streuwinkel θ der Stoßparameter P der einfallenden α-Teilchen klein ist und diese daher tief in das Potential eindringen (Vergleiche die Abb. 9.1 und 9.2), wo die Abschirmung des Coulombpotentials unwirksam wird.

Um das vereinfachte Bornsche Kriterium (9.88) auf die Coulombstreuung anwenden zu können, verwenden wir für die Reichweite und die Stärke des Potentials folgende Näherungen

$$R \cong r_0 , \quad V_0 \cong V(r_0) = \frac{ZZ'e^2}{r_0} e^{-1} \cong \frac{ZZ'e^2}{r_0} . \tag{9.95}$$

Damit leiten wir dann unter Verwendung der Feinstrukturkonstante $\alpha = \frac{e^2}{\hbar c}$ aus dem Bornschen Kriterium die Bedingung ab

$$\left(\frac{ZZ'e^2}{\hbar v} \right)^2 \ll 1 , \quad \text{bzw.} \; ZZ'\frac{\alpha}{\beta} \ll 1 , \quad \beta = \frac{v}{c} . \tag{9.96}$$

Diese Bedingung ist auch bei relativistischen Teilchen-Geschwindigkeiten anwendbar, wo $\frac{v}{c} \to 1$ strebt. In diesem Fall versagt die Bornsche Näherung nur bei sehr schweren Atomen, wie die experimentelle Erfahrung bestätigt.

Die Berechnung der Amplituden höherer Ordnung der Bornschen Reihe (9.78) ist weitaus komplizierter. Jedoch liefert die erste Bornsche Näherung bei vielen atomaren und kernphysikalischen Prozessen eine brauchbare erste Abschätzung. Bei atomaren Streuprozessen mit Streuenergien kleiner als $\sim 100\,\text{eV}$ und bei nuklearen Prozessen mit Energien unterhalb $\sim 100\,\text{MeV}$ verbietet jedoch das Bornsche Kriterium die Anwendung.

9.5 Die Methode der Partialwellen

In niedrigeren Energiebereichen sind andere Methoden nötig, um Streuprozesse der Atom- und Kernphysik berechnen zu können. Auf diese Methoden der sogenannten Partialwellenanalyse haben wir bereits hingewiesen. Diese Methode ist exakt und im allgemeinen unabhängig von der Stärke des Streupotentials, vorausgesetzt dieses Potential ist von kurzer Reichweite. Wir werden sogleich zeigen, dass diese Methode bei niedrigen Energien der Streuteilchen besonders nützlich ist. Diese Methode stammt ursprünglich von Lord Rayleigh (The Theory of Sound, 1873), der sie für die Untersuchung der Streuung von Schallwellen an kleinen Objekten entwickelt hat. Später wurde die Methode von H. Faxén und J. Holtsmark (1927) für die Anwendung auf quantenmechanische Streuprozesse abgeändert.

9.5.1 Herleitung der Streuamplitude

Wir betrachten die Streuung von Teilchen an einem kugelsymmetrischen Potential $V(r)$ und vernachlässigen andere, möglicherweise Spin-abhängige, Wechselwirkungen. Da das Potential V nur von r abhängt, können wir die Streulösungen $u(\boldsymbol{x})$ der Schrödinger-Gleichung (9.10) in Kugelkoordinaten untersuchen. In diesen Koordinaten lautet, gemäß unseren Ausführungen im Abschn. 3.5, die Schrödinger-Gleichung (3.115) folgendermaßen

$$\left[\frac{1}{r^2} \frac{\partial}{\partial r} \left(r^2 \frac{\partial}{\partial r} \right) + \frac{1}{r^2 \sin \theta} \frac{\partial}{\partial \theta} \left(\sin \theta \frac{\partial}{\partial \theta} \right) + \frac{1}{r^2 \sin^2 \theta} \frac{\partial^2}{\partial \phi^2} \right] u(r, \theta, \phi)$$

$$+ \left[k^2 - \frac{2m}{\hbar^2} V(r) \right] u(r, \theta, \phi) = 0 . \tag{9.97}$$

Wie wir inzwischen wissen, haben die Streulösungen unter der Bedingung $rV(r) \to 0$ für $r \to \infty$ die asymptotische Form

$$u(r, \theta) \underset{r \to \infty}{\sim} e^{ikr \cos \theta} + f(\theta) \frac{e^{ikr}}{r} , \tag{9.98}$$

wobei bereits berücksichtigt wurde, dass bei einem kugelsymmetrischen Potential $V(r)$ die Lösungen rotationssymmetrisch um die Einfallsrichtung der Teilchen sein werden. Diese Richtung haben wir zur z-Richtung und Polarachse der Kugelkoordinaten gemacht. Daher genügt es, wegen der Rotationssymmetrie bei einem Reihenansatz für die Lösungen $u(r, \theta)$ mit Hilfe der Drehimpuls-Eigenfunktionen $Y_l^m(\theta, \phi)$ nur die $Y_l^0(\theta, \phi) \sim P_l(\cos \theta)$ zu beachten. Daher können wir für die Streulösungen ansetzen

$$u(r, \theta) = \frac{1}{r} \sum_{l=0}^{\infty} c_l v_l(r) P_l(\cos \theta) , \tag{9.99}$$

wobei wir den asymptotisch zu erwartenden Faktor $\frac{1}{r}$ bereits vorgezogen haben. Beim Einsetzen von (9.99) in die Schrödinger-Gleichung (9.97) und Projektion auf eine der $P_{l'}(\cos \theta)$, erhalten wir wegen $(P_l, P_{l'}) = \frac{2}{2l+1} \delta_{l,l'}$ und mit der Bezeichnung $U(r) = \frac{2m}{\hbar^2} V(r)$ für die radialen Funktionen $v_l(r)$ die folgende Differentialgleichung

$$\frac{d^2 v_l(r)}{dr^2} + \left[k^2 - U(r) - \frac{l(l+1)}{r^2} \right] v_l(r) = 0 . \tag{9.100}$$

Dabei haben wir beachtet, dass in (9.97) der (θ, ϕ)-abhängige Operator die Eigenwerte $-l(l+1)$ hat, da er gemäß (3.145) die Kugelflächenfunktionen $Y_l^m(\theta, \phi)$ bzw. die Eigenfunktionen des Drehimpulses definiert. Zur eindeutigen Lösung der Differentialgleichung (9.100) von zweiter Ordnung sind zwei Anfangsbedingungen festzulegen. Da $k^2 > 0$ (d.h. $E > 0$) ist und daher k^2 beliebige Werte annehmen kann, ist keine Eigenwertbedingung zu erwarten und die asymptotische Form von $v_l(r)$ liegt bereits durch die Wahl von $V(r)$ fest. Daher können sich die beiden Anfangsbedingungen nur aus dem Verhalten der Funktionen $v_l(r)$ in der Umgebung des Kraftzentrums bei $r = 0$ ergeben. Wenn wir die Umgebung von $r = 0$ betrachten, können wir in der Differentialgleichung (9.100) die Terme mit k^2 und $U(r)$ als Koeffizienten gegenüber dem Glied $\frac{l(l+1)}{r^2}$ ($l \neq 0$) vernachlässigen und wir erhalten auf diese Weise in der Umgebung von $r = 0$ die asymptotische Gleichung

$$v_l''(r) = \frac{l(l+1)}{r^2} v_l(r) , \quad r \to 0 . \tag{9.101}$$

Diese Gleichung können wir mit dem Bernoullischen Ansatz $v_l(r) = r^p$ lösen, denn beim Einsetzen in die Differentialgleichung (9.101) erhalten wir zur Bestimmung des Parameters p die Gleichung

$$p(p - 1) = l(l + 1) \qquad (9.102)$$

mit den beiden Lösungen $p_1 = l + 1$ und $p_2 = -l$, sodass die allgemeine Lösung der asymptotischen Gleichung (9.101) lautet

$$v_l(r) \underset{r \to 0}{\sim} a_1 r^{l+1} + a_2 \frac{1}{r^l} . \qquad (9.103)$$

Da der Streuzustand $u(r, \theta)$ als Wahrscheinlichkeitsamplitude nirgends im Raum unendlich werden darf, kann diese Bedingung für $r \to 0$ nur dann erfüllt sein, wenn $v_l(0) = 0$ ist. Daher muss die zweite Integrationskonstante $a_2 = 0$ gewählt werden und die erste Integrationskonstante kann man als Normierungskonstante $a_1 = 1$ setzen (Vergleiche die Diskussion in Anhang A.2.3). Damit hat der Lösungsansatz (9.99) für $r \to 0$ die asymptotische Gestalt

$$u(r \to 0, \theta) = \sum_{l=0}^{\infty} c_l r^l P_l(\cos \theta) . \qquad (9.104)$$

Damit sind mit Hilfe der Anfangsbedingung die Funktionen $v_l(r)$ eindeutig festgelegt. Wir betrachten daher für die weiteren Überlegungen die Funktionen $v_l(r)$ als bekannt, die sich durch Lösung ihrer Differentialgleichung (9.100) ergeben. Dies ist nur für einfache Potentiale $V(r)$ möglich und muss sonst auf numerischem Wege durchgeführt werden. Ein einfaches Beispiel werden wir später betrachten.

Sobald die Lösungen $v_l(r)$ bekannt sind, kann der Streuzustand $u(r, \theta)$ als eine unendliche Summe von Partialwellen ganz bestimmten Drehimpulses l aufgebaut werden. Dies besitzt gewisse Analogien zur Multipolentwicklung in der Elektrodynamik. Die Entwicklungskoeffizienten c_l der Reihe (9.99) lassen sich aus der asymptotischen Bedingung (9.98), $u(r \to \infty, \theta)$ berechnen. Dazu werden wir zunächst das Verhalten von $v_l(r)$ für $r \to \infty$ untersuchen. In großer Entfernung vom Streuzentrum können wir in der Differentialgleichung (9.100) die Terme mit $U(r)$ und $\frac{l(l+1)}{r^2}$ gegenüber k^2 vernachlässigen, da sie für $r \to \infty$ verschwinden. Daher erhalten wir für $r \to \infty$ die asymptotische Gleichung für $v_l(r)$

$$v_l''(r) + k^2 v_l(r) = 0 \qquad (9.105)$$

und diese hat die allgemeine Lösung

$$v_l(r) \underset{r \to \infty}{\sim} \frac{A_l(k)}{k} \sin\left(kr - \frac{l\pi}{2} + \delta_l\right) . \qquad (9.106)$$

Dass von den hier auftretenden Integrationskonstanten

$$A_l = A_l(k), \quad \delta_l = \delta_l(k) \qquad (9.107)$$

die Faktoren $\frac{1}{k}$ bzw. $-\frac{l\pi}{2}$ abgespaltet wurden, erfolgt, wie wir gleich sehen werden, aus Gründen der Zweckmäßigkeit. Jedenfalls sind die Koeffizienten $A_l(k)$ und $\delta_l(k)$ nicht frei wählbar, da sie durch die Lösungen der Differentialgleichung (9.100) für die $v_l(r)$ mit ihrer Anfangsbedingung bei $r \to 0$, in der Form $v_l(r) \cong r^{l+1}$ eindeutig festgelegt sind. Die Bestimmung der Konstanten (9.107) erfolgt durch Vergleich der als bekannt vorausgesetzten Lösungen $v_l(r)$ (meist in numerischer Form) mit der asymptotischen Gestalt (9.106) der Lösungen für $r \to \infty$. Für die weitere Diskussion können wir daher die A_l und δ_l als bekannt voraussetzen. Wenn wir die asymptotische Form (9.106) der Lösungen $v_l(r)$ in die Reihenentwicklung (9.99) von $u(r, \theta)$ einsetzen, so erhalten wir für den Streuzustand die folgende asymptotische Form für $r \to \infty$

$$u(r, \theta) \underset{r \to \infty}{\sim} \frac{1}{kr} \sum_{l=0}^{\infty} c_l A_l P_l(\cos \theta)$$

$$\times \left[\cos \delta_l \sin(kr - \frac{l\pi}{2}) + \sin \delta_l \cos\left(kr - \frac{l\pi}{2} \right) \right]. \tag{9.108}$$

Damit dieser Ausdruck mit der für den Zustand $u(r, \theta)$ vorgeschriebenen asymptotischen Form (9.98) verglichen werden kann, müssen wir auch diesen nach den Drehimpuls-Eigenfunktionen $P_l(\cos \theta)$ entwickeln.

Dazu beginnen wir mit der entsprechenden Reihenentwicklung der einfallenden ebenen Welle e^{ikz}. Da diese Welle eine Eigenfunktion der Schrödinger Gleichung im potentialfreien Raum, $V(r) = 0$, ist, muss sie durch die Eigenfunktionen der Schrödinger Gleichung in Kugelkoordinaten darstellbar sein. Wegen $z = r \cos \theta$ kann diese Darstellung die Kugelflächenfunktionen $Y_l^m(\theta, \phi)$ mit $m \neq 0$ nicht enthalten, sodass die Reihe lauten muss (Vgl. Anhang A.3.5)

$$\mathrm{e}^{ikr \cos \theta} = \sum_{l=0}^{\infty} b_l \frac{1}{kr} g_l(r) P_l(\cos \theta), \tag{9.109}$$

wo die $g_l(r)$ derselben Differentialgleichung (9.100) wie die $v_l(r)$ mit $U(r) = 0$ genügen müssen und für $r \to 0$ die gleiche asymptotische Form wie $v_l(r)$, also $g_l(r) \sim r^{l+1}$, haben müssen, da sich die Funktion $\mathrm{e}^{ikr \cos \theta}$ für $r \to 0$ regulär verhält. Zur Berechnung der Koeffizienten b_l verwenden wir die Orthogonalität der $P_l(\cos \theta)$ (3.135), $(P_l, P_{l'}) = \frac{2}{2l+1} \delta_{l,l'}$ und wir erhalten nach Multiplikation der Gleichung (9.109) mit $P_{l'}(\cos \theta)$ und Integration über $\cos \theta = \xi$ im Intervall $(-1, +1)$

$$\int_{-1}^{+1} \mathrm{e}^{ikr\xi} P_{l'}(\xi) \mathrm{d}\xi = b_{l'} \frac{g_{l'}(r)}{kr} \frac{2}{2l'+1}. \tag{9.110}$$

Wenn wir die linke Seite dieser Gleichung partiell integrieren, finden wir

$$b_{l'} \frac{g_{l'}(r)}{kr} = \frac{2l'+1}{2} \frac{1}{ikr} \left[\mathrm{e}^{ikr} P_{l'}(1) - \mathrm{e}^{-ikr} P_{l'}(-1) - \int_{-1}^{+1} \mathrm{e}^{ikr\xi} \frac{dP_{l'}(\xi)}{d\xi} \mathrm{d}\xi \right]. \tag{9.111}$$

Da $P_{l'}(\xi)$ ein Polynom l'-ten Grades in ξ ist, können wir diese partiellen Integrationen l' mal fortsetzen und erhalten so ein Polynom in $\frac{1}{\mathrm{i}kr}$ mit Koeffizienten, die von $\mathrm{e}^{\pm\mathrm{i}kr}$ abhängen. Für $r \to \infty$ dominiert jedoch der erste Term dieser Entwicklung, den wir in (9.111) berechnet haben und wir erhalten wegen $P_{l'}(1) = 1$ und $P_{l'}(-1) = (-1)^{l'}$ (wie aus der Erzeugenden Funktion (3.132) der $P_l(\xi)$ gefolgert werden kann)

$$
\begin{aligned}
b_l\, g_l(r) &\underset{r\to\infty}{\sim} \frac{2l+1}{2\,\mathrm{i}} \left[\mathrm{e}^{\mathrm{i}kr} - \mathrm{e}^{-\mathrm{i}kr}(-1)^l \right] \\
&= (2l+1)\,\mathrm{i}^l \frac{1}{2\,\mathrm{i}} \left[\mathrm{e}^{\mathrm{i}kr}(-\mathrm{i})^l - \mathrm{e}^{-\mathrm{i}kr}(\mathrm{i})^l \right] \\
&= (2l+1)\,\mathrm{i}^l \frac{1}{2\,\mathrm{i}} \left[\mathrm{e}^{\mathrm{i}(kr-l\frac{\pi}{2})} - \mathrm{e}^{-\mathrm{i}(kr-l\frac{\pi}{2})} \right] \\
&= (2l+1)\,\mathrm{i}^l \sin\left(kr - \frac{l\pi}{2} \right).
\end{aligned}
\tag{9.112}
$$

Wenn wir dieses Resultat in (9.109) einsetzen, so finden wir die gesuchte asymptotische Form der einfallenden ebenen Welle in Kugelkoordinaten

$$
\mathrm{e}^{\mathrm{i}kz} \underset{r\to\infty}{\sim} \frac{1}{kr} \sum_{l=0}^{\infty} (2l+1)\,\mathrm{i}^l \sin\left(kr - \frac{l\pi}{2} \right) P_l(\cos\theta).
\tag{9.113}
$$

Da wir schon wissen, dass die Funktionen $g_l(r)$ derselben Differentialgleichung (9.100) wie die $v_l(r)$ nur mit $U(r) = 0$ genügen, erhalten wir mit der neuen Veränderlichen $kr = \rho$ die Gleichung

$$
g_l''(\rho) + \left[1 - \frac{l(l+1)}{\rho^2} \right] g_l(\rho) = 0
\tag{9.114}
$$

und mit dem Ansatz

$$
g_l(\rho) = \sqrt{\frac{\pi}{2}\rho}\, J_{l+\frac{1}{2}}(\rho)
\tag{9.115}
$$

stellen wir fest, dass die resultierende Differentialgleichung jene der Bessel-Funktionen $J_{l+\frac{1}{2}}(\rho)$ vom halbzahligen Index $l + \frac{1}{2}$ ist. Diese Funktionen sind jene Lösungen der Besselschen Differentialgleichung, die sich wie $g_l(\rho)$ bei $\rho = 0$ regulär verhalten. In der Theorie der Bessel-Funktionen wird gezeigt, dass die $J_{l+\frac{1}{2}}(\rho)$ für $\rho \to \infty$ folgende asymptotische Form haben (Siehe Anhang A.3.5)

$$
J_{l+\frac{1}{2}}(kr) \underset{r\to\infty}{\sim} \sqrt{\frac{2}{\pi kr}} \sin\left(kr - \frac{l\pi}{2} \right),
\tag{9.116}
$$

sodass sich wegen (9.115) das asymptotische Verhalten $g_l(r) \sim \sin\left(kr - \frac{l\pi}{2} \right)$ ergibt. Schließlich finden wir durch Vergleich mit (9.112), dass daraus für die Koeffizienten b_l folgt $b_l = (2l+1)\,\mathrm{i}^l$. Wir werden später eine instruktive physikalische Interpretation der Partialwellenzerlegung von $\mathrm{e}^{\mathrm{i}kz}$ anführen.

Da wir schon gesehen haben, dass die Streuamplitude $f(\theta)$ für ein zentralsymmetrisches Potential $V(r)$ rotationssymmetrisch ist, können wir $f(\theta)$ auch in eine Reihe nach Legendreschen Polynomen entwickeln

$$f(\theta) = \frac{1}{k}\sum_{l=0}^{\infty} b_l P_l(\cos\theta) \tag{9.117}$$

und erhalten damit wegen (9.113) für den Streuzustand die asymptotische Bedingung in der folgenden Form

$$
\begin{aligned}
u(r,\theta) &\underset{r\to\infty}{\sim} \mathrm{e}^{\mathrm{i}kz} + f(\theta)\frac{\mathrm{e}^{\mathrm{i}kr}}{r} \\
&= \frac{1}{kr}\sum_{l=0}^{\infty}\left[(2l+1)\mathrm{i}^l \sin\left(kr - \frac{l\pi}{2}\right) + b_l\mathrm{e}^{\mathrm{i}kr}\right] P_l(\cos\theta) \\
&= \frac{1}{kr}\sum_{l=0}^{\infty}\mathrm{i}^l\left[(2l+1+\mathrm{i}b_l)\sin\left(kr - \frac{l\pi}{2}\right) + b_l\cos\left(kr - \frac{l\pi}{2}\right)\right] P_l(\cos\theta),
\end{aligned}
\tag{9.118}
$$

wobei wir verwendet haben, dass $(-\mathrm{i})^l\mathrm{e}^{\mathrm{i}kr} = \mathrm{e}^{\mathrm{i}(kr-\frac{l\pi}{2})} = \cos(kr - \frac{l\pi}{2}) + \mathrm{i}\sin(kr - \frac{l\pi}{2})$ ist.

Damit die asymptotische Form (9.108) der als bekannt vorausgesetzten Lösung $u(r,\theta)$ mit der asymptotischen Randbedingung (9.98) übereinstimmt, werden die entsprechenden Koeffizienten von $\sin(kr - \frac{l\pi}{2})$ und $\cos(kr - \frac{l\pi}{2})$ miteinander gleichzusetzen sein. Daraus ergeben sich Beziehungen zwischen den als unbekannt anzusehenden Koeffizienten c_l und b_l und den bekannten Amplituden $A_l(k)$ und Phasen $\delta_l(k)$. Diese Beziehungen lauten

$$c_l A_l \cos\delta_l = \mathrm{i}^l(2l+1+\mathrm{i}b_l), \quad c_l A_l \sin\delta_l = \mathrm{i}^l b_l \tag{9.119}$$

und nach deren Auflösung

$$c_l = \frac{(2l+1)\,\mathrm{i}^l}{A_l}\mathrm{e}^{\mathrm{i}\delta_l}, \quad b_l = \frac{2l+1}{2\,\mathrm{i}}(\mathrm{e}^{\mathrm{i}\,2\delta_l} - 1). \tag{9.120}$$

Interessant sind insbesondere die Koeffizienten b_l für die Entwicklung (9.117) der Streuamplitude $f(\theta)$ nach den Drehimpulseigenfunktionen $P_l(\cos\theta)$. Nach Einsetzen von b_l in diese Entwicklung finden wir

$$f(\theta) = \frac{1}{2\mathrm{i}k}\sum_{l=0}^{\infty}(2l+1)(\mathrm{e}^{2\mathrm{i}\delta_l} - 1)P_l(\cos\theta). \tag{9.121}$$

Dieser Ausdruck stellt die Lösung unseres Streuproblems durch Partialwellen dar. Es gelang die Streuamplitude $f(\theta)$ als Funktion der Streuphasen $\delta_l(k)$ auszudrücken, von denen angenommen wird, dass sie sich aus den Lösungen $v_l(r)$ der radialen Schrödinger Gleichung berechnen lassen.

9.5.2 Physikalische Interpretation

Zu einer physikalisch anschaulichen Interpretation dieses Resultats gelangen wir, indem wir nochmals die asymptotische Form (9.98) von $u(r,\theta)$ betrachten. Wir schreiben anstelle (9.113) in äquivalenter Weise

$$
e^{ikz} \underset{r\to\infty}{\sim} \frac{1}{2ikr} \sum_{l=0}^{\infty}(2l+1)\left[e^{ikr}-(-1)^l e^{-ikr}\right]P_l(\cos\theta) \tag{9.122}
$$

und finden zusammen mit (9.121), dass $u(r,\theta)$ asymptotisch in folgender Weise ausgedrückt werden kann

$$
\begin{aligned}
u(r,\theta) &\underset{r\to\infty}{\sim} e^{ikz}+f(\theta)\frac{e^{ikr}}{r}\\
&= \frac{1}{2ikr}\sum_{l=0}^{\infty}(2l+1)\left[e^{2i\delta_l}e^{ikr}-(-1)^l e^{-ikr}\right]P_l(\cos\theta)\,.
\end{aligned} \tag{9.123}
$$

Danach besteht der Streuzustand $u(r,\theta)$ für $r\to\infty$ aus einer unendlichen Summe von einlaufenden Kugelwellen $\frac{e^{-ikr}}{r}$ und auslaufenden Kugelwellen $\frac{e^{ikr}}{r}$ von ganz bestimmtem Drehimpuls mit der Quantenzahl l. Da bei der Streuung am Zentralpotential $V(r)$ der Drehimpuls erhalten bleibt, muss für ein gegebenes l der Fluss j_l für die einlaufenden und auslaufenden Teilchen gleich sein. Daher können sich die Amplituden der einfallenden Kugelwelle und der auslaufenden Streuwelle nur durch einen Phasenfaktor unterscheiden, was in der Tat der Fall ist und ersichtlich in (9.123) durch den Faktor $e^{2i\delta_l}$ beschrieben wird. Wenn hingegen bei der Wechselwirkung mit einem komplexen Streupotential Teilchen absorbiert werden (etwa bei einer Kernreaktion), dann muss die Streuwelle eine kleinere Amplitude haben, was durch eine komplexe Streuphase $\delta_l(k) = \alpha_l(k)+i\beta_l(k)$ beschrieben wird. Dies ist sehr ähnlich der Streuung und Dispersion in der Optik, die durch einen komplexen Brechungsindex charakterisiert ist. Neben den elastischen Streuquerschnitten treten dann Wirkungsquerschnitte der inelastischen Reaktionen auf.

9.5.3 Der Streuquerschnitt

Wir berechnen nun mit der Darstellung (9.121) für die Streuamplitude $f(\theta)$ den differentiellen Streuquerschnitt

$$
\begin{aligned}
\frac{d\sigma_{el}(\theta)}{d\Omega} &= \frac{1}{4k^2}\left|\sum_{l=0}^{\infty}(2l+1)(e^{i2\delta_l}-1)P_l(\cos\theta)\right|^2\\
&= \left|\sum_{l=0}^{\infty}f_l(\theta)\right|^2\,,
\end{aligned} \tag{9.124}
$$

woraus ersichtlich ist, dass die Beiträge $f_l(\theta)$ der einzelnen Partialwellen miteinander interferieren, da die auslaufende Streuwelle in eine Superposition von Kugelwellen mit verschiedenen Drehimpulsamplituden und Phasen zerlegt wurde (analog zur Multipolentwicklung in der Elektrodynamik). Zur Berechnung des totalen elastischen Streuquerschnittes σ_t, haben wir über den ganzen Raumwinkel Ω (d.h. die Oberfläche der Einheitskugel) zu integrieren. Da das Azimuth ϕ nicht vorkommt, liefert die Integration über diesen Winkel den Faktor 2π. Zur Integration über den Winkel θ verwenden wir wieder die Substitution $\cos\theta = \xi$ und integrieren über das Intervall $[-1, +1]$. Dann erhalten wir wegen (3.135), $(P_l, P_{l'}) = \frac{2}{2l+1}\delta_{l,l'}$

$$\sigma_t^{\text{el}} = \frac{\pi}{2k^2} \sum_{l,l'=0}^{\infty} (2l+1)(2l'+1)(\mathrm{e}^{\mathrm{i}2\delta_l} - 1)(\mathrm{e}^{-\mathrm{i}2\delta_{l'}} - 1)(P_l, P_{l'}) \qquad (9.125)$$

$$= \frac{\pi}{k^2} \sum_{l=0}^{\infty} (2l+1)(\mathrm{e}^{\mathrm{i}\delta_l} - \mathrm{e}^{-\mathrm{i}\delta_l})(\mathrm{e}^{-\mathrm{i}\delta_l} - \mathrm{e}^{\mathrm{i}\delta_l}) = \frac{4\pi}{k^2} \sum_{l=0}^{\infty} (2l+1)\sin^2\delta_l.$$

Diese beiden Formeln für den differentiellen und totalen Streuquerschnitt der elastischen Streuung von Teilchen an einem Potential $V(r)$ ist besonders dann nützlich, wenn die $\sum_l$ rasch konvergiert, sodass es genügt, von der Summe nur die ersten Glieder zu berücksichtigen. Dies ist dann der Fall, wenn das Potential von geringer Reichweite und die Energie der Streuteilchen nicht groß ist (einige eV im atomaren und einige MeV im Kern-Bereich). Nur dann sind einige der ersten $\delta_l \neq 0$.

Dies lässt sich mit der folgenden halbklassischen Überlegung plausibel machen. In der Reihenentwicklung der einfallenden ebenen Welle (9.109) der Streuteilchen entspricht jeder Term einem ganz bestimmten Drehimpuls mit dem Quadrat $\hbar^2 l(l+1)$. Von jedem dieser Terme können wir uns klassisch vorstellen, dass er jene Teilchen beschreibt, die auf das Streuzentrum in einem gewissen Minimalabstand zufliegen. Wenn die Teilchen den Anfangsimpuls $\boldsymbol{p}_i$ haben und unabgelenkt im Abstand P (Vergleiche Abb. 9.1) vorbeifliegen, ist ihr Drehimpuls $p_i P$. Das Quadrat davon kann dann die quantisierten Werte $(p_i P_l)^2 \cong \hbar^2 l(l+1)$ annehmen. Dies gestattet, die kinetische Energie der Stoßteilchen folgendermaßen auszudrücken

$$E = \frac{p_i^2}{2m} \cong \frac{\hbar^2}{2m}\frac{l(l+1)}{P_l^2}, \quad \text{oder } k^2 = \frac{2m}{\hbar^2}E = \frac{l(l+1)}{P_l^2}. \qquad (9.126)$$

Daher können wir dann die Differentialgleichung (9.114) für die freien Teilchen auf die Form bringen

$$g_l'' + l(l+1)\left(\frac{1}{P_l^2} - \frac{1}{r^2}\right)g_l = 0. \qquad (9.127)$$

Wenn $r < P_l$ ist, dann ist $\frac{1}{P_l^2} - \frac{1}{r^2} < 0$ und daher ist in diesem Gebiet $g_l(r)$ keine oszillierende Funktion und folglich trägt sie zur Reihe (9.109) von e^{ikz} nur wenig bei. Daher stellen diese Terme in der Reihe (9.109) jene Teilchen dar, deren nächster Abstand vom Ursprung $\cong P_l$ ist. Also werden nur jene Partialwellen am Streuprozess beteiligt sein, für die $P_l < R$ ist, wo R die Reichweite des Streupotentials bezeichnet. Da aber aufgrund (9.126) $P_l = \frac{\sqrt{l(l+1)}}{k} \cong \frac{l}{k}$ ist, sind nur jene Drehimpulszustände an der Streuung beteiligt, für die $l < kR$ ist und diese Zahl ist umso kleiner, je kleiner die Energie E der Streuteilchen und die Reichweite R des Potentials. Anschaulich gesprochen, stellt $-\frac{l(l+1)}{r^2}$ ein abstoßendes Zentrifugalpotential dar, zu dessen Überwindung eine gewisse minimale Teilchenenergie erforderlich ist. Da die Zahl der beteiligten Partialwellen die Winkelverteilung von $\frac{d\sigma}{d\Omega}$ bestimmen wird, ist diese Winkelverteilung von der Reichweite R des Potentials und der Streuenergie E abhängig. In Anlehnung an die Atomphysik, nennt man die Partialwellen mit $l = 0, 1, 2, \ldots$ entsprechend $s-, p-, d-, f-\ldots$ Wellen und analog die Streuamplituden und Wirkungsquerschnitte. Bei niedrigen Energien ist oft nur eine $s-$ Welle beteiligt. Dann erfolgt im Schwerpunktssystem die Streuung isotrop.

9.5.4 Streuresonanzen

Wenn die Streuphase δ die Werte $\frac{2n+1}{2}\pi$ annimmt, dann erhalten wir einen maximalen partialen Wirkungsquerschnitt $(\sigma_t)_l^{\max} = \frac{4\pi}{k^2}(2l+1)$ (Streuresonanzquerschnitt). Nahe einer Streuresonanz für die Partialwelle l können wir setzen

$$(\sigma_t)_l = \frac{4\pi}{k^2}(2l+1)\sin^2\delta = \frac{4\pi}{k^2}(2l+1)\frac{1}{1+\cot^2\delta_l}, \qquad (9.128)$$

wobei in der Umgebung der Resonanz $\cot\delta_l$ durch folgenden Ausdruck genähert werden kann

$$\cot\delta_l \cong \frac{E - E_R}{\frac{\Gamma}{2}} \qquad (9.129)$$

und daher erhalten wir mit Hilfe (9.128) die sogenannte Breit-Wignersche Resonanzstreuformel

$$(\sigma_t)_l^{\mathrm{Res}} = \frac{4\pi}{k^2}(2l+1)\frac{\left(\frac{\Gamma}{2}\right)^2}{(E-E_R)^2 + \left(\frac{\Gamma}{2}\right)^2}, \qquad (9.130)$$

wobei E_R die Resonanzenergie darstellt, bei welcher $\delta_l = \frac{2n+1}{2}\pi$ sein kann, und $\frac{\Gamma}{2}$ ist die halbe Energiebreite der Resonanz bei der Energie E_R. Die Lebensdauer einer solchen Resonanz ist dann durch $\tau \cong \frac{\hbar}{\Gamma_R}$ gegeben. (Vgl. Abschn. 2.4.5)

9.5.5 Das optische Theorem

Schließlich haben wir noch einen wichtigen Zusammenhang herzuleiten, der zwischen dem totalen Streuquerschnitt σ_t und der Streuamplitude für die Vorwärtsstreuung $f(\theta = 0)$ besteht. Obgleich wir hier diesen Zusammenhang nur für die elastische Streuung an einem Zentralpotential $V(r)$ herleiten, ist dieses Resultat von allgemeinerer Gültigkeit. (Das Theorem ist zum Beispiel auch in der Optik von Bedeutung). Wenn der Streuwinkel $\theta = 0$ ist, dann haben die Legendreschen Polynome den Wert $P_l(1) = 1$ und daher erhalten wir aus (9.121)

$$f(\theta = 0) = \frac{1}{2ik} \sum_{l=0}^{\infty} (2l+1)(e^{2i\delta_l} - 1)$$
$$= \frac{1}{k} \sum_{l=0}^{\infty} (2l+1)e^{i\delta_l} \sin\delta_l , \qquad (9.131)$$

sodass der Imaginärteil von $f(0)$ lautet

$$\operatorname{Im} f(0) = \frac{1}{k} \sum_{l=0}^{\infty} (2l+1) \sin^2\delta_l = \frac{k}{4\pi}\sigma_t^{\mathrm{el}} , \qquad (9.132)$$

wie wir durch Vergleich mit der Formel (9.125) für den totalen elastischen Wirkungsquerschnitt σ_t^{el} leicht feststellen können. Diese Beziehung heißt das optische Theorem oder die Bohr-Peierls-Placzek Beziehung. Danach werden bei der Streuung aus dem einfallenden Teilchenstrahl $N = j\sigma_t$ Teilchen pro Sekunde entfernt, sodass hinter dem Streuzentrum der auslaufende, ungestörte Anteil des Teilchenstrahls geschwächt sein muss. Dieser Strom wird durch eine Welle beschrieben, die durch destruktive Interferenz zwischen der einlaufenden Welle und der Streuwelle in Vorwärtsrichtung zustande kommt. Die Stärke dieser Interferenz wird durch $f(0) = |f(0)|e^{i\phi}$ in Amplitude $|f(0)|$ und Phase ϕ bestimmt. Berechnet man den Strom der in Vorwärtsrichtung durchgehenden Teilchen, welcher dieser Interferenz zuzuordnen ist, so ergibt sich $j_{\mathrm{int}} \sim j \operatorname{Im} f(0)$, entsprechend der Schwächung durch die N gestreuten Teilchen. Folglich drückt das optische Theorem den Satz von der Erhaltung der Wahrscheinlichkeit von Streuung und ungestreutem Durchgang von Teilchen aus.

9.5.6 Partialwellenzerlegung und Bornsche Näherung

Ein Zusammenhang zwischen der Partialwellenzerlegung und der ersten Bornschen Näherung ergibt sich aus der folgenden Überlegung, die auch auf einen exakten Ausdruck für die Phasenkonstanten $\delta_l(k)$ als Funktion der Zustandsfunktionen $v_l(r)$ der radialen Schrödinger-Gleichung (9.100) führt. Maßgeblich für die Lösung des Streuproblems sind die Funktionen $v_l(r)$, die der Gleichung (9.100) genügen und die radiale Anfangsbedingung $v_l(r) \sim r^{l+1}$ für $r \to 0$ erfüllen. Eine analoge radiale Gleichung (9.114) betrachteten wir für jene Lösungen $g_l(r)$, die mit derselben Anfangsbedingung einem freien Teilchen zuzuordnen sind. Wenn wir die erste dieser Gleichungen von links mit $g_l(r)$ und analog die zweite mit $v_l(r)$ multiplizieren und die erste Gleichung von der zweiten subtrahieren, so finden wir mit Hilfe der Identität $(v_l g_l')' = v_l' g_l' + v_l g_l''$ die Beziehung

$$v_l(r)g_l''(r) - g_l(r)v_l''(r) = [v_l g_l' - g_l v_l']' = -U(r)g_l(r)v_l(r) \qquad (9.133)$$

und wenn wir diese Gleichung über das Intervall $[0, r]$ integrieren, so erhalten wir wegen der Anfangsbedingung $v_l(0) = g_l(0) = 0$

$$v_l(r)g_l'(r) - g_l(r)v_l'(r) = -\int_0^r U(r')g_l(r')v_l(r')\mathrm{d}r' . \qquad (9.134)$$

Nun können wir für $r \to \infty$ auf der linken Seite dieser Gleichung unsere asymptotischen Lösungen (9.106, 9.115, 9.116) einsetzen und wir erhalten nach Ausführung der Differentiationen

$$A_l \sin \delta_l = -\int_0^\infty U(r')g_l(r')v_l(r')\mathrm{d}r' . \qquad (9.135)$$

Diese Beziehung gilt exakt, jedoch für Teilchenenergien, bei denen die Phasen δ_l klein sind wegen der Wirkung der Zentrifugalbarriere $-\frac{l(l+1)}{r^2}$, können wir die δ_l näherungsweise berechnen, indem wir angenähert setzen $v_l(r) \cong \frac{A_l}{k}g_l(r)$, d.h. wir nähern die exakte Lösung für $v_l(r)$ durch die entsprechend normierte Lösung $g_l(r)$ eines freien Teilchens. Da wir ferner fanden, dass $g_l(r)$ wegen (9.116) durch $J_{l+\frac{1}{2}}(kr)$ ausgedrückt werden kann, folgt für kleine Phasen δ_l

$$\sin \delta_l \cong \delta_l \cong -\frac{1}{k}\int_0^\infty U(r')g_l^2(r')\mathrm{d}r' = -\frac{\pi m}{\hbar^2}\int_0^\infty V(r')J_{l+\frac{1}{2}}^2(r')\, r'\mathrm{d}r' .$$
$$(9.136)$$

Diese Beziehung zeigt, dass im Rahmen unserer Näherung ein anziehendes Potential, mit $V(r) \leq 0$ für alle r, positive Phasen liefert und ein abstoßendes Potential, wo $V(r) \geq 0$ für alle r, negative Phasen ergibt. Man kann jedoch beweisen, dass dieses Resultat allgemeine Gültigkeit hat. Schließlich wollen wir noch zeigen, dass im Falle lauter kleiner δ_l und in obiger Näherung (9.136) die Streuphasenanalyse mit der ersten Bornschen Näherung äquivalent ist. Dazu wählen wir als Ausgangspunkt die Partialwellenzerlegung (9.121) der Streuamplitude $f(\theta)$. Für kleine Phasen δ_l wird gelten $e^{i2\delta_l} - 1 = e^{i\delta_l}2i\sin\delta_l \cong 2i\delta_l$ und daher zusammen mit (9.136)

$$f(\theta) = \frac{1}{k}\sum_{l=0}^\infty (2l+1)\delta_l P_l(\cos\theta)$$

$$= -\frac{\pi m}{\hbar^2 k}\int_0^\infty r'V(r')\mathrm{d}r'\left[\sum_{l=0}^\infty (2l+1)J_{l+\frac{1}{2}}^2(kr')P_l(\cos\theta)\right] . \qquad (9.137)$$

Doch wird in der Theorie der Bessel-Funktionen gezeigt, dass

$$\sum_{l=0}^{\infty} (2l+1) J_{l+\frac{1}{2}}^2(kr') P_l(\cos\theta) = \frac{2k}{\pi} \frac{\sin Kr'}{K} \qquad (9.138)$$

ist und daher folgt in dieser Näherung mit $K = 2k \sin\frac{\theta}{2}$ für die Streoamplitude

$$f(\theta) = -\frac{2m}{\hbar^2 K} \int_0^{\infty} V(r') \sin(Kr') r' \mathrm{d}r' . \qquad (9.139)$$

Der mit ihr berechnete differentielle Wirkungsquerschnitt $\frac{\mathrm{d}\sigma}{\mathrm{d}\Omega} = |f(\theta)|^2$ ist dann in Übereinstimmung mit (9.90). Es ist interessant zu bemerken, dass in erster Bornscher Näherung $\mathrm{Im}\, f(0) = 0$ ist. Daher kann der in dieser Näherung berechnete totale Wirkungsquerschnitt $\sigma_t = \int |f(\theta)|^2 \mathrm{d}\Omega$ nur sehr klein sein, wie auch aus der Partialwellenzerlegung hervorgeht, denn dort ist wegen (9.125) für kleine δ_l auch σ_t sehr klein. Dieses Resultat ist in Übereinstimmung mit der Bedingung, dass die Streuenergie E groß gegenüber R und V_0 sein muss.

Unsere vorangehenden Betrachtungen sind entsprechend zu modifizieren, wenn der Spin der Streuteilchen berücksichtigt werden soll und wenn bei der Streuung Spin-Spin und/oder Spin-Bahn Wechselwirkungen beteiligt sind. Obgleich dann die grundlegenden Ideen der Behandlung des Problems dieselben sind, werden die Details der mathematischen Analyse um einiges komplizierter. Jedenfalls muss dann der Streuzustand nach den Eigenzuständen des Gesamtdrehimpulses in Partialwellen zerlegt werden. Andere wichtige Modifikationen treten auf, wenn wir es mit der Streuung identischer Teilchen zu tun haben. Auf dieses Problem wollen wir noch kurz eingehen, um zu zeigen, dass ein ganz wesentlicher Unterschied zwischen der Streuung zweier α-Teilchen und der Streuung zweier Protonen besteht.

9.6 Streuung zwischen identischen Teilchen (N.F. Mott und J. Chadwick 1930)

Bisher haben wir angenommen, das auf den Schwerpunkt reduzierte Streuproblem zweier Teilchen beziehe sich auf zwei verschiedene Stoßpartner. Daher war es nicht nötig, auf die Symmetrieeigenschaften des Streuzustandes Rücksicht zu nehmen. Dieser Fall ist wichtig, wenn es sich zum Beispiel um die Streuung von α-Teilchen oder Protonen an anderen Kernteilchen oder Atomkernen handelt. Da jedoch auch die Streuung von α-Teilchen an α-Teilchen oder von Protonen an Protonen und ähnliches zu untersuchen sind, da dies von Bedeutung für die Erforschung der Kernstruktur ist, müssen wir hier die gefundenen Aussagen über die Wechselwirkung gleichartiger Teilchen aus Abschn. 8.3 heranziehen. Wir wissen von dort, dass bei der Streuung identischer Teilchen Besonderheiten auftreten werden, die von der völligen Nichtunterscheidbarkeit der Teilchen herrühren. Danach ist quantenmechanisch

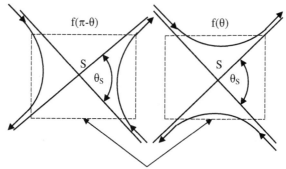

Quantenmechanische „black boxes"

Abb. 9.5. Austauschentartung

kein Messprozess möglich, der die Etikettierung gleichartiger Teilchen gestatten würde, um sie während des Streuprozesses auf ihrer Bahn verfolgen zu können. Die einzige Vorhersage der Quantentheorie besteht darin, die Wahrscheinlichkeit anzugeben, irgend eines der Teilchen an einem bestimmten Ort zu finden. Bei der Streuung zweier Teilchen kann dies das einfallende und das gestreute Teilchen ebensogut sein, wie das gestoßene und zurückgestoßene Teilchen. Es kann also quantenmechanisch nicht unterschieden werden, ob die Teilchen beim Stoß ihren Platz wechseln oder nicht, im Gegensatz zu den klassischen Vorstellungen. (Vergleiche Abb. 9.5). Daher werden zwar nach unseren früheren Ausführungen die Zustandsfunktionen und Wahrscheinlichkeiten durch die Koordinaten der beiden Teilchen ausgedrückt werden, doch werden die Streuwahrscheinlichkeiten stets invariant gegen die Vertauschung der Koordinaten der beiden Teilchen sein. Aus dieser quantenmechanisch zu erwartenden Symmetrie der Wahrscheinlichkeiten haben wir bereits abgeleitet, dass die Zustandsfunktionen von Systemen gleichartiger Teilchen entweder symmetrisch oder antisymmetrisch sind. Dabei verlangt das Pauli Prinzip und Pauli's allgemeiner Zusammenhang zwischen Spin und Symmetrie der Zustandsfunktionen, dass Bosonen durch total symmetrische und Fermionen durch total antisymmetrische Zustandsfunktionen (im gegenwärtigen Fall Streuzustände) zu beschreiben sind. Als einfache Anwendungsbeispiele für die Streuung von Teilchen beider Spingruppen, betrachten wir die $\alpha - \alpha$-Streuung und die $p - p$-Streuung.

9.6.1 Streuung von α-Teilchen

Obgleich α-Teilchen keine Elementarteilchen (wie Protonen oder Elektronen) sind, sorgt dennoch die enge Bindung ihrer Komponenten ($2p$ und $2n$) dafür, dass sie sich in vielen Wechselwirkungen so wie Elementarteilchen verhalten. Da α-Teilchen im Grundzustand den Spin $s = 0$ haben, d.h. Bosonen sind, muss der Streuzustand der zwei α-Teilchen ein symmetrischer Zustand bei Austausch der Teilchenkoordinaten sein, also $u(\boldsymbol{x}_1, \boldsymbol{x}_2) = u(\boldsymbol{x}_2, \boldsymbol{x}_1)$ gelten.

Wenn wir daher zur Beschreibung des Streuprozesses zu Schwerpunkts- und Relativkoordinaten $\boldsymbol{X}$ und $\boldsymbol{x}$ übergehen, so ersehen wir aus den in Abschn. 8.2.2 abgeleiteten Formeln, dass im Schwerpunktssystem die obige Symmetriebedingung in die Bedingung $u(\boldsymbol{x}) = u(-\boldsymbol{x})$ übergeht. In Kugelkoordinaten lässt sich dann der Austausch der beiden Teilchen wegen $x = r \sin\theta \cos\phi$, $y = r \sin\theta \sin\phi$ und $z = r \cos\theta$ mit $\theta = \theta_S$ und $r = \sqrt{\boldsymbol{x}^2}$ durch folgende Substitution ausdrücken: $r \to r$, $\theta \to \pi - \theta$, $\phi \to \pi + \phi$. Unter der Annahme, dass die Streuung der beiden α-Teilchen aneinander durch ein Zentralpotential $V(r)$ beschrieben werden kann, muss dann der symmetrische Streuzustand $u(r, \theta)$, wegen der Rotationssymmetrie unabhängig von ϕ, folgende asymptotische Form haben

$$u_S(r, \theta) \underset{r \to \infty}{\sim} \frac{1}{\sqrt{2}} \left\{ \mathrm{e}^{\mathrm{i}kz} + \mathrm{e}^{-\mathrm{i}kz} + [f(\theta) + f(\pi - \theta)] \frac{\mathrm{e}^{\mathrm{i}kr}}{r} \right\}, \qquad (9.140)$$

woraus für den differentiellen Streuquerschnitt folgt

$$\left(\frac{d\sigma}{d\Omega} \right)_S = |f(\theta) + f(\pi - \theta)|^2. \qquad (9.141)$$

Dieser Ausdruck besteht nicht nur aus der Summe der beiden Streuquerschnitte $|f(\theta)|^2$ und $|f(\pi - \theta)|^2$, sondern er enthält auch den für die Streuung typischen Interferenzterm $2\,\mathrm{Re}\,f^*(\theta)f(\pi - \theta)$ der beiden Streuamplituden für die Streuung in Richtung θ und $\pi - \theta$ und dieser Term hat seine Ursache in der Austauschsymmetrie des Streuzustandes $u_S(r, \theta)$. Dieser Interferenzeffekt ist also rein quantenmechanischen Ursprungs und klassisch nicht zu erwarten und nicht zu erklären.

Dieser wichtige Austauscheffekt bei der Streuung quantenmechanisch gleichartiger Teilchen wurde für die Coulomb-Streuung von zwei α-Teilchen erstmals 1928 von N.F. Mott vorhergesagt und 1930 von J. Chadwick experimentell bestätigt. Im Falle der Coulomb-Streuung ist $V(r) = \frac{ZZ'e^2}{r}$ mit $Z = Z' = 2$. Dann liefert unser früher berechnetes Ergebnis für die Streuamplitude der Rutherford-Streuung (9.53), angewandt auf die Streuung der α-Teilchen, welche Mott-Streuung genannt wird

$$f_C(\theta) + f_C(\pi - \theta) = -\frac{\gamma}{2k} \mathrm{e}^{\mathrm{i}2\beta_0} \left[\frac{\mathrm{e}^{-\mathrm{i}\gamma \ln(2 \sin^2 \frac{\theta}{2})}}{\sin^2 \frac{\theta}{2}} + \frac{\mathrm{e}^{-\mathrm{i}\gamma \ln(2 \cos^2 \frac{\theta}{2})}}{\cos^2 \frac{\theta}{2}} \right], \quad (9.142)$$

wobei für α-Teilchen $\gamma = \frac{4e^2\mu}{\hbar^2 k}$ ist. Dabei sind $\mu = \frac{m}{2}$ die reduzierten Massen der beiden α-Teilchen und $k = \frac{1}{\hbar}\sqrt{2\mu E_S}$ die Wellenzahl der Relativbewegung der beiden α-Teilchen im Schwerpunktssystem. Wenn wir in (9.142) auch noch den Faktor $\mathrm{e}^{-\mathrm{i}\gamma \ln 2}$ vor die Klammer nehmen, so erhalten wir für den differentiellen Streuquerschnitt der Mottstreuung

$$\left(\frac{d\sigma}{d\Omega} \right)_{\text{Mott}} = \left(\frac{\gamma}{2k} \right)^2 \left[\frac{1}{\sin^4 \frac{\theta}{2}} + \frac{1}{\cos^4 \frac{\theta}{2}} + \frac{2 \cos\left(\gamma \ln \tan^2 \frac{\theta}{2} \right)}{\sin^2 \frac{\theta}{2} \cos^2 \frac{\theta}{2}} \right]. \quad (9.143)$$

Eine klassische Theorie der Streuung identischer Teilchen (d.h. hier identi-fizierbar) nach Rutherford würde nur die ersten beiden Terme liefern, ent-sprechend $|f(\theta)|^2 + |f(\pi - \theta)|^2$. Dass dabei zwei Terme auftreten würden und nicht nur ein Term, folgt daraus, dass entweder das einfallende order das rückgestoßene Teilchen jenes ist, das beobachtet wird. Der letzte Term in (9.143) beschreibt den quantenmechanischen Austauscheffekt, der aus der Symmetrie des Streuzustandes der Bose-Teilchen folgt.

Im differentiellen Streuquerschnitt (9.143) liefert der Austauschterm einen maximalen Beitrag, wenn $\theta = \frac{\pi}{2}$ ist, denn dann wird $\ln \tan^2 \frac{\pi}{2} = 0$ und daher $2\cos\left(\gamma \ln \tan^2 \frac{\theta}{2}\right) = 2$. In diesem Fall ist dann $\left[\frac{d\sigma(\theta = \frac{\pi}{2})}{d\Omega}\right]_{\text{Mott}} = 2\left[\frac{d\sigma(\theta = \frac{\pi}{2})}{d\Omega}\right]_{\text{Klass}}$. Zwischen $0 \leq \theta \leq \frac{\pi}{2}$ oszilliert der Zähler des Austausch-terms rasch zwischen 0 und 2, doch wegen des Nenners wird sein Beitrag klein gegen die ersten beiden Terme sein. Bei großen Geschwindigkeiten der einfallenden α-Teilchen geht $\gamma \to 0$ und der Streuquerschnitt wird überall den zweifachen Wert des klassischen Streuquerschnittes haben. Für kleine Geschwindigkeiten der α-Teilchen ist hingegen γ groß und das Verhalten von $\frac{d\sigma_{\text{Mott}}}{d\sigma_{\text{Klass}}}$ oszilliert rasch im Bereich $0 \leq \theta \leq \pi$. Über kleine Winkelintervalle ist daher im Mittel der Austauscheffekt für $\theta \to 0$ oder π vernachlässigbar. Da der Austauschterm die Phasenverzerrung der Streuwelle (9.53) im Coulomb-feld enthält, kann diese Verzerrung nachgewiesen werden. Bei der Behandlung der Coulomb-Streuung im Rahmen der Bornschen Näherung (9.83) tritt die-se Verzerrung nicht auf. Dies entspricht dem Limes $\gamma \to 0$ und bedeutet große Energien der Streuteilchen, wo die erste Bornsche Näherung gültig ist. Bei niederen Energien der α-Teilchen (~ 100 keV), wo die Streuung der α-Teilchen nahezu Coulomb-Streuung ist, hat Chadwick bei 45° Streuwinkel im Laborsystem ($\equiv$ 90° im Schwerpunktssystem) den Austauscheffekt nachge-wiesen.

9.6.2 Streuung von Protonen

Bei der Proton-Proton Streuung haben die beiden identischen Teilchen den Spin $s = \frac{1}{2}$. Daher muss nach dem Pauliprinzip der Streuzustand total an-tisymmetrisch in den Raum- und Spinkoordinaten der beiden Teilchen sein. Da wir bei unserem einfachen Streuproblem der Coulomb-Streuung anneh-men können, dass die Wechselwirkung der beiden Teilchen durch ein Spin-unabhängiges Zentralpotential $V(r)$ beschrieben wird, können wir den Streu-zustand als ein Produkt von Raum- und Spineigenfunktionen darstellen. Im Schwerpunktssystem haben wir dann, ähnlich wie bei der Behandlung des Heliumatoms in Abschn. 8.4, folgende vier Möglichkeiten, eine total antisym-metrische Zustandsfunktion aufzubauen

$$u_A(r,\theta,s_1,s_2) = \left\{ \begin{array}{l} u_S(r,\theta)\chi_{00}(s_1,s_2)\,, \quad \text{Singulett } (S=0) \\[2mm] u_A(r,\theta) \left\{ \begin{array}{l} \chi_{11}(s_1,s_2) \\ \chi_{10}(s_1,s_2) \\ \chi_{1,-1}(s_1,s_2) \end{array} \right\}\,, \quad \text{Triplett } (S=1) \end{array} \right\}\,, \quad (9.144)$$

wobei uns von den räumlichen Streulösungen $u_S(r,\theta)$ und $u_A(r,\theta)$ wieder nur die Streuamplituden $f_S(\theta)$ und $f_A(\theta)$ interessieren, die analog zum vorhergehenden Abschnitt durch folgende Ausdrücke gegeben sind

$$f_S(\theta) = f(\theta) + f(\pi - \theta)\,, \quad f_A(\theta) = f(\theta) - f(\pi - \theta)\,. \qquad (9.145)$$

Wenn die Proton-Proton Streuung nicht mit Spin-polarisierten Teilchen ausgeführt wird und keine Spin-abhängige Wechselwirkung betrachtet wird, sind alle vier Spinzustände in (9.144) gleich wahrscheinlich. Daher liefert die Mittelung über alle Spinzustände für den differentiellen Streuquerschnitt der $p-p$-Streuung

$$\begin{aligned} \left(\frac{d\sigma}{d\Omega}\right)_{pp} &= \frac{1}{4}\left(\frac{d\sigma}{d\Omega}\right)_S + \frac{3}{4}\left(\frac{d\sigma}{d\Omega}\right)_A \\[2mm] &= \frac{1}{4}|f(\theta) + f(\pi-\theta)|^2 + \frac{3}{4}|f(\theta) - f(\pi-\theta)|^2\,, \quad (9.146) \end{aligned}$$

wobei wir beachtet haben, dass in (9.144) alle vier Spinfunktionen normiert sind. Im Falle reiner Coulomb-Wechselwirkung der beiden Protonen ist $\left(\frac{d\sigma}{d\Omega}\right)_S = \left(\frac{d\sigma}{d\Omega}\right)_{\text{Mott}}$, nur muss jetzt im Faktor $\gamma: Z = Z' = 1$ gesetzt werden. Für $\left(\frac{d\sigma}{d\Omega}\right)_A$ finden wir bis auf das Vorzeichen des Austauschterms den gleichen Ausdruck. Daher wird beim Winkel $\theta_S = \frac{\pi}{2}$ im Schwerpunktsystem ($\theta_L = \frac{\pi}{4}$ im Laborsystem) der Triplett-Term in (9.146) verschwinden und wir erhalten in diesem Fall $\left(\frac{d\sigma}{d\Omega}\right)_{pp} = \frac{1}{2}\left[\frac{d\sigma}{d\Omega}\right]_{\text{Klass}}$. Auch diese Vorhersage ist experimentell im Rahmen der Gültigkeit der gemachten Näherung bestätigt worden.

Übungsaufgaben

9.1. Berechne mit Hilfe der ersten Bornschen Näherung den differentiellen Streuquerschnitt für die Streuung von Teilchen an einer exponentiellen Potentialmulde von der Form $V(r) = -V_0 e^{-\frac{r}{r_0}}$. Analysiere den Wirkungsquerschnitt als Funktion des Streuwinkels θ. Mit Hilfe der abgeleiteten Formel (6.130) finden wir für die Streuamplitude

$$f(\theta) = \frac{2mV_0r_0}{\hbar^2 K} \int_0^\infty e^{-\frac{r}{r_0}} \sin\left(\frac{Kr}{r_0}\right) r\,dr = \frac{4mV_0r_0^3}{\hbar^2(1+K^2)^2}\,, \qquad (9.147)$$

wobei $K = 2kr_0 \sin\frac{\theta}{2}$ ist Der differentielle Streuquerschnitt ist dann $\frac{d\sigma_B}{d\Omega} = |f(\theta)|^2$.

9.2. Wie lautet in der Bornschen Näherung der differentielle Streuquerschnitt für ein Gaußsches Potential $V(r) = V_0 e^{-\left(\frac{r}{r_0}\right)^2}$. Hier ergibt die Berechnung des Streuquerschnittes

$$\frac{d\sigma_B}{d\Omega} = \frac{2\pi m^2 V_0^2}{\hbar^4} r_0^6 \exp[-4k^2 r_0^2 \sin^2 \frac{\theta}{2}]. \tag{9.148}$$

9.3. Berechne dasselbe für das genäherte Potential eines Atomkerns $V(r) = -V_0$ für $0 \le r \le r_0$ und $V(r) = 0$ für $r > r_0$. Hier ergibt die Rechnung

$$f_1(\theta) = \frac{2m V_0 r_0^3}{\hbar^2 K^3} (\sin K - K \cos K) \tag{9.149}$$

mit derselben Bedeutung von K wie in Aufgabe 9.1. Der hier erhaltene differentielle Streuquerschnitt könnte zur Beschreibung der Streuung von Neutronen an einem Atomkern dienen.

9.4. Die Streuung von α-Teilchen an einem Atomkern benötigt das zusätzliche Potential $V_2(r) = 0$, für $0 \le r < r_0$ und $V_2(r) = \frac{2Ze^2}{r} e^{-\kappa r}$, für $r \ge r_0$, wobei zur Konvergenzerzeugung der Integration ein Faktor $e^{-\kappa r}$ eingeführt wurde. Dies ergibt dann zusätzlich zu Aufgabe 9.3 für das Außengebiet die Amplitude (mit $\kappa \to 0$)

$$f_2(\theta) = \frac{4Ze^2 r_0^2}{\hbar^2 K^2} \cos K, \tag{9.150}$$

sodass $\frac{d\sigma}{d\Omega} = |f_1(\theta) + f_2(\theta)|^2$ ist. Dies führt, wie die Ausrechnung zeigt, zu einem Korrekturterm zur Rutherfordschen Streuformel (9.8).

9.5. Untersuche die Streuung von Elektronen an einem Atom in der Bornschen Näherung. Da die Ladungsverteilung in einem Atom im Grundzustand kugelsymmetrisch ist, dh. $\rho = \rho(r)$, kann man das atomare Potential in folgender Form ansetzen $V(r) = -\frac{Ze^2}{r} + e^2 \int \frac{\rho(r')}{|x-x'|} d^3 x'$. Die Berechnung des Streuquerschnittes wird vereinfacht, wenn man die Formel (8.76) aus der Potentialtheorie verwendet. Das Resultat der etwas aufwendigeren Rechnung lautet

$$f(\theta) = \frac{e^2}{2mv^2 \sin^2(\frac{\theta}{2})} [Z - F(\theta)], \tag{9.151}$$

wo v die Anfangsgeschwindigkeit der einfallenden Elektronen ist und

$$F(\theta) = \frac{2\pi\hbar}{mv \sin \frac{\theta}{2}} \int_0^\infty \rho(r) \sin \left[\frac{2mv \sin \frac{\theta}{2}}{\hbar} r \right] r \, dr \tag{9.152}$$

den sogenannten atomaren Formfaktor darstellt.

9.6. Berechne für das H-Atom und für das He-Atom die Formfaktoren des Grundzustandes. Für das H-Atom ist der Grundzustand bekannt und für das He-Atom verwendet man die Versuchsfunktion des Variationsverfahrens. Demnach ist

$$\rho(r) = Z \left(\frac{\alpha^3}{\pi a_B^3} \right) e^{-2\alpha \frac{r}{a_B}} \tag{9.153}$$

mit $\alpha = 1$ für H und $\alpha = 1.69$ für He. Der Formfaktor lautet dann

$$F(K) = \frac{Z}{[1 + (\frac{a_B}{\alpha})^2 \frac{K^2}{4}]^3} , \quad K = |\boldsymbol{k} - \boldsymbol{k}'| .$$

9.7. Behandle mit Hilfe der Bornschen Näherung die Streuung von Elektronen an einer in x-Richtung orientierten geraden Kette von N äquidistanten Atomen im Abstand d mit dem lokalen Atompotential $V(r)$. Dabei sollen die Teilchen auf das lineare Gitter senkrecht in z-Richtung auftreffen. Berechne den differentiellen Streuquerschnitt für die Streuung an dieser Kette. Betrachte dasselbe für ein ebenes Gitter von Atomen. Nehme an, die Gitterkonstante $d \gtrsim a_B$. Untersuche den Streuprozess als Funktion der Energie der gestreuten Teilchen. Bestimme die Richtungen der Streumaxima und Minima. Für die Behandlung des eindimensionalen Falles genügt es, die asymptotische Form der Streulösung (9.11) zu betrachten. Für ein einziges streuendes Atom hat die auslaufende Welle die Form $\frac{e^{ikr}}{r}$. Dabei ist $r = \sqrt{x^2 + y^2 + z^2}$. Das erste Atom sei am Ort x_1 gelegen und die weiteren Atome an den Stellen $x_1 + nd$. Daher ist $r_n = \sqrt{x_n^2 + y^2 + z^2} \cong r_1 + \frac{ndx_1}{r_1}$, da $nd \ll r_1$ ist. Wenn wir die Streuung in der (x, z)-Ebene beobachten, ist dann $r_n = r_1 + nd \sin \theta$. Damit ergibt sich für die Streuamplitude der N Atome

$$F_N(\theta) = f(\theta) \sum_{n=0}^{N-1} e^{inkd \sin \theta} = f(\theta) \frac{e^{iNkd \sin \theta} - 1}{e^{ikd \sin \theta} - 1} , \tag{9.154}$$

woraus dann $\frac{d\sigma_N}{d\Omega} = |F_N(\theta)|^2$ berechnet werden kann. Ganz ähnlich geht man bei der Streuung an einem ebenen Gitter von Atomen vor.

9.8. Berechne mit Hilfe der Methode der Partialwellen den Streuquerschnitt für die Streuung langsamer Teilchen an einem Potential der Form $V = V_0$, für $0 < r \leq R$ und $V = 0$, für $r > R$. Betrachte für langsame Teilchen nur die s-Wellenstreuung. Für $r = R$ sind die üblichen Stetigkeitsbedingungen zu erfüllen. Die Streuphasen ergeben sich aus der Lösung der radialen Schrödinger Gleichung. Diese lauten für $l = 0$ und $R(r) = \frac{u(r)}{r}$

$$u_i'' + K^2 u_i = 0 , \quad K = \left[k^2 - \frac{2mV_0}{\hbar^2} \right]^{\frac{1}{2}} , \quad 0 < r \leq R$$

$$u_a'' + k^2 u_a = 0 , \quad k = \left[\frac{2mE}{\hbar^2} \right]^{\frac{1}{2}} , \quad r > R . \tag{9.155}$$

Da u_i und u_a alle Endlichkeits- und Stetigkeitsbedingungen erfüllen müssen, ist

$$u_i(r \leq R) = A \sin Kr \,, \quad u_a(r > R) = D \sin(kr + \delta_0) \qquad (9.156)$$

und die Stetigkeitsbedingungen bei $r = R$ verlangen

$$K \cot KR = k \cot(kR + \delta_0) \,, \qquad (9.157)$$

woraus δ_0 zu berechnen ist und der s-Wellen Streuquerschnitt lautet dann $\sigma_s = \frac{1}{k^2} \sin^2 \delta_0$. Resonanzen treten auf, wenn $\delta_0 = (n+\frac{1}{2})\pi$. σ_s ist solange eine gute Näherung als $kR \ll 1$, dagegen ist für $E > V_0$ die Bornsche Näherung besser. Betrachte den Fall $V_0 \to \infty$ und zeige, dass dann $\sigma_{\text{tot}} = 4\pi R^2$ gleich dem klassischen Streuquerschnitt einer Kugel ist.

9.9. Führe dieselbe Rechnung, wie in Aufgabe 9.8, für die s-Wellenstreuung am Potential $V = -V_0$, für $0 < r \leq R$ und $V = 0$, für $r > R$ durch. Hier hat man für $l = 0$ ähnliche Ansätze, wie in (9.156) für das Innengebiet und das Außengebiet zu machen. Die Erfüllung der Stetigkeitsbedingungen führt dann für die Streuphase δ_0 auf die Beziehung

$$\tan \delta_0(k) = \frac{k \tan Ka - K \tan ka}{K + k \tan ka \tan Ka} \qquad (9.158)$$

und daraus folgt für den Streuquerschnitt

$$\sigma_0 = \frac{4\pi}{k^2} \sin^2 \delta_0 = \frac{4\pi}{k^2} \frac{1}{1 + \cot^2 \delta_0(k)} \,. \qquad (9.159)$$

Für $k \cong 0$ lässt sich aus (9.158) ablesen, dass man setzen kann $k \cot \delta_0(k) \cong -\frac{1}{\alpha} + \frac{1}{2} r_0 k^2 + \ldots$, wo $\alpha = -\lim_{k \to 0} \frac{\tan \delta_0(k)}{k}$, die sogenannte Streulänge ist und r_0 die effektive Reichweite darstellt. Im gegenwärtigen Fall ist $\alpha = (1 - \frac{\tan \gamma}{\gamma})R$ mit $\gamma = \sqrt{V_0}R$.

10 Quantenstatistik

10.1 Einleitung

Bisher haben wir quantenmechanische Systeme betrachtet, die sich in sogenannten reinen Zuständen befinden, das sind solche Zustände, deren Zustandsfunktionen genau bekannt sind. Jetzt wollen wir uns mit Systemen befassen, über deren Zustand wir nur unvollkommene Informationen besitzen. Von solchen Systemen sagt man, dass sie sich in einem gemischten Zustand befinden. Diese Systeme müssen daher mit geeigneten statistischen Methoden behandelt werden. Das klassische Analogon zur Quantenstatistik ist die klassische statistische Mechanik, die von Ludwig Boltzmann, J. Willard Gibbs und anderen entwickelt wurde. Wegen der grundsätzlichen statistischen Eigenschaften der Quantenmechanik, befasst sich die Quantenstatistik mit statistischen Betrachtungen auf zwei voneinander verschiedenen Ebenen. Die eine betrifft die statistische Verteilung von Messwerten, die durch Messung an identisch präparierten Systemen mit identischer Zustandsfunktion erhalten wurden, wie wir dies in Kapitel 1.4.3 eingehend beschrieben haben, während auf dem anderen Niveau statistische Verteilungen von Systemen betrachtet werden, die durch verschiedene Zustandsfunktionen charakterisiert sind, die aber mit der unvollständigen Kenntnis des Zustandes der Gesamtheit solcher Systeme im Einklang stehen. In diesem Zusammenhang ist es zweckmäßig, den Begriff des Ensembles von N gleichartigen Systemen einzuführen. Wir betrachten dazu ein solches Ensemble mit den möglichen Zustandsfunktionen ψ_1, ψ_2, ψ_3, $\ldots, \psi_\lambda$, $\ldots$. Eine vollständige Beschreibung des Ensembles ist dann gegeben, wenn wir die Anzahl N_1, N_2, N_3, $\ldots, N_\lambda, \ldots$ von Systemen angeben, die sich in den Zuständen ψ_1, ψ_2, ψ_3, $\ldots, \psi_\lambda$, $\ldots$ befinden. Dabei ist es jedoch möglich, dass die Zahlen N_λ Informationen beinhalten, die physikalisch bedeutungslos sind. Die einzigen relevanten Eigenschaften eines solchen Ensembles sind die Verteilungsfunktionen für alle möglichen Messungen, die an einem Ensemble durchgeführt werden können. Zur Beschreibung dieser Verteilungen ist es zweckmäßig, die sogenannte Dichtematrix einzuführen.

10.2 Die Dichtematrix

Wie wir in den Kapiteln 1 und 2 eingehend diskutiert haben, ist die Quantenmechanik eine lineare Theorie mit einer statistischen Interpretation, die auf dem Superpositionsprinzip beruht. Danach ist ein Eigenvektor ψ eines Hamilton-Operators $\hat{H}$ die Lösung der entsprechenden Schrödinger Gleichung

$$\hat{H}\psi = i\hbar\frac{\partial\psi}{\partial t}\,. \tag{10.1}$$

Die Lösung dieser Gleichung kann stets mit Hilfe eines vollständigen Orthonormalsystems von Eigenfunktionen $u_n(\boldsymbol{x})$ der Gleichung (10.1) als lineare Superposition ausgedrückt werden. Demnach können wir ansetzen

$$\psi(\boldsymbol{x},t) = \sum_m c_m(t)u_m(\boldsymbol{x})\,, \tag{10.2}$$

wobei die Zeitabhängigkeit durch die Koeffizienten $c_m(t)$ ausgedrückt wurde. Der quantenmechanische Mittelwert einer Observablen $\mathcal{A}$, dargestellt durch den zugeordneten hermiteschen Operator $\hat{A}$, ist dann gegeben durch

$$\langle\hat{A}\rangle = \int \psi^*\hat{A}\psi \mathrm{d}^3x = \sum_{m,n} c_m^*(t)c_n(t)A_{m,n}$$

$$A_{m,n} = \int u_m^*\hat{A}u_n\mathrm{d}^3x\,. \tag{10.3}$$

Bei den meisten physikalischen Systemen bezieht sich jedoch der Eigenvektor ψ auf eines der vielen Elemente eines Ensembles von Mikrosystemen, aus denen das Makrosystem aufgebaut ist, wie etwa die Atome oder Ionen eines Festkörpers. Daher können wir für das i-te Atom ansetzen

$$\psi^{(i)}(\boldsymbol{x},t) = \sum_m c_m^{(i)}(t)u_m(\boldsymbol{x}) \tag{10.4}$$

und damit für das betrachtete Ensemble die beobachtbare Größe berechnen, indem wir den Mittelwert über alle Teilsysteme auffinden. Dies ergibt

$$\mathcal{A}_{obs} = \frac{1}{N}\sum_{i=1}^N\langle\hat{A}^{(i)}\rangle = \frac{1}{N}\sum_{i=1}^N\sum_{m,n} c_m^{(i)*}(t)c_n^{(i)}(t)A_{m,n}\,. \tag{10.5}$$

Nun definieren wir den Dichteoperator $\hat{\rho}$ durch das System von Matrixelementen

$$\rho_{n,m} = \frac{1}{N}\sum_{i=1}^N c_m^{(i)*}(t)c_n^{(i)}(t)\,, \tag{10.6}$$

sodass wir (10.5) in der Form ausdrücken können

$$\mathcal{A}_{obs} = \sum_{m,n} \rho_{n,m} A_{m,n} = \sum_{n} (\rho A)_{n,n} = \text{Spur}(\hat{\rho}\hat{A}), \qquad (10.7)$$

wobei „Spur" bedeutet, dass die Summe der Diagonalelemente der Matrix $(\rho A)_{m,n}$ zu berechnen ist.

Die besonders nützlichen Eigenschaften dieser Methode zur Darstellung Observabler Größen besteht darin, dass die Berechnung von $\text{Spur}(\hat{\rho}\hat{A})$ vom speziellen System der orthonormalen Basis $u_n(\boldsymbol{x})$ unabhängig ist, die anfangs zur Berechnung der Matrizen $\rho_{n,m}$ und $A_{n,m}$ diente. Diese Unabhängigkeit lässt sich so nachweisen. Zunächst ist jedenfalls für zwei Operatoren $\hat{T}$ und $\hat{S}$ in einer beliebigen Matrixdarstellung

$$\text{Spur}(\hat{T}\hat{S}) = \text{Spur}(\hat{S}\hat{T}), \qquad (10.8)$$

denn die Summe der Diagonalelemente des Produktes zweier quadratischer Matrizen ist unabhängig von der Reihenfolge der beiden Matrizen. Wenn wir $\hat{S}\hat{T} = \hat{B}$ taufen und annehmen, dass $\hat{S}^{-1}\hat{S} = \hat{1}$ erfüllt ist, also zum Operator $\hat{S}$ ein inverser Operator $\hat{S}^{-1}$ exisiert, dann können wir (10.8) in die Gestalt bringen

$$\text{Spur}(\hat{S}^{-1}\hat{A}\hat{B}\hat{S}) = \text{Spur}(\hat{B}). \qquad (10.9)$$

Wenn wir ferner annehmen, dass durch $v_n = \sum_m S_{m,n} u_m$ eine neue orthonormale Basis definiert wird, sodass die Normierung einer Zustandsfunktion ψ durch diese Basistransformation $\psi' = S\psi$ nicht geändert wird, d.h.

$$\int |\psi|^2 \mathrm{d}^3 x = 1 = \int |\psi'|^2 \mathrm{d}^3 x = \int (S\psi)^* S\psi \mathrm{d}^3 x = \int \psi^*(S^+ S)\psi \mathrm{d}^3 x \quad (10.10)$$

gelten soll, muss nach (4.27) der Operator $\hat{S}$ ein unitärer Operator sein, wonach $\hat{S}^{-1} = S^\dagger$ ist. In der zugehörigen Matrixdarstellung gilt dann

$$S_{n,m}^\dagger = S_{m,n}^* \qquad (10.11)$$

und die Zustandsfunktionen ψ haben dann die entsprechende Matrixgestalt

$$\psi = \begin{pmatrix} c_1 u_1 \\ \vdots \\ c_n u_1 \end{pmatrix} \quad \psi^\dagger = \begin{pmatrix} c_1^* u_1^* \ \cdots \ c_n^* u_n^* \end{pmatrix}. \qquad (10.12)$$

Bei Berücksichtigung der Unitärität des Operators $\hat{S}$, können wir nun mit Hilfe der Definitionen der Matrizen $\rho_{n,m}$ und $A_{n,m}$ in der neuen, „gestrichenen" Basis der v_n setzen

$$\hat{\rho}' = \hat{S}^{-1}\hat{\rho}\hat{S}, \ \ \hat{A}' = \hat{S}^{-1}\hat{A}S$$
$$\text{Spur}(\hat{\rho}'\hat{A}') = \text{Spur}(\hat{S}^{-1}\hat{\rho}\hat{S}\hat{S}^{-1}\hat{A}\hat{S}) = \text{Spur}(\hat{S}^{-1}\hat{\rho}\hat{A}\hat{S}) \qquad (10.13)$$

und mit Hilfe von (10.8) finden wir schließlich

$$\text{Spur}(\hat{\rho}'\,\hat{A}') = \text{Spur}(\hat{S}^{-1}\hat{\rho}\,\hat{A}\,\hat{S}) = \text{Spur}(\hat{\rho}\hat{A})\,, \qquad (10.14)$$

womit die Basisunabhängigkeit der Dichtematrix Methode nachgewiesen ist.

Folglich liefert die Kenntnis der Operatoren $\hat{\rho}$ und $\hat{A}$ in der geeignetsten Matrixdarstellung die Möglichkeit der Berechnung der Observablen $\mathcal{A}_{\text{obs}}$. In den meisten Fällen ist die geeignetste Basis jene, in welcher die Dichtematrix $\rho_{n,m}$ diagonalisiert wird. Dies ist insbesondere dann der Fall, wenn der Dichteoperator mit dem Hamilton-Operator des Systems kommutiert, also $[\hat{\rho},\hat{H}] = 0$ ist. In diesem Fall ist dann $\hat{\rho}$ eine Konstante der Bewegung und kann mit der Energie E gleichzeitig scharf gemessen werden (Siehe auch Kapitel 4.3.2). Um dies einzusehen, kombinieren wir die Definition der Dichtematrix (10.6) mit der Schrödinger Gleichung (10.1) und ihrer komplex konjugierten Form. Dies ergibt

$$\frac{\partial\hat{\rho}}{\partial t} + \frac{1}{i\hbar}[\hat{\rho},\hat{H}] = 0\,. \qquad (10.15)$$

Diese Bewegungsgleichung des Dichteoperators ist das quantenmechanische Analogon zur Liouvilleschen Gleichung in der klassischen statistischen Mechanik, wo an die Stelle des Kommutators $[\hat{\rho},\hat{H}]$ die Poissonsche Klammer $\{\rho,H\}$ tritt (Siehe (A.153)). Wir erkennen hier neuerlich das Wirken des Bohrschen Korrespondenzprinzips.

Wenn als Basis der Matrixdarstellungen das System der Eigenfunktionen von $\hat{H}$ verwendet wird, gilt jedenfalls für den Hamilton-Operator

$$\mathbf{H} = \begin{pmatrix} E_1 & 0 & \dots & 0 \\ 0 & E_2 & \dots & 0 \\ \vdots & \vdots & & \\ 0 & 0 & & E_n \end{pmatrix}. \qquad (10.16)$$

In dieser Darstellung ist aber der Erwartungswert $\langle[\hat{\rho},\hat{H}]\rangle$ nur dann gleich Null, wenn auch die Matrixdarstellung des Dichteoperators $\hat{\rho}$ Diagonalform hat

$$\boldsymbol{\rho} = \begin{pmatrix} \omega_1 & 0 & \dots & 0 \\ 0 & \omega_2 & \dots & 0 \\ \vdots & \vdots & & \\ 0 & 0 & & \omega_n \end{pmatrix}, \qquad (10.17)$$

also entsprechend $\rho_{n,m} = 0$ ist für $n \neq m$. Dann stellt

$$\rho_{n,n} = \omega_n = \frac{1}{N}\sum_{i=1}^{N}|c_n^{(i)}|^2 \qquad (10.18)$$

die Wahrscheinlichkeit dar, dass die n-te Zelle des Ensembles besetzt ist. In der auf diese Weise beschriebenen Gestalt des Ensembles, wird jeder Zelle des Ensembles ein konstanter Energiewert zugeordnet und dies charakterisiert dann ein sogenanntes Gibbssches kanonisches Ensemble.

10.3 Energie und Entropie

Aufgrund der Beziehungen (10.7), (10.16) und (10.17), ist die Energie des Ensembles durch die folgende Konstante gegeben

$$E = \text{Spur}(\hat{\rho}\hat{H}) = \sum_n E_n \omega_n \, . \tag{10.19}$$

Ebenso erhalten wir aus (10.7) für $\hat{\rho} = \hat{I}$ die Bedingung

$$\text{Spur}(\hat{\rho}) = \sum_n \omega_n = 1 \, . \tag{10.20}$$

Die Beziehung (10.19) ist äquivalent mit dem 1. Hauptsatz der Thermodynamik, also dem Satz von der Energieerhaltung. Ein Ausdruck für den zweiten Hauptsatz der Thermodynamik ergibt sich aus der Darstellung der Entropie mit Hilfe des Dichteoperators. Demnach ist

$$S = -k_\text{B}\text{Spur}(\hat{\rho}\ln\hat{\rho}) = -k_\text{B} \sum_n \omega_n \ln \omega_n \, , \tag{10.21}$$

wo k_B die Boltzmann Konstante bedeutet. Man kann zeigen, dass die Funktion S stets positive Werte hat und ihr Maximum besitzt, sobald das System sich im thermodynamischen Gleichgewicht befindet, also ein System darstellt, welches von außen keiner Störung unterliegt, wie etwa dem Einfluss einer Messapparatur. (Vgl. Anhang A.6.5).

Im Grenzfall, bei dem sich das System in einem reinen Zustand befindet, dies ist ein Zustand idealer Ordnung, wird etwa $\omega_m = 1$ und alle anderen $\omega_{n \neq m} = 0$ sein. In diesem Fall hat dann die Dichtematrix die Gestalt

$$\boldsymbol{\rho} = \begin{pmatrix} 0 & & & & \\ & 0 & & & \\ & & 1 & & \\ & & & \cdots & \\ & & & & 0 \end{pmatrix} \tag{10.22}$$

und folglich ist die Entropie $S = 0$, da $\text{Spur}(\hat{\rho}\ln\hat{\rho}) = 0$ wird.

Im anderen Extremfall, wenn sich das System in irgend einem von Nd Zuständen befindet, von denen jeder die gleiche Wahrscheinlichkeit $\omega_n = \frac{1}{d}$ besitzt, erhalten wir

$$\rho = \begin{pmatrix} \frac{1}{d} & & & & \\ & \frac{1}{d} & & & \\ & & \frac{1}{d} & & \\ & & & \cdots & \\ & & & & \frac{1}{d} \end{pmatrix} \tag{10.23}$$

und daher ist hier

$$S = -k_{\mathrm{B}}\mathrm{Spur}(\hat{\rho}\ln\hat{\rho}) = -k_{\mathrm{B}}N\,d\left(\frac{1}{d}\ln\frac{1}{d}\right) = N\,k_{\mathrm{B}}\ln d\,. \tag{10.24}$$

Wenn beispielsweise E_J die Energie jedes einzelnen Atoms eines Systems von N Atomen ist und der Zustand jedes Atoms $(2\,J+1)$-fach entartet ist, also jeder der $2\,J+1$ Eigenvektoren des Systems die gleiche Energie E_J besitzt, so ist dann

$$S = N\,k_{\mathrm{B}}\ln(2\,J+1)\,. \tag{10.25}$$

Mit Hilfe der Beziehungen (10.19), (10.20) und der obigen Aussage, dass die durch (10.21) definierte Entropie im Gleichgewichtszustand des Ensembles ihr Maximum besitzt, können wir zunächst durch Bildung der Variationsableitungen δ die folgenden Beziehungen herleiten

$$\delta\left(\textstyle\sum_n \omega_n\right) = \sum_n \delta\omega_n = 0$$
$$\delta E = \sum_n E_n\delta\omega_n = 0 \tag{10.26}$$
$$\delta S = \sum_n (\ln\omega_n + 1)\delta\omega_n = 0\,.$$

Um aus diesen Variationen das Extremum von S zu berechnen, betrachten wir zur Lösung des Variationsproblems eine beliebige Linearkombination dieser drei Gleichungen und erhalten mit Hilfe der Lagrangeschen Multiplikatoren λ und μ

$$\sum_n \delta\omega_n[(\ln\omega_n + 1) + \lambda + \mu\,E_n] = 0\,. \tag{10.27}$$

Da nun die $\delta\omega_n$ voneinander linear unabhängig sind, können sie nicht alle gleichzeitig Null sein. Daher müssen ihre Koeffizienten einzeln verschwinden. Also muss gelten

$$\ln\omega_n = -1 - \lambda - \mu\,E_{\mathrm{N}}\,,\quad \omega_n = \mathrm{e}^{-1-\lambda-\mu\,E_n}\,. \tag{10.28}$$

Daraus erhalten wir wegen (10.20)

$$\mathrm{e}^{1+\lambda} = \sum_n \mathrm{e}^{-\mu\,E_n}\,,\quad \omega_n = \frac{\mathrm{e}^{-\mu\,E_n}}{\sum_n \mathrm{e}^{-\mu\,E_n}}\,. \tag{10.29}$$

Damit finden wir dann für den Ausdruck (10.21) der Entropie im thermodynamischen Gleichgewicht

$$S = -k_B \sum_n \omega_n \ln \omega_n = -\frac{k_B}{Z} \sum_n e^{-\mu E_n} (\ln e^{-\mu E_n} - \ln Z)$$

$$= -\frac{k_B}{Z} \sum_n e^{-\mu E_n} (-\mu E_n - \ln Z) = k_B \mu E + k_B \ln Z, \qquad (10.30)$$

wo

$$Z = \sum_n e^{-\mu E_n} = \mathrm{Spur}(e^{-\mu \mathbf{H}}) \qquad (10.31)$$

die sogenannte Zustandssumme ist. Der letzte Ausdruck in (10.31) drückt die Zustandssumme in allgemeinerer Gestalt als die Spur einer Matrix aus, die nicht notwendig diagonal sein muss, je nach der getroffenen Wahl des Systems von Basisfunktionen u_n, das zur Darstellung der Energiematrix $\mathbf{H}$ dient. $\hat{H}$ ist dabei der Hamilton-Operator des gesamten Ensembles und E_n sind seine Eigenwerte. Wegen der komplexen Eigenschaften, die sich ergeben, wenn die Elemente eines Systems gekoppelt sind, lässt sich im allgemeinen die Zustandssumme Z nicht exakt berechnen.

Zwischen dem Langrangeschen Multiplikator μ und der absoluten Temperatur T besteht ein Zusammenhang. Dieser kann mit Hilfe des Ausdrucks für die Entropie S gefunden werden, der aus thermodynamischen Überlegungen folgt. Danach ist

$$S = \frac{E - F}{T}. \qquad (10.32)$$

Ferner lässt sich mit (10.29) und (10.31) die Konstante

$$-(1 + \lambda)k_B T = -k_B T \ln Z = F \qquad (10.33)$$

berechnen, die mit F bezeichnet wurde und die freie Energie des Systems genannt wird. Daher erhalten wir durch Vergleich von (10.30) mit (10.31) für den Parameter μ

$$\mu = \frac{1}{k_B T}. \qquad (10.34)$$

Daher ist dann laut (10.29) die Gewichtsfunktion für den n-ten Zustand durch den Ausdruck gegeben

$$\rho_{n,n} = \omega_n = \frac{e^{-\frac{E_n}{k_B T}}}{Z}. \qquad (10.35)$$

10.4 Quantenstatistik entarteter Systeme

Die Herleitung der Verteilungsfunktion (10.35) beruhte auf der Annahme, dass die Elemente des Ensembles sich voneinander unterscheiden lassen, d.h. man in der Lage ist, sie zu etikettieren. Diese Annahme liegt der klassischen Boltzmann Statistik zugrunde. Doch, wie wir aus unseren Überlegungen in Abschn. 8.3 wissen, sind identische quantenmechanische Teilchen prinzipiell nicht voneinander unterscheidbar. In diesem Fall sahen wir gibt es zwei Möglichkeiten, wie die Elemente des Ensembles auf die Zustände des Systems verteilt werden können. Eine davon besteht darin, dass den Elementen des Ensembles eine zusätzliche Einschränkung auferlegt wird, wonach nicht mehr als ein Element einen bestimmten Quantenzustand besetzen darf. Diese Einschränkung, die aus dem Paulischen Auschließungsprinzip resultiert, betrifft Teilchensysteme, deren Elemente halbzahligen Spin $s = \frac{1}{2}, \frac{3}{2}, \ldots$ besitzen, wie Elektronen, Protonen, He^3-Atomkerne, etc., und die der Fermi-Dirac Statistik genügen, bzw. Fermionen genannt werden. Im zweiten Fall der identischen und nicht unterscheidbaren Teilchen, sind die Elemente des Ensembles keinen Einschränkungen betreffend die Bestzung eines Quantenzustandes unterworfen und die entsprechende Verteilung heißt die Bose-Einstein Statistik und die Elemente des Systems sind dann Bosonen vom Spin $s = 0, 1, 2, \ldots$, wie etwa die Photonen vom Spin $s = 1$, die Phononen (als Quanten der Schwingungen eines Festkörpers) vom Spin $s = 0$ oder die α-Teilchen vom Spin $s = 0$, etc.

Um anschaulich zu demonstrieren, wie sich die Verteilungen ändern, wenn wir von einer Statistik zur anderen übergehen, betrachten wir zwei Teilchen, die auf drei Zustände ψ_1, ψ_2, ψ_3 in verschiedener Weise aufgeteilt werden können. In der klassischen Boltzmann Statisitik lassen sich die Teilchen etikettieren und wir nennen diese α_1 und α_2. In den anderen beiden Fällen, können wir die Teilchen nur α taufen. Die jeweils möglichen Verteilungen zeigen wir in der folgenden Tabelle 10.1. Ganz besonders bei den Fermionen sind die doppelten (allgemein mehrfachen) Besetzungen einunddesselben Zustandes verboten!

Tabelle 10.1. Zulässige Verteilungen zweier identischer Teilchen auf drei Quantenzustände bei Boltzmann- und Quanten-Statistik

Zustände	Boltz.			B.–E.			F.–D.		
	ψ_1	ψ_2	ψ_3	ψ_1	ψ_2	ψ_3	ψ_1	ψ_2	ψ_3
	α_1 α_2	α_2 α_1 }		α	α		α	α	
	α_1 α_2		α_2 α_1 }	α		α	α		α
		α_1 α_2	α_2 α_1 }		α	α		α	α
	α_1, α_2			α, α					
		α_1, α_2			α, α		nein!		
			α_1, α_2			α, α			

10.4.1 Die Fermi-Dirac Statistik

Angenommen, die Energie E_λ in einem Ensemble gehört zur Verteilung von N_λ nichtunterscheidbaren Elementen auf g_λ Zustände. Die gesamte Anzahl der Möglichkeiten, die N_λ Elemente auf die g_λ Zustände mit jeweils nur einem Element pro Zustand aufzuteilen, ist einfach gleich der Zahl der Möglichkeiten, g_λ Dinge auf N_λ Plätze zu verteilen. Diese Anzahl ist durch den folgenden Binomialkoeffizienten bestimmt

$$P_\lambda^{(F-D)} = \binom{g_\lambda}{N_\lambda} \equiv \frac{g_\lambda!}{(g_\lambda - N_\lambda)!N_\lambda!}. \tag{10.36}$$

Wenn wir nun die gesamte Folge von verschiedenen Energiewerten E_1, E_2, ..., E_λ,... des Ensembles betrachten, denen die voneinander unabhängigen Wahrscheinlichkeitsverteilungen P_1, P_2, ..., P_λ, ... zugeordnet werden können, wird die Gesamtwahrscheinlichkeit für die Aufteilung auf alle Energiewerte E_λ durch das Produkt der Einzelwahrscheinlichkeiten $P_\lambda^{(F-D)}$ gegeben sein

$$P^{(F-D)} = \prod_\lambda P_\lambda^{(F-D)} = \prod_\lambda \frac{g_\lambda!}{(g_\lambda - N_\lambda)!N_\lambda!}. \tag{10.37}$$

Nun nehmen wir wiederum an, wie dies bei der Herleitung von (10.30) geschah, dass die wahrscheinlichste Verteilung dadurch ausgezeichnet ist, dass für sie die Entropie S ihr Maximum hat, bzw. die Variation $\delta S \sim \delta \ln P^{(F-D)} = 0$ sein wird. Dies ergibt unter Verwendung der Stirlingschen Näherung (A.158)

$$\delta P^{(F-D)} = \delta \sum_\lambda [g_\lambda \ln g_\lambda - f_\lambda \ln f_\lambda - (g_\lambda - f_\lambda) \ln(g_\lambda - f_\lambda)]$$

$$= \sum_\lambda \left[\ln\left(\frac{g_\lambda - f_\lambda}{f_\lambda} \right) \right] \delta N_\lambda = 0, \tag{10.38}$$

wobei für die wahrscheinlichste Verteilung von N_λ die Bezeichnung f_λ eingeführt wurde. Damit aber in der letzten Gleichung die δN_λ als voneinander unabhängige Variationen betrachtet werden können, müssen wir zu (10.38) noch die beiden ersten Bedingungen aus (10.26) für die Gesamtzahl N der Systeme und die gesamte Energie E des Ensembles mit den Lagrange Multiplikatoren a, bzw. β multiplizieren und zu $\delta P^{(F-D)}$ (10.38) hizuzufügen. Dies ergibt

$$\sum_\lambda \left[\ln\left(\frac{g_\lambda - f_\lambda}{f_\lambda} \right) - \alpha - \beta E_\lambda \right] \delta N_\lambda = 0. \tag{10.39}$$

Da jetzt die Variationen δN_λ voneinander unabhängig sind, muss jeder Koeffizient [./.] in (10.39) für sich gleich Null sein. Dies ergibt

$$f_\lambda = \frac{g_\lambda}{e^{\alpha + \beta E_\lambda} + 1} \tag{10.40}$$

und daraus folgt die Verteilungsfunktion

$$\frac{f_\lambda}{g_\lambda} = \frac{1}{e^{\alpha + \beta E_\lambda} + 1}, \tag{10.41}$$

welche die Wahrscheinlichkeit angibt, dass der Zustand mit der Energie E_λ und mit einem der beiden Zustände eines Spin $\frac{1}{2}$ Teilchens besetzt sein wird. Wenn die Besetzung beider Spinzustände gleich wahrscheinlich ist, wird g_λ mit dem Faktor 2 zu multiplizieren sein.

Die noch unbekannten Lagrange Multiplikatoren α und β können wir, wie im vorangehenden Abschnitt, mit Hilfe thermodynamischer Überlegungen finden. Dazu betrachten wir wieder den Ausdruck für die Entropie als Funktion der wahrscheinlichsten Verteilung

$$S^{(F-D)} = k_{\mathrm{B}} \ln P^{(F-D)} \tag{10.42}$$

und erhalten mit Hilfe (10.37) und der Stirlingschen Näherung (A.158)

$$\ln P^{(F-D)} = \sum_{\lambda} [g_\lambda \ln g_\lambda - (g_\lambda - N_\lambda)\ln(g_\lambda - N_\lambda) - N_\lambda \ln N_\lambda]. \tag{10.43}$$

Setzen wir hier für die Zahlen N_λ die wahrscheinlichsten Werte f_λ aus (10.41) ein, so finden wir

$$\ln P^{(F-D)} = \sum_{\lambda} \frac{\alpha g_\lambda}{e^{\alpha+\beta E_\lambda}+1} + \sum_{\lambda} \frac{\beta E_\lambda g_\lambda}{e^{\alpha+\beta E_\lambda}+1} + \sum_{\lambda} g_\lambda \ln(e^{-\alpha-\beta E_\lambda}+1)$$

$$= \alpha N + \beta E + \sum_{\lambda} g_\lambda \ln(e^{-\alpha-\beta E_\lambda}+1), \tag{10.44}$$

wo N die Gesamtzahl der Elemente des Systems und E die innere Energie sind. Die ersten beiden Terme auf der rechten Seite von (10.44) folgen aus den Definitionen der Verteilungsfunktion (10.41) und der gesamten inneren Energie. Daher erhalten wir für die Entropie eines Fermi-Dirac Gases den Ausdruck

$$S^{(F-D)} = k_{\mathrm{B}}\alpha N + k_{\mathrm{B}}\beta E + k_{\mathrm{B}}\sum_{\lambda} g_\lambda \ln(e^{-\alpha-\beta E_\lambda}+1). \tag{10.45}$$

Da der letzte Term auf der rechten Seite dieser Gleichung eine Konstante ist, können nur N und E bei einer differenziellen Änderung von S von Bedeutung sein und daher ist

$$dS = k_{\mathrm{B}}\,\alpha dN + k_{\mathrm{B}}\beta dE. \tag{10.46}$$

Damit sind dann bei konstantem Volumen

$$\alpha = \frac{1}{k_{\mathrm{B}}} \left(\frac{\partial S}{\partial N}\right)_{\mathrm{E,V}}, \quad \beta = \frac{1}{k_{\mathrm{B}}} \left(\frac{\partial S}{\partial E}\right)_{\mathrm{N,V}}. \tag{10.47}$$

Bezeichnen wir die Entropie, die innere Energie und das Volumen pro Teilchen mit s, u und v, sodass

$$S = Ns, \quad E = Ne, \quad V = Nv \tag{10.48}$$

sind, so können wir mit der thermodynamischen Beziehung

$$T ds = du + p dv \tag{10.49}$$

und bei veränderlicher Teilchenzahl, mit

$$\mathrm{d}S = N\mathrm{d}s + s\mathrm{d}N \,, \tag{10.50}$$

die Gleichung (10.49) in folgender Weise umschreiben

$$T\mathrm{d}S = \mathrm{d}E + p\mathrm{d}V - \epsilon_F \,\mathrm{d}N \,, \tag{10.51}$$

wobei die Konstante

$$\epsilon_F = pv + u - Ts \tag{10.52}$$

die Fermi-Energie (oder auch das thermodynamische Potential) genannt wird.

Mit Hilfe der Gleichung (10.51) können wir ferner die folgenden Beziehungen herleiten

$$\left(\frac{\partial S}{\partial E}\right)_{V,N} = \frac{1}{T}, \quad \left(\frac{\partial S}{\partial V}\right)_{E,N} = \frac{p}{T}, \quad \left(\frac{\partial S}{\partial N}\right)_{E,V} = -\frac{\epsilon_F}{T} \tag{10.53}$$

und durch Vergleich mit den Formeln (10.47) sind wir nun in der Lage, die Bedeutung der Langrangeschen Multiplikatoren α und β zu bestimmen, nämlich

$$\alpha = -\frac{\epsilon_F}{k_B T}, \quad \beta = \frac{1}{k_B T} \,, \tag{10.54}$$

sodass schließlich die Fermi-Dirac Verteilungsfunktion (10.41) die Gestalt hat

$$\frac{f_\lambda}{g_\lambda} = \frac{1}{\mathrm{e}^{\frac{E_\lambda - \epsilon_F}{k_B T}} - 1} \,. \tag{10.55}$$

Diese Verteilung geht in die klassische Boltzmann Verteilung über, wenn die Nichtunterscheidbarkeit der Fermi-Teilchen wegfällt und daher der Faktor -1 im Nenner vernachlässigt werden kann.

Ferner können wir die Zustandsgleichung eines Fermi-Dirac Gases auffinden, indem wir die Gleichung (10.52) mit N multiplizieren und mit den Gleichung (10.45) und (10.54) kombinieren. Dies ergibt

$$\frac{pV}{k_B T} = \sum_\lambda g_\lambda \ln\left[1 + \mathrm{e}^{-\frac{E_\lambda - \epsilon_F}{k_B T}}\right] \tag{10.56}$$

und stellt die Zustandsgleichung eines idealen, entarteten Fermi-Dirac Gases dar.

10.4.2 Die Bose-Einstein Statistik

In diesem Fall haben wir wieder N_λ nichtunterscheidbare Teilchen mit der Energie E_λ auf g_λ Zustände aufzuteilen, doch der Unterschied zur Fermi-Dirac Statisitk besteht jetzt darin, dass eine beliebige Zahl von Teilchen sich in einem der Zustände g_λ befinden darf. Daher können wir uns die N_λ Teilchen in verschiedene Gruppen aufgeteilt denken, die auf die Zustände g_λ aufgeteilt sind, im Gegensatz zu einzelnen Teilchen pro Zustand, wie es bei der Fermi-Dirac Statistik gefordert wird. Jede dieser Gruppen lässt sich dann in zwei Anteile mit je einem der g_λ Zustände aufteilen. Da $g_\lambda - 1$ solche Aufteilungen möglich sind, gibt es $g_\lambda - 1$ Gruppen, in welche die N_λ Teilchen aufgeteilt werden können. Daher ist die gesamte Anzahl der Möglichkeiten, wie die N_λ Teilchen aufgeteilt werden können, gleich der Anzahl der Möglichkeiten, wie $g_\lambda - 1 + N_\lambda$ (d.h. Aufteilungen und Teilchen) N_λ mal genommen werden können. Diese Wahrscheinlichkeit wird durch den folgenden Binomialkoeffizienten bestimmt

$$P_\lambda^{(B-E)} = \binom{g_\lambda - 1 + N_\lambda}{N_\lambda} = \frac{(g_\lambda - 1 + N_\lambda)!}{(g_\lambda - 1)!N!} \tag{10.57}$$

und die gesamte Wahrscheinlichkeitsverteilung für alle Energieniveaus ist dann

$$P^{(B-E)} = \prod_\lambda \frac{(g_\lambda - 1 + N_\lambda)!}{(g_\lambda - 1)!N!}. \tag{10.58}$$

Mit der gleichen Vorgangsweise, wie bei der Fermi-Dirac Statistik, finden wir dann für die Bose-Einstein Verteilungsfunktion

$$\frac{f_\lambda}{g_\lambda} = \frac{1}{\mathrm{e}^{\frac{\zeta+E_\lambda}{k_\mathrm{B}T}} - 1}, \tag{10.59}$$

wo die Konstante ζ durch den Ausdruck gegeben ist

$$\zeta = pv + u - Ts \tag{10.60}$$

und das thermodynamische Potential des Bose-Einstein Gases darstellt. Wiederum geht die Bose-Einstein Verteilungsfunktion in die klassische Boltzmann Verteilung über, wenn die Nichtunterscheidbarkeit der Teilchen fällt. Auf ähnliche Weise wie beim Fermi-Dirac Fall, kann man die Zustandsgleichung eines idealen Bose-Einstein Gases herleiten und findet

$$\frac{pV}{k_\mathrm{B}T} = -\sum_\lambda g_\lambda \ln[1 - \mathrm{e}^{-\frac{\zeta+E_\lambda}{k_\mathrm{B}T}}]. \tag{10.61}$$

Zusammengefaßt, erhalten wir für die drei Statistiken die Verteilungsfunktionen

$$\frac{f_\lambda}{g_\lambda} = \frac{1}{c\mathrm{e}^{\frac{E_\lambda}{k_\mathrm{B}T}} + \delta}, \quad \delta = \left\{ \begin{array}{ll} +1 & \text{Fermi} - \text{Dirac} \\ -1 & \text{Bose} - \text{Einstein} \\ 0 & \text{Boltzmann} \end{array} \right\} \text{Statistik}. \tag{10.62}$$

Übungsaufgaben

10.1. Führe, in Analogie zu den Rechnungen beim Fermi-Dirac Gas, die explizite Ableitung der Formel (10.59) für die Bose-Einstein Verteilungsfunktion aus der Wahrscheinlichkeitsverteilung (10.57) durch.

10.2. Leite ebenso mit analogen Überlegungen wie beim Fermi-Dirac Fall die Zustandsgleichung eines idealen Bose-Einstein Gases ab.

10.3. Leite explizit die Differentialgleichung (10.15) für den Dichteoperator ab.

A Mathematische und physikalische Ergänzungen

Um dem Studierenden die Lektüre dieses Buches zu erleichtern, sind in diesem Anhang einige mathematische und physikalische Ergänzungen zusammengetragen. Diese sollen einerseits zum besseren Verständnis des mathematischen Apparates der Quantentheorie beitragen und andrerseits den Leser an eine Reihe physikalischer Zusammenhänge erinnern, die sich insbesondere auf die klassische Mechanik und die Elektrodynamik beziehen.

A.1 Vektoranalysis

Hier fassen wir die wichtigsten Definitionen und Theoreme der Vektoranalysis zusammen, die im Text des Buches benötigt werden. Weitere Einzelheiten findet der Leser in der angegebenen Literatur.

Wenn ein Vektor $\boldsymbol{A}$ die Komponenten (A_x, A_y, A_z) hat, so ist der Betrag dieses Vektors durch folgende Größe definiert

$$A = |\boldsymbol{A}| = (A_x^2 + A_y^2 + A_z^2)^{\frac{1}{2}}\,. \tag{A.1}$$

Sind $\boldsymbol{A}$ und $\boldsymbol{B}$ zwei Vektoren mit den Komponenten (A_x, A_y, A_z) beziehungsweise (B_x, B_y, B_z), so ist das Skalarprodukt dieser beiden Vektoren durch die Größe definiert

$$(\boldsymbol{A}, \boldsymbol{B}) = A_x B_x + A_y B_y + A_z B_z = AB \cos\theta\,, \tag{A.2}$$

wo θ der Winkel zwischen den beiden Vektoren $\boldsymbol{A}$ und $\boldsymbol{B}$ ist. Insbesondere wird $(\boldsymbol{A}, \boldsymbol{B}) = 0$ sein, wenn die beiden Vektoren $\boldsymbol{A}$ und $\boldsymbol{B}$ zueinander orthogonal sind.

Das Vektorprodukt $\boldsymbol{A} \times \boldsymbol{B}$ führt auf den Vektor $\boldsymbol{C}$ mit den Komponente

$$\begin{aligned} C_x &= A_y B_z - A_z B_y \\ C_y &= A_z B_x - A_x B_z \\ C_z &= A_x B_y - A_y B_x\,. \end{aligned} \tag{A.3}$$

Wenn $\boldsymbol{i}$, $\boldsymbol{j}$ und $\boldsymbol{k}$ Einheitsvektoren längs der orthogonalen Koordinatenachsen x, y und z darstellen, sodass die Zerlegung eines Vektors in seine Komponenten durch $\boldsymbol{A} = A_x \boldsymbol{i} + A_y \boldsymbol{j} + A_z \boldsymbol{k}$ gegeben ist und die Einheitsvektoren die Bedingungen erfüllen

$$i^2 = j^2 = k^2 = 1\,, \quad (i,j) = (j,k) = k,i) = 0\,, \tag{A.4}$$

dann lässt sich das Vektorprodukt in der Form einer Determinante schreiben

$$C = A \times B = \begin{vmatrix} i & j & k \\ A_x & A_y & A_z \\ B_x & B_y & B_z \end{vmatrix}\,. \tag{A.5}$$

Dabei ist C ein Vektor vom Betrag $AB \sin\theta$ und seine Richtung steht normal auf der durch A und B definierten Ebene, derart, dass A, B und C ein rechtshändiges Koordinatensystem bilden.

Wenn $\phi(x)$, $\psi(x)$, $\chi(x), \ldots$ skalare Felder, wie die Temperatur, das Potential etc. darstellen und $F(x)$, $G(x), \ldots$ Vektorfelder beschreiben, wie das elektromagnetische Feld, ein Kraftfeld etc., dann definiert man den Gradienten von $\phi(x)$ als das Vektorfeld

$$\mathrm{grad}\phi = i\,\frac{\partial\phi}{\partial x} + j\,\frac{\partial\phi}{\partial y} + k\,\frac{\partial\phi}{\partial z} \tag{A.6}$$

und die Divergenz von $F(x)$ als die skalare Funktion

$$\mathrm{div}\,F(x) = \frac{\partial F_x}{\partial x} + \frac{\partial F_y}{\partial y} + \frac{\partial F_z}{\partial z} \tag{A.7}$$

sowie die Rotation von $F(x)$ als das Vektorfeld

$$\mathrm{rot}\,F(x) = \begin{vmatrix} i & j & k \\ \frac{\partial}{\partial x} & \frac{\partial}{\partial y} & \frac{\partial}{\partial z} \\ F_x & F_y & F_z \end{vmatrix}\,. \tag{A.8}$$

Wenn insbesondere das Vektorfeld $F(x)$ durch $F(x) = \mathrm{grad}\phi(x)$ gegeben ist, dann gilt

$$\mathrm{div\,gard}\phi(x) = \Delta\phi(x) = \frac{\partial^2\phi}{\partial x^2} + \frac{\partial^2\phi}{\partial y^2} + \frac{\partial^2\phi}{\partial z^2}\,, \tag{A.9}$$

wo Δ den Laplaceschen Operator darstellt. Ist insbesondere $F(x) = \phi(x)G(x)$, dann erhalten wir

$$\mathrm{div}(\phi G) = \phi\,\mathrm{div}G + G\,\mathrm{grad}\phi \tag{A.10}$$

und wenn insbesondere $G = \mathrm{grad}\psi$ ist, dann folgt

$$\mathrm{div}(\phi\,\mathrm{grad}\psi) = \phi\Delta\psi + \mathrm{grad}\phi\,\mathrm{grad}\psi\,. \tag{A.11}$$

Wichtige Theoreme der Vektoranalysis sind der Gaußsche Satz und der Greensche Satz. Für ein Vektorfeld $F(x)$ lautet der Gaußsche Satz

$$\int_V \mathrm{div}\,F(x)\mathrm{d}\tau = \int_S F(x)\mathrm{d}\sigma\,, \tag{A.12}$$

wo S eine geschlossene Hülle ist, die das Volumen V umschließt. Ferner sind $d\tau = d^3x$ ein Volumenelement innerhalb V und $d\boldsymbol{\sigma}$ ein vektorielles Oberflächenelement, das auf der Hülle S senkrecht nach außen weist.

Wenn $\boldsymbol{F} = \phi\,\mathrm{grad}\,\psi$ gesetzt wird, dann ist in (A.12) $\boldsymbol{F}d\boldsymbol{\sigma} = \phi\,\mathrm{grad}\,\psi d\boldsymbol{\sigma} = \phi\frac{\partial\psi}{\partial n}d\sigma$, wo $\frac{\partial}{\partial n}$ die Differentiation längs der nach außen orientierten Normalenrichtung bedeutet. Der Gaußsche Satz lautet dann in diesem Fall

$$\int_S \phi\frac{\partial\psi}{\partial n}d\sigma = \int_V \phi\Delta\psi d\tau + \int_V \mathrm{grad}\,\phi\,\mathrm{grad}\,\psi d\tau\,. \tag{A.13}$$

Wenn wir schließlich in dieser Gleichung ϕ und ψ miteinander vertauschen und die so resultierenden beiden Integralausdrücke voneinander abziehen, erhalten wir das Greensche Theorem

$$\int_S \left(\phi\frac{\partial\psi}{\partial n} - \psi\frac{\partial\phi}{\partial n}\right)d\sigma = \int_V (\phi\Delta\psi - \psi\Delta\phi)d\tau\,. \tag{A.14}$$

Neben den kartesischen Koordinaten sind bei vielen praktischen Anwendungen die Zylinderkoordinaten und die Kugelkoordinaten von besonderem Interesse.

(1) Bei den Zylinderkoordinaten werden neben der z-Richtung in der (x,y)-Ebene die ebenen Polarkoordinaten $x = \rho\cos\phi$ und $y = \rho\sin\phi$ eingeführt. Dabei ist $\phi = \arctan\frac{y}{x}$ und $\rho = (x^2 + y^2)^{\frac{1}{2}}$. Man geht also von den Koordinaten (x,y,z) zu den Koordinaten (ρ,ϕ,z) über, wobei der Eindeutigkeit wegen die Koordinate ρ die Werte $0 \leq \rho < \infty$ annehmen kann, der Winkel ϕ die Werte $0 \leq \phi < 2\pi$ durchläuft und $-\infty < z < +\infty$ sein kann. Bei Integrationen geht das kartesische Volumselement $d^3x = dxdydz$ in Zylinderkoordinaten in das Element $\rho d\rho d\phi dz$ über. In unserem Buch ist insbesonder von Interesse, die explizite Form des Laplaceschen Operators in Zylinderkoordinaten zu kennen. Diese Transformation lautet für eine Funktion $\psi(\boldsymbol{x}) = \psi(\rho,\phi,z)$

$$\frac{\partial^2\psi}{\partial x^2} + \frac{\partial^2\psi}{\partial y^2} + \frac{\partial^2\psi}{\partial z^2} = \frac{1}{\rho}\frac{\partial}{\partial\rho}\left(\rho\frac{\partial\psi}{\partial\rho}\right) + \frac{1}{\rho^2}\frac{\partial^2\psi}{\partial\phi^2} + \frac{\partial^2\psi}{\partial z^2}\,. \tag{A.15}$$

(2) Bei den Kugelkoordinaten wird üblicherweise die z-Achse des kartesischen Koordiatensystems zur sogenannten Polarachse der Kugelkoordinaten gemacht und der Übergang von den Koordinaten (x,y,z) zu den Koordinaten (r,θ,ϕ) ist durch folgendes Transformationsgesetz gegeben $x = r\sin\theta\cos\phi$, $y = r\sin\theta\sin\phi$ und $z = r\cos\theta$. Dabei ist $r = (x^2+y^2+z^2)^{\frac{1}{2}}$, $\phi = \arctan\frac{y}{x}$ und $\theta = \arctan\frac{z}{\sqrt{x^2+y^2}}$ und diese Parameter können folgende Werte durchlaufen $0 \leq r < \infty$, $0 \leq \phi < 2\pi$, und $0 \leq \theta \leq \pi$. Bei Integrationen geht das kartesischen Volumselement $d^3x = dxdydz$ in Kugelkoordinaten in das Element $r^2dr\sin\theta d\theta d\phi = r^2dr\,d\Omega$ über, wo $d\Omega = \sin\theta d\theta d\phi$ das Oberflächenelement auf einer Kugel vom Radius

$r = 1$ ist. Dabei führt die Berechnung der gesamten Oberfläche der Einheitskugel auf den Wert 4π. Auch hier ist für die Anwendungen von Interesse, wie die Transformation des Laplace Operators in Kugelkoordinaten aussieht. Man findet für $\psi(\boldsymbol{x}) = \psi(r, \theta, \phi)$

$$\frac{\partial^2 \psi}{\partial x^2} + \frac{\partial^2 \psi}{\partial y^2} + \frac{\partial^2 \psi}{\partial z^2} = \frac{1}{r^2} \frac{\partial}{\partial r}\left(r^2 \frac{\partial \psi}{\partial r}\right) + \frac{1}{r^2 \sin\theta} \frac{\partial}{\partial \theta}\left(\sin\theta \frac{\partial \psi}{\partial \theta}\right) + \frac{1}{r^2 \sin^2\theta} \frac{\partial^2 \psi}{\partial \phi^2}.$$
(A.16)

A.2 Lineare Operatoren und orthogonale Funktionen

A.2.1 Lineare Operatoren

Lineare Operatoren haben in vielen Bereichen der Physik eine große Bedeutung, sei es in der Form von Differential- und Integraloperatoren oder in der Form von algebraischen Beziehungen. Ein Operator $\hat{A}$, der den folgenden beiden Bedingungen genügt

$$\hat{A}(\phi + \psi) = \hat{A}\,\phi + \hat{A}\,\psi\,, \quad \hat{A}\,\lambda\psi = \lambda\,\hat{A}\,\psi\,,$$
(A.17)

wird ein linearer Operator genannt. Dabei ist λ eine beliebige Konstante. Die Linearität drückt unter anderem das in der Physik so wichtige Superpositionsprinzip aus, das allen geläufigen Wellenphänomenen zugrundeliegt, wie den Schallwellen, den elektromagnetischen Wellen und in der Quantentheorie den de Broglie Wellen, bzw. allgemein den abstrakten Wellenfunktionen.

Wenn ein linearer Operator $\hat{A}$ auf eine Funktion $\psi(\boldsymbol{x}, t)$ angewandt wird, so wird diese Funktion im allgemeinen Fall in eine neue Funktion $\chi(\boldsymbol{x}, t)$ abgeändert werden, also

$$\hat{A}\,\psi(\boldsymbol{x}, t) = \chi(\boldsymbol{x}, t)$$
(A.18)

Es gibt jedoch gewisse Funktionen mit der Eigenschaft, dass bei der Anwendung bestimmter linearer Operatoren diese Funktionen nur durch einen multiplikativen Faktor verändert werden. Dann gilt

$$\hat{A}\,u(\boldsymbol{x}, t) = a\,u(\boldsymbol{x}, t)\,,$$
(A.19)

wo a eine Konstante ist. Solche Funktionen nennt man dann Eigenfunktionen des betreffenden linearen Operators und die Konstante a heißt der zugehörige Eigenwert für den bestimmten Operator.

Ein linearer Operator $\hat{H}$ wird ein hermitescher Operator genannt, wenn für zwei komplexe Funktionen ϕ un ψ die folgende Integralbeziehung gilt

$$\int \psi^* \hat{H}\,\phi\,\mathrm{d}\tau = \int (\hat{H}\,\psi)^* \phi\,\mathrm{d}\tau\,,$$
(A.20)

wobei die Integration über den Definitionsbereich der beiden Funktionen zu erstrecken ist. Die Eigenschaft des Operators $\hat{H}$ hermitesch zu sein, nennt man seine Hermitezität. Ein wichtiger hermitescher Operator ist der Laplacesche Operator Δ. Zum Nachweis betrachten wir die beiden Beziehungen

$$\nabla(\phi\nabla\psi^*) = \nabla\phi\nabla\psi^* + \phi\Delta\psi^*$$
$$\nabla(\psi^*\nabla\phi) = \nabla\psi^*\nabla\phi + \psi^*\Delta\phi\,, \qquad (A.21)$$

ziehen diese voneinander ab und integrieren das Resultat auf beiden Seiten. Dies ergibt

$$\int \nabla(\phi\nabla\psi^* - \psi^*\nabla\phi)\mathrm{d}\tau = \int \phi\Delta\psi^*\mathrm{d}\tau - \int \psi^*\Delta\phi\mathrm{d}\tau\,. \qquad (A.22)$$

Auf der linken Seite dieser Gleichung steht unter dem Integralzeichen die Divergenz eines Vektors. Daher können wir auf dieses Integral den Gaußschen Satz (A.12) anwenden. Dies ergibt

$$\int_{V\to\infty} \nabla(\phi\nabla\psi^* - \psi^*\nabla\phi)\mathrm{d}\tau = \int_{S\to\infty} \left(\phi\frac{\partial\psi^*}{\partial n} - \psi^*\frac{\partial\phi}{\partial n}\right)\mathrm{d}\sigma = 0\,, \qquad (A.23)$$

wobei wir angenommen haben, dass für $|\boldsymbol{x}| = r \to \infty$ die Funktionen ϕ und ψ ausreichend rasch gegen Null streben, sodass das Integral auf der rechten Seite verschwindet. Unter diesen Bedingungen folgt dann aus der Gleichung (A.22)

$$\int \phi\Delta\psi^*\mathrm{d}\tau = \int \psi^*\Delta\phi\mathrm{d}\tau\,. \qquad (A.24)$$

Demnach konnten wir die Hermitezität des Laplaceschen Operators nur unter der Annahme herleiten, dass die Funktionen ϕ un ψ im Unendlichen ganz bestimmte Randbedingungen erfüllen. Sind das Volumen V und damit auch die Oberfläche S endlich, so haben auf dieser Oberfläche andere Randbedingungen für die Funktionen ϕ und ψ zu gelten, damit auch dann die Beziehung (A.24) Gültigkeit hat.

A.2.2 Das Sturm-Liouville Problem

Bei der Schrödingerschen Formulierung der Quantenmechanik haben wir es mit linearen hermiteschen Differentialoperatoren zu tun, deren Eigenfunktionen und Eigenwerte aufzusuchen sind, da sie den erlaubten Zuständen und Messwerten einer Observablen entsprechen. Die durch Separation der Schrödinger-Gleichung in verschiedenen Koordinatensystemen erhaltenen gewöhnlichen Differentialgleichungen gehören alle zum Typus der Sturm-Liouvilleschen Differentialgleichung. Diese lineare Differentialgleichung zweiter Ordnung hat die folgende allgemeine Form

$$\frac{\mathrm{d}}{\mathrm{d}x}\left[p(x)\frac{\mathrm{d}y}{\mathrm{d}x}\right] + [\lambda r(x) - q(x)]y = 0\,. \qquad (A.25)$$

Dabei ist λ ein von x unabhängige Parameter. Diese Gleichung wird im allgemeinen in einem endlichen Intervall $a \leq x \leq b$ betrachtet, in welchem die Gleichung keine singulären Stellen hat, also keiner ihrer drei Koeffizienten $p(x)$, $q(x)$ und $r(x)$ unendlich wird. Singuläre Stellen können jedoch in den Endpunkten des Intervalls auftreten. Im betrachteten Intervall ist die Funktion $r(x) > 0$. Führen wir die linearen Differentialoperatoren

$$\hat{L} = \frac{\mathrm{d}}{\mathrm{d}x}\left[p(x)\frac{\mathrm{d}}{\mathrm{d}x}\right] - q(x)\,, \quad \hat{H} = \frac{1}{r}\hat{L} \qquad (\text{A.26})$$

ein, so erhält die Sturm-Liouvillesche Gleichung die Gestalt eines Eigenwertproblems von der Form

$$\hat{H}\,y = -\lambda y\,, \qquad (\text{A.27})$$

wie oben in (A.19) angedeutet wurde. Wie man zeigen kann, bilden die Lösungen dieser Gleichung im endlichen Intervall (a,b) ein unendliches, diskretes System normierbarer Eigenfunktionen, die einen Funktionenraum, den sogenannten Hilbert Raum aufspannen. Daher können sie als Basis zur Reihenentwicklung einer normierbaren Funktion $f(x)$, die im gleichen Intervall definiert ist, verwendet werden. Für zwei Funktionen $f(x)$ und $g(x)$ aus diesem Funktionenraum ist das Skalarprodukt definiert durch

$$(f,g) = \int_a^b r(x)f(x)g(x)\mathrm{d}x\,, \qquad (\text{A.28})$$

wobei die Funktion $r(x) > 0$ die Bedeutung einer Gewichtsfunktion hat, welche die Konvergenz des betrachteten Integrals garantiert. Um nachweisen zu können, dass der in (A.26) definierte Sturm-Liouvilleschen Operator $\hat{L}$ ein hermitescher Operator ist, betrachten wir die Integralbeziehung

$$\int_a^b v(x)\hat{L}u(x)\mathrm{d}x = \int_a^b u(x)\hat{L}v(x)\mathrm{d}x\,, \qquad (\text{A.29})$$

die im reellen Gebiet gemäß (A.20) die Hermitezität des Operators $\hat{L}$ ausdrückt. Dabei sind $u(x)$ und $v(x)$ zwei beliebige Funktionen des betrachteten Funktionenraums. Bei expliziter Anwendung des Operators (A.26) findet man, dass die Beziehung (A.29) dann und nur dann erfüllt ist, wenn die Funktionen $u(x)$ und $v(x)$ des Funktionenraumes die folgenden allgemeinen Randbedingungen erfüllen

$$\left[v(x)p(x)\frac{\mathrm{d}u(x)}{\mathrm{d}x}\right]_{x=a}^{x=b} = \left[u(x)p(x)\frac{\mathrm{d}v(x)}{\mathrm{d}x}\right]_{x=a}^{x=b}\,. \qquad (\text{A.30})$$

Lösungen der Sturm-Liouvilleschen Gleichung, welche diesen Randbedingungen genügen, nennt man dann die Eigenfunktionen des Sturm-Liouvilleschen Problems. Es gelten (ohne Beweis) die folgenden Sätze:

(1) Die Eigenwerte λ_1, λ_2, λ_3,..., die zu den Eigenfunktionen $y_1(x)$, $y_2(x)$, $y_3(x)$,... gehören, sind alle reell und bilden eine unendliche diskrete Folge.

(2) Die zu zwei verschiedenen Eigenwerten λ_μ und λ_ν gehörenden Eigenfunktionen $y_\mu(x)$ und $y_\nu(x)$ sind zueinander orthogonal und normierbar, sodass

$$(y_\mu, y_\nu) = \int_a^b r(x) y_\mu(x) y_\nu(x) \mathrm{d}x = \delta_{\mu,\nu}, \quad r(x) > 0 \qquad (A.31)$$

gilt. Wenn zwei oder mehrere Eigenfunktioen $y_{\mu,1}$, $y_{\mu,2}$, ... zum selben Eigenwert λ_μ gehören, so nennt man diesen Eigenwert entartet.

(3) Die Eigenfunktionen des Sturm-Liouvilleschen Problems (A.25), welche den Randbedingungen (A.30) genügen, bilden ein vollständiges Funktionensystem, sodass jede im Intervall $a \leq x \leq b$ definierte und normierbare Funktion $f(x)$, welche denselben Randbedingungen genügt, in diesem Intervall durch folgende verallgemeinerte Fourier-Reihe

$$f(x) = \sum_{\nu=0}^{\infty} c_\nu y_\nu(x) \qquad (A.32)$$

dargestellt werden kann, wobei die verallgemeinerten Fourier-Koeffizienten c_ν durch folgenden Ausdruck gegeben sind

$$c_\nu = (y_\nu, f) = \int_a^b r(x)\, y_\nu(x)\, f(x)\, \mathrm{d}x\,. \qquad (A.33)$$

Die dargelegten Beziehungen lassen sich in das Gebiet der komplexen Funktionen übertragen. Bei den meisten Eigenwertproblemen der Physik lauten die Randbedingungen, dass die Lösungen oder ihre Ableitungen in den Endpunkten des Intervalls gleich Null sein sollen oder dass die Lösungen periodische Randbedingungen erfüllen.

A.2.3 Singularitäten des Sturm-Liouvilleschen Problems

Die in der Quantentheorie auftretenden Sturm-Liouvilleschen Differentialgleichungen können, wie bereits erwähnt, in den Endpunkten des betrachteten Intervalls singulär werden. In der Umgebung dieser Singularitäten haben dann diese Differentialgleichungen die folgende Gestalt

$$\frac{\mathrm{d}^2 y}{\mathrm{d}x^2} + \frac{p(x)}{(x - x_0)} \frac{\mathrm{d}y}{\mathrm{d}x} + \frac{q(x)}{(x - x_0)^2} y = 0\,. \qquad (A.34)$$

Dabei sind die Funktionen $p(x)$ und $q(x)$ in der Umgebung der singulären Stelle bei $x = x_0$ analytische Funktionen, d.h. sie besitzen dort keine weiteren Singularitäten. Differentialgleichungen der Gestalt (A.34) nennt man vom Fuchsschen Typus und man kann zeigen, dass die Lösungen dieser Differentialgleichung mit folgendem Frobenius-Ansatz gefunden werden können

$$y(x) = (x - x_0)^s \sum_{\nu=0}^{\infty} a_\nu (x - x_0)^\nu \,. \tag{A.35}$$

Geht man mit diesem Ansatz in die Differentialgleichung (A.34) ein, so findet man die folgende quadratische Gleichung für den zunächst unbekannten Index s

$$s^2 + (p_0 - 1)s + q_0 = 0 \,, \tag{A.36}$$

wobei die Koeffizienten p_0 und q_0 die ersten Koeffizienten der Taylorschen Reihenentwicklung von $p(x)$ und $q(x)$ nach Potenzen von $(x-x_0)$ sind. Die sogenannte Indexgleichung (A.36) hat im allgemeinen zwei verschiedene Lösungen s_1 und s_2 von denen die eine > 0 ist und die andere < 0. Dies führt dazu, dass die Fuchssche Gleichung (A.34) bei $x = x_0$ stets eine reguläre und eine singuläre Lösung besitzt. Die reguläre Lösung ist dann jene, die bei der Behandlung des Sturm-Liouvilleschen Problems von Interesse ist. Bei unserer Behandlung der Lösungen der Hermiteschen, Legendreschen und Laguerreschen Diffentialgleichungen wird das hier skizzierte Verfahren angewandt, um die für die Lösung des Eigenwertproblems ausschließlich relevanten regulären Lösungen herauszufiltern.

A.2.4 Fourier-Reihen und Fourier-Integral

Das elementarste und für die Physik wichtige Sturm-Liouvilleschen Problem ist die Lösung der Differential

$$y''(x) + k^2 y(x) = 0 \tag{A.37}$$

mit einer der beiden folgenden Randbedingungen, entweder a) $y(x = 0) = y(x = L) = 0$ oder b) $y(x) = y(x + L)$.

Im Fall (a) ist die allgemeine Lösung von (A.37)

$$y(x) = A \cos kx + B \sin kx \,. \tag{A.38}$$

Damit $y(0) = 0$ ist, muss $A = 0$ sein und damit $y(L) = 0$ erfüllt werden kann, muss $kL = \nu\pi$ mit $\nu = 1, 2, 3, \ldots$ sein, denn $\nu < 0$ liefert keine neuen Eigenfunktionen. Damit können wir jede im Intervall $(0, L)$ integrable (stetig differenzierbare) Funktion $f(x)$ in eine Fourier-Sinusreihe

$$f(x) = \sum_{\nu=1}^{\infty} c_\nu \sin \frac{\nu\pi}{L} x \tag{A.39}$$

entwickeln und man findet für die Fourierkoeffizienten

$$c_\nu = \sqrt{\frac{2}{L}} \int_0^L \sin\left(\frac{\nu\pi}{L}x\right) f(x)\mathrm{d}x \,, \tag{A.40}$$

wo $\sqrt{\frac{2}{L}}$ der Normierungsfaktor der Sinusfunktionen ist.

Im zweiten Fall (b) können wir für die Gleichung (A.37) den komplexen Lösungsansatz machen

$$y(x) = A\mathrm{e}^{\mathrm{i}kx} \tag{A.41}$$

und damit $y(x) = y(x + L)$ erfüllt werden kann, muss $\mathrm{e}^{\mathrm{i}kL} = 1$ sein. Dies ist dann der Fall, wenn $kL = 2\nu\pi$ mit $\nu = 0, \pm 1, \pm 2, \ldots$ ist und wir können dann eine beliebige, integrable und L-periodische Funktion $f(x)$ in eine komplexe Fourier-Reihe entwickeln

$$f(x) = \sum_{\nu=-\infty}^{+\infty} c_\nu \mathrm{e}^{\mathrm{i}\frac{2\nu\pi}{L}x} \tag{A.42}$$

und die Fourier-Koeffizienten lauten dann

$$c_\nu = \frac{1}{L} \int_{-\frac{L}{2}}^{+\frac{L}{2}} \mathrm{e}^{-\mathrm{i}\frac{2\nu\pi}{L}\xi} f(\xi) \mathrm{d}\xi \,. \tag{A.43}$$

Wenn die Funktion $f(x)$ reell ist, also $f(x) = f^*(x)$ gilt, dann müssen die komplexen Fourier-Koeffizienten der Bedingung $c_\nu^* = c_{-\nu}$ genügen.

Wenn wir die Fourier-Koeffizienten c_ν wieder in die Fourier-Reihe (A.42) einsetzen und die Periodenlänge $L \to \infty$ gehen lassen, erhalten wir mit den Substitutionen $\frac{2\nu\pi}{L} = k$ und $\frac{2\pi}{L} = \Delta k$ das Fouriersche Integraltheorem

$$f(x) = \frac{1}{2\pi} \int_{-\infty}^{+\infty} \mathrm{d}k \int_{-\infty}^{+\infty} \mathrm{e}^{-\mathrm{i}k(\xi-x)} f(\xi) \mathrm{d}\xi \,. \tag{A.44}$$

Dieses können wir in die folgenden beiden Anteile aufspalten

$$f(x) = \int_{-\infty}^{+\infty} \mathrm{e}^{\mathrm{i}kx} F(k) \mathrm{d}k \tag{A.45}$$

und

$$F(k) = \frac{1}{2\pi} \int_{-\infty}^{+\infty} \mathrm{e}^{-\mathrm{i}k\xi} f(\xi) \mathrm{d}\xi \,, \tag{A.46}$$

welche zusammen die Fouriersche Integraltransformation definieren. Man nennt $F(k)$ die Fourier-Transformierte von $f(x)$. Wir erkennen aber auch, dass (A.44) nur dann eine Identität liefert, wenn

$$\frac{1}{2\pi} \int_{-\infty}^{+\infty} \mathrm{d}k \mathrm{e}^{-\mathrm{i}k(\xi-x)} = \delta(\xi - x) \tag{A.47}$$

ist, wo $\delta(\xi - x)$ die Diracsche δ-Funktion darstellt. Die Gleichung (A.47) ist eine der sehr nützlichen Darstellungen der δ-Funktion. Die δ-Funktion ist eine Verallgemeinerung des Kronecker Symbols $\delta_{n,n'}$ wenn man die diskreten ganzen Zahlen durch kontinuierliche Variable α und α' ersetzt. Dann ist die δ-Funktion durch die folgenden Eigenschaften definiert

$$\delta(\alpha - \alpha') = 0, \quad \alpha \neq \alpha'$$

$$\int \delta(\alpha - \alpha') \mathrm{d}\alpha = 1, \tag{A.48}$$

vorausgesetzt der Integrationsbereich enthält den Punkt $\alpha = \alpha'$. In dieser Bezeichnungsweise ist die einfachste Darstellung der δ-Funktion, wie in (A.47),

$$\delta(\alpha) = \frac{1}{2\pi} \int_{-\infty}^{\infty} \mathrm{e}^{\mathrm{i}\alpha x} \mathrm{d}x. \tag{A.49}$$

Diese Darstellung können wir als Grenzwert für $L \to \infty$ folgender Funktion betrachten

$$F_{\mathrm{L}}(\alpha) = \frac{1}{2\pi} \int_{-L}^{L} \mathrm{e}^{\mathrm{i}\alpha x} \mathrm{d}x = \frac{1}{\pi} \frac{\sin L\alpha}{\alpha}, \tag{A.50}$$

denn das Integral über diese Funktion liefert

$$\int_{-\infty}^{\infty} F_{\mathrm{L}}(\alpha) \mathrm{d}\alpha = \frac{1}{\pi} \int_{-\infty}^{\infty} \frac{\sin L\alpha}{\alpha} \mathrm{d}\alpha = 1, \tag{A.51}$$

wie man einer Integraltafel entnehmen kann. Ferner finden wir für $\alpha \to 0$, dass $F_{\mathrm{L}}(0) = \frac{L}{\pi}$ und für $\alpha = \pm \frac{\pi}{L}$, dass $F_{\mathrm{L}}(\pm \frac{\pi}{L}) = 0$ ist. Daher rührt im Limes $L \to \infty$ der gesamte Beitrag zum Integral (A.51) von der Stelle $\alpha = 0$. Damit sind dann beide Bedingungen in (A.48) erfüllt.

Mit Hilfe der Darstellung (A.47) der δ-Funktion können wir das sehr nützliche Parsevalsche Theorem herleiten. Dazu betrachten wir das Integral

$$\int_{-\infty}^{+\infty} f^*(x) f(x) \mathrm{d}x = \int_{-\infty}^{+\infty} |f(x)|^2 \mathrm{d}x \tag{A.52}$$

und setzen für $f^*(x)$ und $f(x)$ ihre korrespondierenden Fourier-Transformationen (A.45) ein. Dies ergibt nach Umordnung der x- und k- Integrationen und unter Verwendung von (A.47) bezogen auf die x-Integration anstelle auf die k-Integration

$$\int_{-\infty}^{+\infty} f^*(x) f(x) \mathrm{d}x = \int_{-\infty}^{+\infty} F^*(k) \mathrm{d}k \int_{-\infty}^{+\infty} F(k') \mathrm{d}k' \int_{-\infty}^{+\infty} \mathrm{e}^{-\mathrm{i}(k-k')x} \mathrm{d}x$$

$$= 2\pi \int_{-\infty}^{+\infty} F^*(k) \mathrm{d}k \int_{-\infty}^{+\infty} F(k') \mathrm{d}k' \delta(k - k')$$

$$= 2\pi \int_{-\infty}^{+\infty} |F(k)|^2 \mathrm{d}k. \tag{A.53}$$

Eine ganz ähnliche Beziehung können wir für die Fourier Reihenentwicklung herleiten, denn mit Hilfe von (A.42) finden wir wegen der Orthogonalität der Fourier-Funktionen

$$\int_{-\frac{L}{2}}^{+\frac{L}{2}} f^*(x) f(x) \mathrm{d}x = L \sum_{\nu=-\infty}^{+\infty} c_\nu^* c_\nu = L \sum_{\nu=-\infty}^{+\infty} |c_\nu|^2. \tag{A.54}$$

Eine solche Beziehung gilt übrigens allgemein für jede Entwicklung einer Funktion $f(x)$ nach einem orthonormalen Funktionensystem.

A.3 Andere orthogonale Funktionensysteme

A.3.1 Hermitesche Polynome und Funktionen

Die Hermiteschen Funktionen sind definiert durch die Gleichung

$$\psi_n(x) = e^{-\frac{x^2}{2}} H_n(x) \,, \tag{A.55}$$

wo $H_n(x)$ die Hermiteschen Polynome sind. Diese besitzen die Darstellung

$$H_n(x) = (-1)^n e^{x^2} \frac{d^n e^{-x^2}}{dx^n} \tag{A.56}$$

und genügen der Differentialgleichung

$$H_n'' - 2xH_n' + 2nH_n = 0 \,. \tag{A.57}$$

Mit Hilfe von (A.56) und (A.57) lassen sich die folgenden Rekursionsformeln herleiten

$$H_n' = 2xH_n - H_{n+1} \,, \quad 2xH_{n+1} = H_{n+2} + 2(n+1)H_n \,. \tag{A.58}$$

Die Rekursionsformeln (A.58) gestatten zusammen mit der Differentialgleichung der Hermiteschen Funktionen

$$\psi_n'' + (2n + 1 - x^2)\psi_n = 0 \tag{A.59}$$

und der Darstellung (A.56) verschiedene Integrale zu berechnen, insbesondere die Orthogonalitätsrelation der $\psi_n(x)$ und der Matrixelemente $(\psi_n, x\psi_m)$ und $(\psi_n, \frac{d}{dx}\psi_m)$.

A.3.2 Zugeordnete Laguerre Polynome

Die zugeordneten Laguerreschen Polynome sind mit den Hermiteschen Polynomen verwandt und besitzen die Erzeugende Funktion

$$L_k^n(x) = \frac{d^n}{dx^n} \left[e^x \frac{d^k}{dx^k} \left(x^k e^{-x} \right) \right] \,, \tag{A.60}$$

die es gestattet, die Polynome leicht zu berechnen. Mit Hilfe der Erzeugenden (A.60) finden wir auch, dass die Laguerreschen Polynome $y(x) = L_k^n(x)$ der folgenden Differentialgleichung genügen

$$xy'' + (n + 1 - x)y' + (k - n)y = 0\,.\tag{A.61}$$

Wenn wir setzen $n = 2l + 1$ und $k = 2l + s$, dann erhalten wir aus (A.61) jene Differentialgleichung, die bei der Lösung des Wasserstoffproblems auftritt. Bei diesem Problem ist auch der Wert des folgenden Integrals von Interesse

$$I^p_{n,n';k,k'} = \int_0^\infty x^p e^{-x} L^n_k(x) L^{n'}_{k'}(x) \mathrm{d}x = (-1)^{k+k'} k!\, k'! (p-n)!\tag{A.62}$$

$$\times \sum_{s=0}^{\sigma} \frac{(p+s)!}{s!(k-n-s)!(p-k+s)!(k'-n'-s)!(p'-k'+s)!}\,,$$

wo σ die kleinere der beiden ganzen Zahlen $k - n$ und $k' - n'$ ist.

Zur Bestimmung der Normierungsfaktoren der Eigenfunktionen des Wasserstoffatoms genügt es, im Integral (A.62) die Parameter $k - n = k' - n' = s - 1$ zu setzen. Dann verschwinden alle Terme in der Summe auf der rechten Seite, außer jenen, für die s die Werte $s - 1$ und $s - 2$ annimmt, sodass das Normierungsintegral lautet

$$\int_0^\infty x^{2l+2} e^{-x} \left[L^{2l+1}_{2l+s}(x) \right]^2 \mathrm{d}x = \frac{2(l+s)\left\{ (2l+s)! \right\}^3}{(s-1)!}\,.\tag{A.63}$$

A.3.3 Legendre Polynome

Die Legendre Polynome $P_n(x)$ genügen der Differentialgleichung

$$(1 - x^2)\, y'' - 2\, x\, y' + n(n+1)\, y = 0\tag{A.64}$$

und sind durch die Rodrigues Formel

$$P_n(x) = \frac{1}{2^n n!} \frac{\mathrm{d}^n}{\mathrm{d}x^n} (x^2 - 1)^n\tag{A.65}$$

darstellbar. Diese Polynome genügen unter anderem den folgenden Rekursionsformeln

$$\begin{aligned} (2n+1)xP_n(x) &= (n+1)P_{n+1}(x) + nP_{n-1}(x)\\ (2n+1)P_n(x) &= P'_{n+1}(x) - P'_{n-1}(x)\,. \end{aligned}\tag{A.66}$$

Mit Hilfe der Rodrigues Formel und den Rekursionsformeln lassen sich alle Legendre Polynome rekursiv berechnen. Die Legendre Polynome haben noch eine andere, für die Anwendungen nützliche erzeugende Funktion, nämlich

$$\frac{1}{\sqrt{1 + t^2 - 2t\cos\theta}} = \sum_{\ell=0}^{\infty} t^\ell P_\ell(\cos\theta)\,,\tag{A.67}$$

die in der Potentialtheorie Anwendung findet. Die obige Formel ist die Taylorsche Reihenentwicklung der Funktion auf der linken Seite nach Potenzen von t^ℓ für $t < 1$ und die Kugelfunktionen $P_\ell(\cos\theta)$ sind die entsprechenden Koeffizienten dieser Entwicklung.

Wichtig sind auch die zugeordneten Legendre Polynome $P_l^m(x)$, welche der Differentialgleichung

$$(1 - x^2)\, y'' - 2x\, y' + \left[l(l + 1) - \frac{m^2}{1 - x^2} \right] y = 0 \qquad \text{(A.68)}$$

genügen, sodass wir für $m = 0$ die Gleichung für die $P_l(x)$ erhalten. Zwischen den $P_l{}^m(x)$ und den $P_l(x)$ besteht ein enger Zusammenhang, denn man findet unter Verwendung der Darstellung (A.65) die folgende Verallgemeinerung der Rodrigues Formel

$$P_l{}^m(x) = (1 - x^2)^{\frac{m}{2}} \frac{\mathrm{d}^m P_l(x)}{\mathrm{d}x^m} = \frac{1}{2^l l!}(1 - x^2)^{\frac{m}{2}} \frac{\mathrm{d}^{l+m}}{\mathrm{d}x^{l+m}}(x^2 - 1)^l . \qquad \text{(A.69)}$$

Unter Verwendung der Rekursionsformeln (A.66) der Legendre Polynome kann man leicht folgende Rekursionsformeln der zugeordneten Funktionen herleiten

$$x P_l{}^m(x) = \frac{l + m}{2l + 1} P_{l-1}^m(x) + \frac{l - m + 1}{2l + 1} P_{l+1}^m(x)$$

$$(1 - x^2)^{\frac{1}{2}} P_l{}^m(x) = \frac{1}{2l + 1} \left[P_{l+1}^{m+1}(x) - P_{l-1}^{m+1}(x) \right] . \qquad \text{(A.70)}$$

Mit Hilfe der beiden Formeln (A.65) und (A.69) lassen sich dann alle zugeordneten Legendre Polynome $P_l{}^m(x)$ berechnen.

Die Rodrigues Formeln gestatten, auch die Orthogonalitätsrelationen der der $P_l{}^m(x)$ zu berechnen und wir finden

$$I_{l,l'}^{m,m} = \int_{-1}^{+1} P_l{}^m(x) P_{l'}{}^m(x)\mathrm{d}x = \frac{2}{2l + 1} \frac{(l + m)!}{(l - m)!}\delta_{l,l'} . \qquad \text{(A.71)}$$

Ähnlich kann man zeigen, dass $I_{l,l'}^{m+1,\,m-1} = 0$ ist, außer für $l = l'$. Unter Verwendung der ersten Rekursionsformel in (A.70) finden wir ebenso, dass

$$\int_{-1}^{+1} x P_l{}^m(x) P_{l'}{}^m(x)\, \mathrm{d}x = \frac{l + m}{2l + 1} I_{l-1,l'}^{m,m} + \frac{l - m + 1}{2l + 1} I_{l+1,l'}^{m,m} \qquad \text{(A.72)}$$

gilt und daher

$$\int_{-1}^{+1} x P_l{}^m(x) P_{l'}{}^m(x)\, \mathrm{d}x = 0 \qquad \text{(A.73)}$$

ist, außer für $l' = l + 1$. Wenn $l' = l \pm 1$ ist, ergibt sich der Wert des Integrals direkt aus (A.71). In analoger Weise liefert die zweite Rekursionsformel in (A.70) die Beziehung

$$\int_{-1}^{+1} (1 - x^2)^{\frac{m}{2}} P_l{}^m(x) P_{l'}{}^{m\pm 1}(x)\, \mathrm{d}x = \frac{1}{2l + 1}[I_{l+1,l'}^{m+1,\,m\pm 1} - I_{l-1,l'}^{m+1,\,m\pm 1}],$$
$$\text{(A.74)}$$

sodass dieses Integral gleichfalls verschwindet, außer für $l' = l \pm 1$.

A.3.4 Die Kugelflächenfunktionen

Diese sind Lösungen der Laplaceschen Differentialgleichung in Kugelkoordinaten, wenn die radiale Koordinate $r = \text{const.}$ gehalten wird. Sie sind nach ihrer Normierung durch die Beziehung gegeben

$$Y_l^m(\theta, \phi) = \left[\frac{2l+1}{4\pi} \frac{(l-m)!}{(l+m)!} \right]^{\frac{1}{2}} P_l^m(\cos\theta) \, e^{im\phi} \tag{A.75}$$

und bilden ein orthogonales Funktionensystem auf der Oberfläche der Einheitskugel, d.h. einer Kugel vom Radius $R = 1$. Ihre Orthogonalitätsrelation lautet

$$\int_0^{2\pi} d\phi \int_0^{\pi} \sin\theta d\theta Y_l^{m*}(\theta, \phi) Y_{l'}^{m'}(\theta, \phi) = \delta_{l,l'} \delta_{m,m'} \, . \tag{A.76}$$

Definieren die Punkte (θ, ϕ) und (θ', ϕ') zusammen mit dem Durchstossungspunkt der Polarachse ein sphärisches Dreieck auf der Oberfläche der Einheitskugel und bezeichnet man den Winkel zwischen den Kreisbogen θ und θ' mit Θ, so gilt für das sphärische Dreick der folgende Cosinus Satz der sphärischen Trigonometrie

$$\cos\Theta = \cos\theta \cos\theta' + \sin\theta \sin\theta' \cos(\phi' - \phi) \tag{A.77}$$

und man kann für diese Winkelkonfiguration das folgende Additionstheorem der Kugelflächenfunktionen herleiten

$$P_l(\cos\Theta) = \frac{2l+1}{4\pi} \sum_{m=-l}^{+l} Y_l^m(\theta, \phi) Y_l^{m*}(\theta', \phi') \, . \tag{A.78}$$

A.3.5 Bessel-Funktionen

Die Bessel-Funktionen bilden ein wichtiges Funktionensystem, das bei einer Reihe quantenmechanischer Probleme anzutreffen ist. Diese Funktionen genügen der Differentialgleichung

$$\left[\frac{d^2}{dx^2} + \frac{1}{x}\frac{d}{dx} + \left(1 - \frac{\nu^2}{x^2} \right) \right] J_\nu(x) = 0 \, , \tag{A.79}$$

wo $\nu \geq 0$ oder < 0 sein kann. Wir betrachten zunächst den Fall $\nu = n = 0, \pm 1, \pm 2, \ldots$ und erhalten so die Bessel-Funktionen erster Art und von ganzzahligem Index mit der Reihendarstellung

$$J_n(x) = \sum_{k=0}^{\infty} \frac{(-1)^k (\frac{x}{2})^{n+k}}{k!(n+k)!} \, , \quad J_{-n}(x) = (-1)^n J_n(x) \, . \tag{A.80}$$

Diese Funktionen besitzen die Erzeugende Funktion

$$e^{ix\sin\phi} = \sum_{n=-\infty}^{+\infty} J_n(x)e^{in\,\phi}\,. \tag{A.81}$$

Da die Funktionen $e^{im\,\phi}$ im Intervall $(0, 2\pi)$ ein orthogonales Funktionensystem bilden, können wir die Gleichung (A.81) von links mit $e^{-im\,\phi}$ multiplizieren und die resultierende Gleichung auf beiden Seiten über das Intervall $(0, 2\pi)$ integrieren. Dies ergibt für die Bessel-Funktionen die folgende Integraldarstellung

$$J_m(x) = \frac{1}{2\pi}\int_0^{2\pi} e^{i(\sin\phi - m\phi)}d\phi\,. \tag{A.82}$$

Für viele Anwendungen in der Quantentheorie sind die sphärischen Bessel- und Neumann-Funktionen von Interesse. Diese stehen in einem engen Zusammenhang mit den Bessel-Funktionen $J_\nu(\rho)$ mit halbzahligem Index $\nu = \pm(\ell + \frac{1}{2})$, $\ell = 0, 1, 2, \ldots$ und sind definiert durch

$$j_\ell(\rho) = \sqrt{\frac{\pi}{2\rho}}J_{\ell+\frac{1}{2}}(\rho)\,, \quad n_\ell(\rho) = (-1)^\ell\sqrt{\frac{\pi}{2\rho}}J_{-\ell-\frac{1}{2}}(\rho)$$

$$h_\ell^\pm(\rho) = n_\ell(\rho) \pm ij_\ell(\rho)\,, \tag{A.83}$$

wobei $h_\ell^\pm(\rho)$ die zugeordneten Hankel-Funktionen definieren. Die sphärischen Bessel- und verwandten Funktionen genügen der folgenden Differentialgleichung

$$\left[\frac{d^2}{d\rho^2} + \frac{2}{\rho}\frac{d}{d\rho} + 1 - \frac{\ell(\ell+1)}{\rho^2}\right]f_\ell(\rho) = 0\,. \tag{A.84}$$

Dabei sind für $f_\ell(\rho) = j_\ell(\rho)$ die Lösungen bei $\rho = 0$ regulär und für $f_\ell(\rho) = n_\ell(\rho)$ die Lösungen bei $\rho = 0$ singulär. Das letztere gilt auch für $h_\ell^\pm(\rho)$. Die ersten Funktionen dieser Art lauten

$$j_0(\rho) = \frac{\sin\rho}{\rho}\,, \quad j_1(\rho) = \frac{\sin\rho}{\rho^2} - \frac{\cos\rho}{\rho}$$

$$n_0(\rho) = \frac{\cos\rho}{\rho}\,, \quad n_1(\rho) = \frac{\cos\rho}{\rho^2} + \frac{\sin\rho}{\rho}\,. \tag{A.85}$$

Bei Lösungen der Schrödinger Gleichung in sphärischen Koordinaten, ist es oft von Nutzen, die asymptotische Form der sphärischen Bessel- und Hankel-Funtionen zu kennen. Wir erhalten für $\rho \gg \ell(\ell+1)$ folgende asymptotische Ausdrücke

$$j_\ell(\rho) \sim \frac{1}{\rho}\sin\left(\rho - \frac{\ell\pi}{2}\right)\,, \quad n_\ell(\rho) \sim \frac{1}{\rho}\cos\left(\rho - \frac{\ell\pi}{2}\right)$$

$$h_\ell^\pm(\rho) \sim \frac{1}{\rho}e^{\pm i(\rho - \frac{\ell\pi}{2})}\left[1 \pm i\frac{\ell(\ell+1)}{2\rho} - \ldots\right] \tag{A.86}$$

und nahe $\rho = 0$ lautet das Verhalten dieser Funktionen

$$j_\ell(\rho) = \frac{\rho^\ell}{(2\ell + 1)!!} \left[1 - \frac{\rho^2}{2(2\ell + 3)} + \dots \right]$$

$$n_\ell(\rho) = \frac{(2\ell + 1)!!}{2\ell + 1} \left(\frac{1}{\rho} \right)^{\ell+1} \left[1 + \frac{\rho^2}{2(2\ell - 1)} + \dots \right] . \tag{A.87}$$

Dabei wurde die Bezeichnungsweise $(2\ell + 1)!! = (2\ell + 1)(2\ell - 1)(2\ell - 3)\dots 3.1$ verwendet.

Bei der Partialwellenanalyse in der Streutheorie haben wir folgende Entwicklung einer ebenen Welle nach sphärischen Bessel-Funktionen verwendet

$$e^{ikz} = \sum_{\ell=0}^{\infty} (2\ell + 1)i^\ell j_\ell(kr)P_\ell(\cos\theta) , \quad z = r\cos\theta . \tag{A.88}$$

Diese Entwicklung lässt die Verallgemeinerung zu

$$e^{i\boldsymbol{k}\cdot\boldsymbol{r}} = 4\pi \sum_{\ell=0}^{\infty} \sum_{m=-\ell}^{+\ell} i^\ell j_\ell(kr)Y_\ell^{m*}(\theta_k, \phi_k)Y_\ell^m(\theta_r, \phi_r) , \tag{A.89}$$

wo (θ_k, ϕ_k) und (θ_r, ϕ_r) die Polarwinkel der Vektoren $\boldsymbol{k}$ und $\boldsymbol{r}$ sind.

A.4 Die Greensche Funktion

Die Methode der Greenschen Funktion ist ein sehr nützliches Verfahren zur Lösung inhomogener partieller Differentialgleichungen. Wir betrachten hier nur den speziellen Fall der inhomogenen Helmholtzschen Differentialgleichung

$$\Delta u(\boldsymbol{x}) + k^2 u(\boldsymbol{x}) = q(\boldsymbol{x}) . \tag{A.90}$$

Es lässt sich zeigen, dass die allgemeine Lösung dieser Differentialgleichung, ähnlich wie bei den gewöhnlichen linearen Differentialgleichungen zweiter Ordnung, stets aus einer allgemeinen Lösung $u_0(\boldsymbol{x})$ der homogenen Helmholtz-Gleichung und einer partikulären Lösung $v(\boldsymbol{x})$ der inhomogenen Gleichung (A.90) besteht. Zur Lösung der inhomogenen Gleichung machen wir folgenden Lösungsansatz

$$v(\boldsymbol{x}) = \int_V G(\boldsymbol{x}, \boldsymbol{x}')q(\boldsymbol{x}')\mathrm{d}^3x' , \tag{A.91}$$

wo $G(\boldsymbol{x}, \boldsymbol{x}')$ die Greensche Funktion ist, die wir noch zu bestimmen haben. V stellt das Volumen dar, in welchem die Quellfunktion $q(\boldsymbol{x}) \neq 0$ ist und über das integriert werden muss. Wenn wir den Lösungsansatz (A.91) in die Differentialgleichung (A.90) einsetzen, so ergibt sich

$$\int_V (\Delta + k^2)G(\boldsymbol{x}, \boldsymbol{x}')q(\boldsymbol{x}')\mathrm{d}^3x' = q(\boldsymbol{x}) . \tag{A.92}$$

Diese Gleichung kann aber nur dann identisch erfüllt sein, wenn die Greensche Funktion der folgenden Differentialgleichung genügt

$$(\Delta + k^2)G(\boldsymbol{x}, \boldsymbol{x}') = \delta(\boldsymbol{x} - \boldsymbol{x}') \,. \tag{A.93}$$

Danach ist die Greensche Funktion eine Lösung der Helmholtz-Gleichung (A.90) mit der Quellfunktion $q(\boldsymbol{x}) = \delta(\boldsymbol{x} - \boldsymbol{x}')$. Es genügt daher, die neue Veränderliche $\boldsymbol{R} = \boldsymbol{x} - \boldsymbol{x}'$ zu betrachten und da $\delta(\boldsymbol{R}) = \delta(-\boldsymbol{R})$ ist, wird die Greensche Funktion nur vom Betrag R abhängen. Also können wir die Differentialgleichung (A.93) in Kugelkoordinaten R, θ, ϕ lösen und wegen der Kugelsymmetrie die Winkelabhängigkeit des Laplaceschen Operators vernachlässigen. Dies ergibt für $R \neq 0$ die Gleichung

$$\frac{1}{R^2} \frac{\mathrm{d}}{\mathrm{d}R} R^2 \frac{\mathrm{d}G(R)}{\mathrm{d}R} + k^2 G(R) = 0 \,. \tag{A.94}$$

Wir machen den Lösungsansatz $G(R) = \frac{1}{R} g(R)$ und finden so für $g(R)$ die Differentialgleichung

$$g''(R) + k^2 g(R) = 0 \tag{A.95}$$

mit den bekannten, und für die Physik interessanten partikulären Lösungen $g(R) = e^{\pm ikR}$. Damit erhalten wir wegen $R = |\boldsymbol{x} - \boldsymbol{x}'|$ die beiden folgenden Greenschen Funktionen

$$G^\pm(\boldsymbol{x} - \boldsymbol{x}') = -\frac{1}{4\pi} \frac{e^{\pm ik|\boldsymbol{x} - \boldsymbol{x}'|}}{|\boldsymbol{x} - \boldsymbol{x}'|} \,, \tag{A.96}$$

wobei für die untersuchten Streuprobleme nur die retardierte Greensche Funktion mit dem positiven Vorzeichen im Exponenten von Interesse ist. Der Faktor $-(4\pi)^{-1}$ rührt von der Normierung der Funktionen $G(R)$, doch soll dies nicht weiter erörtert werden. Zusammenfassend erhalten wir für die Lösung der inhomogenen Helmholtzgleichung (A.90)

$$u(\boldsymbol{x}) = u_0(\boldsymbol{x}) - \frac{1}{4\pi} \int \frac{e^{+ik|\boldsymbol{x} - \boldsymbol{x}'|}}{|\boldsymbol{x} - \boldsymbol{x}'|} q(\boldsymbol{x}') \mathrm{d}^3 x' \,. \tag{A.97}$$

A.5 Matrixalgebra

A.5.1 Vektoren im n-dimensionalen Raum

Wir betrachten einen Vektor $\boldsymbol{y}$ in einem n-dimensionalen Raum. Wir stellen uns vor, in diesem Raum gibt es ein n-dimensionales, orthogonales Koordinatensystem mit Einheitsvektoren $\boldsymbol{e}_i$, $i = 1, 2, \ldots n$, längs der Koordinatenachsen. Dann können wir den Vektor $\boldsymbol{y}$ durch seine Projektionen $y_i = \boldsymbol{y} \cdot \boldsymbol{e}_i$ auf diese n Koordinatenachsen darstellen und erhalten seine n Komponenten $y_1, y_2, \ldots y_n$ in Bezug auf dieses Koordinatensystem. Damit lässt sich der Vektor $\boldsymbol{y}$ in der Form eines Spaltenvektors anschreiben

$$\mathbf{y} = \begin{pmatrix} y_1 \\ y_2 \\ y_3 \\ \vdots \\ y_n \end{pmatrix} \tag{A.98}$$

und wir nennen diese Spalte die Darstellung des Vektors $\mathbf{y}$ in Bezug auf das gegebene Koordinatensystem. Wir können diesen Vektor $\mathbf{y}$ in einen anderen Vektor $\mathbf{z}$ überführen, indem wir eine Transformation $\hat{A}$ durchführen und schreiben

$$\hat{A}\,\mathbf{y} = \mathbf{z}\,. \tag{A.99}$$

Eine solche Transformation kann als eine Operation aufgefasst werden, bei der sich sowohl die Richtung als auch die Länge (oder der Betrag) des Vektors im n-dimensionalen Raum ändert.

A.5.2 Lineare Transformationen

Im folgenden werden wir nur lineare Transformationen von der Art (A.99) betrachten. Eine Transformation $\hat{A}$ nennt man linear, wenn für eine beliebige komplexe Konstante λ die Beziehung gilt

$$\hat{A}(\lambda\boldsymbol{x}) = \lambda\,\hat{A}\,\boldsymbol{x} \tag{A.100}$$

und wenn ferner für zwei beliebige Vektoren $\boldsymbol{x}$ und $\boldsymbol{y}$ die Gleichung

$$\hat{A}(\boldsymbol{x} + \boldsymbol{y}) = \hat{A}\,\boldsymbol{x} + \hat{A}\,\boldsymbol{y} \tag{A.101}$$

erfüllt ist. Da im allgemeinsten Fall aller linearen Transformationen von der Form (A.99) irgend eine Komponente y_k der Darstellung (A.98) von $\boldsymbol{y}$ von jeder beliebigen Komponente z_l der entsprechenden Darstellung von $\boldsymbol{z}$ abhängen kann, lassen sich die Komponenten von $\boldsymbol{y}$ durch jene von $\boldsymbol{z}$ in der Form einer linearen Beziehung ihrer Komponenten ausdrücken, also

$$\begin{aligned} y_1 &= \sum_{l=1}^{n} a_{1l} z_l \\ y_2 &= \sum_{l=1}^{n} a_{2l} z_l \\ y_3 &= \sum_{l=1}^{n} \cdots \\ &\quad \cdots \end{aligned} \tag{A.102}$$

oder allgemein

$$y_k = \sum_{l=1}^{n} a_{kl} z_l\,. \tag{A.103}$$

A.5.3 Matrixdarstellungen

Die konstanten Koeffizienten a_{kl} dieser linearen Beziehung (A.103) können wir dann als Matrix in folgender Form anschreiben

$$\mathbf{A} = \begin{pmatrix} a_{11} & a_{12} & \ldots & a_{1n} \\ a_{21} & a_{22} & \ldots & \\ \vdots & \vdots & & \vdots \\ a_{n1} & & & a_{nn} \end{pmatrix}. \tag{A.104}$$

Diese Matrix $\mathbf{A}$ steht dann verständlicherweise in einer ähnlichen Beziehung zur Transformation (A.99) wie die Spaltendarstellung (A.98) zum Vektor $\boldsymbol{y}$. Somit ist die Matrix (A.104) die Darstellung der linearen Operation $\hat{A}$ in unserem speziell gewählten Koordinatensystem.

Als nächstes untersuchen wir was geschieht, wenn der Vektor $\boldsymbol{z}$ wiederum aus einem Vektor $\boldsymbol{x}$ durch eine weitere lineare Transformation $\hat{B}$ hervorging, also wenn

$$z_l = \sum_{m=1}^{n} b_{lm} x_m \tag{A.105}$$

ist. In diesem Fall muss der Zusammenhang zwischen y_k und x_m durch folgenden Ausdruck gegeben sein

$$y_k = \sum_{l=1}^{n} a_{kl} \left(\sum_{m=1}^{n} b_{lm} x_m \right) = \sum_{m=1}^{n} \left(\sum_{l=1}^{n} a_{kl} b_{lm} \right) x_m = \sum_{m=1}^{n} c_{km} x_m \tag{A.106}$$

und die Koeffizienten c_{km} bilden gleichfalls eine Matrix mit den Elementen

$$c_{km} = \sum_{l=1}^{n} a_{kl} b_{lm}. \tag{A.107}$$

Wenn wir die drei Matrizen

$$\mathbf{A} = \begin{pmatrix} a_{11} & a_{12} & \ldots & a_{1n} \\ \vdots & \vdots & \vdots & \vdots \\ a_{k1} & a_{k2} & \ldots & a_{kn} \\ \vdots & \vdots & \vdots & \vdots \end{pmatrix} ; \quad \mathbf{B} = \begin{pmatrix} b_{11} & \ldots & b_{1m} & \ldots & b_{1n} \\ b_{21} & \ldots & b_{2m} & \ldots & b_{2n} \\ \vdots & & \vdots & & \vdots \end{pmatrix}$$

$$\mathbf{C} = \begin{pmatrix} c_{11} & \ldots & c_{1m} & \ldots & c_{1n} \\ \vdots & & \vdots & & \vdots \\ c_{k1} & \ldots & c_{km} & \ldots & c_{kn} \\ \vdots & & \vdots & & \vdots \end{pmatrix} \tag{A.108}$$

miteinander vergleichen, können wir leicht erkennen, dass wir das Element c_{km} erhalten, indem wir sukzessive den ersten, zweiten, etc. Koeffizienten der k-ten Reihe von $\mathbf{A}$ mit dem ersten, zweiten, etc. Koeffizienten der m-ten Spalte von $\mathbf{B}$ multiplizieren und alle diese Produkte addieren.

A.5.4 Rechenregeln und Matrixtypen

Die resultierende Matrix $\mathbf{C}$ nennt man dann das Produkt der beiden Matrizen $\mathbf{A}$ und $\mathbf{B}$ und schreibt

$$\mathbf{A} \cdot \mathbf{B} = \mathbf{C} \,. \tag{A.109}$$

Aus der Gleichung (A.107) wird ersichtlich, dass im allgemeinen Matrizen nicht miteinander kommutieren, sodass $\mathbf{A} \cdot \mathbf{B} \neq \mathbf{B} \cdot \mathbf{A}$ ist. Danach müssen wir unterscheiden, ob wir zum Beispiel bei einer Matrix $\mathbf{D}$ eine Multiplikation von links oder von rechts mit einer anderen Matrix $\mathbf{E}$ ausführen. Die Summe zweier Matrizen $\mathbf{A} + \mathbf{B} = \mathbf{D}$ ist definiert durch die Summe ihrer Elemente, also

$$a_{ik} + b_{ik} = d_{ik} \,. \tag{A.110}$$

Die Transponierte $\tilde{\mathbf{A}}$ einer Matrix $\mathbf{A}$ erhält man durch Vertauschung der Zeilen und Spalten von $\mathbf{A}$ und dies bedeutet für die Koeffizienten

$$\tilde{a}_{ik} = a_{ki} \tag{A.111}$$

und es ist daher klar, dass $\tilde{\tilde{\mathbf{A}}} = \mathbf{A}$ sein wird. In der Quantenmechanik haben wir es häufig mit Matrizen zu tun, deren Koeffizienten komplexe Zahlen sind und wir erhalten die komplex Konjugierte Form $\mathbf{A}^*$ einer Matrix $\mathbf{A}$ indem wir die Koeffizienten $a_{ik} = \alpha_{ik} + i\beta_{ik}$ durch die komplex konjugierten Koeffizienten $a^*_{ik} = \alpha_{ik} - i\beta_{ik}$ ersetzen.

Die hermitesch Adjungierte $\mathbf{A}^\dagger$ einer Matrix $\mathbf{A}$ erhalten wir, indem wir das konjugiert Komplexe der Transponierten $\tilde{\mathbf{A}}$ von $\mathbf{A}$ berechnen, also

$$\mathbf{A}^\dagger = \tilde{\mathbf{A}}^* \,. \tag{A.112}$$

Eine Matrix, die mit ihrer hermitesch Adjungierten identisch ist

$$\mathbf{A}^\dagger = \mathbf{A} \tag{A.113}$$

nennt man hermitesch oder selbstadjungiert.

Die Einheitsmatrix $\mathbf{I}$ ist eine Matrix, deren Elemente auf der Hauptdiagonale alle 1 sind und alle anderen Elemente den Wert 0 haben, d.h.

$$a_{kk} = 1 \,, \;\; a_{ik} = 0 \,, \;\; i \neq k \tag{A.114}$$

oder

$$a_{ik} = \delta_{ik} \,, \tag{A.115}$$

wo δ_{ik} das Kronecker Symbol darstellt, welches definitionsgemäß den Wert 1 hat für $i = k$ und 0 ist für $i \neq k$.

Eine Matrix $\mathbf{A}^{-1}$, für welche die Beziehung gilt

$$\mathbf{A}^{-1} \cdot \mathbf{A} = \mathbf{A} \cdot \mathbf{A}^{-1} = \mathbf{I} \,, \tag{A.116}$$

nennt man die Inverse Matrix von $\mathbf{A}$. Die Inverse Matrix $\mathbf{A}^{-1}$ einer Matrix $\mathbf{A}$ hat die Elemente

$$a_{ik}^{-1} = \frac{\alpha_{ki}}{\det \mathbf{A}}, \qquad (A.117)$$

wo det $\mathbf{A}$ die Determinate der Matrix $\mathbf{A}$ darstellt. Dabei müssen wir natürlich voraussetzen, dass die Matrix $\mathbf{A}$ eine quadratische Matrix ist, welche die gleiche Anzahl von Zeilen und Spalten hat und für die det $\mathbf{A} \neq 0$ ist, da sonst die Inverse Matrix $\mathbf{A}^{-1}$ nicht definiert werden kann. Die Koeffizienten α_{ki} nennt man die Kofaktoren der Elemente a_{ki} und diese lassen sich durch folgende Gleichung definieren

$$\alpha_{ki} = \frac{\partial}{\partial a_{ki}}(\det \mathbf{A}). \qquad (A.118)$$

Man kann auch leicht nachweisen, dass α_{ki} sich als Resultat der Berechnung jener Determinante ergibt, die wir durch wegstreichen der k-ten Zeile und i-ten Spalte in det $\mathbf{A}$ erhalten.

Ferner definieren wir noch eine weitere Art von Matrizen, die in der Quantenmechanik von großer Bedeutung sind. Wir nennen eine Matrix $\mathbf{U}$ unitär, wenn sie folgende Bedingungen erfüllt

$$\mathbf{U}^{\dagger} \cdot \mathbf{U} = \mathbf{U} \cdot \mathbf{U}^{\dagger} = \mathbf{I} \text{ oder } \mathbf{U}^{\dagger} = \mathbf{U}^{-1}. \qquad (A.119)$$

Schließlich betrachten wir einen Vektor $\boldsymbol{x}$ in einer bestimmten Matrixdarstellung $\mathbf{x}$. Wenn es dann einen linearen Operator $\hat{A}$ mit der emtsprechenden Matrixdarstellung $\mathbf{A}$ gibt, sodass gilt

$$\hat{A}\,\boldsymbol{x} = \lambda\boldsymbol{x} \text{ oder } \mathbf{A}\,\mathbf{x} = \lambda\mathbf{x} \qquad (A.120)$$

ist, wo λ eine, möglicherweise auch komplexe, Konstante ist, so nennt man $\boldsymbol{x}$ beziehungsweise seine Matrixdarstellung $\mathbf{x}$ einen Eigenvektor des Operators $\hat{A}$ mit seiner Matrixdarstellung $\mathbf{A}$.

A.5.5 Abschließende Bemerkungen

Alle hier angedeuteten Überlegungen in einem n-dimensionalen Vektorraum als eine Verallgemeinerung des gewöhnlichen dreidimensionalen Raumes der Vektoranalysis lassen sich formal auf den Funktionenraum, auch Hilbert-Raum genannt, übertragen und bilden die Grundlage des mathematischen Formalismus der Quantentheorie. So betrachtet man die normierten und orthogonalen Eigenfunktionen eines Sturm-Liouvilleschen Eigenwertproblems (A.25) als die orthogonalen Einheitsvektoren, oder Koordinatenbasis, in einem abstrakten Funktionenraum und eine Funktion (oder „Vektor") in diesem Raum, welche den gleichen Randbedingungen genügt, kann dann in Bezug auf diese Basis in ihre Komponenten zerlegt werden. Das Resultat dieser Zerlegung ist dann eine verallgemeinerte Fourier-Reihe von der Form (A.32).

A.6 Zur Mechanik und Elektrodynamik

Für das bessere Verständnis der Quantenmechanik erinnern wir an einige Fakten aus der klassischen Mechanik und Elektrodynamik. Wir beginnen mit einigen Sätzen der klassischen Mechanik, die den Ausgangspunkt quantenmechanischer Überlegungen darstellen und betrachten dann die Wechselwirkung klassischer, geladener Teilchen mit dem elektromagnetischen Feld, wobei diese Felder statisch oder zeitlich veränderlich sein können.

A.6.1 Die klassischen Bewegungsgleichungen

Für ein klassisches Teilchen mit der zeitunabhängigen Masse m, das sich mit der zeitlich veränderlichen Geschwindigkeit $\boldsymbol{v}(t)$ bewegt ist der kanonische Impuls $\boldsymbol{p}(t)$ definiert durch

$$\boldsymbol{p}(t) = m\boldsymbol{v}(t) \tag{A.121}$$

und wenn das Teilchen unter der Einwirkung einer Kraft $\boldsymbol{K}$ steht, so lautet die Newtonsche Bewegungsgleichung

$$\frac{\mathrm{d}\boldsymbol{p}}{\mathrm{d}t} = \boldsymbol{K} \,. \tag{A.122}$$

Ist die Kraft $\boldsymbol{K}$ durch Gradientbildung aus einem zeitunabhängigen Potential $V(\boldsymbol{x})$ ableitbar, also $\boldsymbol{K} = -\nabla V(\boldsymbol{x})$, so lautet die Newtonsche Gleichung (A.122)

$$\frac{\mathrm{d}\boldsymbol{p}}{\mathrm{d}t} = -\nabla V(\boldsymbol{x}) \,. \tag{A.123}$$

Diese gestattet dann eine einmalige Integration in Bezug auf die Zeit t. Dazu multiplizieren wir die Gleichung (A.123) auf der linken Seiten mit $\frac{\boldsymbol{p}}{m}$ und auf der rechten Seite mit $\frac{\mathrm{d}\boldsymbol{x}}{\mathrm{d}t}$ und beachten, dass $\frac{\boldsymbol{p}}{m} = \boldsymbol{v} = \frac{\mathrm{d}\boldsymbol{x}}{\mathrm{d}t}$ ist. Dann erhalten wir

$$\frac{1}{m}\boldsymbol{p}\,\frac{\mathrm{d}\boldsymbol{p}}{\mathrm{d}t} = -\nabla V(\boldsymbol{x})\frac{\mathrm{d}\boldsymbol{x}}{\mathrm{d}t} \,. \tag{A.124}$$

Nun verwenden wir die Leibnizsche Kettenregel für die Differentiation impliziter Funktionen. Diese gestattet uns, wenn wir gleichzeitig beide Glieder der Gleichung (A.124) auf die linke Seite bringen, diese folgendermaßen auszudrücken

$$\frac{1}{2m}\frac{\mathrm{d}\boldsymbol{p}^2}{\mathrm{d}t} + \frac{\mathrm{d}V(\boldsymbol{x})}{\mathrm{d}t} = 0 \,. \tag{A.125}$$

Jetzt definieren wir die kinetische Energie des Teilchens als den Ausdruck $T = \frac{\boldsymbol{p}^2}{2m}$ und finden damit aus (A.125) den Erhaltungssatz

$$\frac{\mathrm{d}}{\mathrm{d}t}(T+V) = 0 \text{ oder } T+V = E \,, \tag{A.126}$$

wo E die konstante Gesamtenergie des mechanischen Systems darstellt. Ein solches System heißt dann konservativ oder Energie erhaltend. Neben dem linearen Impuls p ist in der Mechanik eines solchen Systems auch der Drehimpuls L von Interesse, der durch das Vektorprodukt

$$L = x \times p \tag{A.127}$$

definiert ist, wo x der augenblickliche Ortsvektor des Teilchens. Wenn das Potential, bzw. die potentielle Energie V nicht von x sondern nur von $r = |x|$ abhängt, dann können wir leicht zeigen, dass auch der Drehimpuls des Systems konstant ist. Denn wenn wir (A.127) nach t ableiten, folgt zunächst nach der Produktregel der Differentiation und wegen $v \times v = 0$ sowie (A.123)

$$\frac{\mathrm{d}L}{\mathrm{d}t} = v \times p + x \times \frac{\mathrm{d}p}{\mathrm{d}t} = -x \times \nabla V(r). \tag{A.128}$$

Doch finden wir mit der Kettenregel der Differentiation $\nabla V(r) = \frac{\mathrm{d}V}{\mathrm{d}r} \nabla r = \frac{\mathrm{d}V}{\mathrm{d}r} \frac{x}{r}$ und daher nach Einsetzen in (A.128)

$$\frac{\mathrm{d}L}{\mathrm{d}t} = -(x \times x)\frac{1}{r}\frac{\mathrm{d}V(r)}{\mathrm{d}r} = 0. \tag{A.129}$$

Also ist L = const. und folglich bei eine Zentralkraft auch der Drehimpuls L eine Konstante der Bewegung. Die Komponenten von L finden wir mit Hilfe der Regel (A.3) zur Berechnung der Komponenten des Vektorprodukts zweier Vektoren.

In der Hamiltonschen Formulierung der klassischen Mechanik definiert man die Hamilton Funktion $H(p_k, q_k)$, die von den verallgemeinerten Koordinaten q_k und Impulsen p_k abhängt, wobei k die ganzen Zahlen $k = 1, 2, \ldots, f$ durchläuft. Dabei ist f die Zahl der Freiheitsgrade des Systems. Im allgemeinen Fall sind dann die Koordinaten q_k nicht mehr kartesische Koordinaten, sondern sie sind in irgend einem krummlinigen Koordinatensystem definiert, sodass auch die kanonisch konjugierten Impulse p_k nicht mehr die elementare Form mv_k haben, sondern durch

$$p_k = \frac{\partial T(p_l, q_l)}{\partial q_k} \tag{A.130}$$

definiet sind, wo $T(p_l, q_l)$ den verallgemeinerten Ausdruck für die kinetische Energie des Systems darstellt, der sowohl von den p_l als auch von den q_l abhängen kann. Handelt es sich um ein konservatives System, d.h. ein solches bei dem die Energie E eine Konstante der Bewegung ist, so gilt für die Hamilton Funktion die Beziehung

$$H(p_k, q_k) = T(p_k, q_k) + V(q_k) = E, \tag{A.131}$$

wo $T(p_k, q_k)$ die verallgemeinerte kinetische Energie des Systems und $V(q_k)$ die entsprechende potentielle Energie darstellen. In der Hamiltonschen Formulierung der Mechanik wird gezeigt, dass mit Hilfe der Hamilton Funktion

(A.131) die verallgemeinerten Bewegungsgleichungen der Mechanik in folgender Form ausgedrückt werden können

$$\frac{\mathrm{d}p_k}{\mathrm{d}t} = -\frac{\partial H}{\partial q_k}, \quad \frac{\mathrm{d}q_k}{\mathrm{d}t} = \frac{\partial H}{\partial p_k}. \tag{A.132}$$

Im elementaren Fall der Newtonschen Bewegunggleichungen, von dem wir ausgegangen sind, ist die Hamilton Funktion in kartesischen Koordinaten

$$H = \frac{1}{2m}(p_x^2 + p_y^2 + p_z^2) + V(x, y, z) \tag{A.133}$$

und daher lauten die Hamiltonschen Gleichung

$$\frac{\mathrm{d}p_x}{\mathrm{d}t} = -\frac{\partial H}{\partial x} = -\frac{\partial V}{\partial x}, \quad \frac{\mathrm{d}x}{\mathrm{d}t} = \frac{\partial H}{\partial p_x} = \frac{p_x}{m} = v_x \tag{A.134}$$

mit den entsprechenden Beziehungen für die y- und z-Komponenten und dies sind ersichtlich die Newtonschen Gleichungen (A.122) und (A.121).

A.6.2 Geladenes Teilchen im elektromagnetischen Feld

Im ladungsfreien Raum kann in der sogenannten Coulomb Eichung ein elektromagnetisches Feld durch das Vektorpotential $\boldsymbol{A}(\boldsymbol{x}, t)$ allein beschrieben werden, wobei $\nabla \boldsymbol{A}(\boldsymbol{x}, t) = 0$ ist. Dieses Potential genügt im Vakuum der d'Alembertschen Wellengleichung

$$\left(\Delta - \frac{1}{c^2}\frac{\partial^2}{\partial t^2}\right)\boldsymbol{A}(\boldsymbol{x}, t) = 0 \tag{A.135}$$

und die elektrischen und magnetischen Feldgrößen lassen sich aus den Beziehungen

$$\boldsymbol{E}(\boldsymbol{x}, t) = -\frac{1}{c}\frac{\partial \boldsymbol{A}(\boldsymbol{x}, t)}{\partial t}, \quad \boldsymbol{B}(\boldsymbol{x}, t) = \mathrm{rot}\,\boldsymbol{A}(\boldsymbol{x}, t) \tag{A.136}$$

berechnen. Mit Hilfe der Hamiltonschen Bewegungsgleichungen (A.132) können wir zeigen, dass nach der Substitution

$$\boldsymbol{p} \rightarrow \boldsymbol{p} - \frac{e}{c}\boldsymbol{A} \tag{A.137}$$

in der Hamilton-Funktion (A.133) sich die klassische Lorentzsche Bewegungsgleichung für ein geladenes Teilchen in einem vorgegebenen elektromagnetischen Feld und einem beliebigen Potentialfeld herleiten lässt. Zum Nachweis ist unser Ausgangspunkt die neue Hamilton-Funktion

$$H = \frac{1}{2m}\left[\left(p_x - \frac{e}{c}A_x\right)^2 + \left(p_y - \frac{e}{c}A_y\right)^2 + \left(p_z - \frac{e}{c}A_z\right)^2\right] + V(\boldsymbol{x}) \tag{A.138}$$

und wir berechnen mit Hilfe der ersten Hamilton Gleichung in (A.132)

$$\frac{dp_x}{dt} = -\frac{\partial H}{\partial x} = -\frac{\partial V}{\partial x} +$$

$$\frac{e}{mc}\left[\left(p_x - \frac{e}{c}A_x\right)\frac{\partial A_x}{\partial x} + \left(p_y - \frac{e}{c}A_y\right)\frac{\partial A_y}{\partial x} + \left(p_z - \frac{e}{c}A_z\right)\frac{\partial A_z}{\partial x}\right]. \quad (A.139)$$

Die zweite Hamilton Gleichung ergibt entsprechend

$$\frac{dx}{dt} = \frac{\partial H}{\partial p_x} = \frac{1}{m}\left(p_x - \frac{e}{c}A_x\right) \quad (A.140)$$

und analoge Gleichungen finden wir für $\frac{dy}{dt}$ und $\frac{dz}{dt}$. Damit können wir (A.139) auf die folgende Form umschreiben

$$\frac{dp_x}{dt} = \frac{e}{c}\left[\frac{\partial A_x}{\partial x}\frac{dx}{dt} + \frac{\partial A_y}{\partial x}\frac{dy}{dt} + \frac{\partial A_z}{\partial x}\frac{dz}{dt}\right] - \frac{\partial V}{\partial x}. \quad (A.141)$$

Nun differenzieren wir (A.140) nochmals nach t

$$m\frac{d^2x}{dt^2} = \frac{dp_x}{dt} - \frac{e}{c}\frac{dA_x}{dt} \quad (A.142)$$

und setzen hier (A.141) ein. Dies ergibt

$$m\frac{d^2x}{dt^2} = \frac{e}{c}\left[\frac{\partial A_x}{\partial x}\frac{dx}{dt} + \frac{\partial A_y}{\partial x}\frac{dy}{dt} + \frac{\partial A_z}{\partial x}\frac{dz}{dt} - \frac{dA_x}{dt}\right] - \frac{\partial V}{\partial x} \quad (A.143)$$

und da folgende Beziehung gilt

$$\frac{dA_x}{dt} = \frac{\partial A_x}{\partial t} + \frac{\partial A_x}{\partial x}\frac{dx}{dt} + \frac{\partial A_x}{\partial y}\frac{dy}{dt} + \frac{\partial A_x}{\partial z}\frac{dz}{dt}, \quad (A.144)$$

können wir dies in (A.143) einsetzen und finden

$$m\frac{d^2x}{dt^2} = -\frac{\partial V}{\partial x} +$$

$$\frac{e}{c}\left[\left(\frac{\partial A_y}{\partial x} - \frac{\partial A_x}{\partial y}\right)\frac{dy}{dt} + \left(\frac{\partial A_z}{\partial x} - \frac{\partial A_x}{\partial z}\right)\frac{dz}{dt} - \frac{\partial A_x}{\partial t}\right]. \quad (A.145)$$

Nun verwenden wir schließlich den Zusammenhang (A.136) zwischen den elektrischen und magnetischen Feldstärken und dem Vektorpotential und beachten die Beziehung (A.8). Dies ergibt dann

$$m\frac{d^2x}{dt^2} = e\left[E_x(\boldsymbol{x}, t) + \frac{1}{c}(\boldsymbol{v} \times \boldsymbol{B}(\boldsymbol{x}, t))_x\right] - \frac{\partial V(\boldsymbol{x})}{\partial x} \quad (A.146)$$

oder allgemein

$$m\frac{d^2\boldsymbol{x}}{dt^2} = e\left[\boldsymbol{E} + \frac{1}{c}(\boldsymbol{v} \times \boldsymbol{B})\right] - \nabla V \quad (A.147)$$

und dies ist die klassische, nichtrelativistische Lorentzsche Bewegungsgleichung für ein geladenes Teilchens in einem vorgegebenen elektromagnetischen Feld und der gleichzeitigen Einwirkung einer anderen Kraft, die aus einem Potential hergeleitet werden kann. Damit haben wir nachgewiesen, dass die Substitution (A.137) in der Hamilton Funktion (A.133) auf die richtige Bewegungsgleichung führt.

A.6.3 Die Dipolnäherung

Wenn das Strahlungsfeld nur eine kleine Störung darstellt, können wir in (A.138) den $\boldsymbol{A}^2$-Term vernachlässigen und finden so die genäherte Hamilton Funktion

$$H = \frac{\boldsymbol{p}^2}{2m} - \frac{e}{mc}\boldsymbol{p}\cdot\boldsymbol{A}(\boldsymbol{x},t) + V(\boldsymbol{x})\,. \tag{A.148}$$

Für ein ebenes, monochromatisches Strahlungsfeld ist $\boldsymbol{A} = \boldsymbol{A}_0\cos(\omega t - \boldsymbol{k}\cdot\boldsymbol{x})$. Innerhalb atomarer Dimensionen ist für die Frequenzen der Strahlungsübergänge $\boldsymbol{k}\cdot\boldsymbol{x} \cong 2\pi\frac{a_{\mathrm{B}}}{\lambda} \cong 3\times 10^{-4}$. Daher ist im Atom in guter Näherung $\boldsymbol{A} = \boldsymbol{A}_0\cos\omega t$. Ferner können wir in (A.148) noch folgende Näherung vornehmen. Wir ersetzen im zweiten Term den kanonischen Impuls $\boldsymbol{p}$ durch den kinetischen Impuls $m\frac{d\boldsymbol{x}}{dt}$ und erhalten nach einiger Umformung

$$-\frac{e}{mc}\boldsymbol{p}\cdot\boldsymbol{A}(t) \cong -\frac{e}{c}\frac{d\boldsymbol{x}}{dt}\cdot\boldsymbol{A}(t)$$
$$= -\frac{e}{c}\frac{d}{dt}[\boldsymbol{x}\cdot\boldsymbol{A}(t)] + \frac{e}{c}\boldsymbol{x}\cdot\frac{d\boldsymbol{A}(t)}{dt}\,. \tag{A.149}$$

Da die elektrische Feldstärke in Dipolnäherung durch $\boldsymbol{E}(t) = -\frac{1}{c}\frac{d\boldsymbol{A}(t)}{dt}$ gegeben ist, lautet schließlich mit (A.149) die Hamilton Funktion (A.148) in Dipolnäherung

$$H = \frac{\boldsymbol{p}^2}{2m} + V(\boldsymbol{x}) - e\boldsymbol{x}\cdot\boldsymbol{E}(t) - \frac{e}{c}\frac{d}{dt}[\boldsymbol{x}\cdot\boldsymbol{A}(t)]\,. \tag{A.150}$$

Den letzten Term in dieser Formel können wir weglassen, da die Hamilton Funktion stets nur bis auf die totale zeitliche Ableitung einer beliebigen Funktion bestimmt ist.

A.6.4 Die Poissonschen Klammern

Die Untersuchung der Bewegungsgleichungen eines beliebigen mechanischen Systems in der Hamiltonschen Form führt auch auf die Frage, wie lautet entsprechend die Bewegungsgleichung für eine allgemeine Funktion $F(q_k, p_k, t)$. Um dies zu beantworten, bilden wir die totale Ableitung dieser Funktion

$$\frac{dF}{dt} = \frac{\partial F}{\partial t} + \sum_{i=1}^{f}\left\{\frac{\partial F}{\partial q_i}\dot{q}_i + \frac{\partial F}{\partial p_i}\dot{p}_i\right\}\,. \tag{A.151}$$

Unter Verwendung der kanonischen Bewegungsgleichungen (A.132) für $\dot{q}_i$ und $\dot{p}_i$ können wir diese Gleichung in folgende Form umschreiben

$$\frac{\mathrm{d}F}{\mathrm{d}t} = \frac{\partial F}{\partial t} + \sum_{i=1}^{f} \left\{ \frac{\partial F}{\partial q_i} \frac{\partial H}{\partial p_i} - \frac{\partial F}{\partial p_i} \frac{\partial H}{\partial q_i} \right\} . \qquad (A.152)$$

Für die Summe auf der rechten Seite dieser Gleichung führt man zur Abkürzung die Poissonschen Klammern $\{F, H\}$ ein und schreibt

$$\{F, H\} = \sum_{i=1}^{f} \left\{ \frac{\partial F}{\partial q_i} \frac{\partial H}{\partial p_i} - \frac{\partial F}{\partial p_i} \frac{\partial H}{\partial q_i} \right\} , \qquad (A.153)$$

sodass die Gleichung (A.152) die abgekürzte Form annimmt

$$\frac{\mathrm{d}F}{\mathrm{d}t} = \frac{\partial F}{\partial t} + \{F, H\} . \qquad (A.154)$$

Aufgrund der Definition (A.153) der Poissonschen Klammern erkennen wir sofort, dass für $F = H$ folgt, dass $\{H, H\} = 0$ ist und daher $\frac{\mathrm{d}H}{\mathrm{d}t} = \frac{\partial H}{\partial t}$ gilt. Wenn also die Hamilton Funktion eines Systems nicht explizit von der Zeit abhängt und damit $\frac{\partial H}{\partial t} = 0$ ist, schließen wir

$$\frac{\mathrm{d}H}{\mathrm{d}t} = 0 \text{ oder } H = \text{const.} \qquad (A.155)$$

Dies ist aber der Satz von der Erhaltung der Energie eines abgeschlossenen mechanischen Systems, dem also mit der Zeit weder von außen Energie zugeführt, noch nach außen abgeführt wird. Da die Poissonschen Klammern allgemein für zwei beliebige Funktionen F und G definiert sind, finden wir insbesondere für $F = q_i$ und $G = p_j$ die spezielle Poissonsche Klammer

$$\{q_i, p_j\} = \delta_{i,j} , \qquad (A.156)$$

wo $\delta_{i,j}$ wieder das Kronecker Symbol darstellt. Diese Gleichung hat in der Quantentheorie die Heisenbergsche kanonische Vertauschungsrelation $[q_i, p_j] = i\hbar \delta_{i,j}$ als Entsprechung. Ferner ist die Gleichung (A.154) das klassische Analogon zur Heisenbergschen Bewegungsgleichung (4.52) und wir erkennen neuerlich das Wirken des Bohrschen Korrespondenzprinzips.

A.6.5 Zur statistischen Mechanik

Bei der Einführung der Entropie S in der klassischen statistischen Thermodynamik werden folgende Überlegungen angestellt. Es mögen N gleichartige Einzelsysteme ein Ensemble bilden. Die Einzelsysteme können mehr oder minder kompliziert aufgebaute Teilchen, wie Einzelteilchen, Atome, Moleküle, etc. sein. Die Einzelsysteme seien auf Zellen verteilt. Die verschiedenen Zellen können verschiedene physikalische Zuordnungen oder Zustände, wie Raumbereiche, Energiewerte, etc. zu den Teilchen bedeuten. Ein Makrozustand des Ensembles ist dann durch die Angabe der Teilchenzahl N_λ in jeder Zelle λ gegeben. Jedem Makrozustand des Ensembles lässt sich dann eine bestimmte Wahrscheinlichkeit W zuordnen. Da mehrere Mikrozustände zum gleichen Makrozustand gehören können, ist die Zahl der Realisierungsmöglichkeiten eines Makrozustandes durch Mikrozustände durch die Wahrscheinlichkeit

$$W = \frac{N!}{\Pi_\lambda N_\lambda!} \tag{A.157}$$

bestimmt. Die im allgemeinen sehr große Zahl W wird die thermodynamische Wahrscheinlichkeit des Makrozustandes genannt. Da in den meisten Fällen die Zahlen N_λ sehr groß sind, kann der Logarithmus $\ln N_\lambda!$ durch die Stirlingsche Näherung

$$\ln N_\lambda! \cong N_\lambda(\ln N_\lambda - 1) \tag{A.158}$$

ersetzt werden. Damit erhalten wir nach Logarithmieren von (A.157)

$$\ln W \cong -N \sum_\lambda \rho_\lambda \ln \rho_\lambda, \quad \rho_\lambda = \frac{N_\lambda}{N} \tag{A.159}$$

und somit aus der Entropiedefinition $S = k_B \ln W$ die zu (10.21) analoge Formel der klassischen statistischen Mechanik. Dabei sind noch die Nebenbedingungen $\sum_\lambda N_\lambda = N$ und $\sum_\lambda N_\lambda E_\lambda = E$ zu berücksichtigen.

B Physikalische Konstanten – Umrechnungsfaktoren

Plancksches Wirkungsquantum

$$\hbar = \frac{h}{2\pi} = 1{,}054 \times 10^{-27} \text{ erg-sec} = 6{,}582 \times 10^{-22} \text{ MeVs}$$

Ladung des Elektrons

$$e = 4{,}806 \times 10^{-10} \text{ esu} = 1{,}602 \times 10^{-19} \text{ C}$$

Boltzmannsche Konstante

$$k_B = 1{,}3806 \times 10^{-16} \text{ ergK}^{-1}$$

Masse des Elektrons

$$m = 0{,}911 \times 10^{-27} \text{ g} = 0{,}511 \text{ MeVc}^{-2}$$

Masse des Protons

$$M = 1{,}672 \times 10^{-24} \text{ g} = 938{,}3 \text{ MeVc}^{-2}$$

Radius der ersten Bohrschen Bahn

$$a_B = \frac{\hbar^2}{me^2} = 0{,}529 \times 10^{-10} \text{ m}$$

Zweifache Bindungsenergie des Wasserstoffs

$$\frac{e^2}{a_B} = 27{,}2 \text{ eV}$$

Lichtgeschwindigkeit

$$c = 3{,}00 \times 10^8 \text{ ms}^{-1}$$

Sommerfeldsche Feinstrukturkonstante

$$\alpha = \frac{e^2}{\hbar c} = \frac{1}{137{,}036}$$

Comptonsche Wellenlänge

$$\lambda_C = \frac{h}{mc} = 2{,}426 \times 10^{-12} \text{ m}$$

Bohrsches Magneton

$$\mu_B = \frac{e\hbar}{2mc} = 0{,}927 \times 10^{-20} \text{ erg oersted}^{-1} = 0{,}5788 \times 10^{-14} \text{ MeVG}^{-1}$$

Klassischer Elektronenradius

$$r_0 = \frac{e^2}{mc^2} = 2{,}818 \times 10^{-11} \text{ m}$$

Umrechnungsfaktoren

1 eV $= 1{,}602 \times 10^{-12}$ erg

1 eVc^{-1} ist äquivalent einer Wellenlänge $\lambda = 12{,}400$ Å $= 1{,}24 \ \mu$

1 MeV $= 10^6$ eV $= 1{,}602 \times 10^{-6}$ erg

Ergänzende und weiterführende Literatur

B.H. Bransden, C.J. Joachain: *Introduction to Quantum Mechanics* (Addison Wesley, Harlow 1989). Dies ist ein sehr ansprechend geschriebenes Buch und erfreut durch seine systematische und klare Darstellung.

F. Schwabl: *Quantenmechanik*, 6. Aufl., (Springer Berlin Heidelberg 2002). Ein fortgeschrittener Leser wird dieses Buch gerne in die Hand nehmen. Die Darstellung ist stellenweise knapp aber präzise und führt weit über das vorliegende Buch hinaus.

A.Z. Capri: *Nonrelativistic Quantum Mechanics*, 3. Aufl., (World Scientific, Singapore 2002). Der erste Teil des Buches gibt eine klare Einführung in die Quantenmechanik, während der Schwerpunkt des zweiten Teils in der präzisen mathematischen Formulierung der Quantenmechanik und ihrer Anwendungen besteht.

A.Z. Capri: *Problems and Solutions in Nonrelativistic Quantum Mechanics* (World Scientific, Singapore 2002). Dieses Buch enthält eine Fülle von Anwendungsbeispielen der Quantenmechanik mit verschiedenem Schwierigkeitsgrad.

A.S. Dawydow: *Quantenmechanik*, 8. Aufl. (Johann Ambrosius Barth, Leipzig 1992). Das Buch von Dawidow in seinen vielen und recht verschiedenen Auflagen ist immer noch eine Fundgrube von Anwendungen der Quantenmechanik in verschiedenen Gebieten der Physik.

J.J. Sakurai: *Advanced Quantum Mechanics*, Nachdruck, (Addison-Wesley, Reading, MA 1967). Obwohl der Autor vor vielen Jahren verstarb, wird dieses Buch immer noch sehr geschätzt, vor allem wegen seiner klaren und physikalisch einsichtigen Darstellung der Quantisierung des Strahlungsfeldes und der Diracschen Theorie des Elektrons mit Anwendungen aus der Quantenelektrodynamik.

Chun Wa Wong: *Mathematische Physik* (Spektrum, Heidelberg 1994). Diese Übersetzung aus dem Englischen ist eine erfrischende Einführung in das mathematische Werkzeug des Physikers und ist daher hier angeführt als eine Ergänzung zu dem mathemtischen Anhang des vorliegenden Buches.

Sachverzeichnis